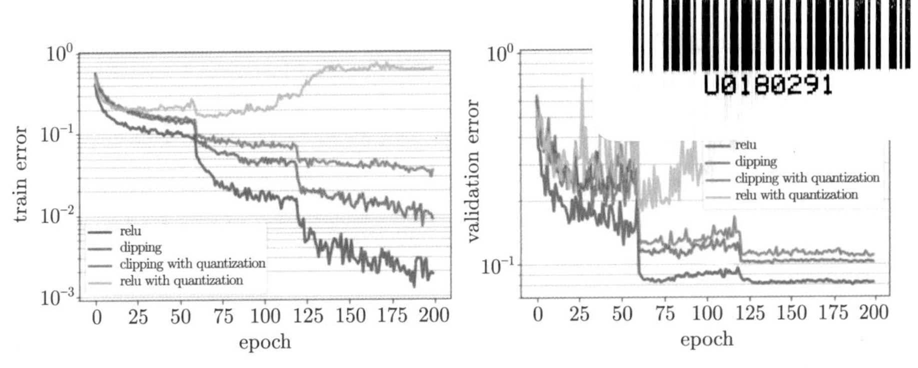

图 6.15 不同激活函数 (有量化和无量化) 时的训练误差和验证误差[42]

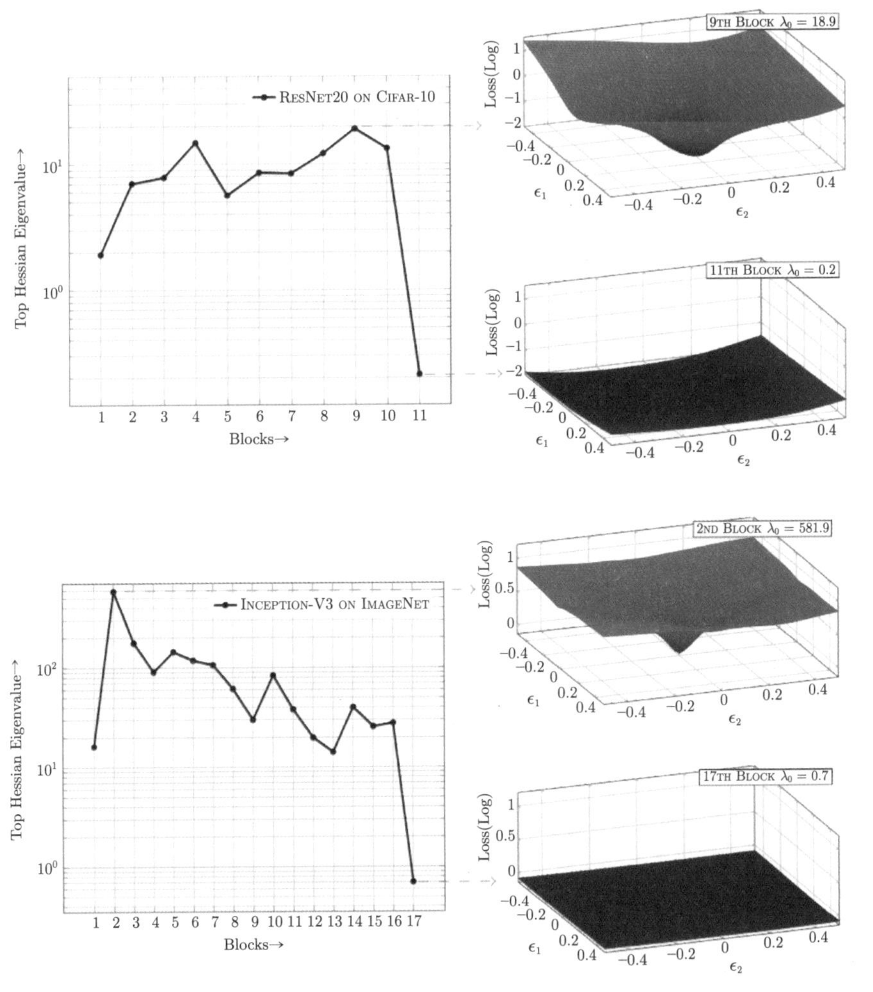

图 6.22 ResNet-20 中不同 block 权重的最大特征值[65]

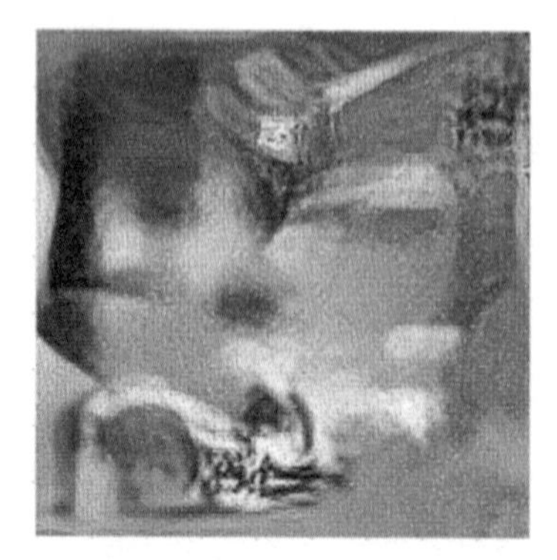

图 6.24　随机高斯噪声图片（左）和 ZeroQ 优化生成图片（右）对比[26]

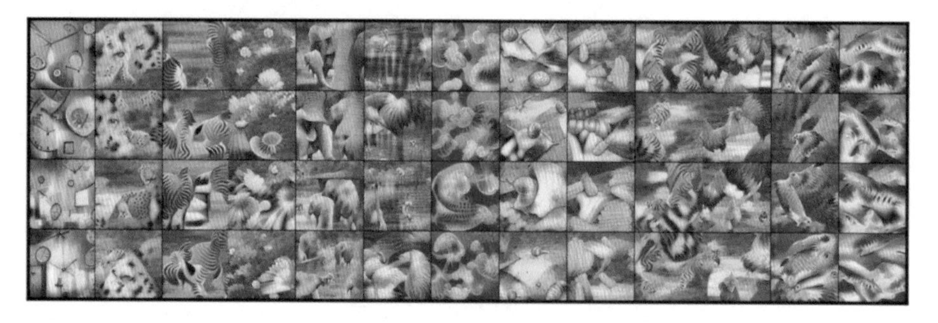

图 6.25　The Knowledge Within 生成图片示意

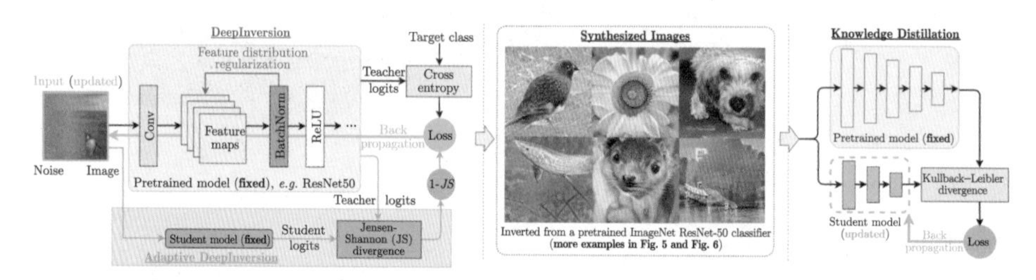

图 6.26　Dreaming to Distill 图片生成算法

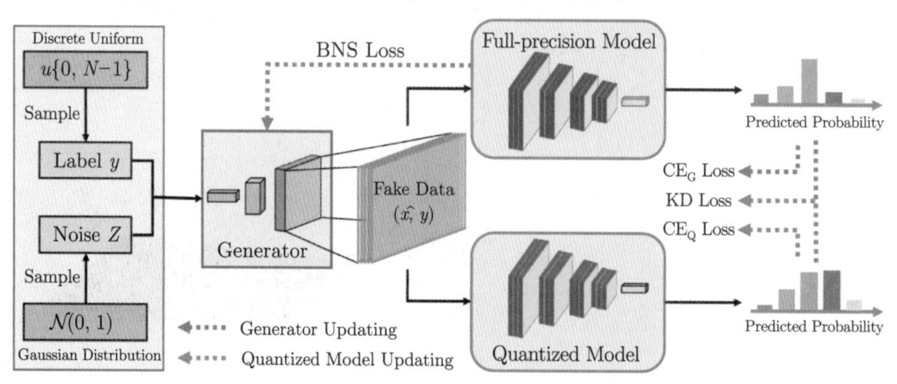

图 6.28　GDFQ 图片生成算法[269]

(a) 神经网络注意力热图可视化 (b) 注意力蒸馏

图 7.6 基于注意力机制的隐层特征蒸馏[291]

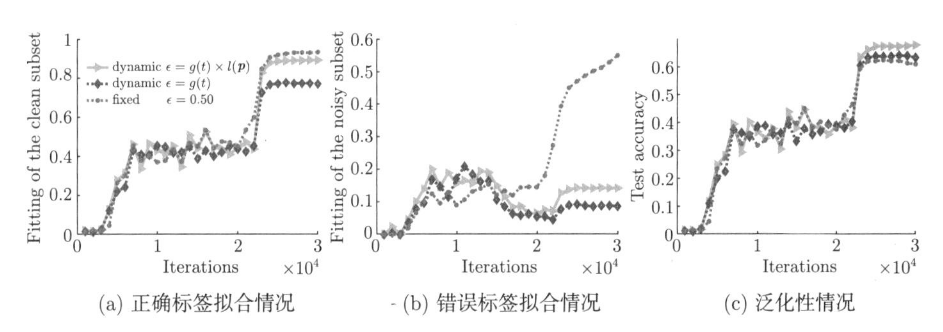

(a) 正确标签拟合情况 (b) 错误标签拟合情况 (c) 泛化性情况

图 7.8 自适应的信赖域因子 ϵ 对标签含噪条件下网络训练的影响[253]

和手工设置的 ϵ 因子相比，数据相关的 ϵ 项有助于网络判别和修正错误标签，并最终提升模型在测试样例上的泛化能力。

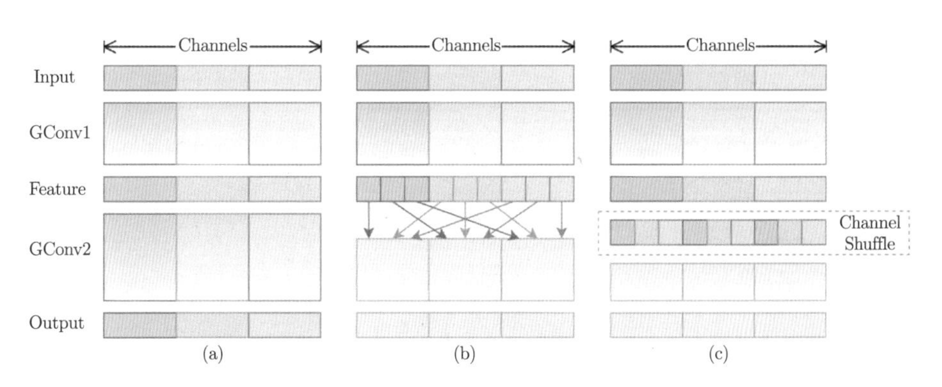

图 8.10 Channel Shuffle 操作[180]

T_1	T_2	T_3	T_4	T_5	T_6	T_7	T_8
S_1	S_1	S_1	S_1				
S_2	S_2	S_2					
S_3	S_3	S_3	S_3				
S_4	S_4	S_4	S_4	S_4			

T_1	T_2	T_3	T_4	T_5	T_6	T_7	T_8
S_1	S_1	S_1	S_1	S_1	END		
S_2	S_2	S_2	S_2	S_2	S_2	S_2	END
S_3	S_3	S_3	S_3	END			
S_4	S_4	S_4	S_4	S_4	S_4	END	

图 11.16　传统批处理同时计算 4 个不同的请求

其中黄色块表示输入 token，蓝色块表示生成的 token，红色块表示截止 token，T_i 表示第 i 个 token。相关内容可参阅文献 [48]。

T_1	T_2	T_3	T_4	T_5	T_6	T_7	T_8
S_1	S_1	S_1	S_1				
S_2	S_2	S_2					
S_3	S_3	S_3	S_3				
S_4	S_4	S_4	S_4	S_4			

T_1	T_2	T_3	T_4	T_5	T_6	T_7	T_8
S_1	S_1	S_1	S_1	S_1	END	S_6	S_6
S_2	S_2	S_2	S_2	S_2	S_2	S_2	END
S_3	S_3	S_3	S_3	END	S_5	S_5	S_5
S_4	S_4	S_4	S_4	S_4	S_4	END	S_7

图 11.17　采用 Continuous Batching 方法处理 7 个不同的请求

其中黄色块表示输入 token，蓝色块表示生成的 token，红色块表示截止 token，T_i 表示第 i 个 token。相关内容可参阅文献 [48]。

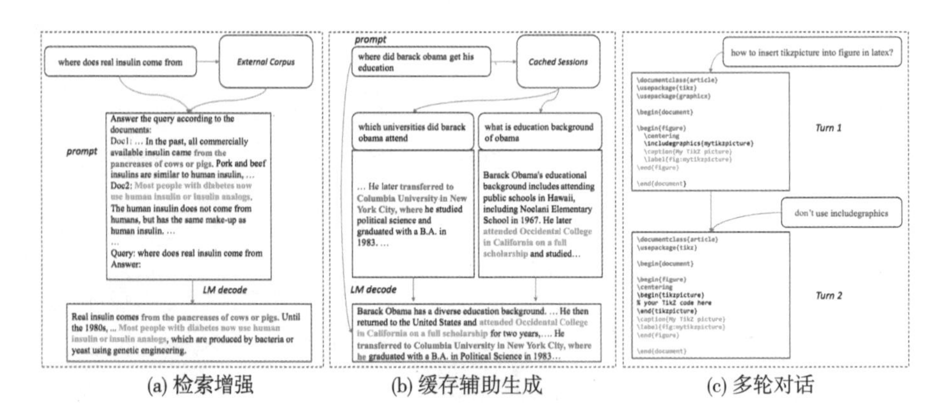

图 11.18　推理解码典型应用场景

在大模型的典型应用中，如检索增强生成、缓存辅助生成和多轮对话中，模型的输入和输出之间均存在着大量的内容重复，这为推理解码提供了可能性[277]。

“十四五”国家重点出版物出版规划项目
人工智能前沿理论与实践应用丛书

深度神经网络高效计算

大模型轻量化原理与关键技术

程健 主编
王培松 胡庆浩 莫子韬 编著

電子工業出版社
Publishing House of Electronics Industry
北京•BEIJING

内 容 简 介

近些年来，在深度学习的推动下，人工智能步入新的发展阶段。然而，随着深度学习模型性能的提升，其计算复杂度也在不断增加，深度学习模型的运行效率面临巨大挑战。在这种情况下，深度学习高效计算成为在更大范围内应用人工智能的重要环节。本书围绕深度学习模型计算，重点从深度学习模型优化、算法软件加速、硬件架构设计等方面展开介绍，主要包括低秩分解、剪枝、量化、知识蒸馏、精简网络设计与搜索、深度神经网络高效训练、卷积神经网络高效计算、大模型高效计算、神经网络加速器设计等内容。

本书既可作为高校相关专业教材，也可作为从业者的案头参考书。

图书在版编目（CIP）数据

深度神经网络高效计算：大模型轻量化原理与关键技术 / 程健主编；王培松，胡庆浩，莫子韬编著. 北京：电子工业出版社，2024. 8. --（人工智能前沿理论与实践应用丛书）. -- ISBN 978-7-121-48401-8

Ⅰ. TP183

中国国家版本馆 CIP 数据核字第 2024UV3005 号

责任编辑：刘　皎
印　　刷：中国电影出版社印刷厂
装　　订：中国电影出版社印刷厂
出版发行：电子工业出版社
　　　　　北京市海淀区万寿路 173 信箱　　邮编：100036
开　　本：720 × 1000　1/16　　印张：18　　字数：362.5 千字　　彩插：34
版　　次：2024 年 8 月第 1 版
印　　次：2024 年12月第 3 次印刷
定　　价：99.00 元

凡所购买电子工业出版社图书有缺损问题，请向购买书店调换。若书店售缺，请与本社发行部联系，联系及邮购电话：（010）88254888，88258888。

质量投诉请发邮件至 zlts@phei.com.cn，盗版侵权举报请发邮件至 dbqq@phei.com.cn。

本书咨询联系方式：Ljiao@phei.com.cn。

序一

近 15 年来，随着数据量的爆发、硬件存储容量和算力的大幅提升，深度神经网络及其学习算法取得了重大突破，推动着人工智能进入第三次发展浪潮。可以说，深度神经网络及其学习算法，是新一代人工智能的核心，基于深度学习的人工智能在诸多领域取得了接近甚至超过人类的水平，已经并将进一步给人类社会带来深刻的变革。

数字化技术的涌现和互联网的普及，使我们拥有了天文数字般的海量信息。深度神经网络作为深度学习的重要基石，如同宇宙中的黑洞，不断吞噬着数据，并将其转化为知识和智慧。然而，随着神经网络模型规模的不断扩大，如何才能高效训练并低成本部署这些庞大而复杂的模型成为棘手的难题。深度神经网络的复杂度，不仅来自模型结构的高复杂度，还来自巨量的可学习参数，以及存储这些参数所需要占用的大量存储空间。此外，巨量的数据和大规模的可学习参数在通过网络传输时也会导致可观的网络带宽占用和时延。如此高的计算复杂度给深度学习模型的部署带来巨大挑战，尤其是在对实时性要求比较高的场景，以及在计算资源非常有限的终端设备上。跟随复杂的深度学习模型而来的，不仅有存储和计算效率问题，还有巨大的、难以接受的能耗问题。

这本书正是针对上述问题编写而成。本书深入探讨了深度神经网络在高效计算方面的最新进展和前沿技术，不仅涵盖了参数量化、权重剪枝、知识蒸馏等模型压缩方法，还介绍了分布式训练、算子优化等前沿计算技术。这些技术的融合，使深度神经网络在保持高性能的同时，还能大幅降低计算成本、提高计算效率，为深度学习在大数据、大模型的训练和推理中的运用提供了有力的支撑。同时，本书还分析了软硬件加速库的计算特性，旨在通过软硬件协同设计的方法，共同提升深度学习模型、尤其是边缘计算中的推理计算效率，并在专用芯片协处理器的设计和实现中验证了此方法。

本书作者程健研究员及其团队是国内外最早开展深度神经网络高效计算研

究的团队之一，取得了丰硕成果。这本书融合了他们过去十年在该领域的系统研究和实践经验。通过阅读这本书，读者可以全面了解深度神经网络高效计算技术的发展现状，本书亦可作为相关领域的科研工作者、相关专业研究生和工程师的宝贵案头参考。

马颂德

中国科学院自动化研究所研究员

2024 年 6 月于北京

序二

史蒂芬·霍金在 2014 年讲“成功创造出真正的人工智能，将会是人类历史上最重大的事件”。自 1956 年夏季达特茅斯会议之后，人工智能迅速发展，已成为 21 世纪最有潜力的技术。今天，人工智能已经成为衡量一个国家科技水平和创新能力最重要的标志之一，是国际科技竞争的关键要素。世界各国都在加大投入、加快研发人工智能技术，以抢占科技制高点。

人工智能的影响无处不在，已全面渗透人类生活，从人脸识别、AlphaGo 到大模型，从无人驾驶、智能制造到全球经济管理，人工智能将彻底改变人类的行为方式和社会治理模式。在军事领域，人工智能同样发挥着不可或缺的作用，从态势感知、目标识别到智能决策，从无人作战系统、智能无人蜂群到空间智能装备，人工智能不仅催生新的作战样式，还将引发新一轮军事技术变革。

算力和算法是人工智能发展的基础。大模型的问世，正加速影响人类社会生产和生活。与传统的机器学习模型相比，大模型拥有更庞大的参数规模、更复杂的网络结构和更强大的认知能力。然而，这种强大的能力带来了一个巨大的挑战——庞大的计算复杂度，需要强大的算力支持。当前，在大算力芯片受制于人，应用端侧芯片算力严重不足的情况下，如何实现高效的模型训练和推理，已经成为亟待解决的难题。

程健团队一直从事深度学习模型研究，在模型优化、软件加速库、硬件架构设计等方面取得多项创新性成果，他们系统总结多年的创新成果，编著了《深度神经网络高效计算》一书。该书从模型轻量化的角度出发，探讨如何优化大模型，以降低模型计算复杂度，减少计算资源消耗，实现更高效、更节能的模型训练和部署，为在算力受限情况下，解决高效模型训练和推理难题提供了实用的技术解决方案。

本书系统介绍了轻量化人工智能的原理和典型神经网络模型、常见框架等基础知识；详细阐述了低秩分解、剪枝、量化、知识蒸馏等模型压缩方法以及软硬件协同优化、低功耗硬件加速器技术；分析了大模型的特点，探讨了分布式训练和卷积快速计算等策略，并汇集了作者在长期研究中取得的新成果及实践经验。

《深度神经网络高效计算》一书理论性和实践性很强，具有很高的学术水平和实用价值。希望本书的出版能够帮助更多读者深入学习和研究神经网络的高效计算，推动高效智能计算的发展和应用。本书可作为计算机、人工智能相关专业研究生和本科生的教材，也可为广大人工智能爱好者及相关专业技术人员、管理人员提供参考。

周志鑫

中国科学院院士

2024 年 7 月于北京庆王府

自序

过去十几年，深度神经网络模型取得了巨大成功，带动人工智能研究及应用快速发展。一般而言，大容量、高复杂度的深度神经网络模型具有更好的描述能力。大数据和大算力芯片的出现，使得巨复杂深度神经网络的设计和训练成为可能。2012 年，辛顿与他的学生们提出的经典卷积神经网络 AlexNet 模型包含超过 6000 万参数；2020 年，OpenAI 研发的大模型 GPT-3 拥有 1750 亿参数；不到十年，模型参数量增长了近 3000 倍，远超芯片的算力增长速度。如此复杂的神经网络模型不仅让其训练成为挑战，广泛部署应用也十分受限。

重要的理论方法往往存在简洁的描述，正如勾股定理、质能方程、欧拉公式等。郑板桥题书斋联“删繁就简三秋树，领异标新二月花”。深度神经网络的设计也如同画兰竹易流于枝蔓，应删繁就简，使如三秋之树，瘦劲秀挺，没有细枝密叶。本书从网络模型轻量化的角度出发，探讨运用删剪、量化和优化等方法，对模型进行“瘦身”，以降低模型存储和计算复杂度。本书的前 3 章对相关基础知识做了简单铺垫。然后，在第 $4\sim8$ 章中分别介绍目前模型压缩和优化的主流方法，即低秩分解、剪枝、量化、知识蒸馏以及精简网络架构设计与搜索。第 $9\sim10$ 章介绍了常见的高效训练方法和快速卷积计算方法。第 11 章对大模型的压缩、训练与微调等方法进行了介绍，由于大模型相关的方法还在快速演进中，我们仅介绍了一些基本常用方法。最后两章介绍了神经网络加速器设计的基本原理，并用具体例子说明加速器设计的流程。

本书凝聚了中科院自动化所高效智能计算与学习团队（CLab）的集体智慧和汗水，特别感谢参与章节撰写和材料整理的博士研究生们，他们是贺翔宇、李繁荣、陈维汉、许伟翔、赵天理、李章明等，他们在该领域多年探索的成果为本书积累了丰富的素材。在本书的编写过程中，得到了电子工业出版社刘皎老师的鼎力支持和帮助，没有她的不断敦促，本书不可能这么快面世。人工智能领域的杰出科学家马颂德研究员、周志鑫院士分别为本书作序，并给予悉心指导，在此对他们表示衷心感谢！

由于本书涉及人工智能算法、硬件、系统等广泛的内容，其理论和技术还在不断发展中，加之作者水平有限，书中难免有错误和不妥之处，恳请广大专家和读者批评指正。

编著者

2024 年 6 月于中关村

目录

1 概述

近些年来，在深度学习的推动下，人工智能步入新的发展阶段，并在计算机视觉、语音识别、自然语言处理等领域取得了很多令人瞩目的成果。大数据、深度学习、算力提升是促进本次人工智能发展浪潮的动力之一。然而，随着深度学习模型性能的提升，其计算复杂度也在不断增加，这就对深度学习模型运行效率提出了挑战，在这种条件下，深度学习高效计算成为人工智能在更大范围内应用中的重要一环。本章将简要介绍人工智能和深度学习的发展历程，并介绍深度学习高效计算所面临的主要问题以及主要研究方向。

1.1 深度学习与人工智能

人工智能（Artificial Intelligence）是研究、开发用于模拟、延伸和扩展人的智能的理论、方法、技术及应用系统的一门新的技术科学[1]。人工智能从诞生以来，经历了三次大的发展浪潮。

人工智能的概念起源于 1956 年在达特茅斯学院举办的夏季研讨会。这场研讨会历时两个多月，由以 John McCarthy、Marvin Minsky、Nathaniel Rochester 以及 Claude Shannon 等为首的科学家共同探讨用计算机模拟人类智能的一系列问题，并正式提出了“人工智能”这一术语，标志着人工智能的诞生。随着人工智能概念的兴起，人们对人工智能充满了期望和想象，促使人工智能进入第一次发展浪潮（1956—1976 年）。这一阶段的人工智能主要基于人类的专家知识，即人类专家对特定领域的知识进行抽取和归纳，将其转换成计算机可以理解的符号表示，并使用计算机进行逻辑推理以模拟人类专家的决策过程。在此期间，符号主义、专家系统、逻辑推理等领域获得快速发展，代表性成果包括 IBM 公司研制的西洋跳棋程序战胜人类冠军（1959 年）、MIT 人工智能实验室开发的世界上第一个与人对话的聊天机器人 ELIZA（1966 年）等。然而，第一次浪潮中的人工智能只能按照人类预先设定好的规则进行搜索和推理，并不具备“学习”能力，不是真正意义上的“智能”。

人工智能的第二次浪潮始于 20 世纪 80 年代（1976—2006 年）。第一次浪潮里的符号主义过度依赖专家经验，而实际生活中的问题复杂度要高很多，符号主义无法解决这些实际问题，达不到人们对人工智能的期望。在人工智能的第二次发展浪潮中，符号学派发展缓慢，并逐渐被摒弃，研究者们将目光转向了连接主义和统计学习。在该次发展浪潮中，基于概率统计模型的技术在语音识别、人脸识别、机器翻译等任务上取得了非常大的成功。1986 年反向传播算法（Back propagation，BP）被提出，解决了多层神经网络的训练问题，使得神经网络在模式识别领域取得了突破性进展。这一时期的人工智能受限于当时的数据和算力，只在某些特定的单一任务上获得成功，而在数据量和问题复杂程度达到一定规模后就很难再获得提升，限制了人工智能的实际应用价值。

自 2006 年以来，随着大数据的发展以及硬件算力的提升，深度学习技术取得了重大突破，推动着人工智能进入第三次发展浪潮（2006 年至今）。2012 年，AlexNet[134] 在图像识别竞赛 ImageNet 上一举夺魁，开启了深度学习时代。2015 年微软亚洲研究院何恺明等人提出的基于卷积神经网络的人工智能算法[99] 在图像识别任务上首次超越人类。次年，微软雷蒙德研究院研发的人工智能语音识别程序[268] 将语音识别错误率降至 5.9%，首次媲美人类语音识别水平。2016 年谷歌 AlphaGo[225] 以四比一的成绩击败人类围棋世界冠军，将人工智能的发展推到一个全新的高度。目前，基于深度学习的人工智能技术已成功走出实验室，并在互联网、交通、医疗、金融等领域获得了广泛应用。

1.2 深度学习高效计算

1.2.1 深度学习计算面临困难

深度学习的成功得益于其强大的数据拟合能力和泛化性，而这种拟合能力和泛化性与模型结构及其庞大的复杂度息息相关。深度学习模型复杂度高通常包括几个方面的含义。一方面深度学习模型包括大量的可学习参数（神经网络连接的权重），存储这些参数需要占用大量的存储空间，包括硬盘存储以及内存存储。同时，大规模的可学习参数在通过网络进行传输时也会带来大量的网络带宽占用和时延。以计算机视觉中常见的 ResNet-50 为例，其参数量约为 2500 万个，若以 32 位浮点数存储为例，则大概需要占用 100MB 的存储空间；再以自然语言处理中常用的 BERT-base 为例，其参数量达到约 1.1 亿个，需要占用 450MB 的存储空间。如此大的存储占用使得深度学习模型很难集成到移动设备应用中，因此需要对深度学习模型进行压缩，降低其存储复杂度。深度学习模型复杂度高的另一方面体现在其运行时所需的计算量。依然以 ResNet-50 模型以及图像分类任务为例，模型每对一张图片进行预测，需要约 80 亿次浮点数计算。如此高的计算复杂度给深度学习模型的部署带来巨大挑战，尤其是在对实时性要求比较高的场景，以及在计算资源非常有限的终端设备上。

复杂的深度学习模型不仅带来存储和计算效率问题，还会导致能耗和二氧化碳排放量的增加。尤其是在 2020 年 OpenAI 发布当时史上最大的人工智能模型 GPT-3 时，深度学习和人工智能模型对能源消耗的隐患逐渐显现出来。据测算[13]，使用微软云提供的由 NVIDIA V100 GPU 组成的云服务训练一次 GPT-3 大约消耗 18.8 万度电量，产生约 84.7 吨的二氧化碳排放量。模型训练完成之后，在部署阶段依然会面临能源消耗的问题。事实上，据 NVIDIA 估计，深度学习模型有 80% $\sim$ 90% 的能源消耗在了模型部署阶段，这主要是因为模型在训练完成之后往往需要持久性的批量化部署，该过程会产生更多的能源消耗。此外，越来越多的嵌入式设备都需要智能，而这些设备对功耗非常敏感，例如手表等可穿戴设备往往需要将功耗控制在 2 瓦以内甚至更低，这给深度学习模型部署在嵌入式设备上提出了严峻的挑战。

1.2.2 主要研究方向

深度学习高效计算是一个多领域交叉的研究方向，包括但不限于脑科学、计算机科学、机器学习、最优化理论等。本书将围绕深度学习模型计算，重点从深度学习模型优化、算法软件加速、硬件架构设计等方面展开介绍。

深度学习模型计算效率很难满足实际应用需求，其中的主要问题之一在于模型本身过于庞大，因此，从模型优化的角度，需要让模型“瘦身”，以降低模型存储和计算复杂度。我们将目前深度学习模型压缩方法分成五个类别，即低秩分解、剪枝、量化、知识蒸馏以及精简网络设计与搜索，将分别在第 4 章至第 8 章详细介绍。

深度学习高效计算不仅对网络推理具有重要应用价值，在神经网络训练阶段也具有非常重要的地位。随着深度学习模型变得越来越大，尤其是近几年以 Transformer、BERT、GPT-3 等为代表的大规模预训练模型的发展，人们越发认识到深度学习模型训练加速的重要性。本书第 9 章重点介绍神经网络训练加速的方法，包括分布式训练、数据预处理加速、梯度压缩、显存优化等提升网络训练效率的方法。

随着 OpenAI 发布的以 GPT-3 为代表的大模型研究取得突破性进展，类似研究开始逐渐拓展到计算机视觉、语音等多种模态上。大模型的训练和推理部署均需要巨大的计算资源，因此，大模型的高效计算也逐渐成为人工智能领域的研究热点之一。本书的第 11 章用专门的篇幅重点介绍大模型高效计算的最新研究进展，包括传统的模型压缩方法在大模型上的应用、高效训练与微调技术、面向大模型部署的系统优化及高效解码技术等。

深度学习模型的高效计算离不开底层软硬件的支持。通过模型优化，可以有效降低模型的理论计算复杂度，但是对于如使用稀疏、量化等技术压缩后的模型，如果想达到真正的加速效果，则需要重新设计底层的软件加速库，以更好地支持压缩后模型的计算。本书的第 10 章将以卷积神经网络的计算为例，通过综合考虑计算机体系架构和网络计算模式，设计卷积计算加速算法库，提高网络推理效率。

除了软件加速，硬件加速器是提升深度学习模型计算效率的另一个重要手段。硬件的进步本身就是推动深度学习发展的动力之一，然而，随着摩尔定律逐渐走到尽头，单纯靠芯片工艺的发展，很难跟得上深度学习模型对计算量的发展需求，因此，需要面向深度学习模型设计专用的硬件计算架构。在本书的第 12 章，我们将介绍神经网络加速器设计方法，并在第 13 章以一个具体的例子介绍硬件加速器的设计流程。

1.3 本章小结

本章简要介绍了人工智能以及深度学习的发展历程，并指出深度学习高效计算对于深度学习技术进一步发展具有重要的推动作用。此外，我们介绍了深度学习计算面临的存储复杂度和计算复杂度高的难题，并指出目前针对该问题的研究方向。

2 神经网络与深度学习基础

神经网络和深度学习是人工智能技术飞速发展的主要推动力之一。本章将首先介绍神经网络从最初的感知机发展到多层神经网络，再到最近火热的深度学习的发展历程；之后介绍与神经网络训练相关的概念，包括训练方法、损失函数定义、过拟合与正则化等；最后总结典型的深度神经网络。

2.1 神经网络

2.1.1 感知机

感知机（Perceptron）是由 Frank Rosenblatt 于 1957 年提出的，是一种线性二分类模型。感知机也被称为人工神经元，是神经网络构建的基础。图 2.1 展示了一个三输入的感知机模型。

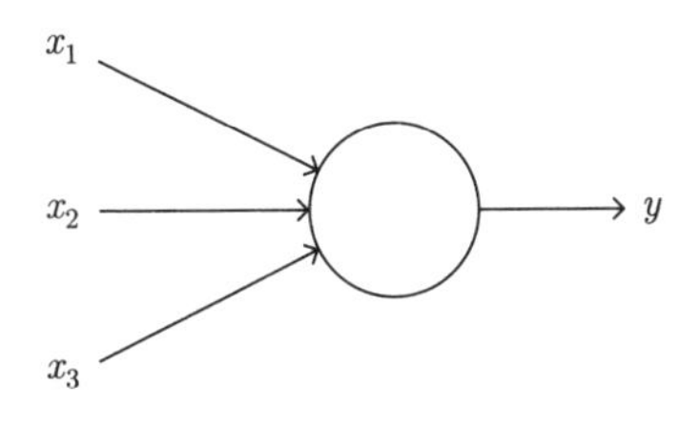

图 2.1　一个三输入的感知机模型

通常，感知机输入一个 n 维的实数向量（特征向量）$[x_1, x_2, \cdots, x_n]$，经过线性组合，产生一个二进制输出 $y = 1$ 或 $y = 0$，分别对应两个类别，公式表示为

$$y = \begin{cases} 1 & 若 \sum_{i=1}^{n} w_i x_i + b > 0, \\ 0 & 否则 \end{cases} \tag{2.1}$$

其中，$w_1, w_2, \cdots, w_n$ 是一组可学习的权重，分别表示每个输入特征 x_i 对于输出的重要性；b 为可学习偏置项，用于控制神经元被激活的容易程度。

根据式 (2.1) 可以看出，感知机根据输入计算得到输出，可以进一步拆分成两个步骤：首先使用权重系数对输入特征进行**线性加权**（再加上偏置项）；然后将加权后的结果输入到**激活函数**，即如果加权结果大于阈值 0，那么输出为 1，否则输出为 0。用公式可以表示为

$$z = \sum_{i=1}^{n} w_i x_i + b \tag{2.2}$$

$$y = h(z) = \begin{cases} 1 & 若 z > 0, \\ 0 & 若 z \leqslant 0 \end{cases} \tag{2.3}$$

感知机模型试图找到 n 维实例空间的分类超平面 $\boldsymbol{w}^{\mathrm{T}}\boldsymbol{x} + b = 0$，将空间中的点分为正负两类，其中权值向量 $\boldsymbol{w} = [w_1, w_2, \cdots, w_n]$ 是该分类超平面的法向量，b 为截距。对于线性可分的数据，感知机模型可以将训练集所有样本准确地分为两类[67]，而对于线性不可分的数据（如 XOR），无法找到一条直线将两类数据分开。因此，感知机模型只适用于线性可分的数据。

2.1.2 多层感知机

如上所述，由于感知机模型是线性的，只能对线性可分的数据进行完美拟合，对于线性不可分的数据则无法进行有效分类。为了解决该问题，学者们提出了多层感知机（Multilayer Perceptron，MLP），也称为多层神经网络，即将多层感知机模型叠加到一起。图 2.2 给出了一个两层的多层感知机模型，包括输入层，一个隐含层和一个输出层（注意这里只有隐含层和输出层有可学习参数，因此被称为一个两层的神经网络）。

需要指出的是，多层感知机必须和非线性激活函数同时使用，才能够解决非线性可分的问题，这是因为多个线性感知机堆叠在一起依然是线性的（线性函数的组合依然是一个线性函数），并不能增强模型的表达能力，因此目前大多数神经网络均会采用非线性激活，如 sigmod、tanh、ReLU 等。根据普适逼近原理

(Universal Approximation Theorem)[47]，一个具有单隐藏层（包含足够但有限数量的神经元）的神经网络能够以合理的精度逼近任意一个连续函数。

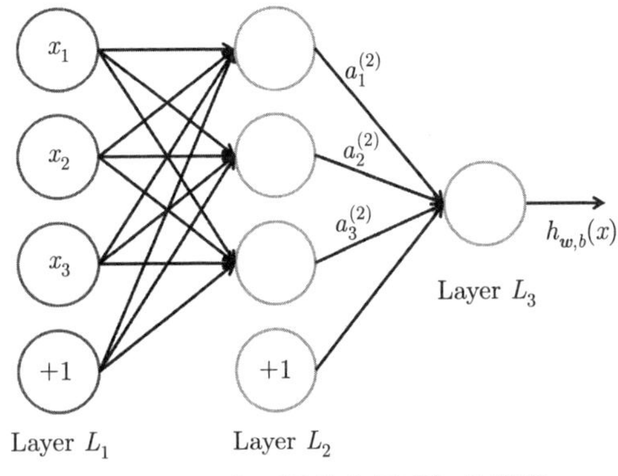

图 2.2 一个两层的多层感知机模型

非线性隐含层的引入，使得多层感知机（神经网络）比单层感知机具有更强的表达能力，可以用于拟合线性可分的数据和线性不可分的数据。隐含层特征是对输入特征的抽象表示，可以看成对输入数据进行信息提取的过程，即只保留输入数据中对于决策有效的信息。神经网络可以有不止一个隐含层，深层的隐含层是对前一隐含层的特征做进一步抽象，使其表达能力更强。然而，更多的隐含层会导致网络训练难度增加，即存在梯度消失和过拟合的问题。针对该问题，学者们提出了一系列优秀的训练方法，包括受限玻尔兹曼机（Restricted Bolzmann Machine，RBM）、自编码器（Autoencoder，AE）等，能够学到更好的隐含层特征。

2.1.3 深度学习

虽然多层神经网络在其拟合能力上具有很好的理论保证（普适逼近原理），但是梯度消失和过拟合的问题使得含有多个隐层的神经网络训练非常困难。为此，人们设计了很多方法和网络结构，以克服深度神经网络训练难的问题。

深度置信网络和堆叠自编码器

上一节中我们提到了受限玻尔兹曼机和自编码器可以学到很好的隐含层特征表达，那么在具有多隐层的神经网络中，是否也可以应用该技术呢？为了实现上述目的，学者们将多个受限玻尔兹曼机或自编码器进行堆叠，提出了深度置信网络（Deep Belief Network，DBN）和堆叠自编码器（Stacked Autoencoder，SAE），并提出了一种逐层预训练 + 微调的训练模式。以深度置信网络（如图 2.3 所示）为例，其训练包括两个阶段：

- **逐层预训练：**将神经网络的每一层视为一个独立的受限玻尔兹曼机，从输入层开始，对单层受限玻尔兹曼机进行无监督训练；训练完成后，将前一层受限玻尔兹曼机学到的隐层特征作为输入，继续训练下一层，直到所有层都完成预训练；
- **全网络微调：**将预训练好的所有受限玻尔兹曼机堆叠到一起，并在网络最后增加分类层（softmax 层），使用反向传播算法对整个网络进行微调。

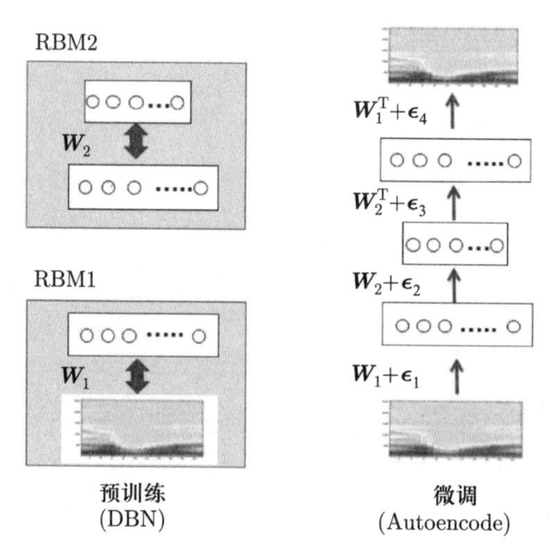

图 2.3 深度置信网络

（相关内容可参阅论文 “Binary Coding of Speech Spectrograms Using a Deep Autoencoder”）

通过这种贪心方式，每次训练神经网络的一层，并把单层神经网络训练得到的参数作为多层神经网络的初始化，可以在一定程度上克服反向传播中梯度消失的问题以及过拟合的问题。谷歌著名的“猫脸”识别就是基于该思想，设计并使用了一种深度自编码器，从而在大量未标注数据中自动学习出猫脸的特征。

深度卷积神经网络

卷积神经网络（Convolutional Neural Network，CNN）[142, 144] 是 LeCun 等人在 20 世纪 90 年代提出来的，并在 1998 年设计了第一个比较成功的卷积神经网络 LeNet-5，该网络可以实现对手写数字的识别，并且已经达到能够商用的地步，当年美国大多数银行支票上的手写数字识别就是用它来做的。图 2.4 给出了 LeNet-5 的网络结构示意图，LeNet-5 虽然现在看起来很简单，但给出了典型卷积神经网络的设计思路和特点：

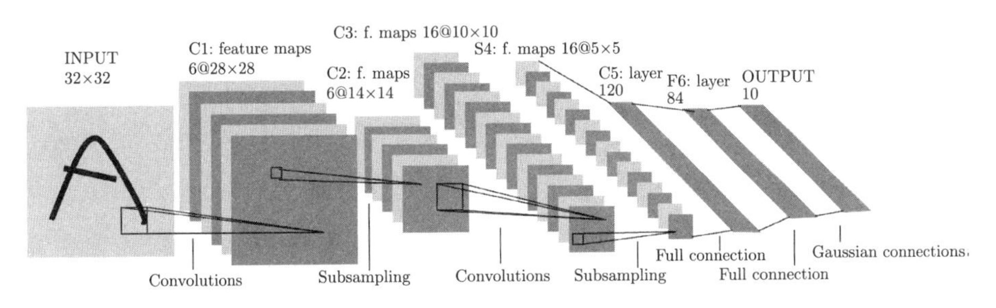

图 2.4 LeNet-5 的网络结构示意图
（相关内容可参阅论文“Gradient-based learning applied to document recognition”）

- 卷积神经网络的基本框架包括卷积层、池化层、全连接层，通过这些层的堆叠，卷积神经网络直接学习图像原始像素到最终类别的映射；
- 卷积层由许多卷积核构成，用于学习不同抽象程度的特征表示。通过参数共享和局部连接，卷积层可以有效降低网络复杂度，减轻过拟合，并且使得学习到的特征具有平移不变性；此外，每个卷积层后面都引入了非线性激活函数，例如 sigmoid、tanh、ReLU 等；
- 利用池化层（Pooling）对特征图进行下采样以缩减输入特征的规模，同时保留有用信息。下采样有多种实现方式，常见的包括最大值池化、平均池化、随机池化等；
- 最后一个池化层（或卷积层）的特征经过一个或多个全连接层得到最终的预测值。

卷积神经网络充分考虑了图像的结构信息，通过局部连接和权值共享机制，有效减少网络参数，防止过拟合。然而，由于当时缺乏大规模训练数据，并且受限于计算能力，卷积神经网络并没有在其他更复杂的任务上取得非常大的突破。最近几年，随着计算机算力的增加以及大规模数据集的构建，卷积神经网络再次回到人们的视野，尤其是 2012 年 Krizhevsky 等人提出的 AlexNet[134]，在大规模图像识别任务上取得了颠覆性成果。AlexNet 的整体结构与 LeNet-5 非常类似，也是由卷积层、池化层、全连接层构建，但是网络深度要更深一些，并且引入了 ReLU 非线性激活以及归一化和 Dropout 等正则化方法。AlexNet 的成功掀起了深度学习的研究热潮，在此之后，大量深度神经网络尤其是深度卷积神经网络层出不穷，例如 GoogleNet[233]、VGGNet[226]、ResNet[100] 等。

2.2 神经网络训练

神经网络的训练是通过调整网络各层的参数，使得网络计算得到的预测值与给定的标签尽可能一致。目前，深度神经网络大部分都是采用梯度下降（或其变种）进行训练的。具体而言，给定输入数据，神经网络首先经过前向传播计算出预测值，并根据选定的损失函数以及真实标签，计算当前的损失；然后将损失进行反向传播计算出所有参数的梯度；最后通过梯度下降，获得更新后的参数。在神经网络训练中，经常需要引入正则化项以预防过拟合。

2.2.1 梯度下降

梯度下降（Gradient Descent，GD）是一种常用的无约束优化方法，也是机器学习和深度学习最常采用的训练方法之一。我们知道，梯度表示函数增长最快的方向，而梯度下降就是通过一种迭代的方式，每一步都沿着负梯度方向（梯度下降方向）移动一小步，直到达到损失函数的局部极小值。

批量梯度下降

批量梯度下降（Batch Gradient Descent）是梯度下降最一般的形式，具体做法是在每一步迭代更新时，需要使用所有样本共同计算一个梯度。第 i 次迭代，网络中的参数按式 (2.4) 更新：

$$\boldsymbol{\theta}^{(i+1)} = \boldsymbol{\theta}^{(i)} - \alpha \frac{1}{m} \sum_{j=1}^{m} \nabla_{\boldsymbol{\theta}^{(i)}} J(\boldsymbol{\theta}, \boldsymbol{x}^{(j)}, \boldsymbol{y}^{(j)}) \tag{2.4}$$

其中，$J(\boldsymbol{\theta})$ 是需要最小化的损失函数，α 表示学习率，即每一步梯度更新的步长。

批量梯度下降计算梯度使用了所有样本，也就是梯度是精确无误的，因此批量梯度下降可以使用较少的迭代次数收敛到局部极小值。与此同时，由于为了计算梯度，训练集的所有样本都需要计算一遍，因此每一步的迭代计算量比较大，导致批量梯度下降总体训练速度比较慢。

随机梯度下降

随机梯度下降（Stochastic Gradient Descent）是指在迭代过程中，每次随机选择一个样本计算梯度并更新权值，即

$$\boldsymbol{\theta}^{(i+1)} = \boldsymbol{\theta}^{(i)} - \alpha \nabla_{\boldsymbol{\theta}^{(i)}} J(\boldsymbol{\theta}, \boldsymbol{x}^{(j)}, \boldsymbol{y}^{(j)}) \tag{2.5}$$

与批量梯度下降相反，随机梯度下降是梯度下降的另一个极端，即每次计算梯度仅仅使用一个样本，这就导致计算得到的梯度与真实梯度之间存在较大差异。虽然随机梯度下降在每一步迭代计算时都非常快，但是由于梯度信息误差较大，要想收敛到相同准确度的局部最优，就需要使用更多的迭代步数，因此随机梯度下降也不能很快收敛到局部最优。

小批量梯度下降

小批量梯度下降（Mini-batch Gradient Descent）可以认为是批量梯度下降和随机梯度下降的折衷，即将整个训练集的 m 个样本平均分成 n 批，每一批包括 $m_{\mathrm{b}} = m/n$ 个训练样本。在梯度下降迭代中，每次使用一批的 m_{b} 个样本计算梯度，即

$$\boldsymbol{\theta}^{(i+1)} = \boldsymbol{\theta}^{(i)} - \alpha \frac{1}{m_{\mathrm{b}}} \sum_{j=t}^{t+m_{\mathrm{b}}-1} \nabla_{\boldsymbol{\theta}^{(i)}} J(\boldsymbol{\theta}, \boldsymbol{x}^{(j)}, \boldsymbol{y}^{(j)}) \tag{2.6}$$

小批量梯度下降同时具有批量梯度下降和随机梯度下降的优点。首先在计算梯度时，使用了 m_{b} 个样本，因此对梯度的估计相对比较精确；同时，每步迭代只需计算 m_{b} 个样本的平均梯度，单步迭代计算速度也比较快，因此小批量梯度下降能够在收敛速度和最终收敛精度之间取得比较好的平衡。目前大部分深度学习训练算法均使用小批量梯度下降。

2.2.2 损失函数

损失函数（Loss Function）定义了神经网络预测值和目标值之间的差异。在机器学习和深度学习中存在大量的损失函数，不同的应用和任务需要选用不同的损失函数，甚至有些情况下需要重新设计新的损失函数。在本节中，我们重点介绍最常用的一些损失函数。

均方误差损失（L2 损失）

均方误差损失（Mean Square Error，MSE）也被称为 L2 损失，常用于回归任务（Regression）。均方误差损失定义了预测值 $\hat{y} \in \mathbb{R}^p$ 与目标值 $y \in \mathbb{R}^p$ 之差的平方的均值。均方误差损失定义如下：

$$\mathcal{L}^{\text{MSE}}(\boldsymbol{y}, \hat{\boldsymbol{y}}) = \frac{1}{p}\sum_{i=1}^{p}(\boldsymbol{y}_i - \hat{\boldsymbol{y}}_i)^2 \tag{2.7}$$

根据式 (2.7) 可以看出均方误差损失函数是连续可导的函数，但是对于离群点，其预测值距离真实值比较远，均方误差损失对这些离群点样本的梯度会比较大，导致训练不稳定。

平均绝对误差损失（L1 损失）

平均绝对误差（Mean Absolute Error，MAE）也被称为 L1 损失，是另一种常见的回归损失函数。平均绝对误差定义了预测值与目标值之差的绝对值的平均，其公式定义如下：

$$\mathcal{L}^{\text{MAE}}(\boldsymbol{y}, \hat{\boldsymbol{y}}) = \frac{1}{p}\sum_{i=1}^{p}|\boldsymbol{y}_i - \hat{\boldsymbol{y}}_i| \tag{2.8}$$

平均绝对误差函数只在中心点不可导，在其他地方均可导，并且相较于均方误差损失对离群点更鲁棒。

交叉熵损失

交叉熵损失（Cross Entropy，CE）是最常用的分类损失之一。在二分类情况下，预测值 $\hat{y} \in [0,1]$ 是一个标量，表示给定样本属于正类的概率；目标值 $y \in \{0,1\}$ 表示该样本属于正类（$y=1$）还是属于负类（$y=0$）。对于上述二分类问题，交叉熵损失定义如下：

$$\mathcal{L}^{\text{CE}}(y, \hat{y}) = -[y\log(\hat{y}) + (1-y)\log(1-\hat{y})] \tag{2.9}$$

交叉熵损失可以从二分类推广到多分类。我们用 K 表示类别数，此时预测值 $\hat{\boldsymbol{y}} \in [0,1]^K$ 是一个 K 维向量，其中每一个元素 $\hat{\boldsymbol{y}}_k$ 表示网络预测的输入样本属于第 k 个类的概率。类似地，目标值 $\boldsymbol{y} \in [0,1]^K$ 也是一个 K 维向量，表示样本属于每个类的真实概率分布（通常情况下，$\boldsymbol{y}$ 只有一个元素是 1，其余元素均

为 0）。多分类交叉熵损失公式为

$$\mathcal{L}^{\text{CE}}(\boldsymbol{y},\hat{\boldsymbol{y}}) = -\sum_{k=1}^{K} \boldsymbol{y}_k \log(\hat{\boldsymbol{y}}_k) \tag{2.10}$$

合页损失

合页损失（Hinge Loss）是一种二分类损失函数，通常被应用于最大间隔算法如支持向量机（Support Vector Machine，SVM）。对于目标值 $y = \pm 1$ 的二分类问题，合页损失公式表达为

$$\mathcal{L}^{\text{Hinge}}(y,\hat{y}) = \max(0, 1-\hat{y}y) \tag{2.11}$$

其中 $\hat{y} \in \mathbb{R}$ 是模型预测的软输出结果（Soft Output）。也就是说，如果 $\hat{y}y \geqslant 1$，则损失为 0；否则损失为 $1-\hat{y}y$。图 2.5 展示了合页损失与 0-1 损失之间的对比，合页损失图像形状像一个合页，这也是合页损失名字的由来。

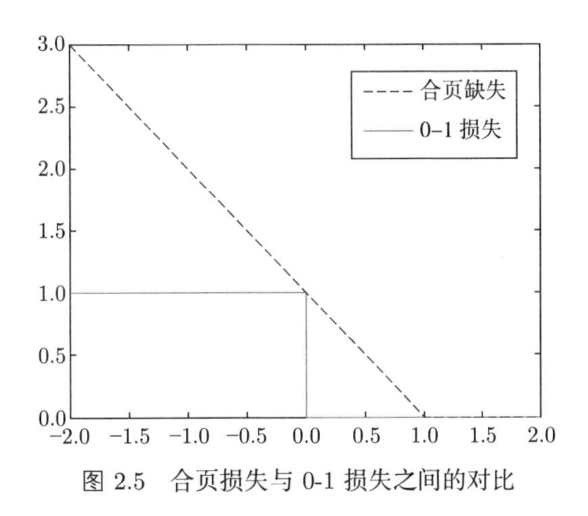

图 2.5 合页损失与 0-1 损失之间的对比

2.2.3 过拟合与正则化

偏差和方差

偏差（Bias）和方差（Variance）的概念来自统计学。在统计学中，偏差是指预测结果的期望与真实值之间的差距；而方差表示预测值距离预测中心点之差的平方和的期望值。我们将想要学习的目标函数以及机器学习模型预测函数

分别表示为 $f(\boldsymbol{x})$ 和 $\hat{f}(\boldsymbol{x})$，则有

$$\begin{cases}\text{Bias}[\hat{f}(\boldsymbol{x})] = \mathbb{E}[\hat{f}(\boldsymbol{x})] - f(\boldsymbol{x}), \\ \text{Var}[\hat{f}(\boldsymbol{x})] = \mathbb{E}[\hat{f}(\boldsymbol{x})^2] - \mathbb{E}[\hat{f}(\boldsymbol{x})]^2\end{cases} \tag{2.12}$$

此时，对于样本 $\boldsymbol{x}$，预测误差定义为

$$\text{Err}(\boldsymbol{x}) = \mathbb{E}[(f(\boldsymbol{x}) - \hat{f}(\boldsymbol{x}))^2] \tag{2.13}$$

该误差可以被分解为偏差项和方差项，即

$$\text{Err}(\boldsymbol{x}) = (\text{Bias}[\hat{f}(\boldsymbol{x})])^2 + \text{Var}[\hat{f}(\boldsymbol{x})] \tag{2.14}$$

根据上述公式可以看出，模型预测误差来自两个方面，即偏差和方差。图 2.6形象展示了不同程度的偏差与方差的组合情况。

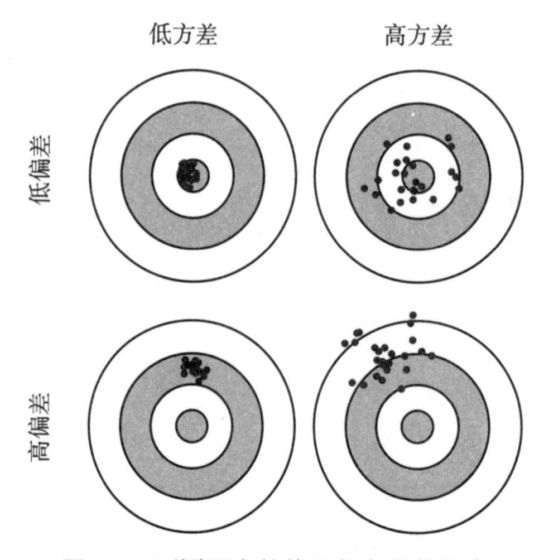

图 2.6 不同程度的偏差与方差的组合

过拟合与欠拟合

降低模型的预测误差可以减小偏差或者减小方差，而模型的偏差和方差与过拟合（Overfitting）和欠拟合（Underfitting）息息相关。在深度学习中，过拟合是指为了降低对训练集的误差，神经网络模型学习到了训练样本的细节特征（这些细节特征可能是噪声），而不是抓住了对预测有用的全局信息。因此，过拟合模型能够非常好地拟合训练集，偏差很低，但是方差很高。相反，欠拟合是指模型表达能力不够，不足以拟合训练集样本。通常而言，随着模型容量（即模型

复杂度）的增加，模型偏差降低，而方差升高。图 2.7 展示了模型偏差和方差，以及模型在测试集上的错误率随模型容量增大的变化趋势。

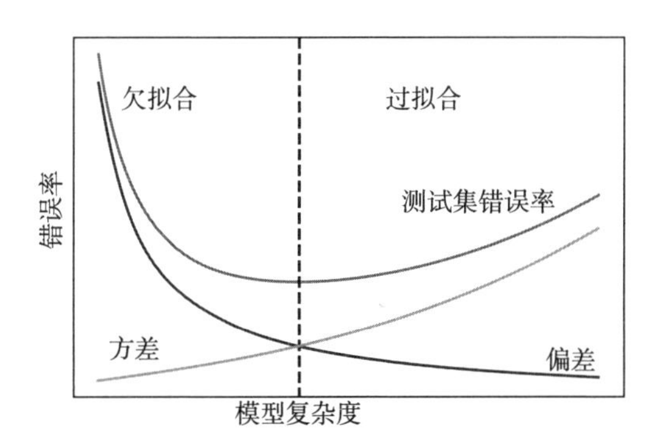

图 2.7 偏差、方差以及模型在测试集上的错误率

2.3 典型深度神经网络

深度神经网络在众多任务中有非常广泛的应用，根据任务的不同，人们设计了很多非常成功的深度神经网络模型。本节将介绍以下几种典型的深度神经网络模型。

2.3.1 卷积神经网络

卷积神经网络（Convolutional Neural Network，CNN）是受生物的视觉皮层机制启发而提出的模型，是一种包含卷积计算并且具有层级结构的前馈神经网络。世界上第一个卷积神经网络 LeNet-5 是 LeCun 等人于 1998 年构建的，可以用于对手写数字的识别。近几年，随着大规模数据集的构建，以及数值计算设备计算能力的大幅提升，深度卷积神经网络再次回到了人们的视野，尤其是 2012 年 Krizhevsky 等人提出的 AlexNet，在大规模图像识别任务上取得了颠覆性成果，并成功掀起了卷积神经网络研究的热潮。在此之后，大量深度神经网络尤其是深度卷积神经网络层出不穷，例如 GoogleNet[233]、VGGNet[226]、ResNet[100]、DenseNet[123]、MobileNet[116] 等。目前，深度卷积神经网络已经在计算机视觉任务上获得了广泛应用，包括图像分类、目标检测、目标跟踪、动作（手势）识别、姿态估计、人脸识别等。

2.3.2 循环神经网络

循环神经网络（Recurrent Neural Network，RNN）是一类用于处理可变长度序列数据或者时序数据的人工神经网络。循环神经网络区别于传统的前馈神经网络最大的特点在于，传统的前馈网络不同的输入/输出数据之间是相互独立的，而循环神经网络借助于记忆力（Memory），将前一时刻的输出作为当前时刻的输入，因此循环神经网络特别适合处理有时序依赖关系的数据。循环神经网络的结构特点使它在处理序列数据时具有一定的优势，然而人们发现当用循环神经网络对长序列进行学习时，会存在梯度消失或梯度爆炸的问题。为了解决该问题，长短时记忆网络（Long Short-Term Memory Networks，LSTM）[112] 和门控循环单元网络（Gated Recurrent Unit Networks，GRU）[40] 被提出，通过引入控制门机制，解决序列长期依赖问题。循环神经网络在自然语言处理、机器翻译、语音识别等领域有广泛应用。

2.3.3 图神经网络

图神经网络（Graph Neural Network，GNN）的概念提出时间较晚，最早是由 Franco Scarselli[218] 等人于 2009 年提出的。我们周围充斥着大量的图数据，传统的神经网络在处理固定维度输入数据或时序数据上取得了巨大的成功，而图的复杂性导致这些传统的神经网络很难适用于图数据。图神经网络是一类专门针对图数据（Graph Data）进行处理的神经网络模型，在对图中的节点以及其依赖关系建模方面展现出了强大的能力，最近几年逐渐成为深度学习领域新的研究热点。目前，图神经网络已经广泛应用于推荐系统、社交网络、城市交通、决策智能等领域。

2.3.4 自注意力神经网络

传统的 RNN 存在梯度消失和梯度爆炸的问题，LSTM 和 GRU 都缓解了梯度消失和梯度爆炸的问题，但是没有彻底解决该问题。因此，为了进一步提升模型的能力，论文“Attention is All You Need”提出了 Transformer 模型，该模型利用 Attention 机制，可以完全代替 RNN、CNN 等系列模型。目前大热的 BERT 就是基于 Transformer 构建的，这个模型广泛应用于自然语言处理领域，例如机器翻译、问答系统、文本摘要和语音识别等方向。

2.4 本章小结

深度学习的发展并非一帆风顺，而是经历了多次兴衰和变革，本章简要介绍了神经网络与深度学习的发展历程，以及与神经网络训练相关的概念，并总结了典型的深度神经网络模型，希望能帮助读者初步认识深度学习和神经网络的相关概念。感兴趣的读者可以进一步阅读《深度学习》[80] 等相关书籍。

3 深度学习框架介绍

神经网络的优异性能和其庞大的计算量是息息相关的，这种庞大的计算量导致了神经网络训练与推理对代码实现的要求较高。一套良好实现的训练与推理代码库能够极大地提升神经网络模型的训练与推理效率，减少开发者的重复代码编写工作。本章将首先介绍深度学习框架的基本组成部分，并且对典型的训练和推理框架进行对比介绍，读者在实际使用时可以根据自身需求选择合适的框架。

3.1 什么是深度学习框架

深度学习框架是一套包含了神经网络底层通用实现的开发工具，可以让开发者轻松地搭建并训练神经网络。对科研工作者而言，在计算机中实现深度网络并对其进行训练和推理都离不开深度学习框架。深度学习刚兴起的时候，由于缺乏开源的深度学习框架，每个人都需要自己从头实现深度网络的训练和推理，俗称重复“造轮子”。这对研究者的编程水平提出了较高的要求，需要掌握大量的编程知识，包括 GPU 编程、多线程编程、多 GPU 并行、C++ 编程等，给研究者带来了极大的障碍。开源深度学习框架的出现极大程度解放了研究者的编程劳动力，降低了深度学习的编程难度，促进了深度学习领域的繁荣。

深度学习框架可以分为训练框架和推理框架，其中：训练框架既可以实现网络训练也可以实现网络推理，主要是面向网络训练进行设计开发的；推理框架通常只支持网络推理，可以根据网络推理特性设计内存管理策略，减少网络推理时的内存占用。

3.2 深度学习框架的基本组成

一个深度学习框架通常由张量表示、计算图构建、算子操作等部分组成，对训练框架来说，还有多 GPU 支持模块、优化器模块、数据集模块等，表 3.1 展示了不同深度学习框架的不同特性。

表 3.1 深度学习框架特性对比

框架名称	张量表示	计算图	自动微分	网络构建
Caffe	$NCHW$	静态图	不支持	配置文件
MXNet	$NCHW$	静态图、动态图	支持	代码
TensorFlow	$NHWC$、$NCHW$	静态图、动态图	支持	代码
PaddlePaddle	$HCHW$	静态图、动态图	支持	代码
PyTorch	$NCHW$	静态图、动态图	支持	代码
MindSpore	$NCHW$	静态图、动态图	支持	代码

3.2.1 张量

深度学习中的数据通常以张量（Tensor）的形式表示。这里的张量是一种广义的数据表示形式，包含了数值、向量、矩阵等表示形式。深度网络中的输入、输出、参数等数据往往都是以张量的形式进行表示的，比如 32 张宽高都是 224 的 RGB 图像可以表示为形状为 [32, 3, 224, 224] 的张量。虽然实现方式可能不同，但每个深度学习框架都有对张量的定义和实现。对于张量维度的顺序，一般有 $NCHW$ 和 $NHWC$ 两种表示格式，这里的 N 一般是指训练的批处理大小，C 代表通道数，H 和 W 分别表示特征图或者图像的高度和宽度，还有一些推理框架有特殊的维度定义，比如 $N\frac{C}{4}HW4$ 等是为了利用高效的 SIMD（Single Instruction Multiple Data，单指令多数据）指令。

3.2.2 算子

算子一般是指神经网络运行时操作的最小单元，不同框架的算子实现方式和种类不同，但是一般都要实现神经网络算子和张量算子。神经网络算子实现了神经网络中的典型操作，比如全连接、卷积、池化、批归一化等，而张量算子是对张量操作的函数，比如张量的加、减、乘、除等算子，数据操作类算子如

reshape，concat、permute 等。这类算子一般都和 NumPy 对应的函数对齐，基于 CPU、GPU 或者 NPU 指令实现相同功能的函数，可以减少用户从 NumPy 到深度学习框架的迁移成本。

3.2.3 计算图

每个深度网络可以表示为一个特定的数学函数，计算图就是以图的形式对这个函数进行表示。具体地，深度网络可以由算子（Operator）和变量（Variable）组成一个有向无环图。算子和变量符号都是计算图中的节点（Node），计算图中的边（Edge）代表了节点之间张量的传递方向。在神经网络中每层的权重、网络的输入和输出都属于变量，卷积、ReLU、池化等操作则属于算子。根据计算图构建的方式可以将其分为静态图和动态图，静态图是先定义后运行（Define-and-Run）的，在网络运算之前先搭建计算图，然后基于固定的计算图进行多次运算，运算效率较高，但缺点是不够灵活，调试比较复杂。动态图则是定义即执行（Define-by-Run）的，在运行的同时构建计算图，因此每次运行的计算图是灵活可变的，调试起来也比较简单。早期深度学习框架大多采用静态图，后续都逐渐演化成动态图或者动态图与静态图相结合的方式。

3.2.4 自动微分支持

一般来说，深度网络的训练都离不开梯度反向传播，因此早期深度学习框架中的算子都要实现 Forward 和 Backward 函数以实现整体网络的训练。自动微分泛指能够对计算机代码表示的数值函数进行高效准确梯度求解的方法，因此梯度反向传播其实是一种特殊形式的对损失函数求梯度的自动微分算法。早期的深度学习框架，比如 Caffe 等只实现了卷积、BN 等深度网络粗粒度算子，没有完全实现基于张量操作的细粒度算子，如果不提供反向传播函数，就不能对新的算子或损失函数实现自动微分，而 TensorFlow、PyTorch 等则可以基于细粒度的算子实现自定义算子和损失函数，因此能够进行自动微分。当前自动微分的方式有三种：基于源码转换的自动微分、基于静态图的自动微分、基于回放的自动微分。基于源码转换的自动微分是以基于前向传播代码生成反向传播代码的形式实现自动微分的。基于静态图的自动微分在运行前将代码编译成静态计算图，将链式法则应用于该计算图，实现自动微分。基于回放的自动微分是在前向传递中记录算子执行的顺序列表，在后向传递期间以相反的顺序遍历此运算列表来计算梯度，实现自动微分。

3.2.5 并行计算支持

深度网络的参数量和计算量普遍较高，在很多情况下需要使用多个 GPU 显卡进行并行计算。从并行的维度来看，并行计算分为数据并行、模型并行、数据与模型并行。数据并行是指在数据维度上将训练数据分成多个批次，每个批次的数据在不同的显卡上并行计算。模型并行是指当显卡的显存放不下整个模型时，需要将模型划分为几段子网络，每个子网络在不同的 GPU 上运行。数据与模型并行是指数据并行和模型并行相结合。目前大部分深度学习框架支持数据并行，部分框架也支持模型并行和模型数据混合并行。从并行计算的节点数来看，并行计算有两种模式：单机多卡和多机多卡。单机多卡是指在一台装有多张 GPU 的机器上实现多 GPU 并行训练；多机多卡是指使用多台 GPU 服务器使用多张 GPU 显卡进行分布式计算。早期深度学习框架只支持单机多卡训练，随着分布式工具链的发展，现在大多框架都支持单机多卡和多机多卡训练。

3.3 深度学习训练框架

在深度学习发展的早期阶段涌现出很多深度学习框架，比如 MatConvNet、Theano、CNTK、Caffe、Deeplearning4j、Torch 框架。这些框架既有各自的特点又有各自的局限性。随后出现了 TensorFlow、PyTorch、MXNet、Keras 等框架，这些框架逐渐成为人们的主流使用框架。表 3.2 给出了当前主流的几种框架的基本介绍。

表 3.2 深度学习框架

框架名称	发布机构	发布时间	接口语言	GitHub Stars 数目（统计时间：2024 年 5 月）
Caffe	UC Berkeley	2013 年 9 月	C++，Python，MATLAB	33.9K
MXNet	亚马逊	2015 年 5 月	Python，Scala，Java 等 8 种	20.7K
TensorFlow	谷歌	2015 年 9 月	C++，Python，Java，JavaScript	183K
PaddlePaddle	百度	2016 年 8 月	C++，Python	21.6K
PyTorch	Facebook	2017 年 1 月	C++，Python	78.0K
MindSpore	华为	2019 年 8 月	C++，Python	4.1K

3.3.1 Caffe

Caffe 最初是贾扬清在 UC Berkeley 读博期间写的一个基于 C++ 开发的深度学习框架，后来由 The Berkeley Vision and Learning Center（BVLC）维护。Caffe 框架通过使用基于 Google Protobuf 协议的配置文件来定义网络结构和网络优化器参数，不需要进行“硬编码”。Caffe 是一款基于 C++ 语言的网络框架，在网络部署和推理时能够实现较高的推理速度，实际应用部署比较方便。Caffe 首创 ModelZoo 的模型管理模式，能够提供 ImageNet 上预训练的模型参数，这对于 Caffe 的推广具有重大意义。但是，由于 Caffe 中没有实现的算子或者操作，需要用户自己添加 C++ 和 CUDA 代码实现该操作的前向和反向代码，这对用户的 C+ + 和 CUDA 开发功底提出了较高的要求。在安装方面，Caffe 依赖了大量的第三方代码库，编译安装 Caffe 源码通常会遇到一些环境和安装问题，对于初学者不太友好。

3.3.2 MXNet

MXNet 是 CXXNet、Minerva 和 Purine2 的作者们合作构建的一款深度学习框架，核心作者是李沐和陈天奇等人。和 TensorFlow、PyTorch 等框架相比，MXNet 一直以良好的内存管理和高效的训练速度而出名。在 2016 年年底，Amazon 选择 MXNet 作为官方的深度学习框架，并对其进行维护和支持。而 MXNet 没有像 PyTorch、TensorFlow 一样流行有多方面原因：一方面 MXNet 团队“没有足够的人手能够在短时间内同时在技术上做出足够的深度而且大规模推广，所以前期是舍推广保技术”；另一方面，MXNet 的 API 文档和入门教程不够完善，上手难度高，前期的小问题较多，劝退了很多新手。在 Gluon 接口推出之后，MXNet 全面支持动态图计算，在编程风格上全面向 PyTorch 对齐以减少用户的框架迁移成本。

3.3.3 TensorFlow

TensorFlow 是谷歌公司基于 C++、Python 语言开发的深度学习框架，早期的 TensorFlow 以静态图为核心构建深度网络，运行前需要将网络结构编译成静态图结构，在运行时网络的结构不能改变，灵活性较差，而且给调试带来了一些困难。TensorFlow 从 1.7 版本开始正式引入了 Eager Execute 模式，能够使用动态图进行网络定义和运行。TensorFlow 开发者除了谷歌员工还包括大量的开源贡献者，因此文档、示例、模型都足够全面且丰富，在接口方面支持 Python、C++、Java、Go、JavaScript 等语言接口，支持移动端开发、Web 开发、端到端开发等场景。目前 TensorFlow 已被包括爱彼迎、空客公司、联想、高通等在内的多家公司所采用。在硬件支持方面，TensorFlow 不仅支持 GPU 计算，还兼容 TPU 芯片，而后者的性能和功耗都优于商用 GPU 显卡。

3.3.4 PaddlePaddle

PaddlePaddle（中文名飞桨）是第一个开源的国产深度学习框架，是国内深度学习框架的先行者。早期 PaddlePaddle 采用静态图结构，从 V1.6 版本之后引入动态图计算模式并支持动静统一的编程范式，从 V2.0 版本开始默认使用动静统一的编程范式，支持动态图编程调试后转为静态图进行训练和推理加速。在分布式训练方面，PaddlePaddle 原生支持数据并行、模型并行、流水线平行、分组参数切片等多维混合并行，并结合硬件特性支持端到端自适应分布式训练能力。在推理方面，该框架原生支持高性能推理，并提供了 PaddleSlim、Paddle Lite、Paddle Serving 等推理部署工具，进一步打通从训练到推理的链路。PaddlePaddle 与国内外的芯片进行了广泛适配，针对不同的芯片发布相应的版本。PaddlePaddle 同时维护了多重面向应用的上层开发套件，比如面向自然语言处理的 PaddleNLP、面向图像分类的 PaddleCls、面向目标检测的 PaddleDetection、面向 OCR 的 PaddleOCR、面向分割的 PaddelSeg、面向科学计算的 PaddleScience 等，广受开发者欢迎。

3.3.5 PyTorch

PyTorch 框架的前身是 Torch 框架，它在 Torch 框架的基础上添加了对算子自动微分（Automatic Differentiation）的支持，对于新型算子不再需要用户实现 forward 和 backward 函数，减少了用户的开发量，同时将接口语言从 Lua 变成了 Python，编程方式更加灵活简单，减少了用户的学习成本。由于 PyTorch 从一开始就支持动态图计算，针对每次运行都会动态构造计算图，调试也更方便直观。在安装方面，PyTorch 支持 Anaconda 和 pip 安装，可以通过联网下载的方式快速安装。

3.3.6 MindSpore

MindSpore 是华为 2019 年推出的深度学习训练框架，能够对华为自研的昇腾系列芯片进行良好的适配和支持。昇腾系列芯片采用华为达芬奇架构，是面向 AI 计算的专用芯片，因此基于昇腾系列芯片的 MindSpore 能够进行更高效的网络训练和推理。MindSpore 的另外一个特点是支持动态图与静态图的结合，并具备静态执行和动态调试的能力，此外 MindSpore 还支持变更一行代码即可切换动态图与静态图。在分布式并行方面，MindSpore 可以自动对网络进行模型并行、数据并行和混合并行，帮助开发者实现网络自动切分，只需串行表达就能实现并行训练。

3.4 深度学习推理框架

深度学习训练框架主要用于在服务器上进行深度网络的训练，虽然也可以进行网络推理，但是在实际应用中存在内存占用大、计算效率低、移植难度大等问题。首先，在训练阶段，网络中间层的计算结果要保存在显存中以用于反向传播时的梯度计算。在推理阶段，不需要反向传播也就不用保存中间层计算结果，因而推理框架可以设计更高效的内存管理单元，减少内存占用。其次，在网络训练的计算图中，有些算子是可以在推理时进行融合的，从而进一步降低计算复杂度，例如，批归一化层可以融合到前一层的卷积参数里。因此，推理框架一般都会对计算图进行优化，进行算子融合等操作。最后，训练框架主要依赖服务器级 GPU 显卡的高效并行计算能力，但是在嵌入式 CPU 和 GPU 上，这些训练框架存在移植难度大、推理效率低等问题。推理框架在移动端设备上需要针对移动端 CPU、GPU 实现具体算子操作，大部分需要汇编和 C 编程。鉴于以上问题的存在，最近几年出现了许多推理框架，比如 TensorFlow Lite、MNN、NCNN、MACE、TensorRT 等。

3.4.1 TensorFlow Lite

TensorFlow Lite 是 TensorFlow 官方推出的一款面向移动设备、嵌入式设备和 IoT 设备的深度网络推理框架，支持 Android 和 iOS 设备、嵌入式 Linux 和微控制器等各种平台，接口语言包括 Java、Swift、Objective-C、C++ 和 Python 等；在计算芯片方面支持 CPU、移动 GPU、DSP、Edge TPU 等硬件。在示例方面，TensorFlow Lite 提供了常见机器学习任务的端到端示例，例如图像分类、目标检测、姿态估计、问题回答、文本分类等。在模型转换方面，TensorFlow Lite 目前只支持对 TensorFlow 的模型进行导入，暂时不支持其他训练框架的模型。在高效计算方面，TensorFlow Lite 支持 int8 量化计算，可以运行训练后量化（Post-Training Quantization）的 TensorFlow 模型或者量化感知训练（Quantization-aware Training）之后的模型。

3.4.2 MNN

MNN 是阿里巴巴公司推出的一款面向移动端推理的深度学习框架，能支持 Android 和 iOS 设备、嵌入式 Linux 等设备，在计算芯片方面，支持 CPU、移动 GPU、华为 NPU 等硬件。值得一提的是，MNN 对于移动 GPU 计算提供了 OpenCL、Vulkan、OpenGL 三套方案，对移动 GPU（Adreno 和 Mali）的计算底层做了深度调优。在模型转换方面，MNN 提供了转换工具，能够支持 TensorFlow，TensorFlow Lite、Caffe、ONNX 等模型格式，在转换模型时分别支持 149 个 TensorFlow 算子、58 个 TensorFlow Lite 算子、47 个 Caffe 算子、74 个 ONNX 算子。

3.4.3 NCNN

NCNN 是腾讯发布的为移动端极致优化的高性能神经网络前向计算框架，是移动端推理框架的先行者之一。由于 NCNN 在设计之初就考虑了移动端的部署和应用，因此没有第三方库依赖库，计算框架代码编译安装简单。在系统支持方面，具有跨平台特性，能够支持 Linux、Windows、MacOS、iOS、Android、WebAssembly 等平台。在芯片架构方面，NCNN 具有良好的适配性，同时支持 ARM、MIPS、x86、RISC-V 等处理器架构。

3.4.4 MACE

MACE 是小米推出的面向移动异构计算的深度网络推理框架，在模型格式方面，除了常规的文件表示，MACE 还支持将网络模型转成 C++ 代码的形式并且进行代码混淆。这种方式能够保护模型安全，减少模型结构和参数泄露的可能性。在模型转换方面，支持对 TensorFlow、Caffe 和 ONNX 等模型进行转换。MACE 框架另外一个特点是会自动将 OpenCL 的运算核切成若干小的执行单元，避免 GPU 推理对 UI 响应的影响。

3.4.5 SNPE

SNPE（Snapdragon Neural Processing Engine）是高通官方发布的一款面向高通骁龙芯片的神经网络推理框架，能够充分挖掘高通系列芯片的性能。除了 CPU、GPU，SNPE 还能利用高通 Hexagon DSP 进行网络推理。Hexagon DSP 引入了 HVX 矢量扩展引擎，能够用一条指令同时处理 128 个 8 比特的数据，极大地提高了计算效率。鉴于 DSP 不支持浮点运算，SNPE 提供了模型量化工具，使用训练后量化将模型量化成 8 比特格式。在模型转换方面，SNPE 能够支持 Caffe、Caffe2、ONNX 和 TensorFlow 等模型格式。

3.4.6 华为 HiAI

华为 HiAI 是华为公司推出的面向移动终端的 AI 计算平台，能够提供基于麒麟系列芯片的异构计算，能够充分发挥麒麟系列芯片中的 NPU 的算力，提供高效的网络推理支持，同时也支持 Caffe、Caffe2、PaddlePaddle、TensorFlow 等模型的转换。在系统支持方面，HiAI 对 Linux、Android、鸿蒙等操作系统进行了良好的适配和支持。此外，华为 HiAI 还与华为云服务深度整合，可以无缝在云端训练、调试模型，然后快速部署到边端设备，形成了完整的端云一体化 AI 生态。

3.4.7 TensorRT

TensorRT 是 NVIDIA 公司针对其 GPU 产品研发的深度神经网络推理框架，包含了神经网络推理优化器、运行时推理库、TensorRT 插件、解析器等组成部分。但是只有 TensorRT 插件和解析器（Caffe 和 ONNX）的源代码在 GitHub 上进行了开源，推理优化器和运行时库以 TensorRT SDK 的形式供开发者使用。TensorRT 能接受 TensorFlow、PyTorch、ONNX 等不同格式模型的输入，支持 FP16、FP8、BF16、Int8、Int4 等不同的计算精度，并提供了 C++ 和 Python

的 API 接口。由于 TensorRT 针对 NVIDIA GPU 平台进行了高度优化和定制开发，具有非常良好的推理性能和完善的工具链，可以说是 NVIDIA GPU 平台上进深度网络推理的首要选择。

3.4.8 QNN

QNN (Qualcomm AI Engine Direct) 是高通公司新推出的一款面向其自研的 AI Engine NPU 芯片的自动化模型优化工具，它采用了端到端的自动优化流程，包括模型转换器、内核库生成和运行时库三个主要组件。其中，内核库生成是 QNN 的核心部分，它将优化后的模型映射到高通 AI Engine 硬件架构上，利用自动内核生成技术为每个算子生成高度优化的指令内核，实现极高的算力密度和能效比。QNN 和 SNPE 的定位不同，SNPE 作为高通研发的通用 AI 运行时框架，支持 CPU、GPU、DSP 等不同芯片，而 QNN 则是一款面向专用 AI 加速器的自动化模型优化工具，二者相辅相成能够赋予高通芯片更高的推理性能。

3.5 本章小结

本章首先介绍了深度学习框架的基本含义，解释了深度学习框架出现的原因，紧接着介绍了深度学习框架的基本组成部分，读者可以参考自己使用的框架理解。对于深度学习训练框架和推理框架，本章列举了一些常见的框架，阐述了各个框架的特点。通过阅读本章，读者可以对自己使用的框架有更宏观的理解，并且可以根据不同的场景选择不同的框架。

4 低秩分解

在机器学习中，我们需要用数值的方式表达数据，尤其是在神经网络中，数据和模型参数都表示成张量的形式，而神经网络的计算过程就是这些张量相互作用的过程，这也是谷歌开源的深度学习框架 TensorFlow 名字的由来。矩阵/张量分解是一种传统的压缩方式，在神经网络压缩中也具有重要的地位。通过将原始大规模权值张量分解成一系列小规模的张量，张量分解可以有效降低网络模型存储，提升网络计算效率。在本章中，我们将首先介绍张量的基础概念，然后回顾矩阵分解及其在神经网络压缩中的应用，最后介绍主流的张量分解技术以及如何将其应用在神经网络压缩中。

4.1 张量基础

张量的概念最初由威廉·罗恩·哈密顿在 1846 年引入，并在爱因斯坦提出广义相对论后获得了广泛的关注。目前，张量理论已经发展成为数学领域的一个重要分支，并在力学、物理学等领域有着广泛的应用。本节将对张量以及张量分解基础进行介绍。

4.1.1 张量定义

严格来讲，N 阶张量是由 N 个线性空间的张量积构成的，这 N 个线性空间都有其单独的坐标系。在机器学习和深度学习领域，张量通常被认为是一个多维数组（Multidimensional Array），即一个可以用来存放多个维度的数据的“容器”，是向量（Vector）和矩阵（Matrix）在多维空间的推广，数组的维度称为张量的阶。如图 4.1 所示，零阶张量就是我们经常用的“标量”，可以用来表示单个数值；一阶张量即“向量”，可以沿一个维度存放一系列数值；二阶张量即“矩阵”，可以沿两个维度存放多个数值；以此类推，三阶或更高阶张量可以按照三个或更多维度存放数据。

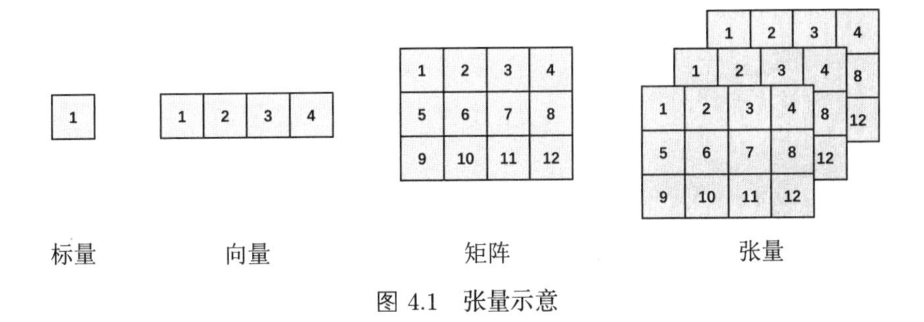

图 4.1 张量示意

为了方便后续介绍，我们首先介绍与张量相关的一些术语。

- **维（dimension）**：指组成张量的多维数组的某一个维度，也被称为张量的“轴”；
- **阶（order）**：组成张量的多维数组的维数；其中，标量的阶为 0，向量和矩阵的阶分别为 1 和 2；
- **形状（shape）**：张量的每个轴的长度；
- **大小（size）**：张量所存放的所有元素的数量。

在本章中，标量表示成小写字母，例如标量 x；向量表示为粗体小写字母，如向量 $\boldsymbol{x}$；矩阵表示成粗体大写字母，如矩阵 $\boldsymbol{X}$；而张量表示成无衬线粗体字母，如张量 $\mathsf{\mathbf{X}}$。通常而言，当我们提到张量时，往往特指张量的阶 $N \geqslant 3$，具体而言，我们将 N 阶维度为 $I_1 \times I_2 \times \cdots \times I_N$ 的张量表示成 $\mathsf{\mathbf{X}} \in \mathbb{R}^{I_1 \times I_2 \times \cdots \times I_N}$。

给定张量每个维度的坐标，就可以确定张量的某一个特定的元素，这个操作称为张量的索引，一般使用带有下标的字母表示。例如，向量 $\boldsymbol{x}$ 的第 i 个元素表示为 x_i；矩阵 $\boldsymbol{X}$ 的第 (i,j) 个元素表示为 $\boldsymbol{X}_{i,j}$；N 阶张量 $\mathsf{\mathbf{X}} \in \mathbb{R}^{I_1 \times I_2 \times \cdots \times I_N}$ 的第 $(i_1, i_2, \cdots, i_N)$ 个元素表示为 $\boldsymbol{X}_{i_1,i_2,\cdots,i_N}$。

4.1.2 张量运算

与向量和矩阵类似，张量也有一些基本运算。在本节中，我们将给出常用的张量运算的定义。

张量范数

张量 $\mathbf{X} \in \mathbb{R}^{I_1 \times I_2 \times \cdots \times I_N}$ 的范数（或模长）是其所有元素的平方和的平方根，即

$$\|\mathbf{X}\| = \sqrt{\sum_{i_1=1}^{I_1} \sum_{i_2=2}^{I_2} \cdots \sum_{i_N=1}^{I_N} \boldsymbol{X}_{i_1,i_2,\cdots,i_N}^2}$$

由此可以看出，张量的范数定义和向量二范数以及矩阵的 Frobenius 范数定义一致。

张量内积

简单来说，两个张量的内积就是把它们对应的元素相乘然后相加。对于两个形状相同的张量 $\mathbf{X}, \mathbf{Y} \in \mathbb{R}^{I_1 \times I_2 \times \cdots \times I_N}$，定义其内积为

$$\langle \mathbf{X}, \mathbf{Y} \rangle = \sum_{i_1=1}^{I_1} \sum_{i_2=2}^{I_2} \cdots \sum_{i_N=1}^{I_N} \boldsymbol{X}_{i_1,i_2,\cdots,i_N} \boldsymbol{Y}_{i_1,i_2,\cdots,i_N}$$

根据张量内积和范数的定义，可以得出 $\langle \mathbf{X}, \mathbf{X} \rangle = \|\mathbf{X}\|^2$。

张量外积

给定张量 $\mathcal{X} \in \mathbb{R}^{I_1 \times I_2 \times \cdots \times I_N}$ 和张量 $\mathcal{Y} \in \mathbb{R}^{J_1 \times J_2 \times \cdots \times J_M}$，定义其外积为

$$\mathcal{Z} = \mathcal{X} \circ \mathcal{Y} \in \mathbb{R}^{I_1 \times I_2 \times \cdots \times I_N \times J_1 \times J_2 \times \cdots \times J_M}$$

其中 $\mathcal{Z}$ 满足

$$z_{i_1 i_2 \cdots i_N j_1 j_2 \cdots j_M} = x_{i_1 i_2 \cdots i_N} * y_{j_1 j_2 \cdots j_M}.$$

张量的矩阵展开（张量矩阵化与向量化）

张量的矩阵展开（如图 4.2 所示）是一个将 N 阶张量中所有元素按照一定的顺序进行重新排列并得到一个二阶矩阵的过程。例如，一个 $2 \times 3 \times 4$ 的三阶张量，按照不同的重排列方式，可以展开成 2×12 的矩阵，或者 3×8 的矩阵，或者 4×6 的矩阵。在这里，我们仅探讨张量的模 n 展开，即 N 阶张量 $\mathbf{X} \in \mathbb{R}^{I_1 \times I_2 \times \cdots \times I_N}$ 的模 n 展开表示为

$$\boldsymbol{X}_{(n)} \in \mathbb{R}^{I_n \times (I_1 * I_2 * \cdots * I_{n-1} * I_{n+1} * I_N)}$$

此外，我们也可以定义张量的向量展开（向量化）。例如图 4.2 中张量的向

量化可以表示成 $\text{vec}(\mathbf{X}) = [1, 2, \cdots, 24]^{\mathrm{T}}$。

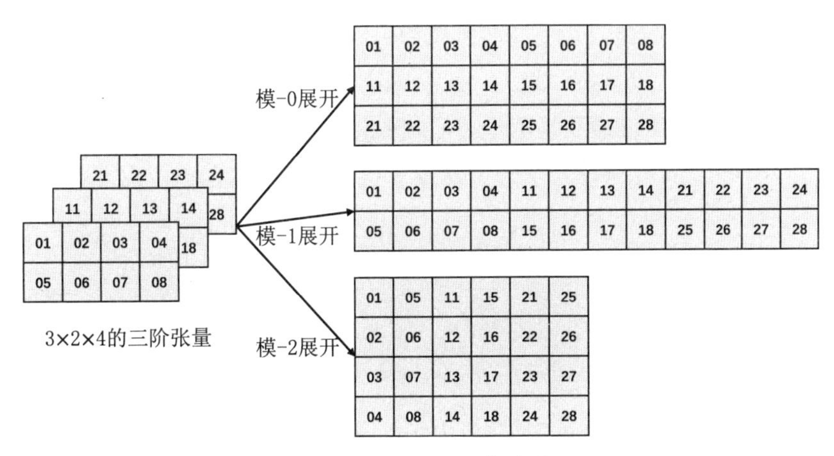

图 4.2 张量的矩阵展开

张量的模积

张量乘积的概念要比矩阵乘积概念复杂很多，在此，我们仅探讨张量与矩阵（或者向量）的模积。张量 $\mathbf{X} \in \mathbb{R}^{I_1 \times I_2 \times \cdots \times I_N}$ 和矩阵 $\boldsymbol{U} \in \mathbb{R}^{J \times I_n}$ 的模 n 积定义为

$$\mathbf{Y} = \mathbf{X} \times_n \boldsymbol{U} \in \mathbb{R}^{I_1 \times \cdots \times I_{n-1} \times J \times I_{n+1} \times \cdots \times I_N}$$

其中 $\mathbf{Y}$ 满足

$$Y_{i_1, \cdots, i_{n-1}, j, i_{n+1}, \cdots, i_N} = \sum_{i_n=1}^{I_n} X_{i_1, i_2, \cdots, i_N} * U_{j, i_n}$$

张量与矩阵的模 n 积与张量的模 n 展开存在下述对应关系：

$$\mathbf{Y} = \mathbf{X} \times_n \boldsymbol{U} \quad \Leftrightarrow \quad \boldsymbol{Y}_{(n)} = \boldsymbol{U}\boldsymbol{X}_{(n)}$$

N 阶张量 $\mathbf{X} \in \mathbb{R}^{I_1 \times I_2 \times \cdots \times I_N}$ 和向量 $\boldsymbol{v} \in \mathbb{R}^{I_n}$ 的模 n 积是一个 $N-1$ 阶的张量，其维度为 $I_1 \times \cdots \times I_{n-1} \times I_{n+1} \times \cdots \times I_N$，并且其元素满足以下关系：

$$(\mathbf{X} \times_n \boldsymbol{v})_{i_1, \cdots, i_{n-1}, i_{n+1}, \cdots, i_N} = \sum_{i_n=1}^{I_n} X_{i_1, i_2, \cdots, i_N} * v_{i_n}$$

矩阵的乘积

在张量分析中经常会用到矩阵的乘积，因此在这里我们将介绍几种常见的矩阵乘积，包括 Hadamard 乘积、Kronecker 乘积、Khatri-Rao 乘积。

矩阵的 Hadamard 乘积是矩阵逐元素乘积。对于两个形状相同的矩阵 $\boldsymbol{A}, \boldsymbol{B} \in \mathbb{R}^{I \times J}$，其 Hadamard 乘积表示为 $\boldsymbol{A} \odot \boldsymbol{B}$，也是一个形状为 $I \times J$ 的矩阵：

$$\boldsymbol{A} \odot \boldsymbol{B} = \begin{bmatrix} A_{1,1}B_{1,1} & A_{1,2}B_{1,2} & \cdots & A_{1,J}B_{1,J} \\ A_{2,1}B_{2,1} & A_{2,2}B_{2,2} & \cdots & A_{2,J}B_{2,J} \\ \vdots & \vdots & \ddots & \vdots \\ A_{I,1}B_{I,1} & A_{I,2}B_{I,2} & \cdots & A_{I,J}B_{I,J} \end{bmatrix}$$

矩阵 $\boldsymbol{A} \in \mathbb{R}^{I \times J}$ 和 $\boldsymbol{B} \in \mathbb{R}^{K \times J}$ 的 Kronecker 乘积表示为 $\boldsymbol{A} \otimes \boldsymbol{B}$，是一个形状为 $(IK) \times (JL)$ 的矩阵：

$$\boldsymbol{A} \otimes \boldsymbol{B} = \begin{bmatrix} A_{1,1}\boldsymbol{B} & A_{1,2}\boldsymbol{B} & \cdots & A_{1,J}\boldsymbol{B} \\ A_{2,1}\boldsymbol{B} & A_{2,2}\boldsymbol{B} & \cdots & A_{2,J}\boldsymbol{B} \\ \vdots & \vdots & \ddots & \vdots \\ A_{I,1}\boldsymbol{B} & A_{I,2}\boldsymbol{B} & \cdots & A_{I,J}\boldsymbol{B} \end{bmatrix}$$

矩阵的 Khatri-Rao 乘积定义在两个具有相同列数的矩阵 $\boldsymbol{A} \in \mathbb{R}^{I \times K}$ 和矩阵 $\boldsymbol{B} \in \mathbb{R}^{J \times K}$ 上，是一个形状为 $(IJ) \times K$ 的矩阵：

$$\boldsymbol{A} \oplus \boldsymbol{B} = \begin{bmatrix} \boldsymbol{A}_{:,1} \otimes \boldsymbol{B}_{:,1} & \boldsymbol{A}_{:,2} \otimes \boldsymbol{B}_{:,2} & \cdots & \boldsymbol{A}_{:,K} \otimes \boldsymbol{B}_{:,K} \end{bmatrix}$$

由此可见，Khatri-Rao 乘积是具有相同列数的两个矩阵对应列计算 Kronecker 乘积得到的新的矩阵。

4.1.3 特殊类型张量

在张量分析中，我们通常会用到一些具有特定结构或性质的张量。

秩一张量

如果一个 N 阶张量 $\mathbf{X} \in \mathbb{R}^{I_1 \times I_2 \times \cdots \times I_N}$ 可以表示成 N 个向量的外积，就称该 $\mathbf{X}$ 是 N 阶秩一张量，即

$$\mathbf{X} = \boldsymbol{a}^{(1)} \circ \boldsymbol{a}^{(2)} \circ \cdots \circ \boldsymbol{a}^{(N)}$$

其中，符号 $\circ$ 表示张量外积，即张量 **X** 的每个元素是由 N 个向量中对应的元素相乘得到的：

$$\boldsymbol{X}_{i_1,i_2,\cdots,i_N} = a_{i_1}^{(1)} a_{i_2}^{(2)} \cdots a_{i_N}^{(N)} \quad \text{for all}\, 1 \leqslant i_n \leqslant I_n$$

对称张量

如果张量的各个维度都相同，那么该张量称为立方体（Cubical），例如 $\mathbf{X} \in \mathbb{R}^{I\times I\times\cdots\times I}$。给定一个立方体张量，如果其中的元素满足在下标进行重新排列时，元素保持不变，就称该张量为对称（Symmetric）张量。例如，一个三阶张量 $\mathbf{X} \in \mathbb{R}^{I\times I\times I}$ 被称为对称张量，其元素满足：

$$X_{i,j,k} = X_{i,k,j} = X_{j,i,k} = X_{j,k,i} = X_{k,i,j} = X_{k,j,i} \quad \text{for all}\, i,j,k = 1,\cdots,I$$

如果 N 阶张量中有 n 个维度满足上述对称关系，则称该张量为半对称（Partially Symmetric）。例如，三阶张量 $\mathbf{X} \in \mathbb{R}^{I\times J\times J}$ 满足：

$$\boldsymbol{X}_i = \boldsymbol{X}_i^{\mathrm{T}} \quad \text{for all}\, i = 1,\cdots,I$$

那么张量 **X** 是一个半对称张量。

对角张量

一个张量如果满足除了主对角线上元素非 0，其他元素都是 0，那么称该张量为对角张量。具体地，如果张量 $\mathbf{X} \in \mathbb{R}^{I_1\times I_2\times\cdots\times I_N}$ 满足只有在 $i_1 = i_2 = \cdots = i_N$ 时，$X_{i_1,i_2,\cdots,i_N} \neq 0$，则称 **X** 为对角张量。

4.2 矩阵 SVD 分解

4.2.1 特征值与特征向量

对于矩阵 $\boldsymbol{A} \in \mathbb{R}^{N\times N}$，如果存在实数 λ 和非零向量 $\boldsymbol{v} \in \mathbb{R}^N$ 并且满足：

$$\boldsymbol{A}\boldsymbol{v} = \lambda\boldsymbol{v}$$

则称 $\boldsymbol{v}$ 是矩阵 $\boldsymbol{A}$ 的特征向量，λ 是对应于特征向量 $\boldsymbol{v}$ 的特征值。从几何角度讲，矩阵 $\boldsymbol{A}$ 表示一个线性变换，该线性变换作用在特征向量 $\boldsymbol{v}$ 上只会对 $\boldsymbol{v}$ 进行拉伸或者压缩而不会改变其方向，其拉伸/压缩量就是特征值 λ。

4.2.2 特征值分解

假设矩阵 $\boldsymbol{A}$ 有 N 个特征向量，即

$$\boldsymbol{A}\boldsymbol{v}_i = \lambda_i \boldsymbol{v}_i \quad \text{for all}\, i = 1, \cdots, N$$

将上述公式表示成矩阵形式则有

$$\boldsymbol{A}\boldsymbol{Q} = \boldsymbol{Q}\boldsymbol{\Lambda}$$

其中，$\boldsymbol{Q}$ 是 $N \times N$ 的方阵，且其第 i 列为矩阵 $\boldsymbol{A}$ 的特征向量 $\boldsymbol{v}_i$；$\boldsymbol{\Lambda}$ 是 $N \times N$ 的对角矩阵，且其对角线上元素为对应的特征值，即 $\Lambda_{ii} = \lambda_i$。

进一步地，假设 N 个特征向量相互独立，即 $\boldsymbol{Q}$ 可逆，则有

$$\boldsymbol{A} = \boldsymbol{Q}\boldsymbol{\Lambda}\boldsymbol{Q}^{-1}$$

该表达式称为矩阵的特征分解，即矩阵被分解为由其特征向量和特征值表示的矩阵乘积的形式。需要说明的是，只有可对角化矩阵才可以作特征分解，并且 $\boldsymbol{Q}$ 不一定是正交矩阵。

如果矩阵 $\boldsymbol{A}$ 是对称矩阵，则其特征向量两两正交，因此，存在正交矩阵 $\boldsymbol{Q}$ 使得矩阵 $\boldsymbol{A}$ 被分解为

$$\boldsymbol{A} = \boldsymbol{Q}\boldsymbol{\Lambda}\boldsymbol{Q}^{-1} = \boldsymbol{Q}\boldsymbol{\Lambda}\boldsymbol{Q}^{\mathrm{T}}$$

可以看出，对称矩阵 $\boldsymbol{A}$ 是一个由 N 维空间 $\mathbb{R}^N$ 到其自身的线性映射，$\boldsymbol{A}$ 的特征分解即找到一组正交基 $\boldsymbol{Q}$，使得在该线性映射下依然是一组正交基。但是矩阵的特征值分解仅适用于方阵。

4.2.3 SVD 分解

SVD 分解可以认为是特征值分解在任意矩阵上的推广。给定任意矩阵 $\boldsymbol{A} \in \mathbb{R}^{M \times N}$，可以被分解为

$$\boldsymbol{A} = \boldsymbol{U}\boldsymbol{\Sigma}\boldsymbol{V}^{\mathrm{T}} \tag{4.1}$$

其中，$\boldsymbol{U}$ 是一个 $M \times M$ 的正交阵；$\boldsymbol{\Sigma}$ 是一个 $M \times N$ 的对角矩阵，并且其对角元素是非负的；$\boldsymbol{V}$ 是一个 $N \times N$ 的正交阵。

根据式 (4.1) 可以得到

$$\begin{cases} \boldsymbol{A}\boldsymbol{A}^{\mathrm{T}} = \boldsymbol{U}\boldsymbol{\Sigma}\boldsymbol{V}^{\mathrm{T}}\boldsymbol{V}\boldsymbol{\Sigma}\boldsymbol{U}^{\mathrm{T}} = \boldsymbol{U}\boldsymbol{\Sigma}^2\boldsymbol{U}^{\mathrm{T}} \\ \boldsymbol{A}^{\mathrm{T}}\boldsymbol{A} = \boldsymbol{V}\boldsymbol{\Sigma}\boldsymbol{U}^{\mathrm{T}}\boldsymbol{U}\boldsymbol{\Sigma}\boldsymbol{V}^{\mathrm{T}} = \boldsymbol{V}\boldsymbol{\Sigma}^2\boldsymbol{V}^{\mathrm{T}} \end{cases}$$

因此，矩阵 $\boldsymbol{U}$ 的列向量是矩阵 $\boldsymbol{A}\boldsymbol{A}^{\mathrm{T}}$ 的特征向量，矩阵 $\boldsymbol{V}$ 的列向量是矩阵 $\boldsymbol{A}^{\mathrm{T}}\boldsymbol{A}$ 的特征向量。$\Sigma_{ii} = \sigma_i$ 被称为矩阵 $\boldsymbol{A}$ 的奇异值，$\boldsymbol{U}$ 和 $\boldsymbol{V}$ 的列向量分别被称为矩阵 $\boldsymbol{A}$ 的左奇异向量和右奇异向量。

由于矩阵 $\boldsymbol{A}$ 的秩满足 $\mathrm{rank}(\boldsymbol{A}) = R \leqslant \min\{M, N\}$，那么矩阵 $\boldsymbol{A}$ 的奇异值里非零元素的个数也是 R，因此 $\boldsymbol{U} = (\boldsymbol{u}_1\,\boldsymbol{u}_2 \cdots \boldsymbol{u}_R)$ 和 $\boldsymbol{V} = (\boldsymbol{v}_1\,\boldsymbol{v}_2 \cdots \boldsymbol{v}_R)$ 分别可以表示成 $M \times R$ 和 $N \times R$ 的矩阵，$\boldsymbol{\Sigma} = \mathrm{diag}(\sigma_1, \sigma_2, \cdots, \sigma_R)$ 表示成 $R \times R$ 的对角矩阵，并且通常我们将 $\boldsymbol{\Sigma}$ 的对角元素进行排序使其满足 $\sigma_1 \geqslant \sigma_2 \geqslant \cdots \geqslant \sigma_R$。图 4.3 展示了 SVD 分解示意图。

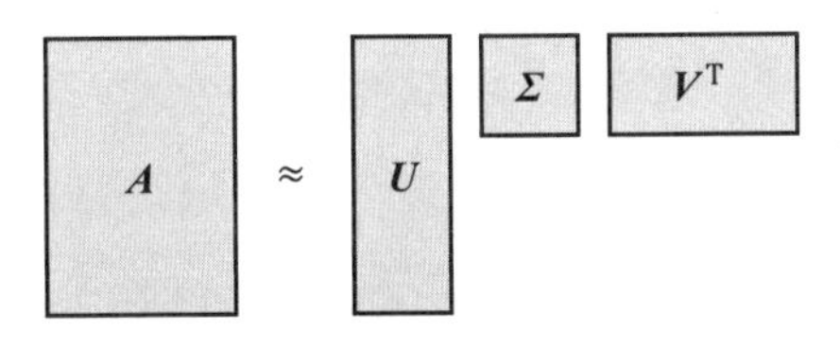

图 4.3 SVD 分解示意

矩阵乘法可以表示成向量的外积之和的形式，SVD 分解也是如此，即我们可以将 $\boldsymbol{A} = \boldsymbol{U}\boldsymbol{\Sigma}\boldsymbol{V}^{\mathrm{T}}$ 表示成 R 个秩一矩阵的加和：

$$\boldsymbol{A} = \sum_{r=1}^{R} \sigma_r \boldsymbol{u}_r \boldsymbol{v}_r^{\mathrm{T}} \tag{4.2}$$

4.2.4 全连接层 SVD 分解

全连接层将 N 维特征经过线性映射得到 M 维特征，因此权值矩阵 $\boldsymbol{W}$ 是一个 $M \times N$ 的矩阵。$\boldsymbol{W}$ 的 SVD 分解可以表示为 $\boldsymbol{W} = \boldsymbol{U}\boldsymbol{\Sigma}\boldsymbol{V}^{\mathrm{T}}$，其中 $\boldsymbol{U} \in \mathbb{R}^{M \times M}$，$\boldsymbol{V} \in \mathbb{R}^{N \times N}$ 是正交矩阵，$\boldsymbol{\Sigma} \in \mathbb{R}^{M \times N}$ 是对角矩阵，其对角线元素是权值矩阵 $\boldsymbol{W}$ 的奇异值。根据 SVD 分解（如图 4.3 所示）的性质，我们可以只保留 $\boldsymbol{W}$ 的最大的 K 个奇异值来对 $\boldsymbol{W}$ 进行近似，即

$$\boldsymbol{W} \approx \widetilde{\boldsymbol{W}} = \widetilde{\boldsymbol{U}}\widetilde{\boldsymbol{\Sigma}}\widetilde{\boldsymbol{V}}^{\mathrm{T}} \tag{4.3}$$

$$= \sum_{k=1}^{K} \sigma_k \boldsymbol{u}_k \boldsymbol{v}_k^{\mathrm{T}} \tag{4.4}$$

其中，$\widetilde{\boldsymbol{U}} \in \mathbb{R}^{M\times K}$，$\widetilde{\boldsymbol{V}} \in \mathbb{R}^{N\times K}$，$\widetilde{\boldsymbol{\Sigma}} \in \mathbb{R}^{K\times K}$ 是一个对角阵。

需要说明的是，在分解完成后，为了进一步压缩，可以将 $\widetilde{\boldsymbol{\Sigma}}$ 中的元素乘到 $\widetilde{\boldsymbol{U}}$ 和/或 $\widetilde{\boldsymbol{V}}$ 中。例如，可以令

$$\begin{cases}\hat{\boldsymbol{U}} = \widetilde{\boldsymbol{U}}\widetilde{\boldsymbol{\Sigma}}^{\frac{1}{2}} \\ \hat{\boldsymbol{V}} = \widetilde{\boldsymbol{V}}\widetilde{\boldsymbol{\Sigma}}^{\frac{1}{2}}\end{cases} \tag{4.5}$$

因此，只需要对 $\hat{\boldsymbol{U}}$ 和 $\hat{\boldsymbol{V}}$ 进行存储，并使其参与网络推理过程中的计算，便可以降低网络存储和计算开销。具体而言，在进行 SVD 分解后，权值矩阵 $\boldsymbol{W}$ 所表示的全连接层的存储复杂度和计算复杂度均由原来的 $\mathcal{O}(MN)$ 降低为 $\mathcal{O}((M+N)K)$（为了简化，这里忽略了偏置项的存储和计算开销）。

下面分析一下 SVD 分解带来的误差。对于输入特征向量 $\boldsymbol{x}$，通过 SVD 分解后，输出特征的误差满足以下公式：

$$\|\boldsymbol{W}\boldsymbol{x} - \widetilde{\boldsymbol{W}}\boldsymbol{x}\|_F \leqslant \sigma_{K+1}\|\boldsymbol{x}\|_F \tag{4.6}$$

随着近似分解所选的秩 K 的增加，第 $K+1$ 个奇异值的逐渐降低，SVD 近似分解带来的误差也会逐渐变小。通过综合考虑分解带来的误差和对存储/计算复杂度的降低，需要选择合适的 K，以达到精度和效率之间的平衡。

4.2.5 卷积层 SVD 分解

通常而言，一个卷积层的所有权值组成一个四维张量 $\mathbf{W} \in \mathbb{R}^{N\times C\times D\times D}$，而 SVD 分解只能适用于二维矩阵，因此，如果要对卷积层使用 SVD 分解进行压缩，需要先将卷积层参数的四维张量（或其部分元素组成的张量）展开成二维矩阵，再对展开后的二维矩阵进行 SVD 分解。四维张量展开成二维矩阵有多种展开方式，每一种展开都对应一种 SVD 分解方式，本章只介绍其中几种代表性分解方式，更多分解方式可以参考相关文献[57, 127, 129]。

空间分解

卷积层权值是一个形状为 $N\times C\times D\times D$ 的四维张量，其中 C 和 N 分别表示卷积核对应于输入通道和输出通道的维度，$D\times D$ 表示卷积核在空间上的维度。空间分解（Spatial Decomposition）首次由 Jaderberg 等人提出[127]，即将空间维度为 $D\times D$ 的卷积核分解成 $D\times 1$ 和 $1\times D$ 的两个卷积核。

具体而言，将权值张量 $\mathbf{W} \in \mathbb{R}^{N\times C\times D\times D}$ 中的元素进行重新排列，并转换成二维矩阵 $\boldsymbol{W} \in \mathbb{R}^{(N*D)\times(C*D)}$，然后对矩阵 $\boldsymbol{W}$ 进行秩为 R 的 SVD 分解，即

$$\boldsymbol{W} \approx \boldsymbol{U}\boldsymbol{\Sigma}\boldsymbol{V}^{\mathrm{T}} \tag{4.7}$$

其中 $\boldsymbol{U} \in \mathbb{R}^{(N*D)\times R}$，$\boldsymbol{V} \in \mathbb{R}^{(C*D)\times R}$，$\boldsymbol{\Sigma} \in \mathbb{R}^{R\times R}$ 是一个对角矩阵。

完成上述分解后，权值张量 $\mathbf{W}$ 表示的卷积层转换成了两个以 $\boldsymbol{U}$ 和 $\boldsymbol{V}$ 为参数的卷积层（这里我们忽略了 $\boldsymbol{\Sigma}$，因为 $\boldsymbol{\Sigma}$ 中的元素可以被吸收到 $\boldsymbol{U}$ 和/或 $\boldsymbol{V}$ 中，请参考式 (4.5)。为了说明分解后的权值 $\boldsymbol{U}$ 和 $\boldsymbol{V}$ 依然是卷积操作，我们将分解后的权值矩阵转换成四维张量，即将 $\boldsymbol{V} \in \mathbb{R}^{(C*D)\times R}$ 转换成 $\mathbf{V} \in \mathbb{R}^{R\times C\times D\times 1}$，将 $\boldsymbol{U} \in \mathbb{R}^{(N*D)\times R}$ 转换成 $\mathbf{U} \in \mathbb{R}^{N\times R\times 1\times D}$。如图 4.4 所示，原始以 $\mathbf{W}$ 为参数的空间维度为 $D\times D$ 的卷积层被分解成 $D\times 1$ 的卷积层（以 $\mathbf{V}$ 为参数）和 $1\times D$ 的卷积层（以 $\mathbf{U}$ 为参数）。

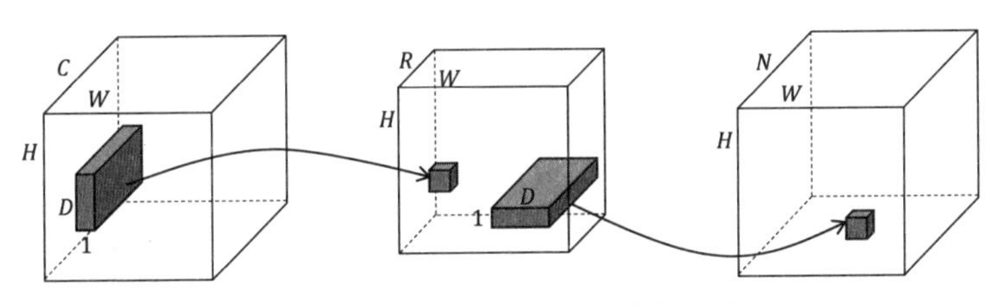

图 4.4 卷积层空间 SVD 分解压缩

通道分解

通道分解是指将四维卷积权值张量 $\mathbf{W}$ 中的元素按照输入通道或者输出通道维度进行重排，得到二维矩阵，再进行 SVD 分解。以输出通道为例[298]，将权值张量 $\mathbf{W} \in \mathbb{R}^{N\times C\times D\times D}$ 中的元素进行重新排列，并转换成二维矩阵 $\boldsymbol{W} \in \mathbb{R}^{N\times(CDD)}$，然后对矩阵 $\boldsymbol{W}$ 进行秩为 R 的 SVD 分解，即

$$\boldsymbol{W} \approx \boldsymbol{U}\boldsymbol{\Sigma}\boldsymbol{V}^{\mathrm{T}} \tag{4.8}$$

其中 $\boldsymbol{U} \in \mathbb{R}^{N\times R}$，$\boldsymbol{V} \in \mathbb{R}^{(CDD)\times R}$，$\boldsymbol{\Sigma} \in \mathbb{R}^{R\times R}$ 是一个对角矩阵。

类似地，完成上述分解后，可以将 $\boldsymbol{V}^{\mathrm{T}} \in \mathbb{R}^{R\times(CDD)}$ 转换成 $\mathbf{V} \in \mathbb{R}^{R\times C\times D\times D}$，将 $\boldsymbol{U} \in \mathbb{R}^{N\times R}$ 转换成 $\mathbf{U} \in \mathbb{R}^{N\times R\times 1\times 1}$。因此，如图 4.5 所示，原始以 $\mathbf{W}$ 为参数具有 N 个输出通道的 $D\times D$ 卷积层被分解成具有 R 个输出通道的 $D\times D$ 卷积层（以 $\mathbf{V}$ 为参数）和具有 N 个输出通道的 1×1 的卷积层（以 $\mathbf{U}$ 为参数）。

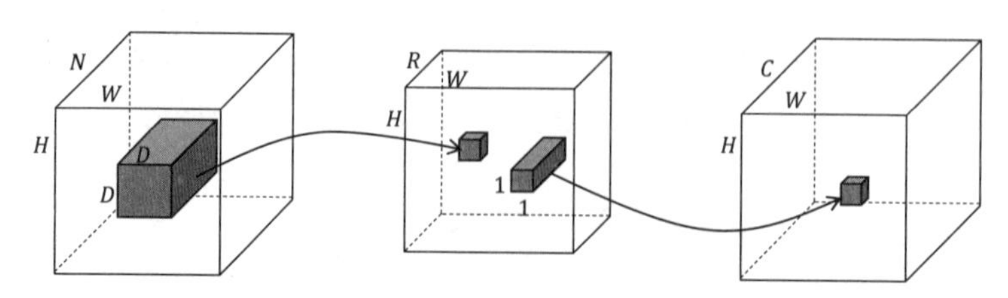

图 4.5 卷积层（输出）通道 SVD 分解压缩

多重 SVD 分解

通过前面章节的介绍，我们知道可以将卷积层的权值张量按照不同维度进行元素重排并展开成矩阵形式，进而使用 SVD 分解实现某一维度的压缩。为了进一步提高压缩率，可以同时对不同的维度进行低秩分解，例如同时对空间维度和输出通道维度进行压缩。为了实现该目的，一种方式就是使用多重 SVD 分解，即沿不同维度重复多次使用 SVD 分解。简而言之，我们将权值矩阵 $\boldsymbol{W}$ 分解成 $\boldsymbol{U}$ 和 $\boldsymbol{V}$ 两个矩阵，进一步地，可以继续对 $\boldsymbol{U}$ 和/或 $\boldsymbol{V}$ 进行 SVD 分解以实现进一步压缩。

在文献 [298] 中，作者首先使用了输出通道 SVD 分解将 $\mathbf{W} \in \mathbb{R}^{N\times C\times D\times D}$ 分解成 $\mathbf{U} \in \mathbb{R}^{N\times R_1\times 1\times 1}$ 和 $\mathbf{V} \in \mathbb{R}^{R_1\times C\times D\times D}$，进而使用空间分解将 $\mathbf{V} \in \mathbb{R}^{R_1\times C\times D\times D}$ 分解成 $\mathbf{P} \in \mathbb{R}^{R_1\times R_2\times 1\times D}$ 和 $\mathbf{Q} \in \mathbb{R}^{R_2\times C\times D\times 1}$，即原始以 $\mathbf{W}$ 为参数具有 N 个输出通道的 $D\times D$ 卷积层被分解成具有 R_2 个输出通道的 $D\times 1$ 卷积层（以 $\mathbf{Q}$ 为参数）、具有 R_1 个输出通道的 $1\times D$ 卷积层（以 $\mathbf{P}$ 为参数）以及具有 N 个输出通道的 1×1 的卷积层（以 $\mathbf{U}$ 为参数），如图 4.6 所示。

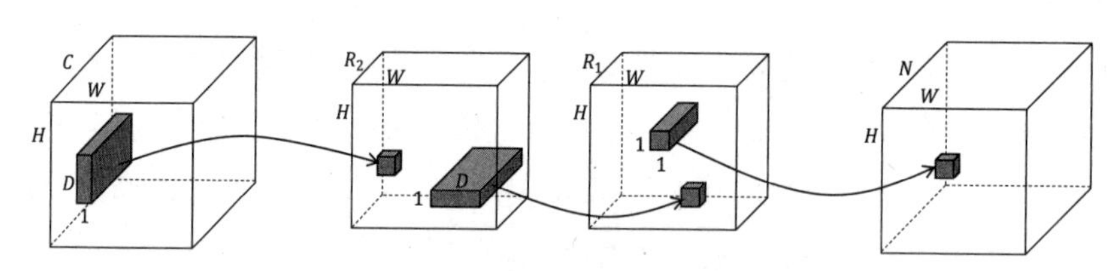

图 4.6 多重 SVD 分解实现卷积压缩

4.3 张量低秩分解

上一节介绍的压缩方法是将权值张量展开成矩阵之后再进行低秩分解。在本节，我们将介绍直接使用张量低秩分解进行模型压缩的方法。

4.3.1 Tucker 分解

Tucker 分解定义

Tucker 分解是矩阵 SVD 分解在高维张量上的扩展，因此也被称为高阶奇异值分解（Higher-order SVD，HOSVD）。如式 (4.1) 所示，矩阵 SVD 分解将矩阵分解为一个对角矩阵 $\boldsymbol{\Sigma}$ 以及两个因子矩阵 $\boldsymbol{U}$ 和 $\boldsymbol{V}$ 的乘积的形式。Tucker 分解将张量分解为一个核心张量 $\mathbf{G}$ 与每一维度上对应的因子矩阵的乘积。以三阶张量为例，对于张量 $\mathbf{X} \in \mathbb{R}^{I\times J\times K}$，其 Tucker 分解为

$$\mathbf{X} \approx \mathbf{G} \times_1 \boldsymbol{A} \times_2 \boldsymbol{B} \times_3 \boldsymbol{C} \tag{4.9}$$

$$= \sum_{p=1}^{P}\sum_{q=1}^{Q}\sum_{r=1}^{R} G_{p,q,r}\boldsymbol{A}_{p,:} \circ \boldsymbol{B}_{q,:} \circ \boldsymbol{C}_{r,:} \tag{4.10}$$

其中，$\mathbf{G} \in \mathbb{R}^{P\times Q\times R}$ 被称为核心张量（Core Tensor），矩阵 $\boldsymbol{A} \in \mathbb{R}^{I\times P}$，$\boldsymbol{B} \in \mathbb{R}^{J\times Q}$，$\boldsymbol{C} \in \mathbb{R}^{K\times R}$ 被称为沿每个维度（此示例中为三个维度）的因子矩阵（Factor Matrix）。图 4.7 展示了三阶张量的 Tucker 分解形式。

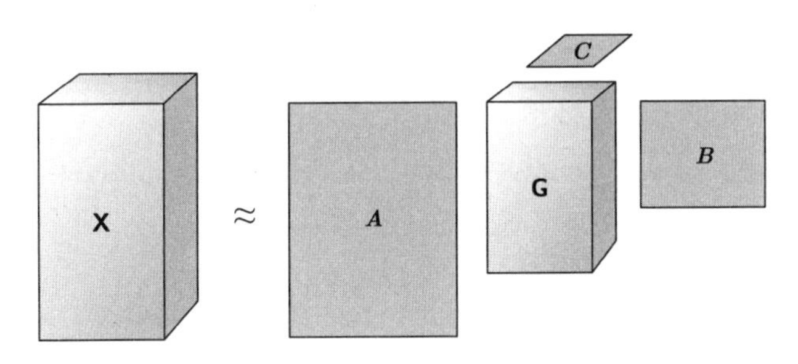

图 4.7 三阶张量的 Tucker 分解形式

通常而言，核心张量 $\mathbf{G}$ 是一个稠密张量，其中的元素代表了不同因子之间相互作用的水平。此外，张量 $\mathbf{G}$ 的形状为 $P \times Q \times R$，而原始张量 $\mathbf{X}$ 的形状为 $I \times J \times K$，如果 P, Q, R 远小于 I, J, K，那么分解后 $\mathbf{G}$ 的存储空间将远小于分解前 $\mathbf{X}$ 的存储空间，因此可以认为分解后的核心张量 $\mathbf{G}$ 是原始张量 $\mathbf{X}$ 的压缩形式。

对于三阶张量的 Tucker 分解，如果将其中某一个因子矩阵固定为单位阵，可得到 Tucker 分解的一种变种，即 Tucker 2 分解。例如，如果将第三维对应的因子矩阵设置成单位阵，则有

$$\mathcal{X} \approx \mathcal{G} \times_1 \boldsymbol{A} \times_2 \boldsymbol{B} \tag{4.11}$$

可以看出 Tucker 2 分解是 Tucker 分解的一种特殊形式，对比式 (4.9)，分解后的核心张量 $\mathcal{G} \in \mathbb{R}^{P \times Q \times R}$ 满足 $R = K$，并且 $C = I$ 是一个 $K \times K$ 的单位阵。

进一步地，如果将其中两个维度对应的因子矩阵设置成单位阵，则得到 Tucker 1 分解。例如，将第二维和第三维所对应的因子矩阵设置成单位阵，可以得到如下的 Tucker 1 分解形式：

$$\mathcal{X} \approx \mathcal{G} \times_1 \boldsymbol{A} \tag{4.12}$$

最后，上述概念均可拓展到 N 阶张量，例如 N 阶张量 $\mathcal{X} \in \mathbb{R}^{I_1 \times I_2 \times \cdots \times I_N}$ 的 Tucker 分解可以表示为

$$\mathcal{X} \approx \mathcal{G} \times_1 \boldsymbol{A}^{(1)} \times_2 \boldsymbol{A}^{(2)} \cdots \times_N \boldsymbol{A}^{(N)} \tag{4.13}$$

并且可以将其中任意某些因子矩阵设置成单位阵。

截断 Tucker 分解

对于 N 阶张量 $\mathcal{X} \in \mathbb{R}^{I_1 \times I_2 \times \cdots \times I_N}$，其模 n 秩是指张量 $\mathcal{X}$ 在模 n 矩阵化展开后获得的矩阵 $\boldsymbol{X}_{(n)}$ 的列秩，并标记为 $\text{rank}_n(\mathcal{X})$。在 Tucker 分解中，如果令 $R_n = \text{rank}_n(\mathcal{X})$，我们常常称张量 $\mathcal{X}$ 是一个秩为 $(R_1, R_2, \cdots, R_N)$ 的张量。

对于张量 $\mathcal{X}$，如果 Tucker 分解的秩 $(R_1, R_2, \cdots, R_N)$ 满足 $R_n = \text{rank}_n(\mathcal{X})$，那么存在精确的 Tucker 分解形式；而如果当 $R_n < \text{rank}_n(\mathcal{X})$ 时，就需要将分解的核心张量和因子矩阵进行截断，称为截断 Tucker 分解。

基于 Tucker 分解的神经网络压缩

对卷积层参数张量进行 Tucker 分解，可以实现网络参数量和计算量的压缩。具体而言，卷积层权值 $\mathcal{W} \in \mathbb{R}^{N \times C \times D \times D}$ 是一个四维张量，使用秩为 (R_1, R_2, R_3, R_4) 的 Tucker 分解进行近似，可以得到

$$\mathcal{W} \approx \mathcal{G} \times_1 \boldsymbol{U}^{(1)} \times_2 \boldsymbol{U}^{(2)} \times_3 \boldsymbol{U}^{(3)} \times_4 \boldsymbol{U}^{(4)} \tag{4.14}$$

其中，$\mathcal{G}$ 是分解后的核心张量并且形状为 $R_1 \times R_2 \times R_3 \times R_4$，矩阵 $\boldsymbol{U}^{(1)}$，$\boldsymbol{U}^{(2)}$，$\boldsymbol{U}^{(3)}$ 和 $\boldsymbol{U}^{(4)}$ 分别是沿 4 个维度的因子矩阵，且其形状分别为 $N \times R_1$、$C \times R_2$、$D \times R_3$ 以及 $D \times R_4$。

如前面章节所述 [式 (4.11) 和式 (4.12)]，Tucker 分解中并不需要对所有维

度都进行分解。在卷积神经网络中，卷积核的空间维度 D 往往都很小（D 一般是 $1 \sim 7$），因此可以不必对卷积核的空间维度进行分解，即将 $\boldsymbol{U}^{(3)}$ 和 $\boldsymbol{U}^{(4)}$ 设置为单位阵，也就是前面介绍的 Tucker 2 分解：

$$\mathbf{W} \approx \mathbf{G} \times_1 \boldsymbol{U}^{(1)} \times_2 \boldsymbol{U}^{(2)} \tag{4.15}$$

此时，核心张量 $\mathbf{G}$ 的形状为 $R_1 \times R_2 \times D \times D$，矩阵 $\boldsymbol{U}^{(1)}$、$\boldsymbol{U}^{(2)}$ 分别是沿输入通道和输出通道两个维度对应的因子矩阵，且其形状分别为 $N \times R_1$、$C \times R_2$。

上述 Tucker 分解后得到的核心张量 $\mathbf{G}$ 以及因子矩阵 $\boldsymbol{U}^{(1)}$ 和 $\boldsymbol{U}^{(2)}$ 分别对应一个卷积层。具体而言，可以将 ${\boldsymbol{U}^{(2)}}^{\mathrm{T}} \in \mathbb{R}^{R_2 \times C}$ 转换成四维卷积核 $\mathbf{U}^{(2)} \in \mathbb{R}^{R_2 \times C \times 1 \times 1}$，即对应一个 1×1 的卷积；核心张量 $\mathbf{G} \in \mathbb{R}^{R_1 \times R_2 \times D \times D}$ 对应一个 $D \times D$ 的卷积；将 $\boldsymbol{U}^{(1)} \in \mathbb{R}^{N \times R_1}$ 转换成四维卷积核 $\mathbf{U}^{(1)} \in \mathbb{R}^{N \times R_1 \times 1 \times 1}$，即对应另一个 1×1 的卷积。图 4.8 展示了用截断 Tucker 分解实现卷积压缩。

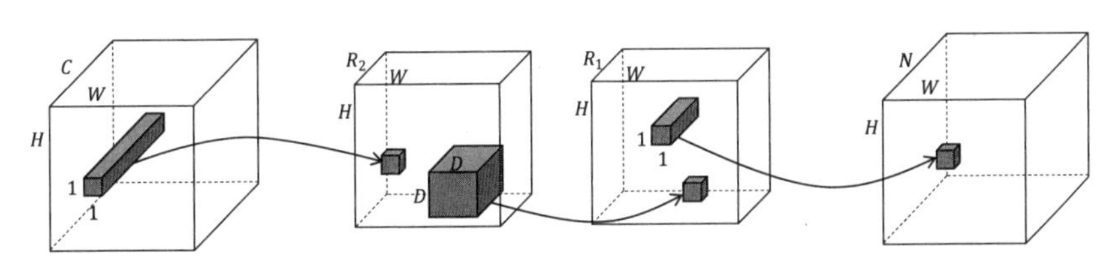

图 4.8 用截断 Tucker 分解实现卷积压缩

4.3.2 CP 分解

CP 分解定义

CP 分解（CANDECOMP/PARAFAC Decomposition）是矩阵 SVD 分解在高阶张量上的推广。我们知道，矩阵 SVD 分解是将 $M \times N$ 的矩阵分解成 R 个秩一矩阵之和的形式。CP 分解将这种分解形式由二阶矩阵推广到高阶张量，即 CP 分解将一个 N 阶张量分解成 R 个秩一张量之和的形式。例如，给定一个三阶张量 $\mathbf{X} \in \mathbb{R}^{I \times J \times K}$，其 CP 分解公式如下：

$$\mathbf{X} \approx \sum_{r=1}^{R} \boldsymbol{a}_r \circ \boldsymbol{b}_r \circ \boldsymbol{c}_r \tag{4.16}$$

其中，R 是正整数，表示张量的秩；$\boldsymbol{a}_r \in \mathbb{R}^I$，$\boldsymbol{b}_r \in \mathbb{R}^J$，$\boldsymbol{c}_r \in \mathbb{R}^K$，$r = 1, \cdots, R$。图 4.9 展示了三阶张量的 CP 分解形式。

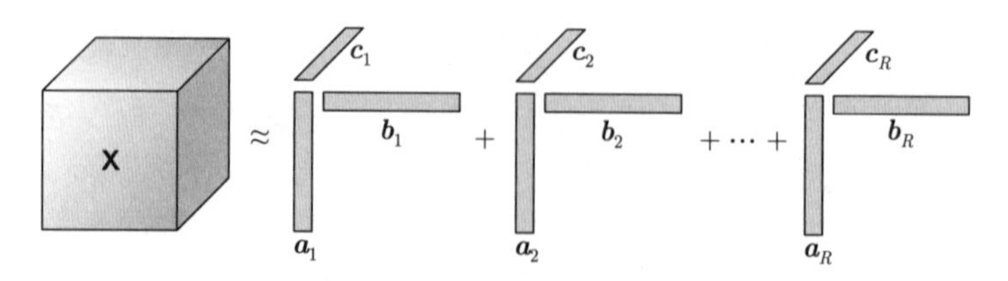

图 4.9 三阶张量的 CP 分解形式

CP 分解也可以表示成矩阵形式，我们可以将分解后的向量 $\boldsymbol{a}_r$ 拼接成因子矩阵 $\boldsymbol{A}=[\boldsymbol{a}_r\,\boldsymbol{a}_2\,\cdots\,\boldsymbol{a}_R]$。同理，可以得到因子矩阵 $\boldsymbol{B}$ 和 $\boldsymbol{C}$。那么，矩阵化的张量 CP 分解可以表示成如下形式：

$$\begin{cases}\boldsymbol{X}_{(1)}=\boldsymbol{A}(\boldsymbol{C}\oplus\boldsymbol{B})^{\mathrm{T}},\\ \boldsymbol{X}_{(2)}=\boldsymbol{B}(\boldsymbol{C}\oplus\boldsymbol{A})^{\mathrm{T}},\\ \boldsymbol{X}_{(3)}=\boldsymbol{C}(\boldsymbol{B}\oplus\boldsymbol{A})^{\mathrm{T}}\end{cases} \tag{4.17}$$

其中 $\boldsymbol{X}_{(n)}$ 表示张量 $\mathbf{X}$ 的模 n 矩阵化展开，$\oplus$ 表示矩阵的 Khatri-Rao 乘积（请回顾 4.1.2 节）。

类似于 SVD 分解，我们通常假设因子矩阵 $\boldsymbol{A}$，$\boldsymbol{B}$ 和 $\boldsymbol{C}$ 是列归一化的，即因子矩阵的列向量的模长为 1，此时，CP 分解可以写成如下形式：

$$\mathbf{X}\approx\sum_{r=1}^{R}\lambda_r\boldsymbol{a}_r\circ\boldsymbol{b}_r\circ\boldsymbol{c}_r \tag{4.18}$$

此外，需要注意的是，对于 $M\times N$ 矩阵的 SVD 分解，矩阵的秩 $R\leqslant\min\{M,N\}$。而对于 $I\times J\times K$ 的张量的 CP 分解，其张量的秩 R 有可能大于任意一个维度的大小。

最后，上述三阶张量 CP 分解的概念均可拓展到 N 阶张量，例如 N 阶张量 $\mathbf{X}\in\mathbb{R}^{I_1\times I_2\times\cdots\times I_N}$ 的 CP 分解可以表示为

$$\mathbf{X}\approx\sum_{r=1}^{R}\lambda_r\boldsymbol{a}_r^{(1)}\circ\boldsymbol{a}_r^{(2)}\circ\cdots\circ\boldsymbol{a}_r^{(N)} \tag{4.19}$$

其中，$\boldsymbol{\lambda}\in\mathbb{R}^R$，$\boldsymbol{A}^{(n)}\in\mathbb{R}^{I_n\times R}$，$n=1,\cdots,N$。此时，如果定义 $\boldsymbol{\Lambda}=\mathrm{diag}(\boldsymbol{\lambda})$，则模 n 矩阵化展开后的 CP 分解形式如下：

$$\boldsymbol{X}_{(n)}\approx\boldsymbol{A}^{(n)}\boldsymbol{\Lambda}(\boldsymbol{A}^{(N)}\circ\cdots\circ\boldsymbol{A}^{(n+1)}\circ\boldsymbol{A}^{(n-1)}\circ\cdots\circ\boldsymbol{A}^{(1)})^{\mathrm{T}} \tag{4.20}$$

基于 CP 分解的神经网络压缩

对卷积层参数张量进行 CP 分解，可以实现网络参数量和计算量的压缩。具体而言，卷积层权值 $\mathbf{W} \in \mathbb{R}^{N\times C\times D\times D}$ 是一个四维张量，使用秩为 R 的 CP 分解进行近似，可以得到

$$\mathbf{W} \approx \sum_{r=1}^{R} \boldsymbol{U}_{:,r}^{(1)} \circ \boldsymbol{U}_{:,r}^{(2)} \circ \boldsymbol{U}_{:,r}^{(3)} \circ \boldsymbol{U}_{:,r}^{(4)} \tag{4.21}$$

其中，矩阵 $\boldsymbol{U}^{(1)}$，$\boldsymbol{U}^{(2)}$，$\boldsymbol{U}^{(3)}$ 和 $\boldsymbol{U}^{(4)}$ 分别是沿 4 个维度的因子矩阵，且其形状分别为 $N\times R$、$C\times R$、$D\times R$ 以及 $D\times R$。

上述 CP 分解后得到的因子矩阵 $\boldsymbol{U}^{(i)}, i=1,2,3,4$ 分别对应一个卷积层。具体而言，可以将 ${\boldsymbol{U}^{(2)}}^{\mathrm{T}} \in \mathbb{R}^{R\times C}$ 转换成四维卷积核 $\mathbf{U}^{(2)} \in \mathbb{R}^{R\times C\times 1\times 1}$，即对应一个 1×1 的卷积；${\boldsymbol{U}^{(3)}}^{\mathrm{T}}, {\boldsymbol{U}^{(4)}}^{\mathrm{T}} \in \mathbb{R}^{R\times D}$ 转换成四维卷积核 $\mathbf{U}^{(3)} \in \mathbb{R}^{R\times 1\times D\times 1}$ 和 $\mathbf{U}^{(4)} \in \mathbb{R}^{R\times 1\times 1\times D}$，即分别对应一个 $D\times 1$ 的卷积和一个 $1\times D$ 的卷积，并且分组均为 R；最后，将 $\boldsymbol{U}^{(1)} \in \mathbb{R}^{N\times R}$ 转换成四维卷积核 $\mathbf{U}^{(1)} \in \mathbb{R}^{N\times R\times 1\times 1}$，即对应另一个 1×1 的卷积。CP 分解后的四层卷积替换原始卷积如图 4.10 所示。

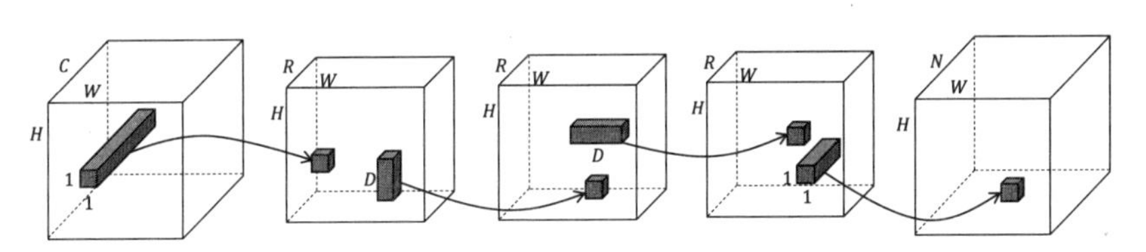

图 4.10 用 CP 分解实现卷积压缩

在 4.2.5 节对卷积核进行矩阵 SVD 分解中提到，可以将四维的卷积核张量转换成二维的矩阵，然后利用 SVD 分解进行压缩。该方式也适用于 CP 分解，即我们可以合并四维卷积核张量中的某些维度，转换成低阶张量，然后进行 CP 分解。在卷积神经网络中，卷积核的空间维度 D 往往都很小（D 一般是 $1\sim 7$），因此不必对卷积核的空间维度进行分解。具体而言，我们将四维的卷积核张量的两个空间维度进行合并，得到的三阶权值张量 $\mathbf{W} \in \mathbb{R}^{N\times C\times P}$，使用秩为 R 的 CP 分解进行近似，可以得到

$$\mathbf{W} \approx \sum_{r=1}^{R} \boldsymbol{U}_{:,r}^{(1)} \circ \boldsymbol{U}_{:,r}^{(2)} \circ \boldsymbol{U}_{:,r}^{(3)} \tag{4.22}$$

其中因子矩阵 $\boldsymbol{U}^{(1)}$，$\boldsymbol{U}^{(2)}$ 和 $\boldsymbol{U}^{(3)}$ 的形状分别为 $N\times R$、$C\times R$、$P\times R$，分别

对应两个 1×1 的卷积和一个 $D\times D$ 的分组数为 R 的卷积。

4.3.3 BTD 分解

BTD 分解定义

BTD 分解（Block-Term Decomposition）是由 Lieven De Lathauwer 等人于 2008 年提出的[52-54]，该分解方式可以看成 CP 分解和 Tucker 分解的结合。回顾一下，CP 分解是将张量表示成多个秩一张量之和的形式，而 BTD 分解进一步取消秩为 1 的限制，即 BTD 分解是将张量表示成多个低秩张量之和的形式，其中每个低秩张量又具有 Tucker 分解的形式。例如，给定一个三阶张量 $\mathbf{X}\in\mathbb{R}^{I\times J\times K}$，其 BTD 分解公式如下：

$$\mathbf{X}\approx\sum_{r=1}^{R}\mathbf{G}_r\times_1\boldsymbol{A}_r\times_2\boldsymbol{B}_r\times_3\boldsymbol{C}_r, \tag{4.23}$$

其中，$\mathbf{G}_r\in\mathbb{R}^{L_r\times M_r\times N_r}$，$\boldsymbol{A}_r\in\mathbb{R}^{I\times L_r}$，$\boldsymbol{B}_r\in\mathbb{R}^{J\times M_r}$，$\boldsymbol{C}_r\in\mathbb{R}^{K\times N_r}$，$r=1,\cdots,R$。图 4.11 展示了三阶张量的 BTD 分解形式。

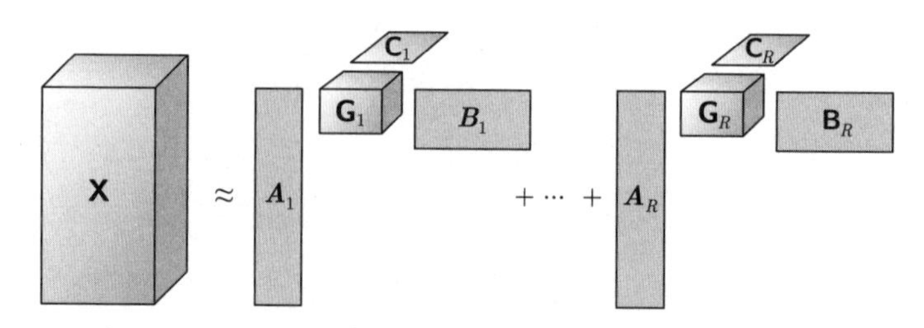

图 4.11　三阶张量的 BTD 分解形式

基于 BTD 分解的神经网络压缩

在本节中，卷积层的权值 $\mathbf{W}\in\mathbb{R}^{N\times C\times D\times D}$ 被展开成一个三维张量 $\mathbf{T}\in\mathbb{R}^{N\times C\times P}$，这里 $P=D*D$ 表示空间维度。例如，对于一个 3×3 的卷积核，对应的 $P=9$。

基于权值拟合的低秩组稀疏分解方法可以转换成 BTD 分解。具体而言，对于卷积层权值张量 $\mathbf{T}\in\mathbb{R}^{N\times C\times P}$，其 BTD 分解为

$$\mathbf{T}\approx\sum_{r=g}^{G}\mathbf{G}_g\times_1\boldsymbol{A}_g\times_2\boldsymbol{B}_g\times_3\boldsymbol{C}_g \tag{4.24}$$

这里 $\mathbf{G}_g \in \mathbb{R}^{r_1 \times r_2 \times r_3}$ 表示第 g 个低秩子张量的核心张量，$\boldsymbol{A}_g \in \mathbb{R}^{C \times r_2}$、$\boldsymbol{B}_g \in \mathbb{R}^{N \times r_1}$ 和 $\boldsymbol{C}_g \in \mathbb{R}^{P \times r_3}$ 分别表示沿三个维度的因子矩阵。这里的 r_1、r_2 和 r_3 分别表示对应于 N、C 和 P 的三个维度上的秩。

在本节提出的方法中，由于卷积核的空间维度 P 往往很小，因此没有继续探索在空间维度上的低秩，只考虑了对应于输入通道和输出通道两个维度的低秩，即本节提出的分解方法可以表示成

$$
\begin{aligned}
\mathbf{T} &\approx \sum_{g=1}^{G} \mathbf{G}_g \times_1 \boldsymbol{A}_g \times_2 \boldsymbol{B}_g \\
&= \sum_{g=1}^{G} \mathbf{T}_g
\end{aligned}
\tag{4.25}
$$

此处的 $\mathbf{G}_g \in \mathbb{R}^{r_1 \times r_2 \times P}$ 表示第 g 个低秩子张量的核心张量，$\boldsymbol{A}_g \in \mathbb{R}^{C \times r_2}$、$\boldsymbol{B}_g \in \mathbb{R}^{N \times r_1}$ 分别表示沿输入通道和输出通道两个维度上的因子矩阵。我们可以认为式 (4.25) 中的沿空间维度的因子矩阵是一个单位阵。图 4.12 上部分展示了该分解的示意图。

对于本节提出的分解方式，其分解后的低秩子张量的各个组成部分可以被拼接到一起，转换成另一种完全等价的表示形式。具体而言，我们可以把 $\boldsymbol{A}_1, \cdots, \boldsymbol{A}_G$，$\boldsymbol{B}_1, \cdots, \boldsymbol{B}_G$ 和 $\mathbf{G}_1, \cdots, \mathbf{G}_G$ 拼接到一块，分别表示成 $\boldsymbol{A} \in \mathbb{R}^{C \times R_2}$、$\boldsymbol{B} \in \mathbb{R}^{N \times R_1}$ 以及 $\mathbf{G} \in \mathbb{R}^{\boldsymbol{R_1} \times \boldsymbol{R_2} \times \boldsymbol{P}}$，其中 $R_1 = r_1 * G$，$R_2 = r_2 * G$。这样，拼接后得到的核心张量 $\mathbf{G}$ 是组稀疏的（Group Sparse），即只有对角线上的几个块有非零元素，其余位置的所有元素都是零，如图 4.12 下部分所示。

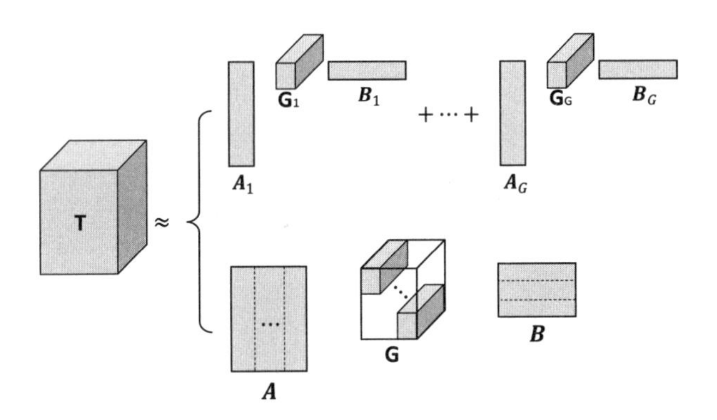

图 4.12 张量 BTD 分解示意图

矩阵 $\boldsymbol{A}$ 和 $\boldsymbol{B}$ 对应于瓶颈结构的第一个和最后一个 1×1 的卷积核，而核心张量 **G** 对应于中间带有分组的 $D \times D$ 的卷积层。图 4.13 展示了原始的一个卷积层在使用本节提出的低秩组稀疏方法压缩之后的网络结构。

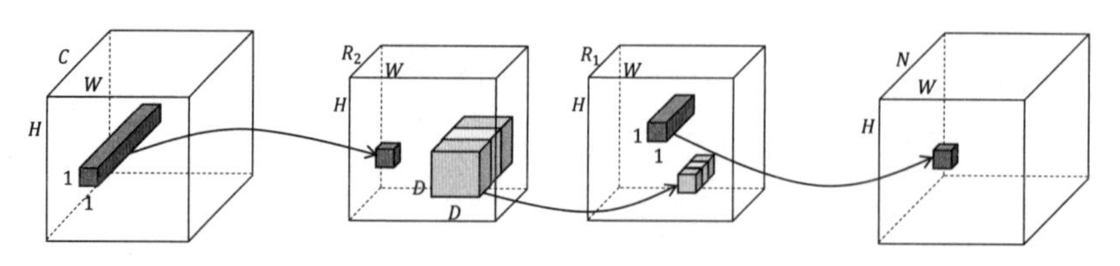

图 4.13 BTD 分解后使用新的三个卷积层替换原有卷积层

4.4 本章小结

本章主要介绍了基于张量分解的神经网络压缩方法。首先介绍了张量的基础概念，随后介绍了矩阵 SVD 分解以及在卷积神经网络压缩中的应用，最后对主流的张量分解方式进行了介绍，并给出了张量分解实现卷积神经网络压缩的方法。

5 深度神经网络剪枝

前一章介绍的低秩分解是对神经网络的每层参数进行整体的低秩近似，是对参数张量或者矩阵的整体压缩，几乎对所有的参数都进行了近似。不同于低秩分解方法，本章介绍的深度神经网络剪枝对参数张量或矩阵中的某些参数进行置零，其余的参数并不进行任何改变。本章将首先介绍深度神经网络剪枝的基本概念与发展历史，然后讲解参数剪枝后的存储格式，最后对剪枝算法进行归类分析，给出不同剪枝算法的算法思路。

5.1 神经网络剪枝简介

5.1.1 剪枝的基本概念和定义

生活中的剪枝是指对树木的弱小枝、病虫枝等不重要的树枝进行修剪，从而提高果树的结果质量。在神经科学中，剪枝是指轴突和树突等突触的完全衰退和死亡。有研究表明[29, 46]，许多哺乳动物（包括人类）在幼年期和青春期之间会发生大量的突触剪枝，而且该过程和认知能力的学习有一定的关系。在深度神经网络中，剪枝则是指将网络中不重要的连接剪掉，以达到网络加速与压缩的目的。神经网络剪枝和果树剪枝、突触剪枝有一定相似之处，都剪掉了不重要的部分。由于剪枝后的网络参数中包含大量的零元素，网络的参数表示是稀疏的，因此神经网络剪枝（如图 5.1 所示）又称为神经网络稀疏化。对于一个 L 层的神经网络，假设整个网络的参数可以表示为 $\boldsymbol{w} := \{\boldsymbol{w}^l\}_{l=1}^L$，给定剪枝后目标网络代价上限 κ，神经网络剪枝可以表示为以下优化问题：

$$\min_{\boldsymbol{w}} \mathcal{L}(\boldsymbol{w}) \quad s.t. \quad \mathcal{C}(\boldsymbol{w}) \leqslant \kappa \tag{5.1}$$

其中，$\mathcal{C}$ 是网络代价函数，可以是网络计算量、参数量、推理时间、功耗等评价指标，κ 定义了剪枝后网络代价的上限，比如原始网络 50% 的计算量或者参数量等，$\mathcal{L}(\cdot)$ 是原始网络训练中的损失函数，比如分类网络中的交叉熵损失函数。从式 (5.1) 中可以看出，剪枝算法在达到目标代价 κ 的前提下，最小化网络训练损失。

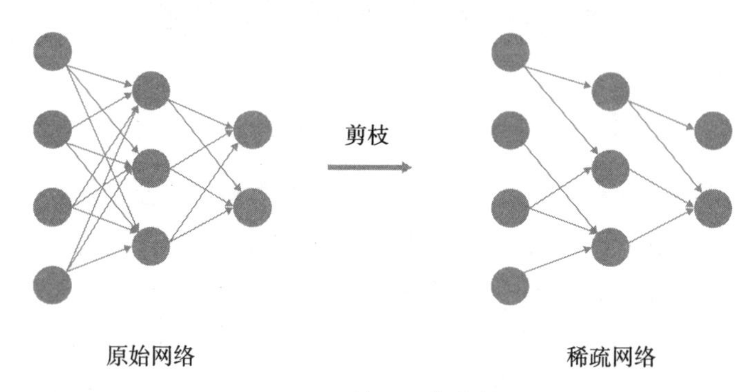

图 5.1 神经网络剪枝

5.1.2 剪枝的作用与意义

深度神经网络巨大的参数量和计算量阻碍了它在移动设备和嵌入式设备上的应用，而网络剪枝是一种有效的模型加速和压缩方法，能使深度神经网络更容易被应用和部署。从空间复杂度上，网络剪枝能够减少神经网络的空间复杂度，降低模型在运行时的内存占用和存储占用[1]，实现神经网络的模型压缩，有利于模型文件的网络传输。从计算复杂度上，剪枝之后，所有参数为零的连接都不用参与计算，因此网络剪枝能够降低神经网络的计算复杂度，提高网络推理速度。从功耗上，计算复杂度和内存访问的减少都能够降低模型推理时的功耗，这对于基于电池供电的移动设备或者嵌入式设备来说是至关重要的。从泛化性的角度来讲，紧凑的模型表示通常具有更好的泛化性[213]，网络剪枝能够增强网络泛化性[92]，在剪枝过程中，随着剪枝率的增加，模型测试精度会呈现先上升后下降的趋势，呈现出奥卡姆山坡现象[208]。在多任务学习方面，有研究工作[183] 表明网络剪枝可以使同一个网络中不同部分的参数分别用于不同的任务，减少多任务

[1]这里的内存占用和存储占用的区别在于：内存占用是指对 DRAM 等运行时内存的消耗和占用；而存储占用是指模型存储在硬盘、Flash 中的占用大小。

推理的计算复杂度。

5.1.3 神经网络剪枝发展简史

早在 20 世纪 80—90 年代，Lecun、Hassibi 等人就开始研究神经网络剪枝[94, 143]，由于当时人工神经网络层数较浅、时间复杂度低，故而神经网络剪枝并没有引起太多重视。自 2012 年 AlexNet 夺得 ImageNet 挑战赛冠军之后，深度学习的发展可谓是如火如荼，深度神经网络的参数量和计算量也越来越大。2015 年，韩松等人提出了 Deep Compression 算法[90]，基于神经网络权重剪枝（Weight Pruning）算法对深度网络进行压缩，并拿下了 ICLR 会议的最佳论文，重新点燃对神经网络剪枝的研究。由于权重剪枝是细粒度剪枝，其加速效果在设备上不够明显。为了更好地对网络进行加速，研究者们[9, 14, 200] 提出了卷积核剪枝（Filter Pruning），能有效提高剪枝算法对神经网络的加速效果。卷积核剪枝算法开辟了神经网络剪枝新的研究方向，加速了该领域的发展。自此之后，研究者们提出了各种神经网络权重剪枝（Weight Pruning）和卷积核剪枝（Filter Pruning）算法。在这些研究中，彩票假说（The Lottery Ticket Hypothesis）[70] 从另外一个角度思考网络剪枝问题，认为神经网络中包含有一个子网络，基于该子网络和初始化参数进行训练能达到整个网络的精度。该假说揭示了网络结构对网络精度的影响，把网络剪枝和结构学习结合在一起。在此基础上，后续研究[182, 207, 307] 表明一个冗余的网络中存在一个子网络不经过训练就能达到原网络的精度，这就意味着可以认为网络剪枝是对网络进行表征学习的一种方式，可以说剪枝就是一种网络训练。无独有偶的是，另一项研究[282] 也表明直接从头训练（Train from Scratch）剪枝后的网络能达到对网络剪枝再微调的精度。该研究启发了另外一种剪枝算法思路，即先学习网络剪枝的结构[1]，再从头训练该结构的网络。受到该研究的启发，近年来基于 AutoML（自动机器学习）的剪枝算法成为神经网络剪枝领域的一个热点研究方向，通过 AutoML 学习网络每层的结构（卷积核个数、稀疏度），再训练学习到的网络结构。综上所述，虽然神经网络剪枝研究较早，但依然是一个热点研究方向，剪枝方法和理论也在快速发展中。

[1]不同于传统剪枝中学习剪枝哪些参数，这里学习剪枝的结构。

5.1.4 剪枝的基本类型

在详细介绍剪枝算法之前，我们先来回顾一下剪枝方法的两种基本类型：非结构化剪枝（又称作随机剪枝）和结构化剪枝。这两种剪枝方法的对比如图 5.2 所示。在非结构化剪枝中，网络中每一个位置的参数都可能被移除或者保留，如图中中间部分所示；而在结构化剪枝中，网络中连接同一个神经元的所有参数需要被同时保留或者移除，如图中右边部分所示。这两种剪枝方式各有优劣。和结构化剪枝相比，非结构化剪枝的剪枝模式更加灵活，因为它对网络中被移除的参数的位置不做任何限制，但它的问题在于计算模式过于随机，对现代计算设备中常用的层级存储结构不友好，也难以充分利用向量化并行技术来实现高效计算，但非结构化剪枝能在同样的精度损失下带来更高的稀疏度，实现更高的模型压缩率。相比之下，结构化剪枝要求网络中同一个通道对应的参数需要被同时剪除或者保留，如图中右边部分所示，结构化剪枝完成后，保留下来的结构等价于一个通道数更少的网络模型，因此可以直接利用已有的深度学习推理框架进行模型部署，并达到理想的加速效果。但它的问题在于，结构化剪枝要求网络连接同一个神经元的所有参数必须被同时剪除或者保留，这种过强的结构化约束导致它对模型的精度影响比较大。

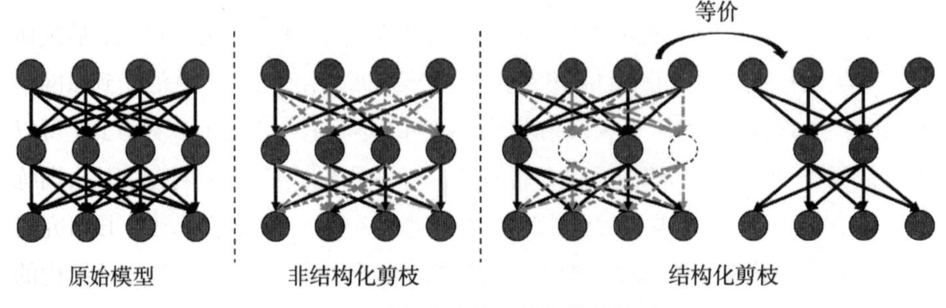

图 5.2 非结构化剪枝和结构化剪枝对比

根据结构化粒度的不同，结构化剪枝通常又可以分为向量剪枝（Vector-level Pruning），核剪枝（Kernel-level Pruning），组级剪枝（Group-level Pruning）和通道级剪枝（Channel-level Pruning）四种，如图 5.3 所示，可以看出不同剪枝类型的区别主要体现在剪枝的粒度和剪枝样式上。

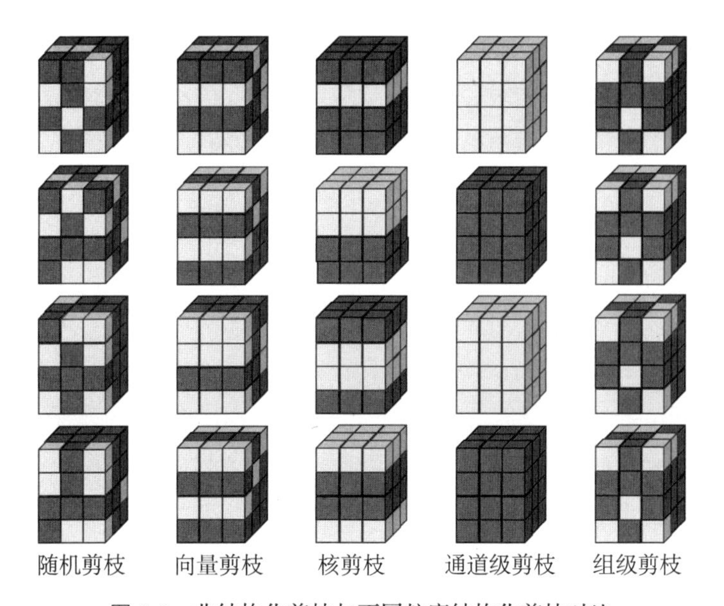

图 5.3 非结构化剪枝与不同粒度结构化剪枝对比

其中，卷积核输入通道为 4，卷积核大小为 3×3，卷积核个数为 4。图中浅色部分表示剪掉的参数，深色部分表示保留的参数。

5.2 稀疏网络存储格式

神经网络剪枝之后的参数是稀疏的，包含有大量的零元素。如果仍旧使用原始的模型存储方法，那么并不会减少稀疏模型的存储空间。为了减少稀疏模型的存储空间，需要使用特殊的存储格式存储稀疏模型参数。

5.2.1 非结构化剪枝存储格式

对于任意一层神经网络来说，其参数都可以表示为矩阵 $\boldsymbol{W}^l \in \mathbb{R}^{T\times S}$。在全连接层中，$T$ 和 S 分别代表输出节点数和输入节点数；在卷积层中，T 代表卷积核个数，S 代表一个 $C\times k\times k$ 的卷积核拉成一维向量的长度。对于非结构化剪枝来说，$\boldsymbol{W}^l$ 是稀疏矩阵，因此可以基于稀疏矩阵的存储格式来存储稀疏网络参数。常见的稀疏参数存储格式有坐标格式（Coordinate，COO）、行压缩格式（Compressed Sparse Row，CSR）、列压缩格式（Compressed Sparse Column，CSC）、ELLPACK（ELL）等。

- **坐标格式（COO）**是一种非常简单的三元组表示方法，每个非零元素由行号、列号、数值组成一个三元组表示，行号和列号分别是非零元素在矩阵中的坐标位置，数值是非零元素的值。这种格式的缺点是存储空间占用较多，在极端情况下甚至超过稠密矩阵的存储空间，由于矩阵行数和列数有限，行号和列号可以使用整数比如 int8 或者 int16 表示，数值则需要使用浮点数（32 位或 64 位）存储。
- **行压缩格式（CSR）**是一种比较常见的稀疏矩阵存储格式，如图 5.4(b) 所示，主要由列号、数值、行偏移这三种数据组成。相比于坐标格式，行压缩格式节省了行号存储所占用的空间，基于行偏移来表示哪些元素是同一行的非零元素。类似地，列号和行偏移都可以使用整数表示。
- **列压缩格式（CSC）**和行压缩格式类似，由行号、数值、列偏移组成，节省了列号存储所占用的空间，基于列偏移来表示哪些元素是同一列的非零元素，如图 5.4(c) 所示。
- **ELLPACK（ELL）**主要是通过列号矩阵和数值矩阵来表示稀疏矩阵，这两个矩阵和原始矩阵具有相同的行数，列数都是每行非零个数的最大值。由于行数和原始矩阵相同，所以非零元素的行号可以由每个列号所在的行号表示。矩阵每一行都是从头开始放非零元素，如果某一行非零元素个数少于列数，则用标志位进行补齐，见图 5.4(d)。

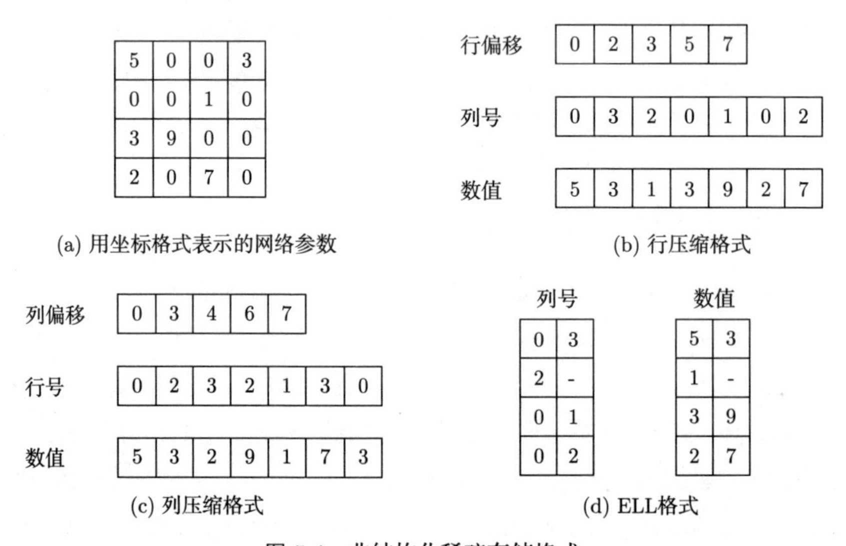

图 5.4 非结构化稀疏存储格式

5.2.2 结构化剪枝存储格式

对于结构化稀疏来说，大部分稀疏模型可以基于原始模型的存储格式进行存储，比如卷积核剪枝之后，稀疏模型可以直接将网络结构更改成剪枝后的通道数，然后按照标准格式进行存储。对于基于组稀疏或者自定义剪枝模式的结构化稀疏来说，需要存储非零二值掩膜和精简后的参数矩阵，如图 5.5 所示。

组稀疏参数

5	0	2	0	1	0
2	0	3	0	7	0
3	0	4	0	9	0

(a) 组稀疏网络参数

精简参数矩阵

5	2	1
2	3	7
3	4	9

非零二值掩膜

1	0	1	0	1	0

(b) 储存格式

图 5.5 组稀疏存储格式

5.3 神经网络剪枝算法

如前文所述，神经网络剪枝算法可以认为是一种有约束的优化问题，但是式 (5.1) 的求解是较为困难的。根据求解方式的不同，剪枝算法可以分为基于重要性度量的剪枝方法、基于稀疏正则化的剪枝方法、逐层剪枝等方法，下面将详细展开介绍。

5.3.1 基于重要性度量的剪枝

该类剪枝方法一般会定义权重的重要性度量指标，然后根据该度量指标对神经网络参数进行排序，然后根据代价函数 $\mathcal{C}(\cdot)$ 和代价上限 κ 保留重要性前 p 高的权重[1]，对剩余的权重进行剪枝。在满足条件 $\mathcal{C}(\boldsymbol{w}) \leqslant \kappa$ 的前提下，对保留的权重进行微调训练。以权重剪枝为例，假设 $\mathcal{C}(\cdot)$ 定义为参数个数，κ 定义为原始网络 50% 的参数量，定义权重 w 的重要性为其绝对值 $|w|$，那么一种简单的剪枝算法就是对所有参数的绝对值从大到小进行排序，保留前 50% 的权重，对剩余权重赋值为零，然后根据网络损失函数对保留的参数进行微调训练。

研究者们在权重的重要性度量方面展开了大量研究，提出了许多不同的重

[1] p 的值取决于 $\mathcal{C}(\cdot)$ 和 κ 的定义。

要性度量方法，后续小节将分别针对权重剪枝和卷积核剪枝两个方面对重要性度量指标展开详细描述。

面向权重剪枝的重要性度量

对于网络参数集合 $\boldsymbol{w}$ 中的一个参数 w_i，本小节用 $\mathcal{I}(w_i)$ 来表示其重要性度量大小。下面列出了不同的参数重要性度量指标：

- **幅值**是一种简单的重要性评价方式，可以用参数的绝对值来表示：$\mathcal{I}(w_i) = |w_i|$，很多工作[90-91, 109] 都基于幅值来度量参数的重要性程度，然后采用一个阈值对幅值低于该阈值的参数进行剪枝。这种度量指标本质上是基于“参数幅值越小，输入信息越不重要”的朴素假设，实现起来较为简单。
- **基于损失差异的度量**是对剪枝前后网络损失差异进行评估的一种度量[94, 143]，相比于幅值来说，剪枝前后的损失差异更能体现该权重的重要程度。假设剪枝带来的参数变化为 $\delta\boldsymbol{w}$，剪枝前后的损失差异定义为 $\delta\mathcal{L} = \mathcal{L}(\boldsymbol{w}+\delta\boldsymbol{w}) - \mathcal{L}(\boldsymbol{w})$，对 $\mathcal{L}(\boldsymbol{w}+\delta\boldsymbol{w})$ 进行泰勒展开为

$$\mathcal{L}(\boldsymbol{w}+\delta\boldsymbol{w}) = \mathcal{L}(\boldsymbol{w}) + \left(\frac{\partial\mathcal{L}}{\partial\boldsymbol{w}}\right)^{\mathrm{T}} \cdot \delta\boldsymbol{w} + \frac{1}{2}\delta\boldsymbol{w}^{\mathrm{T}}\boldsymbol{H}\delta\boldsymbol{w} + \mathcal{O}(\|\delta\boldsymbol{w}\|^3) \tag{5.2}$$

  其中，$\boldsymbol{H}$ 是 Hessian 矩阵，代表损失函数相对于参数的二阶梯度。假设深度网络训练结束后达到局部最小值，则 $\frac{\partial\mathcal{L}}{\partial w_i} \to 0$，再通过忽略高阶项，网络损失变化大小为：$\delta\mathcal{L} = \mathcal{L}(\boldsymbol{w}+\delta\boldsymbol{w}) - \mathcal{L}(\boldsymbol{w}) = \frac{1}{2}\delta\boldsymbol{w}^{\mathrm{T}}\boldsymbol{H}\delta\boldsymbol{w}$。由于深度神经网络中参数量较大，Hessian 矩阵的计算和存储代价是无法承受的[1]，因此通常需要对 Hessian 矩阵进行近似估计[94, 143] 来减少其计算复杂度，一种典型的方法是对 Hessian 矩阵进行对角近似，令 $\delta\boldsymbol{w} = [0,\cdots,-w_i,\cdots,0]$，该情况下的重要性估计为

$$\mathcal{I}(w_i) = \frac{1}{2}H_{i,i}w_i^2 \tag{5.3}$$

- **基于损失绝对差异的度量**是对剪枝前后网络损失差异的绝对值进行评估的一种度量[60]，假设将 w_i 剪掉，并将剪枝后模型损失函数表示为 $\mathcal{L}(\boldsymbol{w}|w_i=0)$，剪枝前后的损失差异绝对值为 $|\mathcal{L}(\boldsymbol{w}|w_i=0) - \mathcal{L}(\boldsymbol{w})|$，对 $\mathcal{L}(\boldsymbol{w}|w_i=0)$ 进行泰勒展开为

[1]以 ResNet-18 网络为例，其参数个数约为 1200 万，存储 Hessian 矩阵需要约 560TB 的空间，基本无法放入计算机内存中。

$$\mathcal{L}(\boldsymbol{w}|w_i=0)=\mathcal{L}(\boldsymbol{w})+\frac{\partial\mathcal{L}}{\partial w_i}(0-w_i)+\mathcal{O}(w_i^2) \tag{5.4}$$

通过忽略高阶项，最终基于损失绝对差异的重要性度量为

$$\mathcal{I}(w_i)=|\mathcal{L}(\boldsymbol{w}|w_i=0)-\mathcal{L}(\boldsymbol{w})|=\left|\frac{\partial\mathcal{L}}{\partial w_i}w_i\right| \tag{5.5}$$

值得注意的是，基于损失差异的度量省略了一阶梯度项，而这里保留了该项。这主要是因为绝对值的引入导致一阶梯度项的期望 $E\left(\left|\frac{\partial\mathcal{L}}{\partial w_i}w_i\right|\right)$ 不再趋于 0[189]。在网络训练中，一阶梯度可以由反向传播得到，因此基于损失绝对差异的度量可以在线性时间复杂度内实现，计算更为高效。

面向卷积核剪枝的重要性度量

本小节用 $\boldsymbol{W}^l\in\mathbb{R}^{T\times S}$ 来表示神经网络第 l 层的权重矩阵，用 $\boldsymbol{w}_i^l\in\mathbb{R}^S$ 表示第 l 层中的第 i 个卷积核参数。对于第 l 层的输出特征图，本小节用 $\mathbf{Z}^l\in\mathbb{R}^{T\times H\times W}$ 来表示，对于其中的第 i 个输出特征图用 $\boldsymbol{Z}_i^l\in\mathbb{R}^{H\times W}$ 表示。下面列出了针对卷积核剪枝度量指标：

- **基于卷积核参数的 l_p 范数**是一种简单的卷积核度量指标，表示为 $\mathcal{I}(\boldsymbol{w}_i^l)=\|\boldsymbol{w}_i^l\|_p$，常用的有 l_1 范数[152]、l_2 范数[104] 等。
- **基于特征图统计量的度量**是对卷积核对应的输出特征图进行统计得到度量结果，如果特征图 $\boldsymbol{Z}_i^l$ 信息含量很低或者大部分都为零，则对应的卷积核 $\boldsymbol{w}_i^l$ 就可以被裁剪掉。常见的有平均含零比例（Average Percentage of Zeros，APOZ）[119]、熵[178]、互信息[189] 等。
- **基于损失绝对差异的度量**是评估卷积核（或特征图）剪枝前后对网络损失的影响大小，和权重剪枝中类似，定义卷积核的重要性为 $|\mathcal{L}(\boldsymbol{w}|\boldsymbol{w}_i^l=0)-\mathcal{L}(\boldsymbol{w})|$，然后对 $\mathcal{L}(\boldsymbol{w}|\boldsymbol{w}_i^l=0)$ 进行泰勒展开得到：

$$\mathcal{L}(\boldsymbol{w}|\boldsymbol{w}_i^l=0)=\mathcal{L}(\boldsymbol{w})+\left(\frac{\partial\mathcal{L}}{\partial\boldsymbol{w}_i^l}\right)^{\mathrm{T}}(0-\boldsymbol{w}_i^l)+o((\boldsymbol{w}_i^l)^2) \tag{5.6}$$

那么卷积核剪枝的重要性度量可以表示为 $\mathcal{I}(\boldsymbol{w}_i^l)=\left|\left(\frac{\partial\mathcal{L}}{\partial\boldsymbol{w}_i^l}\right)^{\mathrm{T}}\cdot\boldsymbol{w}_i^l\right|$。

类似地，可以将特征图剪枝对网络损失的影响大小作为评价指标，即 $\mathcal{I}(\boldsymbol{w}_i^l)=\mathcal{I}(\boldsymbol{Z}_i^l)=|\mathcal{L}(\mathbf{Z}|\boldsymbol{Z}_i^l=0)-\mathcal{L}(\mathbf{Z})|$，泰勒展开后得到：$\mathcal{I}(\boldsymbol{w}_i^l)=\left|\mathrm{vec}\left(\frac{\partial\mathcal{L}}{\partial\boldsymbol{Z}_i^l}\right)^{\mathrm{T}}\cdot\mathrm{vec}(\boldsymbol{Z}_i^l)\right|$。

- **基于批归一化层尺度因子的度量**是基于神经网络中批归一化层中的尺度因子 γ 或者额外添加的尺度因子[124, 286] 对其所对应的卷积核进行评估。通

常来说，深度卷积神经网络都是卷积层后面紧跟一个批归一化层，假设 $\mathbf{Z}^l$ 表示第 l 层卷积的输出结果，$\mathbf{Z}^l_{\text{bn}}$ 表示第 l 层卷积后 BN 的输出结果，其计算过程为

$$\mathbf{Z}^l_{\text{bn}} = \gamma \left(\frac{\mathbf{Z}^l - \boldsymbol{\mu}}{\sqrt{\boldsymbol{\sigma}^2 + \epsilon}} \right) + \boldsymbol{\beta} \tag{5.7}$$

其中，$\boldsymbol{\mu}$ 和 $\boldsymbol{\sigma}$ 分别是批归一化层中的均值和标准差，ϵ 是一个接近零的正数，避免分母出现零的可能性。从计算过程中可以看出，如果对某个特征图对应的尺度因子 γ_i 剪枝，则该特征图输出为常数 β_i，此时可以认为对应的卷积层参数 $\boldsymbol{w}^l_i$ 也被剪枝了，因此评估批归一化尺度因子的重要程度基本等同于评估其卷积核的重要程度，图 5.6 给出了基于批归一化层尺度因子进行卷积核剪枝的方法示意图。

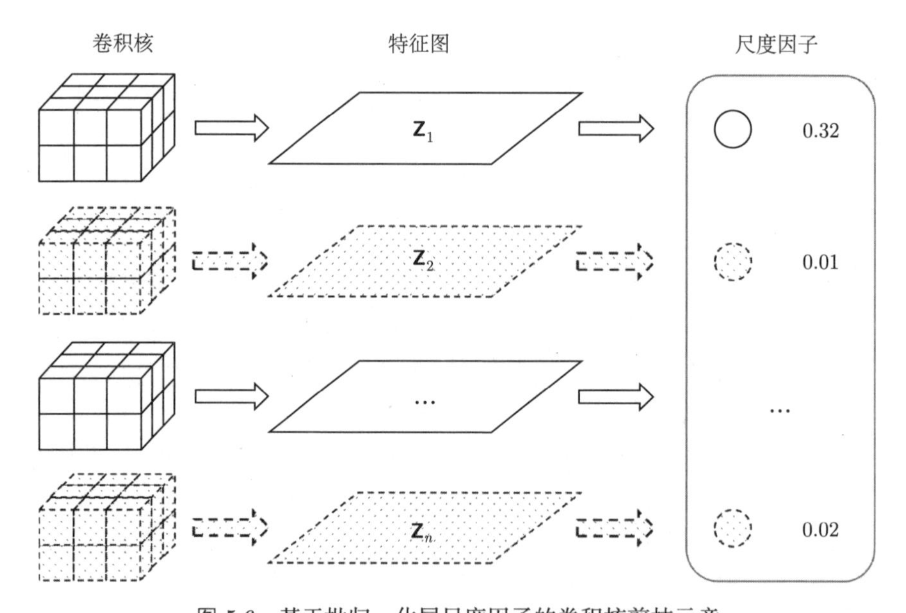

图 5.6 基于批归一化层尺度因子的卷积核剪枝示意
（相关内容可参阅论文“Survey of Quantization Methods for Efficient Neural Network Inference”）

一种简单的评估尺度因子重要性的方法是 l_1 范数[175]，即 $\mathcal{I}(\boldsymbol{w}^l_i) = |\gamma_i|$。除此之外，尺度因子的重要性还可以通过对网络损失的绝对差异来评估，$\mathcal{I}(\boldsymbol{w}^l_i) = I(\boldsymbol{\gamma}^l_i) = |\mathcal{L}(\boldsymbol{\gamma}|\boldsymbol{\gamma}^l_i = 0) - \mathcal{L}(\boldsymbol{\gamma})|$，通过对 $\mathcal{L}(\boldsymbol{\gamma}|\boldsymbol{\gamma}^l_i = 0)$ 进行泰勒展开得到：$\mathcal{I}(\boldsymbol{w}^l_i) = \left|\frac{\partial \mathcal{L}}{\partial \boldsymbol{\gamma}^l_i} \boldsymbol{\gamma}^l_i\right|$。

全局与局部剪枝

对于基于重要性度量的剪枝算法来说，使用全局剪枝还是局部剪枝是经常遇到的一个问题。全局剪枝是指基于某种度量指标对网络所有层的参数进行排序，然后根据网络稀疏度确定每一层保留的权重参数。在全局剪枝中，由于对网络参数进行排序是跨层进行的，所以每一层的稀疏度不同。相对而言，局部剪枝是基于某种度量指标对网络中每一层的参数进行排序。在局部剪枝中，网络每一层的稀疏度相同，都等于网络整体的稀疏度，参数的排序是发生在每一层内，不与其他层的参数进行比较，图 5.7 展示了全局剪枝与局部剪枝的区别。在网络稀疏度相同的条件下，全局剪枝算法的精度一般高于局部剪枝算法。一个直观的解释是网络每一层的信息含量不同，全局剪枝能够在信息含量少的网络层加大稀疏度，在信息含量多的网络层减少稀疏度，从而获得更高的网络精度。但是，全局剪枝有时会存在网络层坍塌的问题[235]：在重要性度量不够准确的情况下，某些层的参数可能全部被剪掉而其他层的参数很少被剪掉，造成网络精度很差或者无法训练的现象。由于局部剪枝每层稀疏度相同，很少发生网络层崩塌的现象。为了防止全局剪枝中的网络层崩塌的问题，一种简单的方法是对每一层设置最高稀疏度，满足最高稀疏度之后停止对该层剪枝，对其他层重要性更低的参数进行剪枝。另外一种方案是在全局剪枝发生网络层崩塌的时候使用局部剪枝算法。

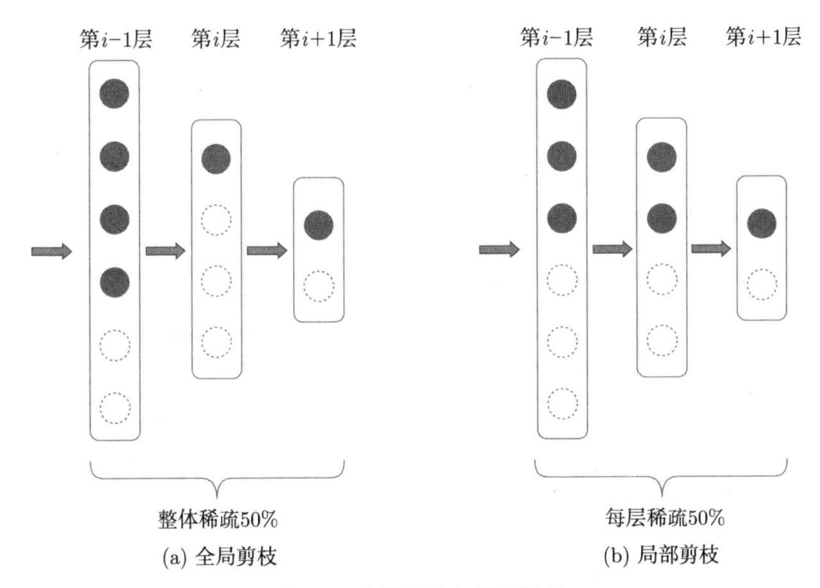

(a) 全局剪枝 (b) 局部剪枝

图 5.7 全局剪枝与局部剪枝

全局剪枝的每一层稀疏度都不同，网络整体满足目标稀疏度，局部剪枝的每一层稀疏度等于目标稀疏度。

5.3.2 基于稀疏正则化的剪枝方法

基于重要性度量的剪枝方法是对重要性低的参数进行剪枝来满足式 (5.1) 的约束条件，而基于稀疏正则化的剪枝方法主要是将约束条件转换成稀疏正则项，在训练的过程中让参数趋近于稀疏化，式 (5.1) 可以转化为

$$\min_{\boldsymbol{w}} \mathcal{L}(\boldsymbol{w}) + \lambda \cdot \mathcal{R}_{\mathrm{s}}(\boldsymbol{w}) \tag{5.8}$$

其中 $\mathcal{R}_{\mathrm{s}}(\boldsymbol{w})$ 表示稀疏正则项，λ 是用来平衡正则项和网络损失的超参数。

基于稀疏正则化的剪枝算法优点是可以在梯度下降算法基础上辅以稀疏正则化，在训练结束后得到很多接近于 0 的参数表示，通过简单的阈值法得到稀疏网络，不需要设计复杂的参数重要性判断准则；缺点是正则化会引入额外的超参数 λ，想要达到目标稀疏度或者目标精度就得调节该超参数，该超参数通常需要一定的经验知识或者通过二分搜索的方式获得。下面将介绍不同的正则化方法。

基于 l_0 范数的稀疏正则化

对于剪枝算法来说，l_0 范数是一种常见的网络代价表示形式，能准确刻画网络参数的稀疏性，因此式 (5.1) 可以重写为 $\min_{\boldsymbol{w}} \mathcal{L}(\boldsymbol{w}) \quad s.t. \quad \|\boldsymbol{w}\|_0 \leqslant \kappa$，将 l_0 范数转换成其正则项，其优化函数为

$$\min_{\boldsymbol{w}} \mathcal{L}(\boldsymbol{w}) + \lambda \|\boldsymbol{w}\|_0 \tag{5.9}$$

基于 l_0 范数的正则项能惩罚参数 $\boldsymbol{w}$ 中非零元素的个数，能让参数趋于稀疏化。因为 l_0 范数是不可微分的，所以优化求解较为困难，通常需要重参数化[177] 或者近似梯度替代[195]。

基于 l_1 范数的稀疏正则化

鉴于 l_0 范数带来的求解困难，一种方案是对 l_0 范数进行松弛，而 l_1 范数是一种常见的松弛表示。该范数通过缩减参数的幅值，可以实现稀疏性。对于权重剪枝来说，其正则项可以表示为：$\mathcal{R}_{\mathrm{s}}(\boldsymbol{w}) = \|\boldsymbol{w}\|_1$。

对于卷积核剪枝来说，l_1 范数经常被用于批归一化层的尺度因子（或额外添加的尺度因子）的稀疏正则化[124, 175, 282]。假设神经网络第 l 层的尺度因子表

示为 $\boldsymbol{\gamma}^l \in \mathcal{R}^{\mathrm{T}}$，则稀疏正则项可以表示为 $\mathcal{R}_{\mathrm{s}}(\boldsymbol{\gamma}) = \sum\limits_{l=0}^{L-1} \|\boldsymbol{\gamma}^l\|_1$。对于 l_1 范数的求解问题，常见的方法有近端梯度下降（PGD）、加速近端梯度法（APG）[124]、软阈值迭代法（ISTA）[282] 等。

基于 $l_{2,1}$ 范数的稀疏正则化

$l_{2,1}$ 范数是整组稀疏常用的正则项，整组稀疏表示的是以一组参数为基本单位进行稀疏，同一组内的参数都剪枝或保留。对于神经网络某一层的权值矩阵 $\boldsymbol{W} \in \mathbb{R}^{T \times S}$ 来说，将 $\boldsymbol{W}_{:,s}$ 定义为第 s 组参数，那么该层的组稀疏正则可表示为 $\mathcal{R}_{\mathrm{s}}(\boldsymbol{W}) = \sum\limits_{s=0}^{S-1} \|\boldsymbol{W}_{:,s}\|_2 = \sum\limits_{s=0}^{S-1} \sqrt{\sum\limits_{t=0}^{T-1} (W_{t,s})^2}$，图 5.3 中的组稀疏对应这种剪枝类型[141, 258]。

如果将一个卷积核的参数 $\boldsymbol{W}_{t,:}$ 定义为一组参数，那么 $l_{2,1}$ 范数下的组稀疏正则为 $\mathcal{R}_{\mathrm{s}}(\boldsymbol{W}) = \sum\limits_{t=0}^{T-1} \|\boldsymbol{W}_{t,:}\|_2 = \sum\limits_{t=0}^{T-1} \sqrt{\sum\limits_{s=0}^{S-1} (W_{t,s})^2}$。在这种情况下，每次剪枝是对整个卷积核参数进行剪枝，也就是图 5.3 中的通道剪枝。

基于参数敏感性的正则化

l_1 正则化会让所有参数都趋于零，没有考虑不同参数的剪枝敏感性。有研究工作[239] 基于参数的一阶梯度定义参数敏感性，对剪枝敏感性较低的参数进行正则化，将这些参数降低到 0 附近。假设网络输出表示为 $\boldsymbol{y} \in \mathbb{R}^K$，定义网络第 i 个参数为 w_i，则该参数的剪枝敏感性 $S(\boldsymbol{y}, w_i)$ 可以表示为

$$S(\boldsymbol{y}, w_i) = \sum_{k=1}^{K} \alpha_k \left| \frac{\partial y_k}{\partial w_i} \right| \tag{5.10}$$

其中，α_k 是正数常量。那么可以定义剪枝非敏感性为 $\bar{S}(\boldsymbol{y}, w_i) = 1 - S(\boldsymbol{y}, w_i)$，定义下界约束的非敏感性为 $\bar{S}_{\mathrm{b}}(\boldsymbol{y}, w_i) = \mathrm{Max}(\bar{S}(\boldsymbol{y}, w_i), 0)$。参数 w_i 对应的正则项可以表示为

$$\mathcal{R}(w_i^l) = \int w_i \bar{S}_{\mathrm{b}}(\boldsymbol{y}, w_i) \mathrm{d}w_i \tag{5.11}$$

在基于 ReLU 的深度网络下可以化简为

$$\mathcal{R}(w_i) = \frac{(w_i)^2}{2} \bar{S}(\boldsymbol{y}, w_i) \tag{5.12}$$

Hoyer 平方正则化

稀疏度量通常可以提供可解的稀疏约束，因此它在压缩感知领域中得到了广泛的研究。在早期非负矩阵分解（Non-negative Matrix Factorization，NMF）研究中，一种共识是稀疏度量 $S(\boldsymbol{w})$ 应该能将向量 $\boldsymbol{w}$ 映射到区间 $[0,1]$ 中。在这种假设下，Hoyer 在 2004 年提出了基于 l_1 和 l_2 范数比例关系 Hoyer 度量 $S(\boldsymbol{w})$：

$$S(\boldsymbol{w}) = \frac{\sqrt{n} - \frac{(\sum_i |w_i|)}{\sqrt{\sum_i w_i^2}}}{\sqrt{n-1}} \tag{5.13}$$

其中 n 是向量 $\boldsymbol{w}$ 的长度，而且 $\frac{(\sum_i |w_i|)}{\sqrt{\sum_i w_i^2}}$ 在区间 $[1,\sqrt{n}]$ 内，因此 Hoyer 度量 $S(\boldsymbol{w})$ 落在区间 $[0,1]$ 中。通过去掉范围约束，基于 Hoyer 度量[117] 的稀疏正则项可以表示为 $\mathcal{R}_{\mathrm{s}}(\boldsymbol{w}) = \frac{(\sum_i |w_i|)}{\sqrt{\sum_i w_i^2}}$。

如式 (5.9) 所示，可以认为权重剪枝是 l_0 范数正则约束下的网络损失优化问题，那么一个良好的稀疏正则应该和 l_0 具备相似的性质。注意到原始的 Hoyer 正则项 $\frac{(\sum_i |w_i|)}{\sqrt{\sum_i w_i^2}}$ 在区间 $[1,\sqrt{n}]$ 内，而 l_0 范数的范围是区间 $[1,n]$，因此相关研究[274] 提出 Hoyer 平方正则化，可以表示为

$$\mathcal{R}_{\mathrm{s}}(\boldsymbol{w}) = \frac{(\sum_i |w_i|)^2}{\sum_i w_i^2} \tag{5.14}$$

可以认为 Hoyer 平方正则化是 l_0 范数的一种可微的估计，它拥有三种好处：第一，Hoyer 平方正则和 l_0 正则的范围都是 $[1,n]$。第二，尺度不变性：对于任意非零 α 来说，$\mathcal{R}_{\mathrm{s}}(\alpha\boldsymbol{w}) = \mathcal{R}_{\mathrm{s}}(\boldsymbol{w})$，而 l_1 和 l_2 范数的尺度都是正比于 $\boldsymbol{w}$ 的尺度。第三，Hoyer 平方正则的最小值和 l_0 范数一样都落在坐标轴上。

两极稀疏正则化

和敏感性正则化一样，两极稀疏正则化[313] 的初衷也是为了避免所有参数都趋于 0。不同的是，两极稀疏正则化将不重要的参数抑制到零附近，并且让参数远离均值，以此来实现参数的两极分布。另外两极正则化是面向卷积核剪枝的正则化方法，主要是对尺度因子 $\boldsymbol{\gamma}$ 添加正则项。假设 $\boldsymbol{\gamma} \in \mathcal{R}^n$ 表示神经网络的所有尺度因子，那么两极正则项可以表示为

$$\mathcal{R}_{\mathrm{s}}(\boldsymbol{\gamma}) = t\|\boldsymbol{\gamma}\|_1 - \|\boldsymbol{\gamma} - \bar{\boldsymbol{\gamma}}\|_1 \tag{5.15}$$

其中 $\bar{\gamma}=\sum_{i=1}^{n}\gamma_i$ 是尺度因子的均值，参数 t 是用来平衡 $\|\gamma\|_1$ 和 $\|\gamma-\bar{\gamma}\|_1$ 的超参数。

5.3.3 基于逐层特征重构的剪枝

逐层剪枝[4, 61, 105, 179] 每次只对深度网络中的一层进行剪枝，通常是从深度网络的第一层到最后一层依次进行剪枝。假设深度网络第 l 层参数可以表示为 $\mathbf{W}^l\in\mathbb{R}^{N\times C\times k_h\times k_w}$，给定剪枝后目标网络代价上限 κ^l，神经网络第 l 层剪枝可以表示为以下优化问题：

$$\min_{\mathbf{W}^l}\mathcal{L}_{\text{rec}}(\mathbf{W}^l)\quad s.t.\quad \mathcal{C}(\mathbf{W}^l)\leqslant\kappa^l \tag{5.16}$$

其中 $\mathcal{L}_{\text{rec}}(\mathbf{W}^l)$ 表示第 l 层的特征图重构损失。令 $\mathbf{Z}^l$ 表示原始网络第 l 层的输出特征图，令 $\hat{\mathbf{Z}}^l$ 表示稀疏后第 l 层特征图的输出，则第 l 层的特征图重构损失可以表示为 $\mathcal{L}_{\text{rec}}(\mathbf{W}^l)=\|\mathbf{Z}^l-\hat{\mathbf{Z}}^l\|_{\text{F}}^2=\|\mathbf{Z}^l-f(\hat{\mathbf{W}}^l,\mathbf{X}^l)\|_{\text{F}}^2$，其中 $\mathbf{X}^l$ 表示网络第 l 层的输入特征图，$f(\cdot)$ 表示网络单层计算，以卷积层为例，$f(\cdot)$ 可以表示卷积操作，或者卷积 + 非线性激活。当 $f(\cdot)$ 为卷积操作时，特征图重构损失基于非线性激活前的特征图进行计算；当 $f(\cdot)$ 为卷积 + 非线性激活函数时，特征图重构损失基于非线性激活后的特征图计算重构损失。

逐层权重剪枝

在本小节中，我们采用矩阵表述方式，将第 l 层权值表示为 $\boldsymbol{W}^l\in\mathbb{R}^{N\times(Ck_hk_w)}$ 的二维矩阵，对应地，第 l 层输入特征图和输出特征图可以分别表示为 $\boldsymbol{X}^l\in\mathbb{R}^{(Ck_hk_w)\times(HW)}$ 和 $\boldsymbol{Z}^l\in\mathbb{R}^{N\times(HW)}$，其中 H 和 W 分别表示特征图的高和宽。此时，基于最小化特征图重构误差的逐层权重剪枝可以表示为

$$\min_{\boldsymbol{W}^l}\|\boldsymbol{Z}^l-f(\hat{\boldsymbol{W}}^l\boldsymbol{X}^l)\|_{\text{F}}^2\quad s.t.\quad l_0(\hat{\boldsymbol{W}}^l)\leqslant\kappa^l \tag{5.17}$$

此时的 $f(\cdot)$ 表示非线性激活或者恒等变换。由于逐层剪枝一次只考虑一层参数，参数量相对于整个网络参数量降低很多，研究工作[61] 中提出了逐层最优脑手术（Layer-wise Optimal Brain Surgeon）方法，通过在每一层中基于使用近似二阶梯度的重要性度量方法对参数进行排序剪枝。

逐层卷积核剪枝

对于卷积核剪枝，对第 l 层卷积核进行剪枝，相当于对第 $l+1$ 层的输入通道进行剪枝。基于最小化特征图重构误差的卷积核剪枝通常可以表示为

$$\min_{\boldsymbol{\gamma}^l, \boldsymbol{W}^{l+1}} \left\| \boldsymbol{Z}^{l+1} - f\left(\sum_{c=1}^{C} \gamma_c^l \boldsymbol{W}_c^{l+1} \boldsymbol{X}_c^{l+1}\right) \right\|_{\mathrm{F}}^2 \quad s.t. \quad l_0(\boldsymbol{\gamma}^l) \leqslant \kappa^l \tag{5.18}$$

其中，$\boldsymbol{W}_c^{l+1} \in \mathbb{R}^{N\times(k_h k_w)}$ 和 $\boldsymbol{X}_c^{l+1} \in \mathbb{R}^{(k_h k_w)\times(HW)}$ 分别表示对应于第 c 通道的卷积参数矩阵和输入特征矩阵，$\boldsymbol{\gamma}^l$ 是引入的尺度因子。该优化问题的一种简单方法是贪心求解[179]，即每次选择重建误差最小的卷积核对应的 $\boldsymbol{\gamma}_c$。在 $f(\cdot)$ 是恒等变换的情况下，有研究[105] 使用交替优化方法对 $\boldsymbol{\gamma}^l$ 和 $\boldsymbol{W}^{l+1}$ 交替优化。在固定变量 $\boldsymbol{W}^{l+1}$ 下，对 $\boldsymbol{\gamma}^l$ 的优化可以转化成典型的 LASSO[242] 问题，有最优解析解；在固定变量 $\boldsymbol{\gamma}^l$ 的情况下，$\boldsymbol{W}^{l+1}$ 可以使用最小二乘法求解，最后迭代优化这二者就可以完成剪枝。

5.3.4 运行时剪枝算法

上述剪枝算法在网络推理前就已经确定了网络的稀疏结构，不管在网络运行时输入数据如何变化，其网络稀疏结构是不变的。但是，在实际网络运行时，不同数据输入对网络参数稀疏度要求不同，简单数据场景可以基于较少的网络参数实现较为准确的网络推理，而对于复杂数据输入来说，少量的剪枝可能就导致网络精度的急剧下降。再者，同一个参数的重要性对于不同的数据输入来说是不同的，随着输入数据的改变，参数重要性也随之改变。因此，研究者们提出了运行时剪枝算法（Runtime Network Pruning），也称为动态剪枝算法（Dynamic Network Pruning），该类剪枝算法生成的稀疏结构是数据相关的，根据输入数据的不同在网络运行时动态调整剪枝结构。

基于辅助模块的运行时剪枝算法

基于辅助模块的运行时剪枝算法通常会在每一个卷积层中构建一个轻量的辅助模块[77, 121]，该模块以特征图为输入，预测卷积核或者输出特征图的重要性。图 5.8 展示了基于辅助模块的运行时剪枝算法的典型组成示意图，为了实现轻量化的重要性预测，一般通过全局平均池化得到通道级的特征表示，然后通过多层全连接和非线性激活得到显著度预测，然后将低重要性对应的卷积核剪枝，基

于剩余卷积核对输入进行卷积计算得到稀疏的输出特征图。假设第 l 层的输入特征图用 $\mathbf{X}^l \in \mathbb{R}^{C\times H\times W}$ 表示，那么第 l 层的输出通道重要性 $\pi(\mathbf{X}^l)$ 可以表示为 $\pi(\mathbf{X}^l) = \mathcal{G}^l(\mathrm{GAP}(\mathbf{X}^l))$，这里 $\mathrm{GAP}(\mathbf{X}^l) \in \mathbb{R}^C$ 表示对输入特征图 $\mathbf{X}^l$ 进行空间上的全局池化，$\mathcal{G}^l$ 表示由多层全连接和非线性组成的子网络。基于通道重要性 $\pi(\mathbf{X}^l)$ 可以通过阈值对当前层卷积进行剪枝，剪枝函数可以表示为

$$\mathcal{I}(\pi(\mathbf{X}^l), \xi^l) = \begin{cases} 1, & 若\ (\mathbf{X}^l) \geqslant \xi^l \\ 0, & 否则 \end{cases}$$

其中，ξ^l 代表剪枝阈值。为了得到稀疏的通道重要性 $\pi(\mathbf{X}^l)$，通常需要对 $\pi(\mathbf{X}^l)$ 添加稀疏正则训练，其优化目标函数可以表示为

$$\min_{\boldsymbol{w}} \mathcal{L}(\boldsymbol{w}) + \lambda \sum_{l=0}^{L-1} \mathcal{R}_{\mathrm{s}}(\pi(\mathbf{X}^l)) \tag{5.19}$$

其中，λ 是正则化超参数，$\mathcal{R}_{\mathrm{s}}(\cdot)$ 是稀疏正则项，l_1 范数是一种常见选择。在训练阶段对通道重要性 $\pi(\mathbf{X}^l)$ 进行稀疏正则可以得到稀疏的通道重要性，从而可以实现动态剪枝算法。

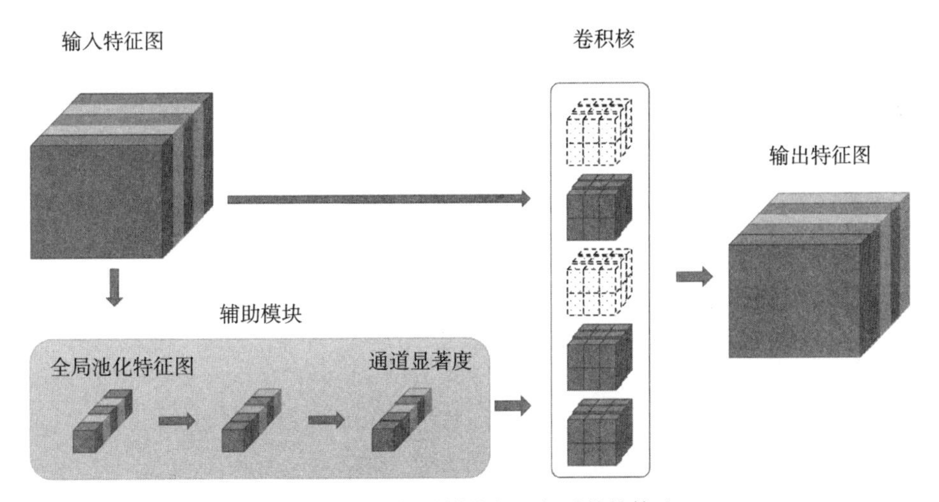

图 5.8 基于辅助模块的运行时剪枝算法

对于运行时剪枝来说，一种合理假设是简单场景的样本应该能以更稀疏的网络实现准确的识别，而困难场景的样本应该基于相对稠密的网络才能不损失精度。但是在优化目标函数式 (5.19) 中，对于不同样本的超参数 λ 是一样的，这意味着不同样本下通道重要性得分 $\pi(\mathbf{X}^l)$ 所受到的稀疏正则的程度是一样的，

这无疑和之前的假设是相违背的，有研究工作[238] 基于样本的交叉熵损失实现样本相关的稀疏正则超参数 λ，对损失较小的样本给予较大的稀疏正则系数，对损失较大的样本给予较小的稀疏正则。

基于强化学习的运行时剪枝算法

深度神经网络运行时剪枝算法可以认为是在运行时根据输入对每一层进行决策剪枝，通过将整个网络的运行时剪枝当作马尔可夫决策过程，运行时剪枝问题就可以转化成一个基于深度强化学习的决策优化问题。如图 5.9 所示，基于强化学习的运行时剪枝算法通常会构建一个共享的循环神经网络（RNN），然后将每一层的特征图通过编码层得到状态信息，经过循环神经网络之后再通过解码层输出剪枝决策，从而实现运行时剪枝。

环境状态：对于运行时剪枝来说，输入特征图 $\mathbf{X}^l$ 代表了当前环境状态的特征表示，为了减少计算复杂度，使用全局平均池化可以将输入特征图 $\mathbf{X}^l$ 映射到 $\mathbb{R}^{C^l}$ 空间。由于每层输入通道个数 C^l 不同，需要一个编码层将其映射到固定长度 l_e，然后这个长度为 l_e 的嵌入向量就表示了当前环境状态。

动作：对于强化学习智能体来说，动作代表了每次决策的所有可能性，在动态剪枝中，有些算法[159] 将通道分成 k 组，然后定义离散的动作空间为：$1, 2, \cdots, k$，当动作选择为 i 时，下标大于 i 的参数都被剪枝。但是，离散的动作空间存在一些问题，如果划分的粒度太小，则离散空间较大会给强化学习训练带来困难，粒度太粗则会导致无法得到某些较优解进而导致精度不高。基于连续空间的动作定义可以避免这些问题[32]，在这种情况下，动作通常被定义为输出每一层的稀疏度，同时可以设置最小稀疏度为 α，此时的剪枝空间为 $(\alpha, 1]$ 的连续空间。

奖励函数：强化学习训练中一个重要的部分是奖励函数，对于网络剪枝来说，奖励函数既要考虑网络精度，又要考虑网络计算复杂度，一种典型的奖励函数可以表示为：$R_t^r = R_{\text{acc}}^r + R_{\text{comp}}^r$，$R_{\text{acc}}^r$ 通常基于网络原始损失定义，而 R_{comp}^r 是根据剪枝后的计算复杂度以及目标计算复杂度确定的。

智能体训练：对于离散动作空间来说，智能体通常基于深度 Q-Learning 算法训练基于 RNN 的动作价值函数 Q-function。假设 $Q(a_i, s_t)$ 为状态 s_t 下采取动作 a_i 的期望价值，最优动作为 $\pi = \arg\max_{a_i} Q(a_i, s_t)$。通过采用 ϵ-贪心策略，以概率 ϵ 选择动作 π，以概率 $1-\epsilon$ 选择其他随机动作。

对于连续动作空间来说，Actor-Critic 是一种常用的强化学习训练算法，通过构建策略网络（Policy Network）和价值网络（Value Network），可以通过策略梯度法（Policy Gradient）或者其他算法对二者进行训练。

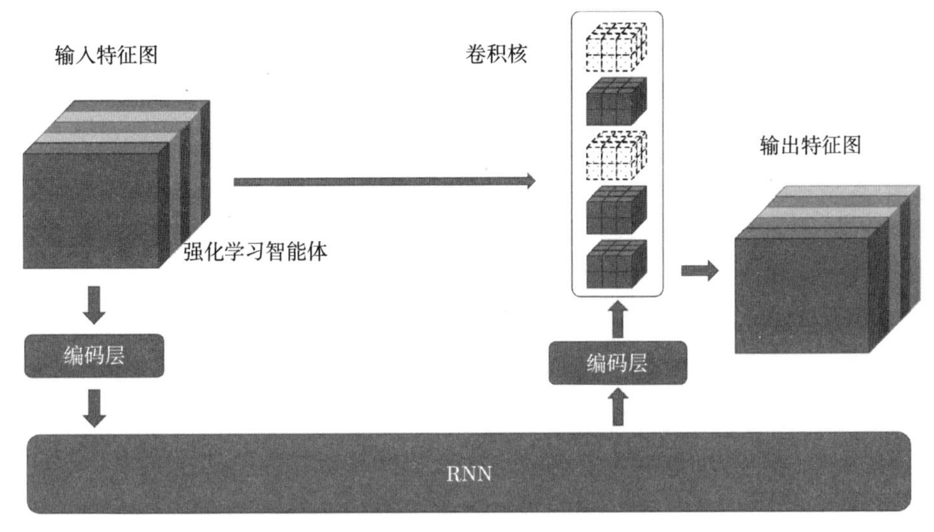

图 5.9 基于强化学习决策的运行时剪枝算法

5.3.5 基于初始化的剪枝算法

深度神经网络剪枝通常是在网络训练完成之后，对训练好的网络参数进行剪枝，然后再进行微调，这种剪枝工作流一般称为“训练-剪枝-微调”。这种剪枝算法需要训练原始网络，带来更长的工作流程和更高的时间和金钱成本。彩票假说[70] 揭示了存在一个赢得彩票的子网络，它能够基于初始化的参数直接从头训练，最终得到与原始网络训练相媲美的精度，在该子网络[70] 中，赢得彩票的子网络是通过“训练-剪枝-微调”工作流找到的。既然在网络训练前赢得彩票的子网络就存在，那么能不能在网络训练前找到“彩票子网络”?

为了回答这个问题，研究者们提出了基于初始化的剪枝算法（Pruning from Scratch）[71, 97, 146-147, 235, 245, 255, 295]，也就是在网络训练前对网络进行剪枝，然后再对剪枝后的网络进行训练，这种工作流也称为“初始化-剪枝-训练”工作流。基于初始化的剪枝算法不需要训练原始网络，因而节省了成本和时间，简化了剪枝工作流。其次，基于初始化的剪枝算法在训练时是对剪枝后的网络进行训练，能够节省训练时的内存开销，加快训练速度。基于初始化的剪枝算法致力于设计特殊的参数重要性准则，使得在训练前就可以计算得到参数的重要性，然后对参数重要性排序后剪枝，再正常训练剪枝后的稀疏网络。图 5.10 展示了基于网络初始化的剪枝工作流与传统的三阶段剪枝工作流对比。

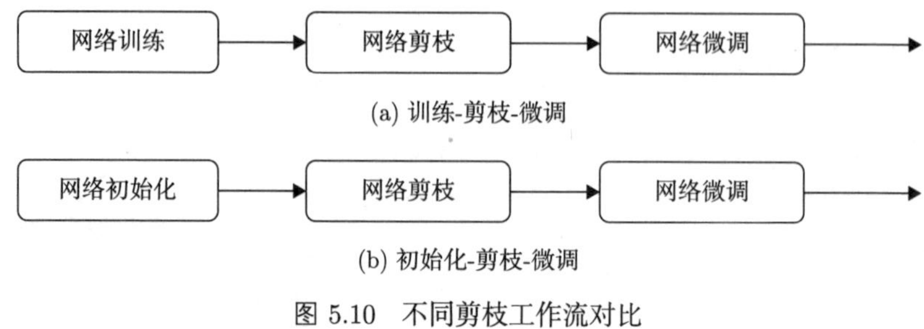

图 5.10 不同剪枝工作流对比

5.3.6 基于自动机器学习的剪枝算法

近期有研究工作[282] 回顾了几种卷积核剪枝算法，然后通过实验证明了剪枝后网络通过随机初始化训练就能达到或超过剪枝网络微调的精度。这意味着：第一，在经典的剪枝工作流程中，并不一定需要对已经训练过参数的大型网络执行此步骤；第二，经典剪枝中学习到的重要参数在训练剪枝后的网络中没有什么用处；第三，最终对剪枝网络精度起到关键作用的是剪枝后的结构，而不是剪枝后的参数。因此，只要确定了网络剪枝结构，就可以对剪枝网络进行随机初始化，进而进行网络训练。

对于卷积核剪枝来说，剪枝结构由每层的稀疏度确定，这就可以用 AutoML 进行优化。AutoML 算法是不需要或者需要少量人工参与的机器学习算法，它能实现自动地学习网络超参数、网络结构设计、特征选择等。其中神经网络架构搜索（Neural Architecture Search，NAS）是 AutoML 中一个重要的研究方向，能够自动学习神经网络结构或者基本组成单元。基于 AutoML 的剪枝算法不需要人工定义参数重要准则或者调节每层稀疏度，它通过自动机器学习算法对剪枝结构进行搜索。[62, 106, 162, 173]

基于元学习的剪枝算法

元学习（Meta Learning）是基于之前的知识来指导新任务或者新场景的学习，使网络具备学会学习（Learning to Learn）的能力，这里的“元”一般是指通过适应和学习不同的任务和场景知识，对多种不同任务或数据进行抽象进而学习到元知识，正是由于这个特性，元学习经常被用来解决小样本学习问题（Few-shot Learning）和迁移学习（Transfer Learning）问题。

有研究工作[89] 提出训练超网络（HyperNetworks）来预测骨干网络（Backbone）权重，然后骨干网络正常前向传播，在反向传播时骨干网络中的梯度传播到超网络中并对其进行训练。由于超网络可以预测不同层的网络权重，因此超网络中的参数可以认为是骨干网络权重的"元数据"。受到该工作的启发，研究者[173] 提出了基于元学习的神经网络剪枝算法，图 5.11 展示了该研究的基本算法结构，即构建一个超网络，如图 5.11(a) 所示，以剪枝后的每层通道数为输入，输出骨干网络每层神经网络参数。基于生成的参数，剪枝网络可以不经过训练迅速地在验证集上测试剪枝后的神经网络精度，从而判断不同剪枝结构的优劣。为了找到较好的剪枝结构，一般基于某种搜索算法（如进化搜索算法）来对不同剪枝结构进行评估和搜索。如图 5.11(b) 所示，在进化算法的搜索过程中，首先建立不同剪枝结构组成的种群，然后基于训练好的超网络对不同个体在验证集上进行评估，然后进行"选择、交叉、变异"等操作，最终迭代重复上述步骤得到较优的剪枝网络。

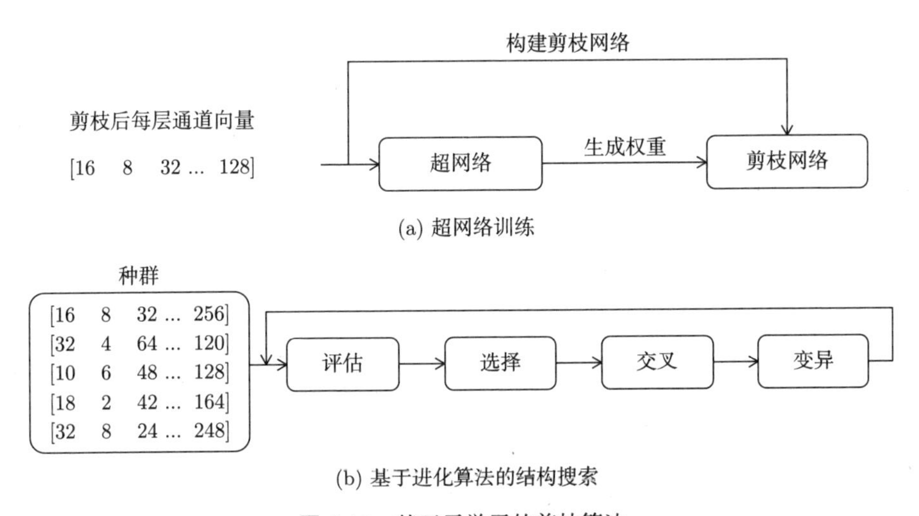

图 5.11 基于元学习的剪枝算法

基于强化学习的剪枝算法

强化学习主要是通过学习策略使得智能体（Agent）在和环境的交互过程中实现回报最大化或达到特定目标，在神经网络架构搜索中强化学习算法通常被用来实现网络架构搜索。有研究工作[106] 提出了基于强化学习的神经网络剪枝算法（如图 5.12 所示），通过将每一层的剪枝当作智能体每一步的动作，再定义基于网络精度和计算复杂度的奖励函数，使用强化学习算法训练智能体学习每一步的策略。

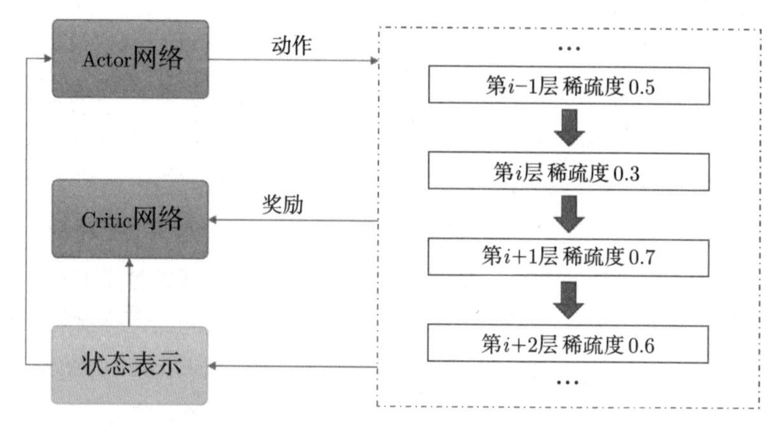

图 5.12　基于强化学习的神经网络剪枝算法

动作空间： 基于强化学习的剪枝算法通常将每一步的动作空间定义为 $(0,1]$ 的连续区间，表示网络中每一层的稀疏率。与离散的动作区间相比，连续区间能够得到更精细的剪枝和更高的精度。

状态表示： 对于智能体来说，环境的状态表示是其进行动作决策的关键输入。对于剪枝来说，环境状态表示通常需要考虑该层的卷积核尺寸、输入尺寸、卷积层在网络中的位置、当前层计算复杂度等信息。研究工作[106] 中使用长为 11 的向量定义环境状态：$S_t = (t, n, c, h, w, \text{stride}, k, \text{FLOPs}[t], \text{reduced}, \text{rest}, a_{t-1})$，其中 t 代表当前层下标，(n, c, k, k) 代表卷积核形状，(h, w) 代表输入特征图高度和宽度，stride 代表卷积步长，FLOPs$[t]$ 和 reduced 分别代表当前层浮点计算量和已经剪枝的计算量，rest 代表剩余层的浮点计算量。

奖励函数： 对于神经网络剪枝来说，网络精度、参数量、计算量和最后的奖励息息相关。一种方案是只使用网络识别错误率作为奖励：$R_{\text{error}} = -\text{Error}$，这种奖励函数无法对模型压缩起到激励作用，需要在每一步限制动作空间以满足最后的剪枝计算量。另外一种方案是将计算量或者参数量与网络精度联合在一起：

$$R_{\text{FLOPs}} = -\text{Error} \cdot \log(\text{FLOPs}) \tag{5.20}$$

$$R_{\text{params}} = -\text{Error} \cdot \log(\#\text{Params}) \tag{5.21}$$

基于可微神经网络架构搜索的剪枝算法

可微神经网络架构搜索[25, 63, 168] 是神经网络架构搜索中的典型算法，可微神经网络架构参数通常使用一组可学习的参数表示每种候选结构的概率，基于这些概率将不同候选特征图进行线性加权组合得到当前层的最终输出，然后使用梯度下降来优化候选架构参数，而强化学习、进化算法中的架构参数通常是不可微的。可微神经网络架构搜索通常用来搜索网络的基本单元是如何组成的，网络的宽度和深度通常是固定的。在网络剪枝中，网络基本组成模块是固定的，因此可微神经网络架构搜索一般被用来搜索网络每层的宽度和网络深度[62, 85]。

如图 5.13 所示，基于可微神经网络架构搜索的剪枝算法通常将每层网络宽度表示成概率向量 $\boldsymbol{\alpha}^l \in \mathbb{R}^{C^l}$)，其中 C^l 代表第 l 层的通道数。概率向量 $\boldsymbol{\alpha}^l$ 中的第 i 个元素 α_i^l 表示第 l 层特征图保留前 i 个通道 $\mathbf{Z}_{1:i}^l$ 的概率变量。

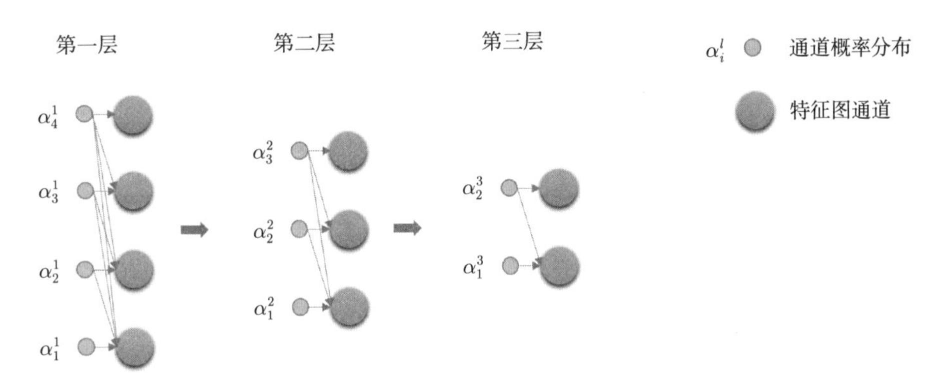

图 5.13 基于可微神经网络架构搜索的剪枝算法示意

图中 α_i^l 代表保留第 l 层前 i 个通道的概率变量，基于该变量生成不同通道的采样概率分布，然后对不同通道的输出进行概率加权输出到下一层，进而实现对网络宽度参数 α_i^l 的梯度优化。

为了让 α_i^l 表示 $[0,1]$ 区间的概率值，通常需要用 softmax 函数对 $\boldsymbol{\alpha}^l$ 进行归一化得到概率分布：$\boldsymbol{p}^l = \text{softmax}(\boldsymbol{\alpha}^l)$，由于基于概率的采样过程是不可微的，一种解决方法是使用 Gumble-softmax[128] 技巧来进行梯度近似估计：

$$\hat{\boldsymbol{p}}_j^l = \frac{\exp((\log(\boldsymbol{p}_j^l) + \boldsymbol{o}_j^l)/\tau)}{\sum_{k=1}^{C^l} \exp((\log(\boldsymbol{p}_k^l) + \boldsymbol{o}_k^l)/\tau)} \tag{5.22}$$

其中，$\boldsymbol{o}_j^l = -\log(-\log(u))$，$u$ 是从 $(0,1)$ 之间的均匀分布采样获得，τ 是 softmax 温度系数。最终第 l 层的输出可以表示为 $\hat{\boldsymbol{Z}}_j^l = \sum_{j\in\mathbb{I}} \hat{\boldsymbol{p}}_j^l \cdot \mathrm{CWI}(\mathbf{Z}_{1:i}^l, \max(\mathbb{C}_{\mathbb{I}}))$，这里的 $\mathbb{I}$ 表示采样集合，$\mathrm{CWI}(\cdot,\cdot)$ 代表通道插值函数，将不同通道的输出插值到统一维度。

在训练网络权重 $\boldsymbol{W}$ 和架构参数 $\boldsymbol{\alpha}$ 时，通常使用交替优化的方法：先固定架构参数 $\boldsymbol{\alpha}$，在训练集上对网络参数 $\boldsymbol{W}$ 进行梯度下降训练；然后固定网络参数 $\boldsymbol{W}$，在验证集（或切分的训练集上）对架构参数 $\boldsymbol{\alpha}$ 进行梯度下降优化。

基于 One-shot 网络架构搜索的剪枝算法

One-shot 网络架构搜索算法[87] 只训练一次超网络，就可以搜索得到不同约束（速度、参数等约束）下的网络结构。受 One-shot 网络架构搜索的启发，网络剪枝领域出现了基于 One-shot 网络架构搜索的剪枝算法[87, 228]。

基于 One-shot 网络架构搜索的剪枝算法可以分为两个阶段：训练阶段和搜索阶段。在训练阶段构建并训练超网络（SuperNet）[1]，然后在搜索阶段基于超网络搜索不同稀疏度的网络结构，具体流程如下。

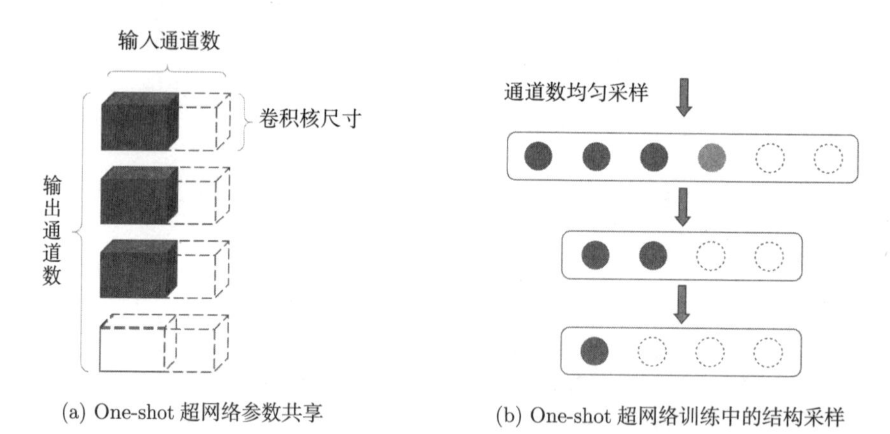

(a) One-shot 超网络参数共享　　(b) One-shot 超网络训练中的结构采样

图 5.14　基于 One-shot 网络架构搜索的剪枝算法

训练阶段：基于权重共享的思想，One-shot 网络架构搜索在训练阶段首先构建一个超网络，该网络对搜索空间内的网络结构集合共享同一组网络参数。在训练时为了对不同候选结构网络进行训练，需要在每一层对不同候选网络结构

[1]这里的超网络不同于元学习中的超网络，在这里超网络主要是基于权重共享思想设计的包含各种结构的网络，主要目的是为了同时训练不同结构网络的参数，而元学习中的超网络是为了预测网络权重，两者区别较大。

进行均匀采样。对于卷积核剪枝来说，需要对每一层通道数进行均匀采样以获得不同剪枝结构的网络，这些不同通道数的卷积核共享一个参数张量[87, 228]，通过截断参数张量的方法获得不同通道数的卷积核参数，最终根据采样结构进行网络前向和梯度传播。

搜索阶段：训练超网络之后，任意剪枝结构网络都可以根据超网络的参数对网络精度进行快速评估，因此可以使用进化算法（或其他搜索算法）对结构参数进行搜索。

5.4 本章小结

本章首先给出了网络剪枝的基本介绍，回溯了网络剪枝的发展历史，然后描述了稀疏模型的存储格式。就网络剪枝方法而言，本章从早期的基于重要性度量的剪枝方法开始，介绍了基于正则化的剪枝方法、运行时剪枝方法、基于自动机器学习的剪枝算法等，在不同的方法介绍中穿插了结构化剪枝和非结构化剪枝算法。通过阅读本章内容，期望读者对剪枝算法有一个较为宏观的认知，能对剪枝算法的来龙去脉有所了解。由于神经网络剪枝算法依然在不断发展和迭代，读者可以根据实际应用需求，选取不同的剪枝算法进行更深入的学习和研究。

6 量化

众多神经网络加速压缩策略中，量化（Quantization）因其以下优点而成为了最具影响力的方法之一：

- 方案普适。首先，量化广泛适用于各种网络结构，部署时仅需在原网络中插入相应的量化操作即可。其次，量化计算与当前主流硬件设备兼容，因此无须过多依赖专用硬件设计。
- 存储压缩。首先，量化可以降低模型的大小从而节省存储开销。其次，在网络推理时，将网络中间层的特征图量化到较低位宽可以减少运行内存消耗。
- 计算加速。量化带来的加速主要来自两部分，一是受益于硬件设备对低位宽数据运算的高并发特性，二是更低位宽的数据也有助于提高内存读写的吞吐量。
- 功耗降低。与计算加速类似，处理器完成单位数量的计算及内存读写操作时所需能耗随数据位宽降低而显著减少。

本章我们将围绕量化在神经网络加速压缩中的研究与应用展开介绍。首先，我们从量化基础开始，介绍不同的量化函数及神经网络中量化计算的基本原理等背景知识。然后，我们分别考虑两类面向不同应用场景的神经网络量化策略，即训练后量化（Post-Training Quantization，PTQ）和量化感知训练（Quantization-Aware Training，QAT）。训练后量化旨在以无监督的方式将预先训练好的全精度模型以较小资源开销转化为量化网络。由于无须原始训练集（仅需较小的校准集）和复杂的训练流程，且几乎没有需要进行调节的超参数，训练后量化算法一般可打包成调用接口从而使得网络部署人员耗费少量时间和资源开销便可获得量化带来的收益。在大多数情况下，训练后量化在 8 比特量化位宽下足以实现接近全精度网络的性能。在更低的量化位宽下，量化噪声带来的性能损失难以通过简单的训练后量化加以恢复。此时，量化感知训练通过访问原始训练集并重新训练量化网络使得网络在极低量化位宽下仍保留具有竞争性的网络性能。对于这两种量化策略，我们都提供了基于现有文献的标准算法流程作为开发应用和学术研究的参考。在此基础上，我们简要介绍和讨论神经网络量化中混合精度量化、无数据量化和二值量化这些进阶课题。最后，对本章内容进行归纳总结。

6.1 量化基础

当人们将数学中抽象的计算具现于数字计算机时，计算中数值的有效表示、操作和通信问题就出现了。对于该问题有如下表述：确定范围内的实数应以何种方式映射到一组固定的离散表示的数值上，以最小化所需的位宽并最大限度地提高表示精度和计算效率。我们将完成上述映射的具体过程称为量化。其中最典型的数值表示当属目前主流计算机都遵循的 IEEE 754 中提出的用于近似表示实数的浮点数标准。我们常说的单精度浮点数和双精度浮点数便是该标准中的两个特例。由于这两者分别用 32 位和 64 位二进制比特数表达全体实数，我们分别称之为 FP32 和 FP64。事实上，FP32 所提供的数值表示精度对目前主流的神经网络的训练和推理来说都是足够的。因此，我们将使用 FP32 数值格式表示的网络模型称为全精度网络模型，而下文所介绍的神经网络量化指的是在 FP32 基础上进一步降低数值表示位宽。大量的经验结果表明，神经网络对量化具有相当程度的鲁棒性，这意味着可以在更低的位宽表示下保留全精度网络的绝大部分性能。在此基础上，考虑到神经网络本身巨大的参数量和计算量，以及边缘设备严苛的功耗和算力限制，量化问题已再次成为前沿研究热点。

6.1.1 量化函数

不失一般性，我们将量化函数定义为如下分段线性映射：

$$Q(x) = q_i, \quad 若\ x \in (t_i, t_{i+1}] \tag{6.1}$$

将所有落在 $(t_i, t_{i+1}]$ 区间的实数都量化成相应的离散格点值 q_i，其中 $i = 1, 2, \cdots, m$。通常，我们令 $t_1 = -\infty$，$t_{m+1} = +\infty$。基于此定义，任意满足如下约束的

量化函数：

$$q_{i+1} - q_i = s, \quad \text{对所有 } i \tag{6.2}$$

我们称其为均匀量化。相应地，若不满足上述条件，我们称其为非均匀量化。

均匀量化

对于均匀量化，根据量化参数中是否存在零点 z，可以将其划分为均匀仿射量化（也称为均匀非对称量化）和均匀对称量化。首先考虑均匀仿射量化，假定量化位宽为 b 比特，其量化过程可写为

$$\begin{aligned} x_{\text{int}} &= \text{clamp}\left(\left\lfloor \frac{x}{s} \right\rceil + z, 0, 2^b - 1\right), \\ x \approx \hat{x} &= s \cdot (x_{\text{int}} - z) \end{aligned} \tag{6.3}$$

其中，$\lfloor \cdot \rceil$ 是四舍五入取整函数，截断函数 $\text{clamp}(\cdot)$ 的定义如下：

$$\text{clamp}(x, p, q) = \begin{cases} p, & x < p, \\ x, & p \leqslant x \leqslant q, \\ q, & x > q \end{cases} \tag{6.4}$$

式中 z 和 s 分别是量化零点和量化步长，数值表示上这两者分别为整数和全精度浮点数。x_{int} 是位宽为 b 比特的无符号整数，因此取值范围为 $[0, 2^b - 1]$ 区间内的所有整数。从式 (6.3) 中可以看出，非对称均匀量化是关于量化零点 z、量化步长 s 和量化位宽 b 三者的函数，我们将上述两步融合得到量化函数的具体形式为

$$\hat{x} = Q(x, z, s, b) = s \cdot \left(\text{clamp}\left(\left\lfloor \frac{x}{s} \right\rceil + z, 0, 2^b - 1\right) - z\right) \tag{6.5}$$

均匀对称量化是均匀仿射量化的一种特例和简化。对于 b 比特均匀对称量化，其量化函数可以表示为

$$\begin{aligned} \hat{x} &= Q(x, s, b) = s \cdot \text{clamp}\left(\left\lfloor \frac{x}{s} \right\rceil, 0, 2^b - 1\right), & \text{若为无符号数} \\ \hat{x} &= Q(x, s, b) = s \cdot \text{clamp}\left(\left\lfloor \frac{x}{s} \right\rceil, -2^{b-1}, 2^{b-1} - 1\right), & \text{若为有符号数} \end{aligned} \tag{6.6}$$

由于缺少量化零点 z，为了适应不同类型数据，这里我们针对两种典型数据分布给出了相应的量化函数，并称之为无符号对称量化和有符号对称量化。无符号对称量化适用于 x 仅分布在非负数区间的情况，例如经过 ReLU 层的激活值。

有符号对称量化适用于当 x 以零为均值并围绕其两侧对称分布的情况，例如绝大多数神经网络中全连接层和卷积层的权重值。

简单总结以上几种均匀量化函数。从自由度和覆盖度层面看，非对称均匀量化是最一般化的均匀量化函数，对称均匀量化是其一种特例。然而，正如下文所要介绍的，非对称均匀量化中额外引入的量化零点 z 会在实际硬件实现时引入额外的计算开销。因此在网络量化中，使用最广泛的还是对称均匀量化。当然，实际使用时需要针对具体的数据分布类型选择合适的对称量化函数。为了便于比较和理解几种均匀量化的异同，我们在图 6.1 中进行了可视化比较。

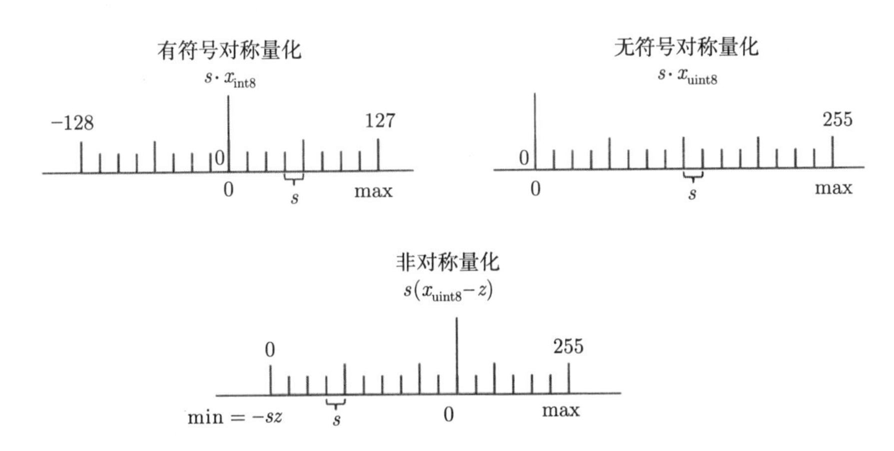

图 6.1 量化位宽为 8 比特时对称和非对称均匀量化的可视化对比
（相关内容可参阅论文“A White Paper on Neural Network Quantization”）

非均匀量化

通常来说评价一种量化方式的优劣主要从两方面考虑：一是表示精度，即数值量化前后的误差 $e = |x - \hat{x}|$；二是计算效率，即量化后数值 $\hat{x}$ 代替原数值 x 参与计算带来的速度增益。均匀量化的主要优势在于计算效率方面，这方面内容我们将在后文具体介绍。而在表示精度方面，对量化步长的常数约束导致其在面对复杂数据分布情况时存在较大量化误差。图 6.2 展示了典型的神经网络权重分布情况，即遵循钟形和长尾分布而不是均匀分布。可以看到，大部分权重值都集中在均值附近，且分布的概率密度随着对均值偏离程度的增大而显著下降。神经网络的激活分布也存在类似的现象。很显然，从表示精度方面看，采用固定量化步长并不是最优的选择。

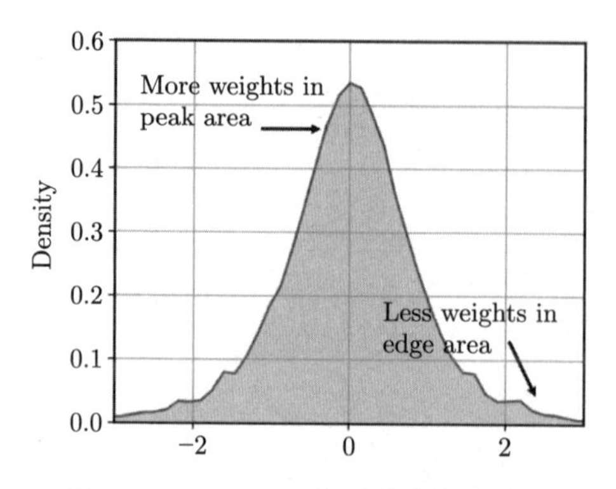

图 6.2　ResNet-18 权重分布概率密度
（相关内容可参阅论文“Additive Powers-of-Two Quantization：An Efficient Non-uniform Discretization for Neural Networks”）

相较而言，非均匀量化更强调根据数据分布自适应地调整映射关系，典型的比如采用 k 均值等聚类算法确定量化格点取值。然而这种对表示精度性能的过度追求又会导致其计算效率过于低下。这里我们重点介绍一种在精度和效率间达到较好权衡的量化方式——幂次方量化。与对称均匀量化类似，在幂次方量化中我们同样将量化后取值记作：

$$\hat{x} = s \cdot x_{\exp}, \tag{6.7}$$

但与均匀量化不同的是，除了要求 $x_{\exp}$ 是整数，我们进一步限制其取值表示成 2 的幂次方。具体地说，假定量化位宽为 b 比特，对于无符号数和有符号数，$x_{\exp}$ 取值集合分别为

$$\begin{aligned} & x_{\exp} \in \{0, 2^0, 2^1, \cdots, 2^{2^b-2}\} && \text{若为无符号数} \\ & x_{\exp} \in \{0, \pm 2^0, \pm 2^1, \cdots, \pm 2^{2^{b-1}-2}\} && \text{若为有符号数} \end{aligned} \tag{6.8}$$

均匀量化和幂次方量化的对比如图 6.3 所示。从图中可以看出，相比于均匀量化，幂次方量化的量化步长会随着量化输入幅度值的增大而增大，因此更加适用于具有长尾分布特点的数据。除了表示精度有所提高，幂次方量化后的数值也可以高效地参与计算，即与 2 的幂次方的乘法等价于移位运算：

$$2^x \times y = \begin{cases} y, & \text{若 } x = 0 \\ y \ll x, & \text{若 } x > 0 \\ y \gg x, & \text{若 } x < 0 \end{cases} \tag{6.9}$$

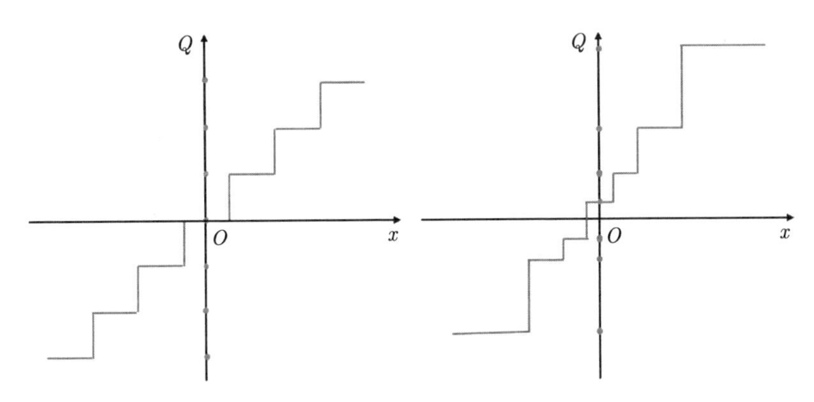

图 6.3 均匀量化（左）和幂次方量化（右）对比

在本小节中，我们总结归纳了几种常用的均匀和非均匀量化策略。通过对比可以看出，均匀量化的优势在于计算效率高，而非均匀的优势在于表示精度高。从目前学术界研究和工业界使用的情况看，均匀量化仍然是网络量化时的首选。因此，在没有额外说明时，下文我们仅考虑均匀量化在网络加速压缩中的应用。相应地，我们将主要介绍克服均匀量化较低表示精度这一问题所提出的各种算法策略。

6.1.2 量化计算

在对量化函数进行了一般性讨论后，我们将注意力转移到其在神经网络中的应用上。任意神经网络在数学上都可以看作是一张有向无环的计算图，图的节点代表某种对数据的运算，图的有向边代表数据在不同节点间流转的路径。网络的输入从图的初始节点出发，沿着图的连边不断经过各个节点的变换最终在目的节点得到网络的输出。在很多文献中，网络的节点也被称为网络的层，根据节点对数据执行运算的不同，可以区分得到不同类型的层。对目前主流的网络结构而言，全连接层和卷积层占据了神经网络中绝大部分的计算量和参数量。因此，我们后面介绍的量化主要是围绕这两种类型的层进行。

首先，神经网络量化一般是在全精度网络的计算图上，在目标层的输入输出位置插入额外与量化相关的计算节点实现的，图 6.4 中我们以卷积层为例给出了量化前后其计算图的对比。通过将全精度的输入和权重用量化后更低位宽的数值替代，卷积层或全连接层能以更低的开销完成内部计算并得到近似的输出结果。需要额外指出的是，为了提高计算效率，目前通用硬件设备上的卷积计算大都是基于 im2col+GEMM 实现的。因此，尽管定义有所不同，全连接层和卷积层的运算都可等价于矩阵乘法，因此，我们这里以矩阵乘法为实例介绍其量化计算的具体过程。

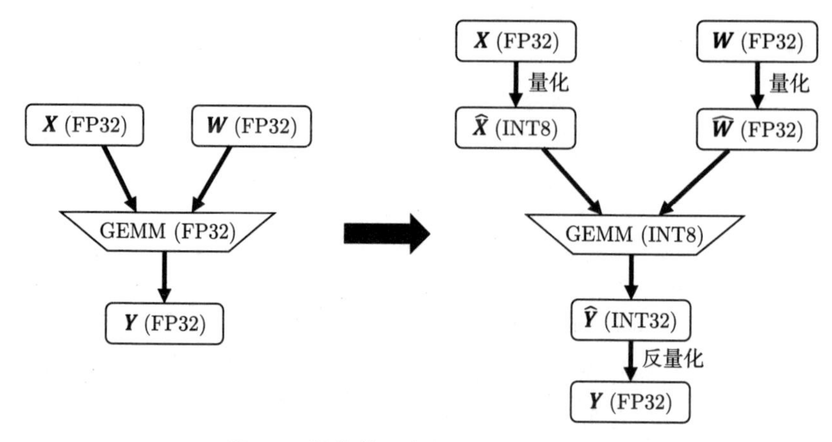

图 6.4　量化前后卷积层的计算图对比
（相关内容可参阅 CVPR 2020 论文 “Towards Unified INT8 Training for Convolutional Neural Network”）

考虑神经网络的某一层（全连接层或卷积层），假定其输入表示为 $\boldsymbol{X} \in \mathbb{R}^{S\times N}$ 的二维矩阵，权重矩阵表示为 $\boldsymbol{W} \in \mathbb{R}^{T\times S}$，输出为 $\boldsymbol{Y} \in \mathbb{R}^{T\times N}$ 且 $\boldsymbol{Y} = \boldsymbol{W}\boldsymbol{X}$。为了表示上的简洁，这里我们忽略了偏置项。具体地，输出 $\boldsymbol{Y}$ 中任意元素的计算过程展开如下所示：

$$Y_{i,j} = \sum_{s=1}^{S} W_{i,s}X_{s,j} \tag{6.10}$$

为了加速式 (6.10) 中的计算，我们对当前层权重和输入分别进行均匀量化，可得

$$\begin{aligned} \boldsymbol{W} \approx \hat{\boldsymbol{W}} = s_W \cdot (\boldsymbol{W}_{\text{int}} - z_W) \\ \boldsymbol{X} \approx \hat{\boldsymbol{X}} = s_X \cdot (\boldsymbol{X}_{\text{int}} - z_X) \end{aligned} \tag{6.11}$$

将上述量化后的权重和输入代入式 (6.10) 中，可得

$$\begin{aligned} Y_{i,j} \approx \hat{Y}_{i,j} &= \sum_{s=1}^{S} \hat{W}_{i,s}\hat{X}_{s,j} \\ &= \sum_{s=1}^{S} s_W(W_{\text{int}_{i,s}} - z_W)s_X(X_{\text{int}_{s,j}} - z_X) \end{aligned}$$

$$
\begin{aligned}
&= s_W s_X \sum_{s=1}^{S} (W_{\text{int}_{i,s}} - z_W)(X_{\text{int}_{s,j}} - z_X) \\
&= s_W s_X \left(\sum_{s=1}^{S} W_{\text{int}_{i,s}} X_{\text{int}_{s,j}} - z_W \sum_{s=1}^{S} X_{\text{int}_{s,j}} - z_X \sum_{s=1}^{S} W_{\text{int}_{i,s}} + S z_W z_X \right)
\end{aligned} \tag{6.12}
$$

从式 (6.12) 可以看出，量化后全连接层的运算拆分成了四个子项。其中，第一个子项的计算和原式 (6.10) 类似，主要区别在于量化后参与乘累加运算（MAC）的都是低位宽整数而非全精度浮点数。也正因如此，完成这项计算所需的时间和内存消耗比原式的有了大幅下降。第三和第四项的计算则与网络输入完全无关，可以提前计算该结果并将其融合到偏置项中从而避免额外的开销。第二项的计算与输入相关，在网络推理时需要付出额外代价以实时计算其结果。但我们可以注意到，当 $z_W = 0$，也就意味着对权重采用对称均匀量化时，第二项结果恒为 0 所以可被忽略。从计算效率出发，同时也考虑到大部分情况下权重的取值都围绕零值对称分布，实际使用时对权重采用的都是对称量化策略。更进一步，由于大部分神经网络中采用的非线性激活函数都是 ReLU，这也就意味着 X 仅在非负数区间取值。参照我们上一小节的介绍可知，此时可对输入采用无符号对称量化，从而使得 $z_X = 0$。在这种情况下，由于权重和激活的量化零点都为 0，上面四个子项只有第一项是非零的，也就意味着：

$$
\begin{aligned}
\hat{Y}^{i,j} &= \sum_{s=1}^{S} \hat{W}_{i,s} \hat{X}_{s,j} \\
&= s_W s_X \sum_{s=1}^{S} W_{\text{int}_{i,s}} X_{\text{int}_{s,j}}
\end{aligned} \tag{6.13}
$$

在具体实现时，乘累加运算可由处理器中的整数运算单元完成。为了避免数据溢出，一般将中间结果累加到 INT32 上。最后用量化步长缩放累加结果并转换得到 FP32 输出。最后需要说明的是，尽管我们这里是以具体的全连接层和卷积层来介绍基于量化的高效计算方式，但从上面推导可知，任意类型的层（如 Transformer 中的 Self-attention 层）只要其计算流程可拆解为上述向量内积形式，这里的分析和结论都是依然成立的。

6.1.3 量化粒度

在前文中，我们根据量化函数的数学表达形式对其进行了分类讨论，本小节中我们从量化粒度层面进行分析。一个具体的量化函数需要确定其相应量化参数的取值，对于非对称均匀量化而言包括量化零点、量化步长和量化位宽，对称均匀量化由于量化零点取值恒为 0 所以量化参数仅包括后两者。我们暂且假定量化位宽是事先人为指定的，只考虑剩余的量化参数。在之前的讨论中，我们假设一个卷积层的所有权重（或输入）共享同一套量化参数，这种量化粒度我们一般称之为逐层量化（Layer-wise Quantization）。但随着权重或输入的元素数量不断增加，不同元素间取值的差异也会越来越大，一套量化参数显然难以兼顾全体进而导致量化误差快速增大。图 6.5 展示了 MobileNet 网络第一个深度可分离卷积层的逐通道权重范围分布，分布图上绘制了每个通道的最小值、最大值、50% 分位数、75% 分位数和中位数，可见该层在不同通道之间的权重范围表现出很大差异。所以从表示精度出发，共享量化参数的元素数量必然是越少越好。但同时计算效率也是评价量化策略优劣的重要衡量因素。考虑一种极端情况，每个元素都有各自的量化参数时，此时虽然量化误差为零达到最小，但量化所带来的计算效率增益也被完全消除了。综上，在量化粒度层面我们同样需要一种可以在表示精度和计算效率间达到良好均衡的策略。

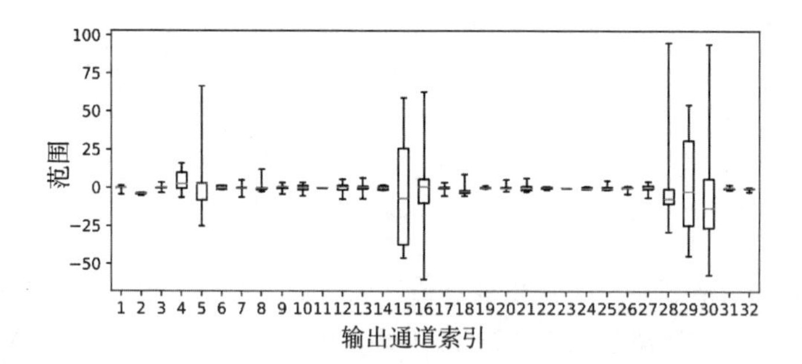

图 6.5 逐 (输出) 通道权重范围
（相关内容可参阅论文“Data-Free Quantization Through Weight Equalization and Bias Correction”）

可以观察到，卷积层或全连接层的输出是由大量并行向量内积计算［如式 (6.10) 所示］得到的。因此，获取量化计算效率增益的基本保证是参与内积运算的权重和输入向量分别共享量化参数，这也就意味着权重矩阵的每行和单个样本的输入分别共享量化参数。此时输入的量化粒度仍然是逐层量化。但对权重矩阵而言，由于其一行权重值对应于输出的一个通道，我们称这种粒度的量化为逐通道量化（Channel-wise Quantization）。在图 6.6 中，我们以对称量化中的量化步长为例对比了逐层量化与逐通道量化的区别。因此，为了权衡表示精度和计算效率，本章后续都假定对权重和激活分别采用了逐通道量化和逐层量化。

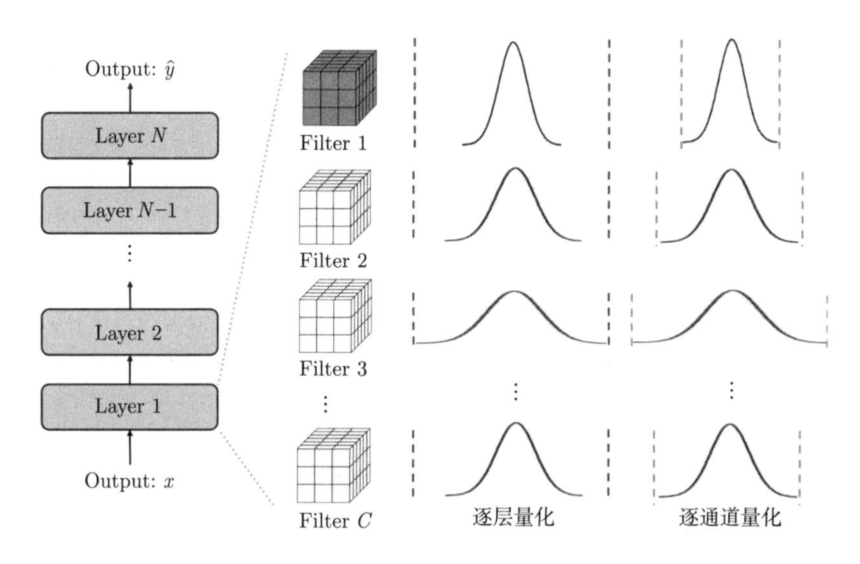

图 6.6　逐层量化与逐通道量化对比
（相关内容可参阅论文“Survey of Quantization Methods for Efficient Neural Network Inference”）

6.2　训练后量化

训练后量化（PTQ）旨在将预先训练好的全精度模型直接转化得到量化后网络。由于其仅需少量数据样本和硬件资源等特性，该类量化方法在工业界得到广泛运用，并因此成为量化领域的研究热点之一。

正如我们前文所介绍的，神经网络量化的核心是量化函数，而每种量化函数的具体计算过程是由其量化参数的取值决定的。因此，训练后量化算法中最基本的步骤是确定量化零点、量化步长等量化参数的取值。请注意，除非特别说明，我们均假设量化位宽是人为预先设定好的而无须另外计算求解。为此，我们首先讨论已有文献中不同的量化参数求解策略及相应准则。此外，无论使用何种量化参数求解策略，量化误差的引入都是不可避免的。为了缓解量化噪声导致的性能损失，我们进一步介绍如何在有限数据和计算资源条件下尽可能对量化误差加以校正。最后，我们总结得到一个标准的训练后量化算法流程以供研究和使用。

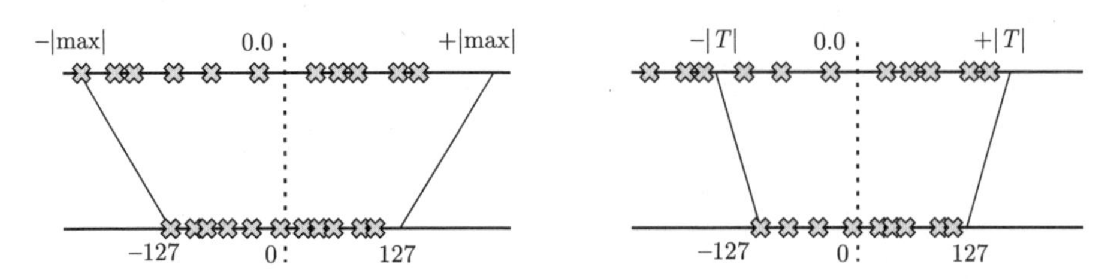

图 6.7　饱和（左）与非饱和（右）量化区间对比
（相关内容可参阅论文“A Survey of Quantization Methods for Efficient Neural Network Inference”）

6.2.1　量化参数求解

前面我们提到过，目前主流神经网络的计算量和参数量大都源自于全连接层和卷积层。为实现对这些层的加速和压缩，我们需要对其权重和输入同时进行量化。为了便于讨论，我们暂且对这两者不加区分并统一符号，假定全精度向量及其量化输出分别为 $\boldsymbol{x}$ 和 $\hat{\boldsymbol{x}}$。对于权重而言，$\boldsymbol{x}$ 可由权重矩阵的全体元素（逐层量化）或其某一行元素（逐通道量化）展开成一维向量得到；对于输入而言，$\boldsymbol{x}$ 可由少量校准数据经过网络推理并对指定中间层特征图采样得到。对该全精度向量分别进行非对称和对称均匀量化，可得到如下式子：

$$
\begin{aligned}
&\boldsymbol{x} \approx \hat{\boldsymbol{x}} = s_x \cdot (\boldsymbol{x}_{\text{int}} - z_x) && \text{非对称均匀量化} \\
&\boldsymbol{x} \approx \hat{\boldsymbol{x}} = s_x \cdot \boldsymbol{x}_{\text{int}} && \text{对称均匀量化}
\end{aligned}
\tag{6.14}
$$

这里，s_x 和 z_x 分别代表量化步长和量化零点，也就是我们需要求解的量化参数。$\boldsymbol{x}^{\text{int}}$ 的取值是由上述量化参数唯一确定的。例如对于对称均匀量化，不考虑数值上溢或者下溢情况，我们有 $\boldsymbol{x}_{\text{int}} = \lfloor \boldsymbol{x}/s_x \rceil$。自然地，我们求解量化参数的基本原则是使得量化前后的 $\boldsymbol{x}$ 和 $\hat{\boldsymbol{x}}$ 数值差异尽可能小。我们首先对比这两者的取值范围。对于向量 $\boldsymbol{x}$ 而言，我们通常将其所有元素视为从同一分布独立采样得到的。如前文所说，神经网络的权重或输入通常满足特定的分布特性，而且向量本身也是有限维的。因此实际计算时，具体向量 $\boldsymbol{x}$ 的取值必定落于某个有限区间，且大部分元素散落在概率密度较大的小范围内。对于 $\hat{\boldsymbol{x}}$，我们注意到 $\boldsymbol{x}_{\text{int}}$ 取值集合为由量化位宽决定的有限区间内的所有整数，显然这种固定的表示范围和精度难以适应实际可能的各种数值分布。所以形象地看，量化步长和量化零点的作用便是自适应地根据权重和输入的分布对 $\boldsymbol{x}_{\text{int}}$ 提供的表示区间进行缩放和平移，从而降低量化误差。为了表示上的简洁，我们下文仅围绕量化步长介绍其求解策略。这一方面是由于这些策略可以较容易扩展到包含量化零点的情况；另一方面是由于目前大多数网络均可采用对称量化取得较好性能，因此通常舍掉零点以避免额外的计算开销。

基于权重/输入重构的求解策略

以有符号量化为例，最简单也是最早得到广泛应用的量化步长求解策略如下：若将向量 $\boldsymbol{x}$ 中绝对值最大的元素取值记作 $x_{\max}$，则令量化步长为

$$s_x = \frac{x_{\max}}{\text{INT}_{\max}} \tag{6.15}$$

其中 $\text{INT}_{\max}$ 表示 $\boldsymbol{x}_{\text{int}}$ 能取得的最大整数值。很明显，这种策略的最大优势便是其计算复杂度极低。我们注意到，这种策略恰好将量化前后的最大取值，即 $x_{\max}$ 和 $\text{INT}_{\max}$，一一对应了起来。很显然，此时增加量化步长以进一步增大 $\hat{\boldsymbol{x}}$ 的取值范围并不能对表示精度带来任何提升，因此我们称其量化区间饱和，如图 6.7 左所示。尽管计算上十分简单高效，但我们无法在任何量化误差准则下保证该策略的最优性。一般而言，量化带来的误差可以分为两类：截断误差和舍入误差。前者指的是那些因为超出量化区间导致的近似误差，后者指的是那些因为落在量化区间内但因为数值精度不够导致的近似误差。因此，这里存在一个关于量化步长取值的基本矛盾：量化步长越大，则截断误差越小而舍入误差越大；量化步长越小，则舍入误差越小而截断误差越大。饱和量化区间虽然将截断误差降到零但却忽视了舍入误差，而最优的量化步长需要在这两者之间做好权衡，所以图 6.7 右所示的非饱和量化区间往往是更好的选择，尤其是当向量 $\boldsymbol{x}$ 中某些元素是离群点时。

既然要求解最优的量化步长，我们首先需要定义最优性的准则。目前，使用最广泛的评价量化误差的准则是均方误差（Mean Squared Error，MSE），即

$$(\boldsymbol{x} - \hat{\boldsymbol{x}})^{\text{T}}(\boldsymbol{x} - \hat{\boldsymbol{x}}) = \sum_{i=0}^{N} |x_i - \hat{x}_i|^2 \tag{6.16}$$

相应地，我们可以将求解量化步长转化为如下优化问题：

$$\begin{aligned} s_x^* &= \arg\min_{s_x} \quad (\boldsymbol{x}-\hat{\boldsymbol{x}})^{\mathrm{T}}(\boldsymbol{x}-\hat{\boldsymbol{x}}) \\ &= \arg\min_{s_x} \quad (\boldsymbol{x}-s_x\cdot\boldsymbol{x}_{\mathrm{int}})^{\mathrm{T}}(\boldsymbol{x}-s_x\cdot\boldsymbol{x}_{\mathrm{int}}) \end{aligned} \tag{6.17}$$

为了求解该优化问题，最简单的策略是采用一维搜索优化方法，如网格搜索、黄金分割法和二分法等，对此就不展开介绍了，感兴趣的读者可以自行查阅数值优化相关书籍。事实上，对该问题的求解还可以通过计算上更高效的迭代优化进行。首先对优化目标进行展开可得：

$$\boldsymbol{x}^{\mathrm{T}}\boldsymbol{x}-2s_x\cdot\boldsymbol{x}^{\mathrm{T}}\boldsymbol{x}_{\mathrm{int}}+s_x^2\cdot\boldsymbol{x}_{\mathrm{int}}^{\mathrm{T}}\boldsymbol{x}_{\mathrm{int}} \tag{6.18}$$

令该优化目标关于量化步长 s_x 的导数为 0，可得：

$$2s_x\cdot\boldsymbol{x}_{\mathrm{int}}^{\mathrm{T}}\boldsymbol{x}_{\mathrm{int}}-2\cdot\boldsymbol{x}^{\mathrm{T}}\boldsymbol{x}_{\mathrm{int}}=0 \tag{6.19}$$

综上，给定 $\boldsymbol{x}_{\mathrm{int}}$ 可解得最优量化步长 s_x 为

$$s_x^*=\frac{\boldsymbol{x}^{\mathrm{T}}\boldsymbol{x}_{\mathrm{int}}}{{\boldsymbol{x}_{\mathrm{int}}}^{\mathrm{T}}\boldsymbol{x}_{\mathrm{int}}} \tag{6.20}$$

给定量化步长 s_x 时最优 $\boldsymbol{x}_{\mathrm{int}}$ 为

$${\boldsymbol{x}_{\mathrm{int}}}^*=\mathrm{clamp}\left(\left\lfloor\frac{\boldsymbol{x}}{s_x}\right\rceil,\mathrm{INT}_{\min},\mathrm{INT}_{\max}\right) \tag{6.21}$$

因此，结合式 (6.20) 和 (6.21) 可得如下迭代优化算法：

（1）由式 (6.15) 得到初始化量化步长为 $s_x^{(0)}$，并令 $s_x^{\mathrm{curr}}=s_x^{(0)}$。

（2）将 s_x^{curr} 代入式 (6.21) 中得到 $\boldsymbol{x}_{\mathrm{int}}^{\mathrm{curr}}=\mathrm{clamp}\left(\left\lfloor\frac{\boldsymbol{x}}{s_x^{\mathrm{curr}}}\right\rceil,\mathrm{INT}_{\min},\mathrm{INT}_{\max}\right)$。

（3）令 $s_x^{\mathrm{prev}}=s_x^{\mathrm{curr}}$，将 $\boldsymbol{x}_{\mathrm{int}}^{\mathrm{curr}}$ 代入式 (6.20) 得到 $s_x^{\mathrm{curr}}=\frac{\boldsymbol{x}^{\mathrm{T}}\boldsymbol{x}_{\mathrm{int}}^{\mathrm{curr}}}{(\boldsymbol{x}_{\mathrm{int}}^{\mathrm{curr}})^{\mathrm{T}}\boldsymbol{x}_{\mathrm{int}}^{\mathrm{curr}}}$。

（4）若 $|s_x^{\mathrm{curr}}-s_x^{\mathrm{prev}}|>\epsilon$，则返回步骤（2）。

（5）输出 $s_x^*=s_x^{\mathrm{curr}}$。

其中，ϵ 是人为指定用于终止迭代的超参数，一般取值较小从而保证输出收敛后的结果。此外，为了避免迭代优化陷入较差局部最优的可能，我们可以对式 (6.15) 得到的结果叠加少量随机扰动作为初始化步长。

除了 MSE，理论上任意有效的距离度量或者损失函数均可以作为衡量量化效果的最优性准则。例如，我们可以假定量化前后的向量元素取值都是独立同分布的，因此可以采用 KL 散度作为损失函数度量两个分布间的距离。还有一种情

况是对分类网络最后一层中的 logits 进行量化，此时相比于保证每个元素取值在量化前后差异最小化，更重要的是保证不同元素（尤其是 logit 最大的类别）取值的相对大小顺序保持不变。在这种情况下，MSE 可能不是一个合适的度量准则，因为它对向量中的所有元素都赋予相同的重要性而与它们本身取值大小无关。这可能导致的问题是，尽管降低了总体的 MSE，但打乱了不同类别 logits 大小的排序，反而损害了网络性能。处理这种情况的一种方法是采取如下所示的交叉熵（Cross Entropy）损失函数：

$$\underset{s_x}{\arg\min} \quad \mathrm{CE}(\phi(\boldsymbol{x}), \phi(\hat{\boldsymbol{x}})) \tag{6.22}$$

其中，$\mathrm{CE}(\cdot,\cdot)$ 表示交叉熵损失，ϕ 表示 softmax 函数。

基于输出重构的求解策略

前面我们已经介绍了几种不同的量化参数求解策略，这些方法尽管计算复杂度或者最优性准则不尽相同，但它们的着眼点都是从全精度向量 $\boldsymbol{x}$ 本身出发的。这里，$\boldsymbol{x}$ 具体指代权重或者输入。事实上，我们之前的求解策略都建立在一个基本假设之上，即权重和输入的量化误差减小必然导致输出的量化误差减小，因此可以使用前者作为后者的代理。但从模型整体的视角看，该层的输出 $\boldsymbol{Y} = \boldsymbol{W}\boldsymbol{X}$ 在量化前后的误差对网络性能的影响显然更加直接。因此，直接以输出量化误差为优化目标，我们得到如下的优化问题：

$$\begin{aligned} s_W^*, s_X^*, \boldsymbol{W}_{\text{int}}^* &= \underset{s_W, s_X, \boldsymbol{W}_{\text{int}}}{\arg\min} \quad \|\boldsymbol{Y} - \hat{\boldsymbol{Y}}\|_{\mathrm{F}}^2 \\ &= \underset{s_W, s_X, \boldsymbol{W}_{\text{int}}}{\arg\min} \quad \|\boldsymbol{Y} - \hat{\boldsymbol{W}}\hat{\boldsymbol{X}}\|_{\mathrm{F}}^2 \\ &= \underset{s_W, s_X, \boldsymbol{W}_{\text{int}}}{\arg\min} \quad \|\boldsymbol{Y} - s_W s_X \cdot \boldsymbol{W}_{\text{int}}\boldsymbol{X}_{\text{int}}\|_{\mathrm{F}}^2 \end{aligned} \tag{6.23}$$

这里需要就该式本身做几点说明。首先，$\boldsymbol{Y}$ 和 $\hat{\boldsymbol{Y}}$ 分别指代网络任意层量化前后的输出。其次，这里列出的优化问题只是针对某一层的，有两种方法可将其推广到网络所有层中。一是并行模式，即我们对网络中所有层的量化参数的求解都是并行独立进行的。二是串行模式，即我们按照网络结构的拓扑顺序逐层求解相应的量化参数。具体计算上，串行模式下优化式 (6.23) 时给定层的原始输入 $\boldsymbol{X}$ 并不是由全精度网络得到的，而是在将网络中该层之前所有层量化后得到的。这两种方法各有优缺点，并行模式通过层间量化独立获得更高的计算效率，而串行模式能更好缓解量化误差逐层累积的问题。最后就是与式 (6.17) 相比，这里的优化变量有所增加。一是我们同时考虑了权重和输入的量化步长从而将两者协同优化。二是我们将 $\boldsymbol{W}_{\text{int}}$ 看成独立的优化变量。因为此时优化目标是输出而不是权重量化误差最小化，所以 $\boldsymbol{W}_{\text{int}}$ 的取值不再完全取决于 s_W 的取值。

在探讨完优化问题及目标之后，我们将注意力转到如何优化上。首先需要声明的是，可行的优化方法绝不是唯一的。这里我们拓展求解问题式 (6.17) 时所使用的迭代优化算法并围绕其进行介绍。由于这里有三个优化变量，即 s_W，s_X 和 $\boldsymbol{W}_{\text{int}}$，因此我们每次都固定其中两个而优化求解剩余的那个。固定 s_X 和 $\boldsymbol{W}_{\text{int}}$，令优化目标关于 s_W 的导数为 0，可得权重最优量化步长为

$$s_W^* = \frac{\text{vec}(\boldsymbol{Y})^{\text{T}}\text{vec}(\boldsymbol{W}_{\text{int}}\boldsymbol{X}_{\text{int}})}{s_X \cdot \|\boldsymbol{W}_{\text{int}}\boldsymbol{X}_{\text{int}}\|_{\text{F}}^2} \tag{6.24}$$

同理，固定 s_W 和 $\boldsymbol{W}_{\text{int}}$，我们可得输入最优量化步长为

$$s_X^* = \frac{\text{vec}(\boldsymbol{Y})^{\text{T}}\text{vec}(\boldsymbol{W}_{\text{int}}\boldsymbol{X}_{\text{int}})}{s_W \cdot \|\boldsymbol{W}_{\text{int}}\boldsymbol{X}_{\text{int}}\|_F^2} \tag{6.25}$$

固定 s_W 和 s_X，我们可得最优 $\boldsymbol{W}_{\text{int}}$ 为

$$\boldsymbol{W}_{\text{int}}^* = \underset{\boldsymbol{W}_{\text{int}}}{\arg\min} \quad s_W s_X \cdot \|\boldsymbol{W}_{\text{int}}\boldsymbol{X}_{\text{int}}\|_{\text{F}}^2 - 2\text{vec}(\boldsymbol{Y})^{\text{T}}\text{vec}(\boldsymbol{W}_{\text{int}}\boldsymbol{X}_{\text{int}}) \tag{6.26}$$

尽管没有闭式解，这里得到一个关于 $\boldsymbol{W}_{\text{int}}$ 的离散优化问题。与前文符号保持一致，假定权重矩阵维度为 $M \times N$，量化位宽为 b 比特，则 $\boldsymbol{W}_{\text{int}}$ 的可能取值情况有 $2^{MN\times b}$ 种。因此若直接对其暴力搜索，计算复杂度为 $\mathcal{O}(2^{MN\times b})$。对于实际使用的神经网络而言，权重数目往往十分庞大，所以这种策略显然在计算上不可行。为此，我们可以再次借鉴迭代优化的思想，即在求解 $\boldsymbol{W}_{\text{int}}$ 步骤时每次仅优化单个权重取值并固定剩余权重不变，从而将计算复杂度降为 $\mathcal{O}(MN \times 2^b)$。更进一步，Bit-split[249] 提出在优化单个位宽为 b 比特的权重时进行迭代分解，即每次只优化该权重单个比特的取值而固定剩余比特不变，将计算复杂度降为 $\mathcal{O}(MN \times b)$。

6.2.2 量化误差校正

尽管我们上一小节介绍的量化参数求解策略从不同层面（权重/输入或输出）最小化量化误差，但量化噪声总是不可避免的，且会随着量化位宽的降低而

迅速增大。因此在确定了不同层的量化参数后，我们仍需要对这些误差进行一定程度的校正从而恢复部分网络性能。首先，既然是校正误差，那么最理想的情况自然是将所有量化后的取值校正到量化前的状态。但很显然，如此细粒度的校正是无法实现的。因此，我们可将权重、输入或者输出的单个元素取值看作是独立同分布的随机变量，并由权重、输入或输出全体元素绘制频率直方图从而得到其概率密度函数的统计近似。在实验中进行对比观察发现，量化前后的取值不仅在单个元素层面存在量化误差，在整体分布层面也存在较大差异。综上，我们考虑通过校正实现量化前后分布的对齐，即分布间距离的最小化。考虑到误差校正的时间开销，我们以均值和方差统计量的差异衡量分布间距离的大小。事实上，大部分神经网络的权重和输入经验上都服从正态分布，而均值和方差恰好又是正态分布的充分统计量。

权重量化误差校正

我们首先考虑校正量化前后权重的分布差异。记权重 $\boldsymbol{W}$ 的均值和方差无偏统计量为

$$\begin{aligned} \text{mean}(\boldsymbol{W}) &= \frac{1}{MN}\sum_{i=1}^{M}\sum_{j=1}^{N} W_{i,j} \\ \text{var}(\boldsymbol{W}) &= \frac{1}{MN-1}\sum_{i=1}^{M}\sum_{j=1}^{N}\left(W_{i,j}-\text{mean}(\boldsymbol{W})\right)^2 \end{aligned} \tag{6.27}$$

因此可得权重量化的均值和方差校正系数为

$$\begin{aligned} \beta_{\text{c}} &= \text{mean}(\boldsymbol{W}) - \text{mean}(\hat{\boldsymbol{W}}) \\ \gamma_{\text{c}} &= \sqrt{\frac{\text{var}(\boldsymbol{W})}{\text{var}(\hat{\boldsymbol{W}})}} \end{aligned} \tag{6.28}$$

将上述校正系数作用在量化后权重上，可得

$$\begin{aligned} \hat{\boldsymbol{W}}_{\text{c}} &= \gamma_{\text{c}} \cdot (\hat{\boldsymbol{W}} + \beta_{\text{c}}) \\ &= \gamma_{\text{c}} \cdot (s_W \cdot (\boldsymbol{W}_{\text{int}} - z_W) + \beta_{\text{c}}) \\ &= \gamma_{\text{c}} s_W \cdot \left(\boldsymbol{W}_{\text{int}} - z_W + \frac{\beta_{\text{c}}}{s_W}\right) \\ &\approx \gamma_{\text{c}} s_W \cdot \left(\boldsymbol{W}_{\text{int}} - z_W + \left\lfloor \frac{\beta_{\text{c}}}{s_W} \right\rceil\right) \end{aligned} \tag{6.29}$$

简单验证可知，校正后的量化权重 $\hat{\boldsymbol{W}}_{\mathrm{c}}$ 拥有与量化前权重 $\boldsymbol{W}$ 一致的均值和方差，并且当权重采用非对称量化时，校正系数 γ_{c} 和 β_{c} 均可以融入量化参数中。

输出量化误差校正

由于网络中当前层的输入即为前一层的输出，因此我们这里仅从输出角度考虑对其分布进行校正。如果不对网络结构做任何先验假设的话，我们可以参考上面对权重校正的做法。首先，将校准数据集输入网络中进行推理并在指定层的输出位置进行采样。然后，参考式 (6.28) 计算得到其校正系数。最后，由于全连接层或者卷积层都是线性操作，所以我们有：

$$
\begin{aligned}
\gamma_{\mathrm{c}} \cdot (\boldsymbol{Y} + \beta_{\mathrm{c}}) &= \gamma_{\mathrm{c}} \cdot (\boldsymbol{W}\boldsymbol{X} + \beta_{\mathrm{c}}) \\
&= \gamma_{\mathrm{c}} \cdot \boldsymbol{W}\boldsymbol{X} + \gamma_{\mathrm{c}} \cdot \beta_{\mathrm{c}}
\end{aligned}
\tag{6.30}
$$

因此类似于式 (6.29)，我们也可以将上述校正系数融入量化参数。事实上如今大多数网络中都包含 BatchNorm 层，且一般紧跟在全连接层或卷积层之后。因此，更简便的做法是通过调节该层的均值和方差全局统计量来校正输出的分布差异问题。具体地说，我们在校准数据集做多次前向传播，通过 BatchNorm 层自身的移动平均机制即可更新均值和方差的统计信息。由于其余网络参数都被冻结且不需要反向传播，更新过程的时间和空间开销都非常小。

6.2.3 训练后量化经典方法

在前文中，我们详细介绍了训练后量化中常用的量化参数求解策略和算法整体流程。一般而言，上述策略和流程在面对常规网络结构和较高量化位宽（比如 8 比特）场景时都能在合理的时间开销内较好地保持量化后的模型精度。然而，一方面由于实际业务场景（比如自动驾驶）中使用的模型结构变得日益庞杂，另一方面由于软硬件厂商追求更低量化位宽下更极致的计算效率，上文中提到的方法就渐渐力有不逮了。为此，学术界近几年相继提出了一系列改进并提升训练后量化算法计算效率和精度保障能力的方法。受限于篇幅，这里我们仅选取部分内容做简要介绍。

在前文介绍基于输出重构的求解策略时，我们利用迭代优化的思想最终将计算复杂度降低到 $\mathcal{O}(MN \times 2^b)$。在此基础上，Bit-split[249]（比特拆分）进一步提出在优化单个权重取值时沿着比特维度做优化子问题的拆解，其算法流程如图 6.8 所示。具体来说，为了优化单个权重取值，Bit-split 首先将位宽为 b 比

特的整数拆解为 $b-1$ 个取值范围为 $\{-1,0,1\}$ 的三元数，然后依次分别优化每个三元数的取值，最后将优化后的三元数重新缝合成 b 比特的整数。通过上述优化子问题的拆解，Bit-split 成功将基于输出重构的求解策略的计算复杂度降至 $\mathcal{O}(MN \times b)$。

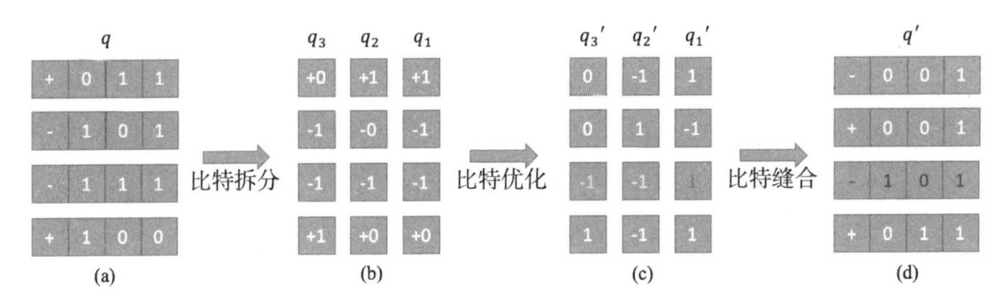

图 6.8 比特拆分和缝合算法示意
（相关内容可参阅论文“Towards Accurate Post-training Network Quantization via Bit-Split and Stitching”）

和基于输出重构的求解策略类似，AdaRound[193] 同样使用量化计算导致的输出激活重构误差作为各层量化权重求解的优化目标。具体来说，其最终量化过程等价于求解如下的优化问题：

$$\underset{\boldsymbol{V}}{\arg\min} \ \|\boldsymbol{W}\boldsymbol{X} - s_W \boldsymbol{W}_{\text{int}} \boldsymbol{X}\|_{\text{F}}^2 + \lambda f_{\text{reg}}(\boldsymbol{V}) \tag{6.31}$$

其中，

$$\boldsymbol{W}_{\text{int}} = \text{clamp}\left(\left\lfloor \frac{\boldsymbol{W}}{s_W} \right\rfloor + h(\boldsymbol{V}), \text{INT}_{\min}, \text{INT}_{\max}\right) \tag{6.32}$$

$h(\boldsymbol{V})$ 将实数域内的输入映射到 $[0,1]$ 范围，从而约束了量化权重 $\boldsymbol{W}_{\text{int}}$ 的可行解范围，以避免少量数据下可能面临的过拟合问题。又因为 $\boldsymbol{W}_{\text{int}}$ 的合法取值必须为整数，额外引入正则项 $f_{\text{reg}}(\boldsymbol{V})$ 使得 $h(\boldsymbol{V})$ 的输出尽可能向 0 或者 1 靠近。此外，由于优化变量 $\boldsymbol{V}$ 的取值范围是整个实数域，AdaRound 可直接基于反向传播得到的梯度求解该连续无约束优化问题，从而极大提升计算效率。

在 AdaRound 逐层输出激活重构的求解目标基础上，BRECQ[156] 进一步探究了最优的激活重构细粒度。为此，其注意到典型的神经网络在不同尺度下可以拆解为图 6.9 所示的各类子结构。事实上，每种尺度下的网络子结构都可以当作输出激活重构的基本优化单元。其中，最极端的两种特例便是基于单个层或者整个网络进行输出重构，而前者正是 AdaRound 采取的策略。在数据量足够的条件下，直接利用网络最终的输出作为量化参数和量化权重调整的监督目标必然是最优的。但正如我们前面介绍的，训练后量化的典型场景限制便是仅有少量无标签的数据样本。根据 BRECQ 的实验观察，Block 尺度上的输出重构是在优化和泛化之间达到较好取舍的平衡点。

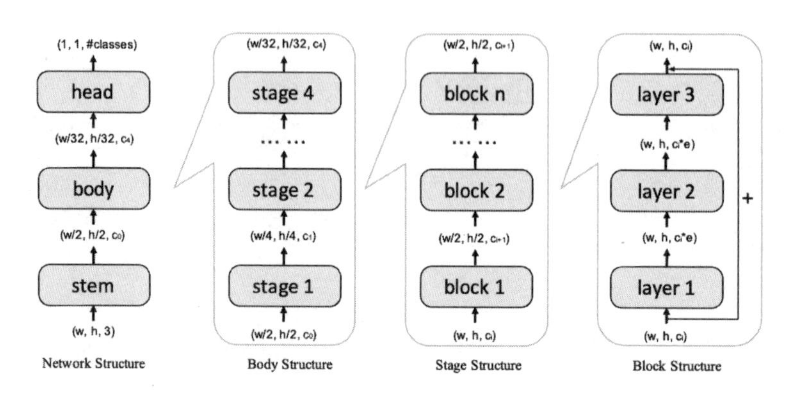

图 6.9　典型神经网络不同尺度下的结构拆解
（相关内容可参阅论文“BRECQ: PUSHING THE LIMIT OF POST-TRAINING QUANTIZATION BY BLOCK RECONSTRUCTION”）

QDrop[257] 则指出之前的研究中权重和激活的量化都是分开各自进行的，因而没有考虑激活是否量化和权重量化参数的最优取值间存在直接关联。特别是在极低量化位宽场景下，这种关联对于模型最终精度的影响会被进一步放大。由此出发，QDrop 提出在量化第 l 层权重时对所有拓扑排序更靠前的激活进行量化。同时，考虑到上述操作在数据量较少时可能导致过拟合，QDrop 通过额外的超参数来控制各层激活是否被量化的概率，从而在优化和泛化间取得较好的平衡。

同样是考虑到激活量化和权重量化的相互影响，AdaQuant[125] 通过将激活量化参数和权重量化参数联合求解来实现二者最优取值的耦合。具体来说，其同样以各层输出激活的重构误差作为优化目标，并将量化参数的求解过程表述为如下的优化问题：

$$\underset{s_W, s_X, \boldsymbol{V}}{\arg\min} \ \|\boldsymbol{Y} - s_W s_X \boldsymbol{W}_{\text{int}} \boldsymbol{Y}_{\text{int}}\|_{\text{F}}^2 \tag{6.33}$$

其中，

$$\begin{aligned} \boldsymbol{W}_{\text{int}} &= \text{clamp}\left(\left\lfloor \frac{\boldsymbol{W}+\boldsymbol{V}}{s_W} \right\rceil, \text{INT}_{\min}, \text{INT}_{\max}\right) \\ \boldsymbol{X}_{\text{int}} &= \text{clamp}\left(\left\lfloor \frac{\boldsymbol{X}}{s_X} \right\rceil, \text{INT}_{\min}, \text{INT}_{\max}\right) \end{aligned} \tag{6.34}$$

此外，和 AdaRound 方法不同的是，AdaQuant 不再约束量化权重的调整空间，即优化变量 V 的取值范围。因此，理论上 AdaQuant 拥有更高的精度上限，但同时由于缺乏足够的优化约束，AdaQuant 也面临着更高的过拟合可能性，两者如何取舍还需要在实际应用场景中具体分析。

6.2.4 训练后量化流程

前文中我们已经对训练后量化相关内容的各方面依次做了相应介绍。最后，为了将这些技术和方法有机结合进而从整体层面上理解，我们归纳了现有文献和工程落地中常用的算法流程并总结如下：

（1）全精度模型训练。首先我们按照正常的网络训练流程得到全精度模型，收敛后所得的参数用于后续模型量化的初始化。

（2）量化节点插入。为实现模型量化，我们先在网络计算图上对目标层的输入输出等位置插入相应量化节点，这里我们需要结合网络结构和硬件开销等因素选择合适的量化函数及量化粒度。

（3）量化参数确定。为了确定量化节点的具体计算过程，我们以最小化权重、输入或者输出的量化误差为基本准则求解各量化函数中的量化参数。

（4）量化误差校正。尽管量化参数求解的过程中已尽可能最小化量化误差，但随着量化位宽的降低，量化噪声引入总是难以避免的。因此我们通过对均值和方差统计量的校正进一步最小化权重和输出在整体分布层面上的距离。

6.3 量化感知训练

给定一个训练好的全精度模型，量化操作可能会在训练好的模型中引入扰动/噪声，这会使模型偏离全精度训练时已收敛的点。这一问题可以通过重新训练量化神经网络模型来解决，使模型能够收敛到与全精度模型精度相当的点，这种方法被称作量化感知训练（Quantization-aware Training，QAT），该方法与 PTQ 相比，将量化操作本身加入梯度优化当中，前向传播时量化参数和输入以浮点格式计算，反向传播和梯度更新都是以浮点格式进行，但是在每次梯度更新之后，模型参数都被量化至定点数。QAT 在训练期间考虑到了量化噪声，使得模型能够找到比 PTQ 更优的解。QAT 需要更长的训练时间、带标签的数据和超参数调优等。

6.3.1 QAT 基础

在深度学习框架中通常使用浮点数模拟量化后的定点数。然而，想要通过梯度反传来学习量化的参数 $\hat{\boldsymbol{W}}$ 存在一个问题：式 (6.6) 中四舍五入函数 $\lfloor\cdot\rceil$ 的梯度几乎处处为 0，且存在间断点，使得量化模型无法基于梯度训练。解决该问题的一种常用方法是使用直通估计器（Straight-Through Estimator，STE）[19]，它将 $\lfloor\cdot\rceil$ 函数的梯度近似为 1：

$$\frac{\partial\lfloor x\rceil}{\partial x}=1 \tag{6.35}$$

如图 6.10 所示，STE 本质上是在梯度反传时忽略四舍五入函数，并使用恒等函数对其进行近似。

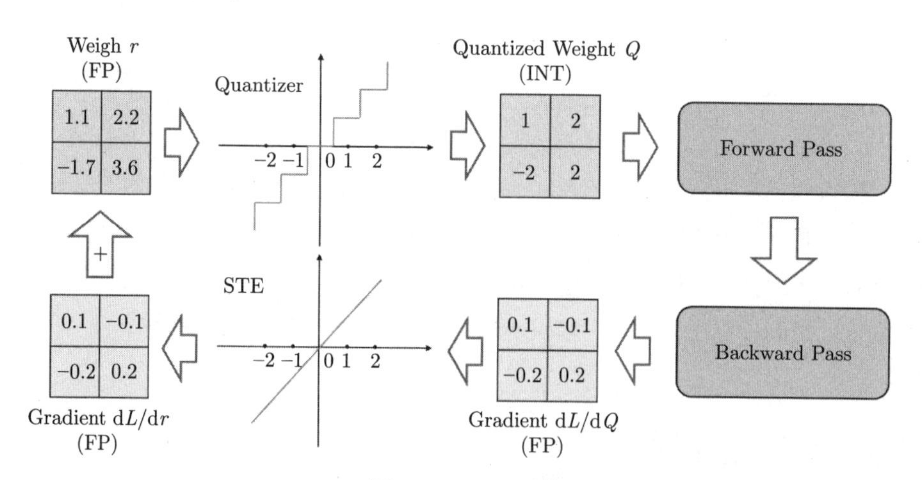

图 6.10 STE 函数

（相关内容可参阅论文“A Survey of Quantization Methods for Efficient Neural Network Inference”）

通过 STE 近似，我们可以计算式 (6.6) 中量化操作的梯度。我们使用 n 和 p 来定义量化后整数的上下限。因此式 (6.6)对 x 求导结果为

$$\begin{aligned}\frac{\partial\hat{x}}{\partial x}&=\frac{\partial q(x)}{\partial x}\\&=s\cdot\frac{\partial}{\partial x}\text{clamp}\left(\left\lfloor\frac{x}{s}\right\rceil,n,p\right)\end{aligned}$$

$$
\begin{aligned}
&= \begin{cases} s \cdot \dfrac{\partial \lfloor x/s \rceil}{\partial (x/s)} \dfrac{\partial (x/s)}{\partial x} & \text{若} \quad ns \leqslant x \leqslant ps \\ s \cdot \dfrac{\partial n}{\partial x} & \text{若} \quad x < ns \\ s \cdot \dfrac{\partial p}{\partial x} & \text{若} \quad x > ps \end{cases} \\
&= \begin{cases} 1 & \text{若 } ns \leqslant x \leqslant ps \\ 0 & \text{否则} \end{cases}
\end{aligned} \tag{6.36}
$$

尽管 STE 是一种很粗略的近似，但它在实际应用中很有效。通过 STE，梯度可以通过量化函数进行反向传播。图 6.11 展示了 QAT 前向和反向传播的计算图。前向传播的过程与图 6.4 中的相同，但在反向传播过程中，梯度通过 STE 跳过了量化函数直接传至前一层。在前文中，为了减小量化参数 $\boldsymbol{W}_{\text{int}}$ 与全精度参数 $\boldsymbol{W}$ 之间的差距，引入了一个尺度系数 s。下面将介绍如何确定这个尺度系数。

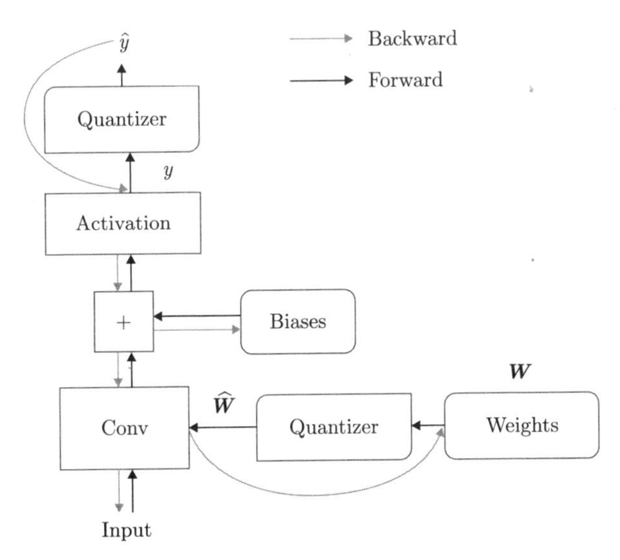

图 6.11 QAT 前向和反向传播的计算图
（相关内容可参阅论文“A White Paper on Neural Network Quantization”）

最小化量化误差

在早期的工作中[248]，往往将尺度系数 s 的求解问题构建成一个优化问题，其目标函数是最小化量化后参数 $\hat{\boldsymbol{W}}$ 与全精度参数 $\boldsymbol{W}$ 之间的距离［式 (6.3)］，此处的距离可以是欧氏距离：

$$
\begin{aligned}
s^*, \boldsymbol{W}_{\text{int}}^* &= \underset{s, \boldsymbol{W}_{\text{int}}}{\arg\min} \|\boldsymbol{W} - \hat{\boldsymbol{W}}\|_2^2 \\
&= \underset{s, \boldsymbol{W}_{\text{int}}}{\arg\min} \|\boldsymbol{W} - s\boldsymbol{W}_{\text{int}}\|_2^2
\end{aligned} \tag{6.37}
$$

上述优化问题可以采用交替优化的方式进行求解，即给定一个初始解后，固定其中一个优化变量更新另一个，交替进行直至收敛。显然，这种交替优化的方式对初始解比较敏感，不同的初始解可能收敛至不同的结果。

可学习参数

近期的一些工作如 LSQ[68] 将尺度系数 s 也当成和模型参数一样的可以通过梯度反传进行更新的可学习参数，通过链式法则和 STE，可以由式 (6.6) 计算关于尺度系数 s 的梯度，

$$
\begin{aligned}
\frac{\partial \hat{x}}{\partial s} &= \frac{\partial}{\partial s}\left[s \cdot \text{clamp}\left(\left\lfloor \frac{x}{s} \right\rceil, n, p\right)\right] \\
&= \begin{cases} -x/s + \lfloor x/s \rceil, & \text{若 } ns \leqslant x \leqslant ps, \\ n, & \text{若 } x < ns, \\ p, & \text{若 } x > ps \end{cases}
\end{aligned} \tag{6.38}
$$

此梯度关于全精度变量 x 的函数图像如图 6.12 所示。

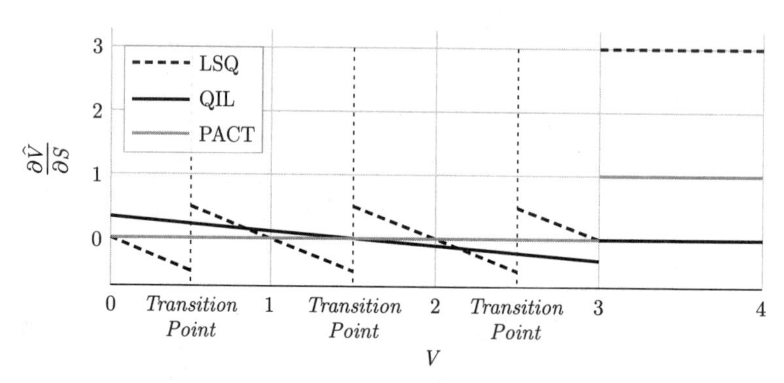

图 6.12　量化函数相对于尺度系数的梯度（虚线）[68]

6.3.2　QAT 经典方法

除了上面提到的 LSQ，QAT 还有很多经典方法。甚至到目前为止，这个领域在学术界仍十分活跃，每年都有很多新的方法被提出，研究目标也从 8 比特，

4 比特向更激进的 2 比特，1 比特发展。如何在较低比特上实现无损量化仍然是一个开放性问题。下面介绍一些 QAT 中引用较高的经典方法。

DoReFa-Net

DoReFa-Net[309] 除了量化权重和激活值，进一步将梯度也量化至低比特。由于前向/反向过程中的卷积可以分别在较低比特位宽的权重和激活/梯度上实现，DoReFa-Net 可以使用低比特量化卷积核来加速训练和推理。它的量化过程和我们在前边章节中介绍的稍有不同，给定一个全精度向量 $\boldsymbol{x}$（这里可以是权重、激活或梯度），它首先将其映射到 $(0,1)$ 范围内，

$$\boldsymbol{x}' = \frac{\tanh(\boldsymbol{x})}{2\max(|\tanh(\boldsymbol{x})|)} + \frac{1}{2} \tag{6.39}$$

其 b 比特量化函数如下：

$$\text{quantize}_b(\boldsymbol{x}) = \frac{1}{2^b - 1}\lfloor(2^b - 1)\boldsymbol{x}\rceil \tag{6.40}$$

因此在前向过程中，权重、激活或梯度的量化由下式给出：

$$\boldsymbol{x}_{\text{int}} = 2 \cdot \text{quantize}_b\left(\frac{\tanh(\boldsymbol{x})}{2\max(|\tanh(\boldsymbol{x})|)} + \frac{1}{2}\right) - 1 \tag{6.41}$$

这种量化方式在现在的很多研究中仍被采用。在反向过程中，DoReFa-Net 仍使用 STE 对 $\lfloor\cdot\rceil$ 进行梯度近似。该研究还发现权重、激活和梯度依次对量化越来越敏感，即应该对激活和梯度分配更多的比特位宽以保持模型精度。

HWGQ

在本章基础部分，对激活值的量化都在网络原有激活函数（如 ReLU）上进行，并没有对其进行新的设计。为了提高量化网络的学习效率，HWGQ[27] 考虑设计新的激活函数对 ReLU 激活函数的前向计算和反向计算进行近似逼近。为了将激活值量化，HWGQ 提出了在最小化误差意义下的最优量化器。具体地，HWGQ 通过统计常用的网络激活值，发现其分布呈“半波高斯”分布。如图 6.13 所示，HWGQ 指出对于二值量化和三值量化来说，反向传播所用的 STE 分别是用 Hard Tanh 和 ReLU 对前向的量化激活进行近似。由于反向的 STE 近似与前向激活不一致，因此存在梯度不匹配问题（Gradient Mismatch）。对于较大的激活值 x 这种不匹配问题尤其严重，因为较大的激活值是其分布“尾部”的值，即 ReLU 与量化激活函数在尾部分布值上有很大的不匹配。HWGQ 通过实

验发现，这些不准确的梯度会使学习算法不稳定。

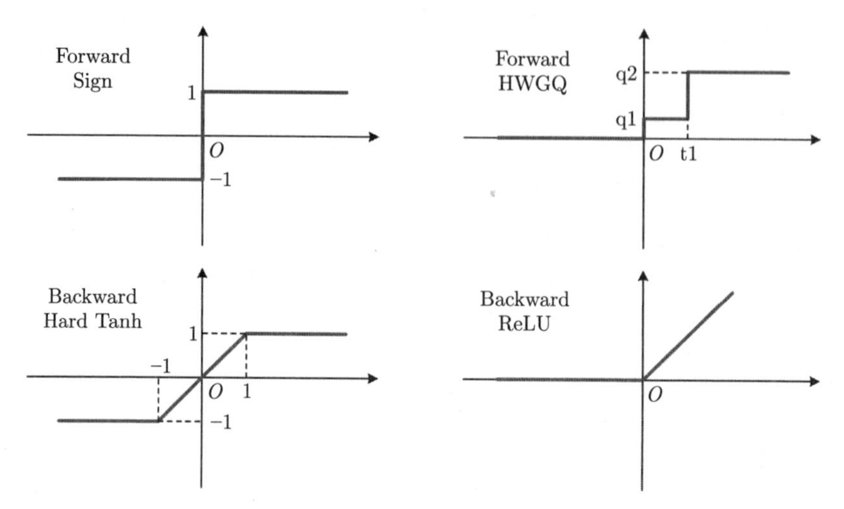

图 6.13 用 Hard Tanh 和 ReLU 对量化激活进行反向近似，存在梯度不匹配问题

为了缓解这种梯度不匹配问题，HWGQ 提出使用截断 ReLU（Clipped ReLU）代替原来的 ReLU 函数。在 $(-\infty, t_m]$ 内与原始 ReLU 相同，而对大于 t_m 的部分固定为常量，即

$$Q(x) = \begin{cases} t_m & 若\ x > t_m \\ x & 若\ x \in (0, t_m] \\ 0 & 否则 \end{cases} \tag{6.42}$$

如图 6.14 所示，相比于图 6.13 中的原始 ReLU 激活，截断 ReLU 激活能保证在激活分布的尾部没有梯度不匹配问题。

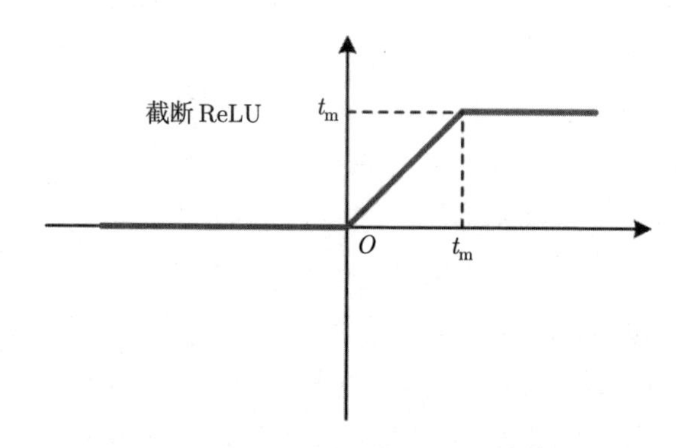

图 6.14 截断 ReLU 的反向分段激活函数

PACT

到目前为止，我们已知神经网络的量化主要包括权重量化和激活量化两部分。其中，权重量化相当于将损失函数关于权重变量的假设空间离散化，即在离散空间中学习局部最优解。因此，通过模型训练来补偿由权重量化引起的误差是可行的。然而，对于激活量化来说，传统的激活函数没有任何可训练的参数，因此无法使用反向传播直接补偿激活量化引起的误差。PACT[42] 通过实验发现并指出了这一点，图 6.15 展示了使用 ReLU 和截断 ReLU 在 CIFAR10 数据集的 ResNet-20 的训练误差和验证错误，发现 ReLU 激活量化的准确性会显著降低。图 6.15 说明，通过使用截断 ReLU 函数，在输出上设置了一个上限，可以缓解这种量化误差的动态范围问题。但是，由于不同模型之间的数值范围差异，很难手工确定在何处截断。

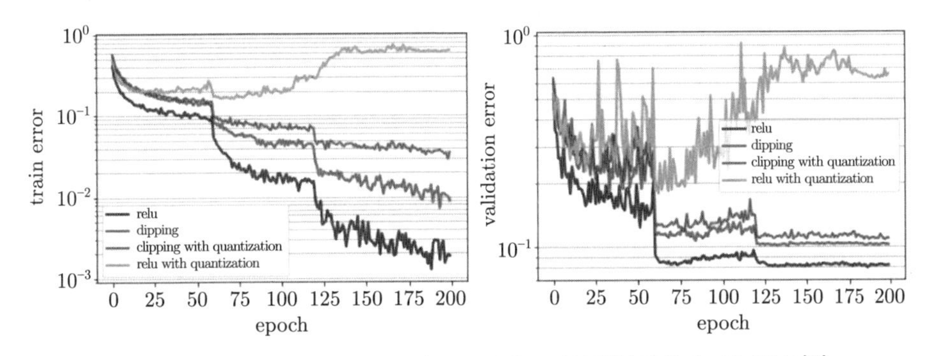

图 6.15　不同激活函数 (有量化和无量化) 时的训练误差和验证误差[42]

为此，PACT 设计了一种新的激活函数，它将截断值 α 也当成可训练的变量，并通过梯度反传进行学习。具体地，传统的 ReLU 激活被下面的激活函数替代：

$$
\begin{aligned}
y &= \mathrm{PACT}(x) \\
&= 0.5(|x| - |x-\alpha| + \alpha) \\
&= \begin{cases} 0, & x \in (-\infty, 0), \\ x, & x \in [0, \alpha), \\ \alpha, & x \in [\alpha, +\infty) \end{cases}
\end{aligned}
\tag{6.43}
$$

其中，α 将激活的范围限制在 $[0,\alpha]$ 之内。然后再通过前面章节中介绍的量化函数式 (6.6) 对截断后的输出进行量化。在梯度反传过程中，关于截断值 α 的梯度

仍然通过 STE 进行求导，

$$
\begin{aligned}
\frac{\partial \hat{y}}{\partial \alpha} &= \frac{\partial \hat{y}}{\partial y}\frac{\partial y}{\partial \alpha} \\
&= \begin{cases} 0, & x \in (-\infty, \alpha) \\ 1, & x \in [\alpha, +\infty) \end{cases}
\end{aligned}
\tag{6.44}
$$

QIL

QIL 进一步将量化函数参数化，将其中的截断值和量化值都参数化为可训练的参数，

$$
\hat{w} = \begin{cases} 0 & 若\ |w| < c_w - d_w \\ \mathrm{sign}(w) & 若\ |w| > c_w + d_w \\ (\alpha_w |w| + \beta_w)^\gamma \cdot \mathrm{sign}(w) & 否则 \end{cases}
\tag{6.45}
$$

其中 $\alpha_w = 0.5/d_w$，$\beta_w = -0.5c_w/d_w + 0.5$。通过这种方式，量化函数被 c_w、d_w 和 γ 参数化，并可以通过梯度反传进行学习。参数化后的量化函数如图 6.16 所示，通过这种方式，量化函数更加灵活，且能直接被任务损失函数监督。

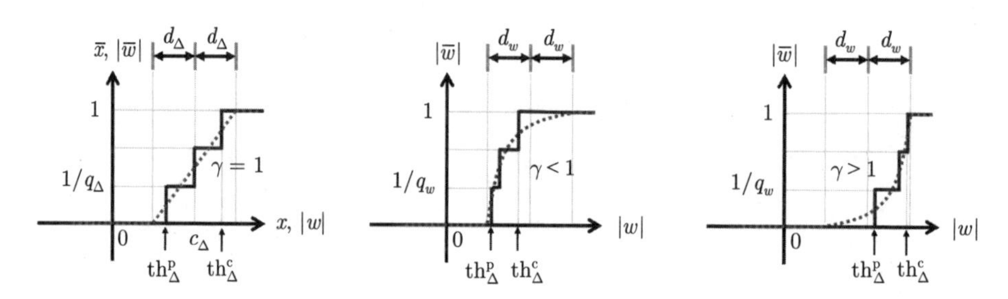

图 6.16　参数化的量化函数

（相关内容可参阅 CVPR 2019 论文 “Learning to Quantize Deep Networks by Optimizing Quantization Intervals With Task Loss”）

其中 $\mathrm{th}^{\mathrm{p}}_\Delta$ 是截断值下限，小于下限将被量化为 0，$\mathrm{th}^{\mathrm{c}}_\Delta$ 是截断值上限，大于上限的值将被量化至 1。γ 决定了在 $\mathrm{th}^{\mathrm{p}}_\Delta$ 和 $\mathrm{th}^{\mathrm{c}}_\Delta$ 之间的值被量化为何值。

6.3.3 QAT 流程

虽然上面介绍的 QAT 方法在量化函数、激活量化等方面做了各种各样的改进，其总体流程都遵循同一个框架。总结来说：

- 第一步，首先是按照常规的训练方法训练一个全精度的模型，并将训练得

到的全精度模型参数当成后续量化训练模型的初始化。

- 第二步，在全精度模型中插入量化算子。主要包括两部分，第一部分是将原有的全精度卷积层、全连接层替换为量化卷积、量化全连接，也就是将模型的参数量化；另一部分是在卷积层、全连接层的输入前插入量化算子，也就是保证该层的输入是定点数。对于输入的量化，有的工作直接在原有的激活函数如 ReLU 后插入量化算子，也有的将 ReLU 用新的量化激活代替，两者只是实现方式不同，本质都是为了保证输入与模型参数进行乘累加运算时是定点数格式。第二步如图 6.11 所示。
- 第三步，对插入了量化算子的模型进行重新训练。这一步主要涉及量化算子不可导问题的解决，即使用 STE 技术跳过 round 等取整函数。

整体流程如图 6.17 所示。

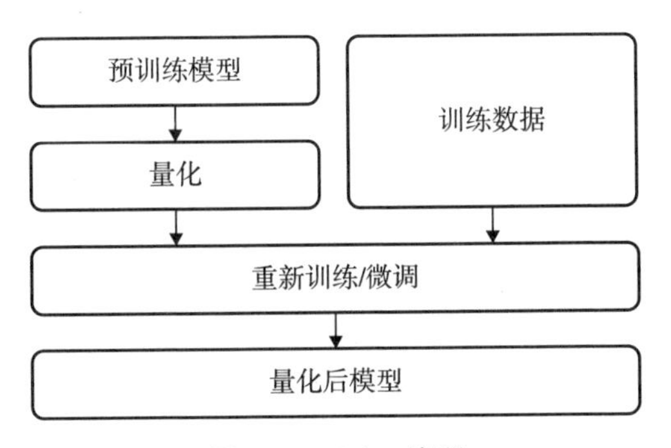

图 6.17　QAT 流程

（相关内容可参阅论文“A Survey of Quantization Methods for Efficient Neural Network Inference”）

6.4　进阶课题

前文我们详细介绍了训练后量化和量化感知训练这两种最常用的量化策略。本节我们将在这些常用算法基础上探究各种进阶课题，包括精度量化、无数据量化和二值量化。由于对这些领域的研究仍处于方兴未艾中且受限于篇幅，我们将以每个课题的典型工作为抓手对其研究进展做简明扼要的介绍，推荐感兴趣的读者阅读相关工作的论文及相关领域的综述。

6.4.1 混合精度量化

在前面的介绍中，我们均假定网络各层量化位宽是人为预先设定好的。事实上，目前主流的量化算法都对神经网络的不同层采用相同的量化位宽。但这种策略存在两个问题，一方面是网络不同层对量化的敏感度是不同的，因此这种均匀分配方法在极低量化位宽时往往带来显著的精度损失。另一方面，最近涌现的一批硬件加速器都开始支持网络推理时动态配置运算位宽，因此在算法层面应该考虑这一特性并充分挖掘硬件设备的潜力。

综上，越来越多的工作开始探讨如何对神经网络进行混合精度量化，即在给定资源约束下寻求最优的量化位宽分配方案。然而考虑到以下两方面原因，混合精度量化本质上是个很困难的问题：一是混合精度量化的潜在量化位宽分配空间是巨大的，并且随着网络层数增加而呈指数级增长；二是准确评估每种量化位宽分配的优劣程度需要将网络训练到收敛，这将带来难以忍受的计算开销。已有方法大都针对性地从以上两个问题出发，我们相应地将其分成两类。一类使用搜索效率更高的算法，在保证性能评估可信程度的前提下，大幅降低对量化位宽分配策略性能的评估次数，我们称之为基于搜索的方法；另一类使用计算上更高效的量化位宽分配性能评估代理准则，但尽可能充分地遍历量化位宽分配空间，我们称之为基于准则的方法。

基于搜索的方法

论文 [246] 提出了 HAQ（Hardware-Aware Automated Quantization）混合精度量化框架，这是最早提出对神经网络进行混合精度量化的研究工作之一，其算法基本流程如图 6.18 所示。该算法的核心在于利用强化学习框架实现对量化位宽分配空间的高效搜索。图 6.18 最左边所示的智能体（Agent）每次接收当前层的计算资源消耗信息和上一层的量化位宽决策作为输入，输出当前层的量化位宽决策，实现层级粒度的混合精度量化。同时，为了使量化后网络满足延迟、功耗或者模型大小等资源约束，该算法提出直接采用硬件仿真器直接得到网络的上述资源消耗量而不依赖各种间接代理量（如 FLOPs）。最后，该算法将量化后网络在原始训练集上训练一轮得到的验证集精度作为反馈信号，从而更新智能体的内部参数。

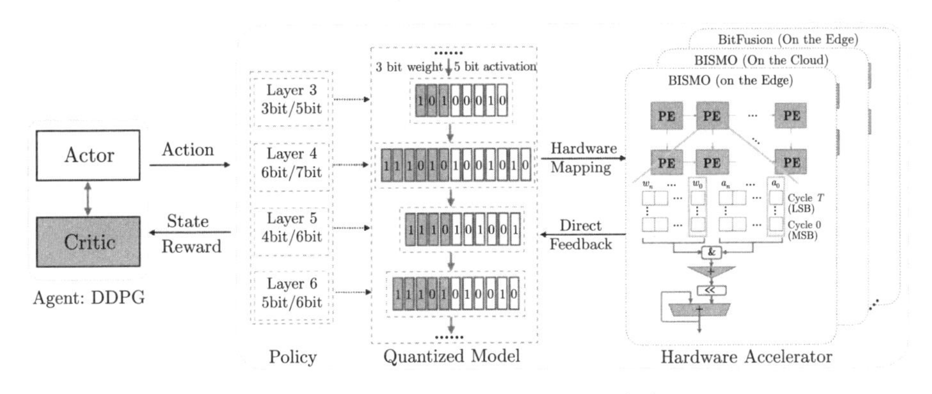

图 6.18 HAQ 混合精度量化框架[246]

HAQ 仅在层级粒度上实现混合精度量化，但如图 6.19 所示，研究人员[176]观察发现即使同一层中，不同输出通道权重的分布差异依然巨大。因此，AutoQ 考虑在通道级粒度上分配网络的量化位宽。相比于在层级粒度上进行混合精度量化，更细的粒度带来的直接问题是搜索空间进一步呈指数级扩增，因此如何有效地对优化空间进行搜索是最重要的挑战。AutoQ 的整体算法流程如图 6.20 所示，可以看出其整体框架参考 HAQ 且同样使用强化学习搜索量化位宽分配空间。在此基础上，为了解决通道级粒度导致搜索空间过大的问题，该算法提出层次化搜索策略。具体地说，AutoQ 的智能体不是直接依次输出所有层所有通道的量化位宽，而是将智能体分为 High-level Controller（HLC）和 Low-level Controller（LLC）两部分。其中，HLC 先输出每层的平均量化位宽并将它作为状态信息输入 LLC 中，LLC 再以该平均位宽为约束生成该层所有通道的量化位宽。通过这种层次化分解，大幅降低了原问题的计算复杂度。

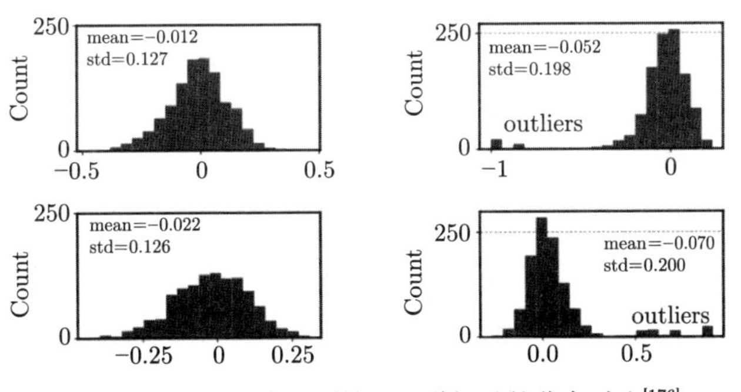

图 6.19 同一层中不同输出通道权重的分布对比[176]

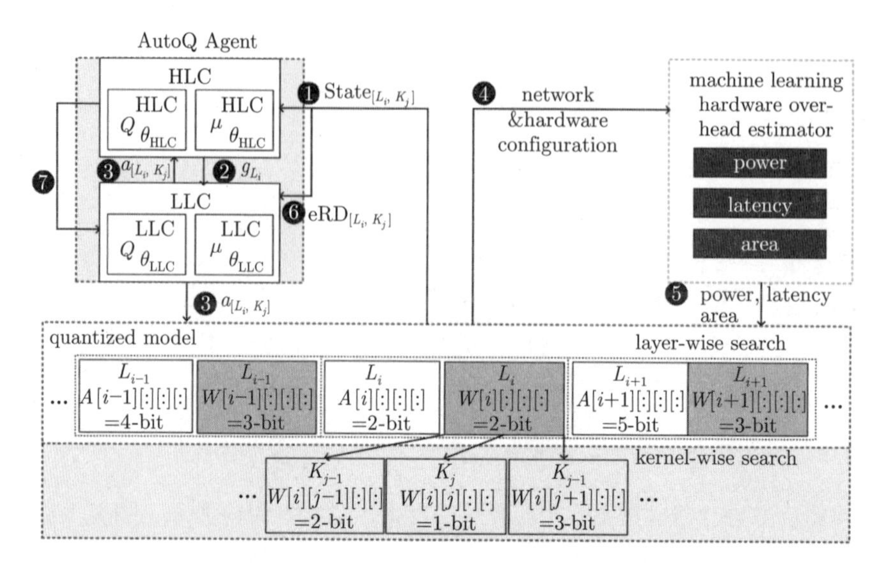

图 6.20 AutoQ 的整体算法流程[176]

除了基于强化学习的比特位宽搜索，可微神经网络架构搜索（Differentiable Neural Architecture Search，DNAS）也是一种可行的方法。DNAS-MPQ 将混合精度量化问题建模为神经网络结构搜索问题，并采用可微神经网络架构搜索框架，通过基于梯度的优化在比特位宽的指数级搜索空间中进行搜索。如图 6.21 所示，在 DNAS 框架中，用随机的超网络来表示架构搜索空间，其中网络节点代表超网络的中间数据张量（如特征图），而边则代表算子（不同比特位宽的卷积）。不同比特位宽的候选边可视为超网络的子网络。在搜索过程中，超网络的边是随机选择的，选择的概率由架构参数决定。简单来说，基于 NAS 的比特位宽搜索是将搜索对象设置为权重和激活的比特位宽，求解方法可见本书 8.2 节。

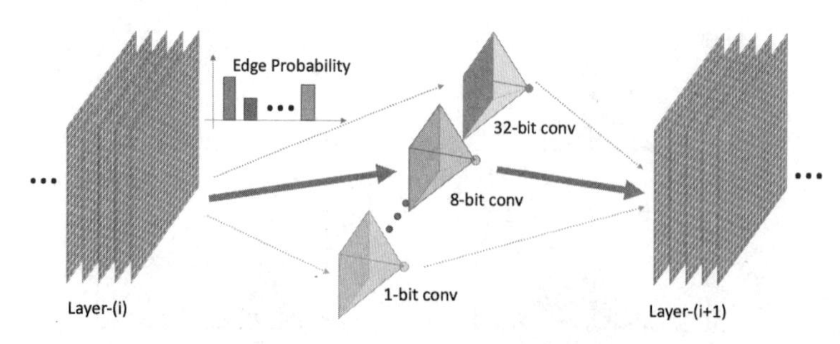

图 6.21 基于 DNAS 的比特位宽搜索
（相关内容可参阅论文“MIXED PRECISION QUANTIZATION OF CONVNETS VIA DIFFERENTIABLE NEURAL ARCHITECTURE SEARCH”）

基于准则的方法

上面介绍的基于搜索的方法通过提高搜索效率从而降低混合精度量化的时间开销，而基于准则的方法则希望提出计算更高效的性能评估准则取代量化网络训练后的性能，从而加速整个量化位宽搜索过程。一般认为，网络权重的二阶 Hessian 信息可以一定程度上反映网络性能对于噪声的鲁棒性。因此，有论文[65]提出了 HAWQ 方法，利用网络权值的二阶 Hessian 信息来衡量不同层权重对量化的敏感程度。然而，对于如今规模的神经网络而言，完整获取每层权重的完整 Hessian 矩阵在计算和存储上都是不可行的。因此，HAWQ 方法提出使用幂次迭代算法近似地获取每层权重 Hessian 矩阵的最大特征值及特征向量，并用最大特征值代表该层对量化的敏感程度。图 6.22 以 ResNet-20 为例给出其按迭代算法得到的不同 block 权重的最大特征值。首先我们观察到网络不同部分的最大特征值在数值上的确存在显著差异。其次当沿着特征向量对应的方向对权重进行扰动时，特征值越大的 block 对应的损失的波动也越大。另外要注意的是，此处只是提出将最大特征值视为相对的量化敏感程度指标，但具体的量化位宽分配仍然需要手动指定。

针对 HAWQ 方法中存在的问题，HAWQ-V2[64] 在其基础上提出相应的改进策略。首先是 HAWQ 方法仅利用了 Hessian 矩阵中的最大特征值信息，并进一步提出利用 Hessian 矩阵的迹，也就是所有特征值的平均，作为当前层量化敏感的指标。其次，HAWQ 方法仅提出了衡量相对量化敏感度的指标，但具体量化位宽的分配仍需要手动指定。为此，HAWQ-V2 首先提出利用相对量化敏感度指标，即权重 Hessian 矩阵的迹，限制可行的量化位宽分配空间（敏感度越大的层相应的量化位宽也应该越大）。更进一步，HAWQ-V2 提出用 Hessian 矩阵的迹对各层权重量化的均方误差进行加权求和，并将该结果做为网络二阶扰动损失的近似，从而衡量网络由量化导致的性能损失。由于上述代理准则的计算开销相对较低，HAWQ-V2 提出利用穷举法将所有可行量化位宽分配的二阶扰动近似计算出来并绘制出类似于图 6.23 所示的帕累托前沿（Pareto Frontier）曲线。绘制出该曲线后，我们只需在给定资源约束下找到对应的近似二阶扰动最小的量化位宽分配方案，即可完成混合精度量化。

正如前文所述，混合精度量化问题的困难来源于巨大的搜索空间和评估量化位宽分配的高昂开销两方面，如何更好地权衡这两方面的计算复杂度仍值得学术界和工业界进一步探索。

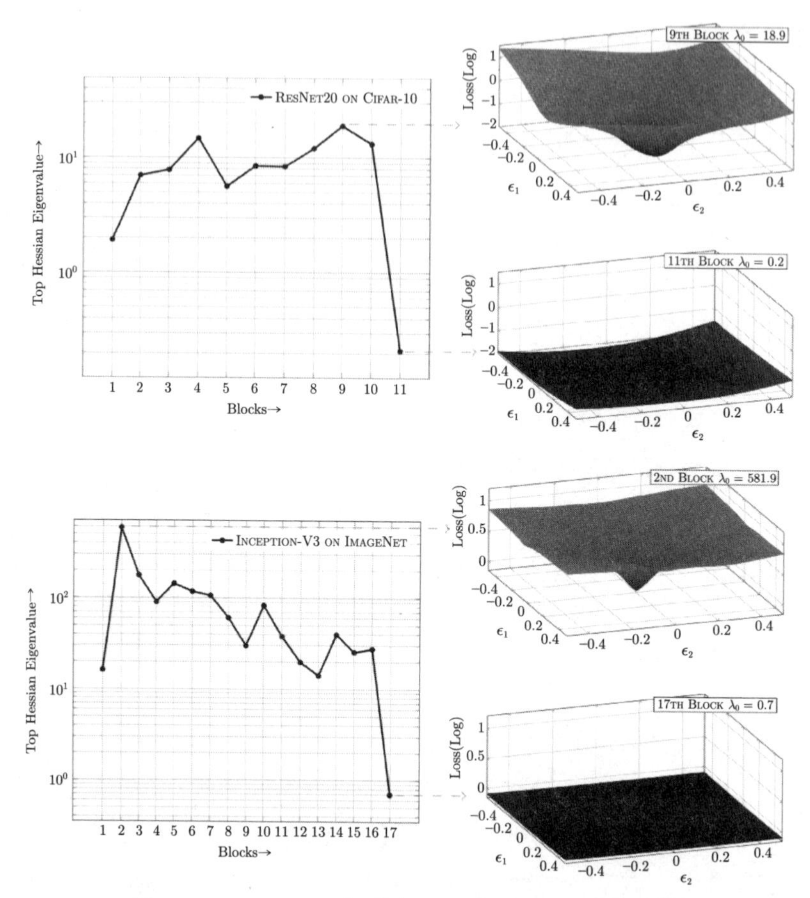

图 6.22 ResNet-20 中不同 block 权重的最大特征值[65]

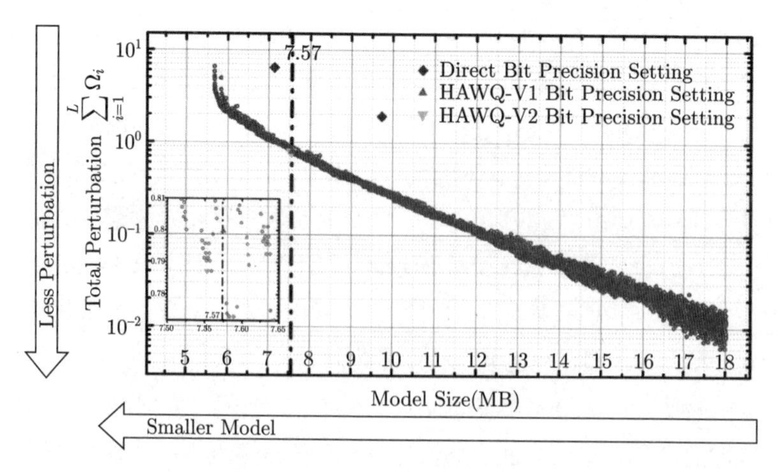

图 6.23 模型大小约束下的帕累托前沿曲线[64]

6.4.2 无数据量化

前文中我们介绍不同的量化策略时都假定可以获取原始的训练数据集或少量的校准数据集用于量化网络训练或确定量化参数。然而这种假设在不同场景下并不总是成立，可能的原因包括训练集太大消耗过多存储空间，或者训练数据涉及安全和隐私（如金融和医疗数据）。因此，如何在没有任何训练数据条件下量化网络成为近年来的研究热点。这类研究的核心思想是利用预训练好的全精度模型生成贴近原始训练集的数据，并用这些生成的数据执行训练后量化或量化感知训练。所以我们后面主要围绕如何生成这些数据展开介绍。

为了解决这一问题，ZeroQ[26] 认为预训练网络中 BatchNorm 层的均值和方差统计量蕴含了关于原始训练集的统计信息。因此，该方法提出固定网络的权重，将输入图片视为优化变量并以下式为目标函数进行优化求解：

$$\min_{\boldsymbol{x}^r} \quad \sum_{i=0}^{L} \|\tilde{\boldsymbol{\mu}}_i^r - \boldsymbol{\mu}_i\|_2^2 + \|\tilde{\boldsymbol{\sigma}}_i^r - \boldsymbol{\sigma}_i\|_2^2 \tag{6.46}$$

其中，$\boldsymbol{x}^r$ 表示当前批次待优化图片，$\boldsymbol{\mu}_i$ 和 $\boldsymbol{\sigma}_i$ 分别表示预训练网络第 i 个批归一化层均值和方差统计量，$\tilde{\boldsymbol{\mu}}_i^r$ 和 $\tilde{\boldsymbol{\sigma}}_i^r$ 分别表示基于当前批次待优化图片得到的第 i 个 BatchNorm 层均值和方差统计量。最终生成的图片效果如图 6.24 所示。其中左图是服从标准正态分布的随机高斯噪声图片，右图是基于上述目标函数更新求解后的图片。可以看出最终优化得到的图片包含更多的纹理、形状等信息。

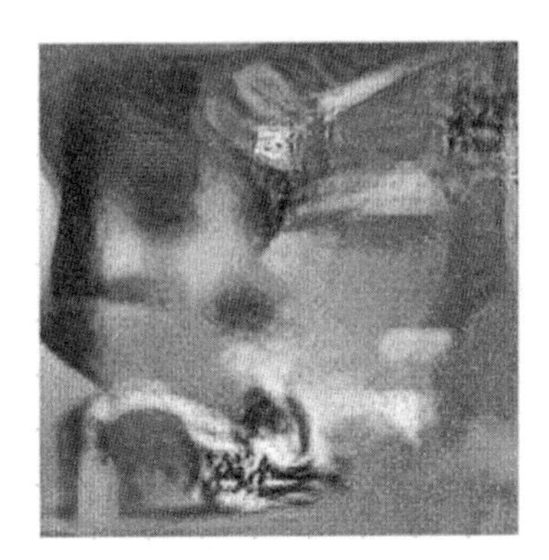

图 6.24　随机高斯噪声图片（左）和 ZeroQ 优化生成图片（右）对比[26]

同 ZeroQ 类似，论文 The Knowledge Within: Methods for Data-Free Model Compression[93] 同样固定网络权重并将输入图片作为优化变量，进而通过梯度反

传不断迭代更新图片。为了优化该生成图片质量，它同时考虑了三种损失函数。一是 Inception 损失，即最大化生成图片在某一类别的 logits，用以增加图片的类别信息。二是图片先验损失（Image Prior Loss），即最小生成化图片和其高斯平滑后的差异，通过引入平滑先验保证图片足够自然。三是统计损失（Statistics Loss），同 ZeroQ 一样，都是将预训练网络的 BatchNorm 层均值和方差作为监督，使得生成图片具有和真实图片更一致的统计信息。略微不同的是，这里不是直接计算均值或者方差间的均方损失，而是先假设 BatchNorm 层的输入激活满足高斯分布假设，将均值和方差作为分布的参数从而计算两个分布间的 KL 散度。最终生成的图片效果如图 6.25 所示。与 ZeroQ 相比，增加的损失函数使得生成的图片更加贴近于自然真实的场景。

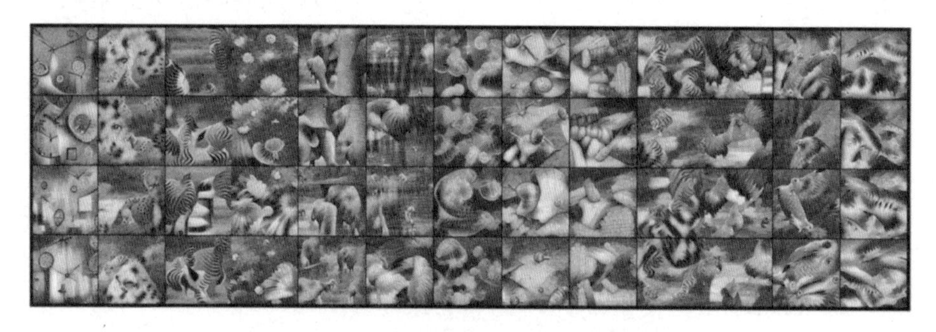

图 6.25 The Knowledge Within 生成图片示意
（相关内容可参阅论文“The Knowledge Within：Methods for Data-Free Model Compression[93]”）

论文 Dreaming to Distill[284] 的出发点和解决方案和上两篇论文的基本一致，其整体算法流程如图 6.26 所示。首先最左边的框图描述了其图片生成的方法，包括 DeepInversion 和 Adaptive DeepInversion 两种类型。DeepInversion 的图片生成方法和 The Knowledge Within 的基本一致，损失函数同样包括最大化分类 logits、图片平滑性先验和最小化 BatchNrom 层统计量差异这三项。除此之外，为了增加生成图片的多样性，文章进一步提出 Adaptive DeepInversion。其基本思路是最大化给定预训练网络和正在训练的量化网络两者在给定图片下输出的 JS 散度（Jensen-Shannon divergence）。这种做法的动机和原理如图 6.27 所示，通过最大化 JS 散度找到那些量化网络拟合分布之外的图片，从而提高图片的多样性和量化网络的性能。

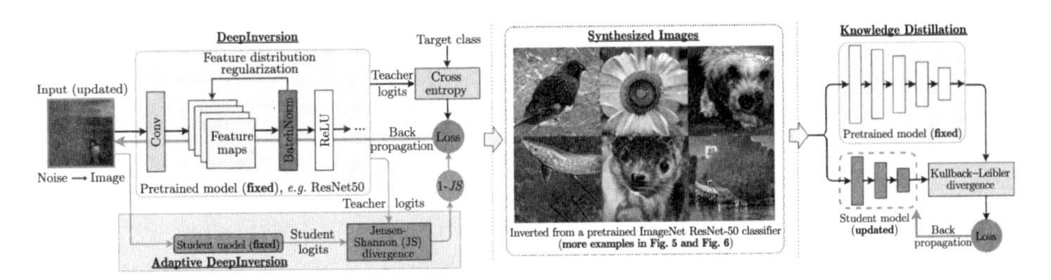

图 6.26 Dreaming to Distill 图片生成算法[284]

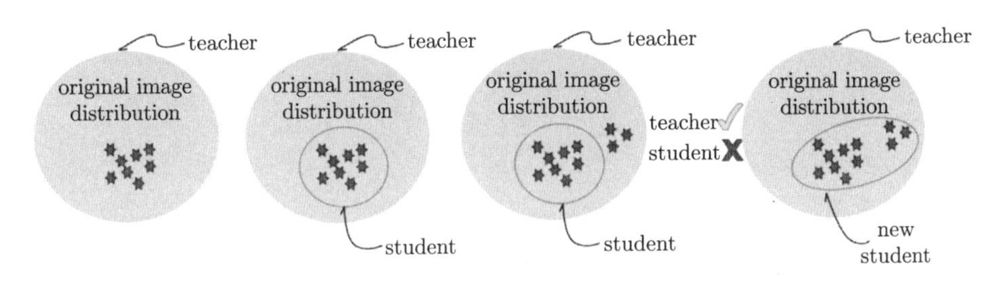

图 6.27 Adaptive DeepInversion 提高生成图片多样性原理示意[284]

论文 GDFQ[269] 的出发点和解决方案和之前三篇论文的大体上仍是一致的，其整体算法流程如图 6.28 所示。与之前方法的不同之处在于，本文引入了生成器生成图片，如图 6.28 左半部分所示。该生成器同时接受标准正态分布的噪声和随机生成的图片标签作为输入，其中后者的目的是为了在生成的图片中引入更多类别信息。在得到生成器的合成图片后，一方面我们将该合成图片输入预训练网络，并如同前面的工作一样利用预训练网络 BatchNorm 层的均值和方差以及其对应随机生成的标签作为监督信息训练生成器的权重。另一方面我们将合成图片输入量化网络对其进行微调训练。

从以上文章可以看出，目前主流的无数据量化方法均为预先设计好损失函数再基于预训练网络提供的反馈信息优化相应的合成图片。普遍利用了网络批归一化层中提供的均值和方差这两个统计信息提高生成图片的质量。但是一方面现有的方法为了提高图片质量付出了极大的计算代价，另一方面并非所有任务的网络都带有 BatchNorm 层，因此如何在更一般的网络结构中更高效地生成高质量图片仍是值得研究的问题。

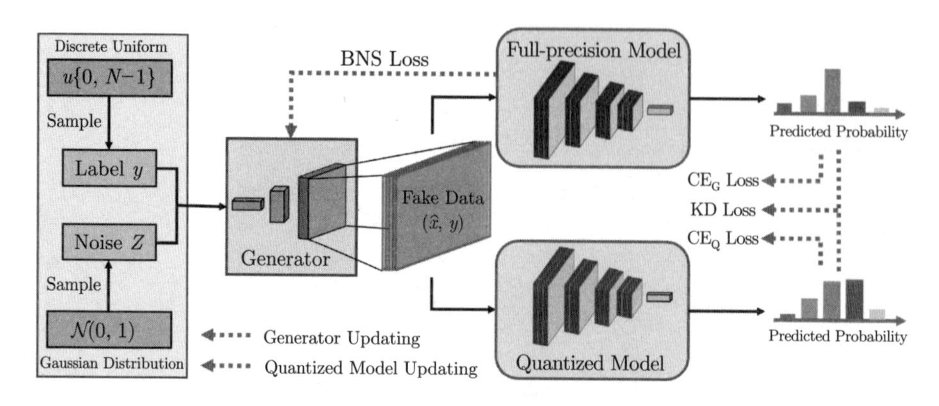

图 6.28 GDFQ 图片生成算法[269]

6.4.3 二值量化

神经网络二值化是神经网络定点量化的一种特例，指将网络参数和（或）激活值由 32 位浮点量化到 1 比特定点。显然这种量化方案是极为激进的，但同时其带来的收益也是巨大的。若仅将网络权重量化到 1 比特，典型代表如二值权值网络（BinaryConnect），一方面训练所得模型存储空间占用可以压缩为原来的 1/3；另一方面，推理过程中所有的乘累加运算都将被加法和减法运算代替从而极大降低计算开销。若将权重与激活同时进行二值化，典型代表如二值神经网络（Binary Neural Network，BNN），则其加法与减法运算进一步简化成比特级别的 XNOR 与 POPCOUNT 运算，并可以极大地简化电路逻辑，进一步减少推理时间与能耗的开销。

二值化权值

如何对神经网络中众多的参数进行有效训练一直是深度学习中的热点问题，已有大量工作着眼于一阶梯度优化器设计。因二值化神经网络参数搜索本质上为高度非线性离散优化问题，这使得其参数优化与全精度网络相比变得较为困难。BinaryConnect[45] 首次将 sign() 函数引入权值量化中，并采用直通估计器（Straight-Through Estimator，STE）来进行梯度估计：

$$\boldsymbol{w}_b = \text{sign}(\boldsymbol{w}) \qquad \frac{\partial \boldsymbol{w}_b}{\partial \boldsymbol{w}} = \mathbb{1}[|\boldsymbol{w}| < 1] \tag{6.47}$$

该方案使得通过一阶梯度方法优化二值化神经网络成为可能。后续研究发现，由于全精度权值参数 $\boldsymbol{w}$ 大多分布于 $[-1,1]$ 之间，而二值化神经网络参数 $\boldsymbol{w}_b$ 为离

散的 $\{-1,+1\}$，数值上的巨大差异令 STE 梯度估计量中引入了大量噪声，这使得在大规模数据集上实施梯度优化仍较为困难。基于此，后续的工作开始着眼于对全精度权值进行二值化逼近。

权值拟合

如何在不引入过多额外计算量和存储开销的情况下，实现对全精度权值参数的二值化近似？图 6.29 给出了较为典型的几类解决方案的演进过程。具体地，XNOR-Net[209] 提出通过引入一个逐卷积核（Kernel-wise）的全精度缩放系数 $\alpha \in \mathbb{R}$ 来弥合二值化参数与全精度参数之间的误差：

$$\alpha^*, \boldsymbol{w}_b^* = \underset{\alpha, \boldsymbol{w}_b}{\arg\min} ||\boldsymbol{w} - \alpha \cdot \boldsymbol{w}_b||_2^2, \quad \boldsymbol{w} \in \mathbb{R}^n, \boldsymbol{w}_b \in \{-1,+1\}^n \tag{6.48}$$

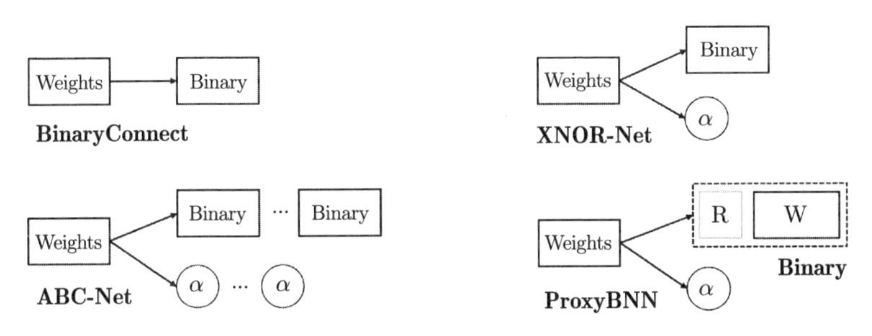

图 6.29 二值化神经网络权值量化方案演进

这里的 n 对应于每个卷积核的尺寸 $h \times w \times C_{\text{in}}$。通过简单地推导可知：

$$\alpha^* = \frac{1}{n}\sum_{i}^{n} |\boldsymbol{w}_i|, \quad \boldsymbol{w}_b^* = \text{sign}(\boldsymbol{w}) \tag{6.49}$$

由此，将全精度网络参数的二值化近似定义为 $\hat{\boldsymbol{w}} = \alpha^* \boldsymbol{w}_b^*$，损失函数对 $\boldsymbol{w}$[1] 的导数可以进一步改写为

$$\frac{\partial \mathcal{L}}{\partial \boldsymbol{w}_i} = \sum_{i=1}^{n} \frac{\partial \mathcal{L}}{\partial \hat{\boldsymbol{w}}_i}\frac{\partial \hat{\boldsymbol{w}}_i}{\partial \boldsymbol{w}_i} = \sum_{i=1}^{n} \frac{\partial \mathcal{L}}{\partial \hat{\boldsymbol{w}}_i}\frac{\partial (\alpha^* \boldsymbol{w}_{b_i}^*)}{\partial \boldsymbol{w}_i} = \sum_{i=1}^{n} \frac{\partial \mathcal{L}}{\partial \hat{\boldsymbol{w}}_i} \underbrace{(\frac{\partial \alpha^*}{\partial \boldsymbol{w}_i}\boldsymbol{w}_{b_i}^* + \frac{\partial \boldsymbol{w}_{b_i}^*}{\partial \boldsymbol{w}_i}\alpha^*)}_{\text{尺度因子}} \tag{6.50}$$

与 STE 相比，式 (6.50) 通过将损失函数对每个参数 $\boldsymbol{w}_i$ 的梯度与同一个卷积核中所有元素相关联，达到减小 STE 噪声的目的。尺度因子项也对原始梯度进行了适度缩放，使之与全精度参数 $\boldsymbol{w}$ 的参数量级相匹配。

[1] 由于全精度参数 $\boldsymbol{w}$ 不直接参与前向传播却会累计梯度，故又得名为隐参数（Latent Weights）。

类似地，ProxyBNN[102] 引入代理矩阵 $\boldsymbol{R}$，将所有卷积核在输入通道 C_{in} 维度相互关联：

$$\mathcal{A}^*, \boldsymbol{W}_b^*, \boldsymbol{R}^* = \underset{\mathcal{A}, \boldsymbol{W}_b, \boldsymbol{R}}{\arg\min} ||\tanh(\boldsymbol{W})\boldsymbol{R} - \mathcal{A} \cdot \boldsymbol{W}_b||_{\text{F}}^2, \tag{6.51}$$

$$\text{s.t. } \boldsymbol{W} \in \mathbb{R}^{[h \cdot w \cdot C_{\text{out}}] \times C_{\text{in}}}, \boldsymbol{W}_b \in \{-1, +1\}^{[h \cdot w \cdot C_{\text{out}}] \times C_{\text{in}}}, \boldsymbol{R} \in \mathbb{R}^{C_{\text{in}} \times C_{\text{in}}} \tag{6.52}$$

这里将逐卷积核的缩放系数 α 写成矩阵形式 $\mathcal{A}$。进一步地，RBNN[161] 通过正交旋转将当前层中所有元素相互关联：

$$\boldsymbol{w}_b^*, \boldsymbol{R}^* = \underset{\boldsymbol{w}_b, \boldsymbol{R}}{\arg\min} ||\boldsymbol{R}^{\text{T}}\boldsymbol{w} - \boldsymbol{w}_b||_2^2, \tag{6.53}$$

$$\text{s.t. } \boldsymbol{w} \in \mathbb{R}^N, \boldsymbol{w}_b \in \{-1, +1\}^N, \boldsymbol{R} \in \mathbb{R}^{N \times N}, \boldsymbol{R}^{\text{T}}\boldsymbol{R} = \mathbb{1}^{N \times N}, N = h \cdot w \cdot C_{\text{out}} \cdot C_{\text{in}} \tag{6.54}$$

受限于 $\boldsymbol{w}_b$ 的表征能力，为了减小量化误差，往往需要对全精度参数 $\boldsymbol{w}$ 施加正则约束来减小量化难度。ABC-Net[164] 首次提出多比特（Multi-bit）量化的概念，通过扩大量化位宽增强量化表示范围的方式提升网络性能：

$$\alpha_{[1:K]}^*, \boldsymbol{w}_{b_{[1:K]}}^* = \underset{\alpha_{[1:K]}, \boldsymbol{w}_{b_{[1:K]}}}{\arg\min} ||\boldsymbol{w} - \sum_{i=1}^{K} \alpha_i \cdot \boldsymbol{w}_{b_i}||_2^2, \quad \boldsymbol{w} \in \mathbb{R}^n, \boldsymbol{w}_{b_i} \in \{-1, +1\}^n \tag{6.55}$$

量化所需的真实位宽由 K 定义，部署时通过 K 路并行的二值化卷积操作替代与之对应的全精度卷积操作。同时，式 (6.55) 亦可视作对全精度网络参数的二值化分解，进一步地，SBD[120] 提出对全精度参数进行二值化矩阵分解的方案：

$$\boldsymbol{\Lambda}^*, \boldsymbol{U}_b^*, \boldsymbol{V}_b^* = \underset{\boldsymbol{\Lambda}, \boldsymbol{U}_b, \boldsymbol{V}_b}{\arg\min} ||\boldsymbol{W} - \boldsymbol{U}_b \cdot \boldsymbol{\Lambda} \cdot \boldsymbol{V}_b||_F^2, \tag{6.56}$$

$$\text{s.t. } \boldsymbol{U}_b \in \{-1, +1\}^{[h \cdot w \cdot C_{\text{in}}] \times K}, \boldsymbol{V}_b \in \{-1, +1\}^{K \times [h \cdot w \cdot C_{\text{in}}]}, \tag{6.57}$$

$$\boldsymbol{W} \in \mathbb{R}^{[h \cdot w \cdot C_{\text{in}}] \times C_{\text{out}}}, \boldsymbol{\Lambda} = \text{diag}(\alpha_1, \ldots, \alpha_K) \tag{6.58}$$

这里的 K 将决定用于近似的二值化矩阵 $\boldsymbol{U}_b, \boldsymbol{V}_b$ 的秩，进而影响压缩率。式 (6.56) 中的矩阵运算仍定义于欧氏空间，CBD[204] 将矩阵分解扩展到汉明空间，提出一种精确的二值化矩阵分解方式，实现对二值化矩阵参数的进一步无损压缩：

$$\boldsymbol{W}_b = \boldsymbol{U}_b \diamond \boldsymbol{V}_b, \quad \boldsymbol{U}_b \in \{-1, +1\}^{[C_{\text{out}} \cdot h] \times K}, \boldsymbol{V}_b \in \{-1, +1\}^{K \times [w \cdot C_{\text{in}}]} \tag{6.59}$$

K 为二值化矩阵 $\boldsymbol{W}_b$ 的秩，$\diamond$ 指代定义于汉明空间的矩阵乘操作，即二值乘累加运算。

二值化激活

前向传播： 为了保证训练过程与推理过程的一致性，将 sign() 函数用于前向传播是最为朴素的想法。由于其一阶导数处处为 0，通常利用上文中提及的 STE 进行梯度估计，却会引入一定的梯度噪声。进一步地，一些工作聚焦于利用连续可导的初等函数对 sign() 函数进行近似，近似误差随训练迭代轮数增加而逐渐降低，直至能够较好地拟合 sign() 函数曲线。进而又衍生出两阶段训练策略，通过 sign() 函数的近似函数对权值参数进行预训练，再利用 sign() 函数与 STE 的组合对权值参数进行微调。表 6.1 给出了一些主流的训练时二值化激活函数设计方案。

反向传播： 除了经典的 STE 与可微分激活函数，MetaQuant[34] 提出对 sign() 函数梯度进行参数化学习的方案。通过引入带有参数 ϕ 的元量化器 $\mathcal{M}_\phi$，将损失函数对全精度隐参数 $\boldsymbol{w}$ 的梯度建模为元量化器的输出，避免了对量化函数求导：

$$\frac{\partial \mathcal{L}}{\partial \boldsymbol{w}} = \cancel{\frac{\partial \mathcal{L}}{\partial \boldsymbol{w}_b}} \cancel{\frac{\partial \boldsymbol{w}_b}{\partial \boldsymbol{w}}} = \mathcal{M}_\phi(\frac{\partial \mathcal{L}}{\partial \boldsymbol{w}_b}, \boldsymbol{w}) \tag{6.60}$$

这里的 $\mathcal{M}_\phi$ 在形式上可以是神经网络。值得注意的是，通过将 $\boldsymbol{w}$ 的梯度更新建模于前向传播的计算图中，该方案中的参数 ϕ 可以通过反向传播与 $\boldsymbol{w}$ 一同更新：

$$\text{前向计算：} \boldsymbol{w}^t = \boldsymbol{w}^{t-1} - \eta \frac{\partial \mathcal{L}}{\partial \boldsymbol{w}^{t-1}} = \boldsymbol{w}^{t-1} - \eta \mathcal{M}_\phi(\frac{\partial \mathcal{L}}{\partial \boldsymbol{w}_b^{t-1}}, \boldsymbol{w}^{t-1}) \tag{6.61}$$

$$\text{反向计算：} \frac{\partial \mathcal{L}}{\partial \phi^t} = \frac{\partial \mathcal{L}}{\partial \boldsymbol{w}^t} \frac{\partial \boldsymbol{w}^t}{\partial \phi^t} = \mathcal{M}_\phi(\frac{\partial \mathcal{L}}{\partial \boldsymbol{w}_b^t}, \boldsymbol{w}^t) \frac{\partial \boldsymbol{w}^t}{\partial \phi^t} \tag{6.62}$$

式 (6.62) 中 $\frac{\partial \boldsymbol{w}^t}{\partial \phi^t}$ 项可以通过对式 (6.61) 的自动求导获得，η 为学习率因子。ProxQuant[18] 注意到基于 STE 的梯度更新方式，形式上等价于求解有约束优化问题中的投影 SGD 法（Lazy Projected SGD）。这启发作者将求解该类问题中常用的近端梯度算子引入问题求解中：

$$\text{参数更新: } \boldsymbol{w}_{t+1} = \text{prox}_{\eta_t \lambda_t R}(\boldsymbol{w}_t - \eta_t \nabla \mathcal{L}(\boldsymbol{w}_t)) \tag{6.63}$$

$$\text{prox}_{\lambda R}(\boldsymbol{\theta}) := \mathop{\arg\min}_{\tilde{\boldsymbol{\theta}} \in \mathbb{R}^d} \left\{ \frac{1}{2} ||\tilde{\boldsymbol{\theta}} - \boldsymbol{\theta}||_2^2 + \lambda R(\tilde{\boldsymbol{\theta}}) \right\} \tag{6.64}$$

$$R_1(\boldsymbol{\theta}) = \inf_{\boldsymbol{\theta}_0 \in \{\pm 1\}^d} ||\boldsymbol{\theta} - \boldsymbol{\theta}_0||_1 \quad \text{或者} \quad R_2(\boldsymbol{\theta}) = \inf_{\boldsymbol{\theta}_0 \in \{\pm 1\}^d} ||\boldsymbol{\theta} - \boldsymbol{\theta}_0||_2 \tag{6.65}$$

表 6.1 二值化激活函数形式对比

Method	Forward	Backward
DoReFa [309]	$\mathrm{round}(x)$	$2\max(\|g\|)\left[\mathrm{round}\left[\frac{g+\max(\|g\|)}{2\max(\|g\|)}+\mathcal{U}\right]-\frac{1}{2}\right]$
XNOR [209]	$c\mathrm{sign}(x)$	$g\cdot\mathbb{1}[\|x\|<1]$
IR [205]	$\mathrm{sign}(x)$	$ct(1-\tanh^2(tx))$
RBNN [161]	$\begin{cases}\max(\frac{1}{t},1)\cdot(-\mathrm{sign}(x)\frac{t^2x^2}{2}+\sqrt{2}tx), & 若\ \|x\|<\frac{\sqrt{2}}{t}\\ \mathrm{sign}(x)\cdot\max(\frac{1}{t},1) & 其他.\end{cases}$	$\max(\max(\frac{1}{t},1)\cdot(\sqrt{2}t-\|t^2x\|),0)$
Bi-Real [174]	$\begin{cases}-1 & 若\ x<-1\\ 2x+x^2 & 若\ -1\leqslant x<0\\ 2x-x^2 & 若\ 0\leqslant x<1\\ 1 & 否则\end{cases}$	auto-grad
CBCN [167]	$\mathrm{sign}(x)$	$\frac{c}{\sigma\sqrt{\pi}}\exp(-\frac{g^2}{\sigma^2})$
BNN+ [51]	$2\mathrm{sigmoid}(5x)[1+\beta x(1-\mathrm{sigmoid}(\beta x))]-1$	auto-grad
DSQ [79]	$\frac{1}{\tanh(0.5c(x_{\max}-x_{\min}))}\tanh(cx)$	auto-grad
QNet [275]	$\alpha(c\cdot\mathrm{sigmoid}(T(\beta x-b))-o)$	auto-grad
Self-BNN [138]	$\tanh(cx)$	auto-grad
I-BNN [22]	$\frac{cx}{1+c\|x\|}$	auto-grad

t 指代与迭代次数相关的参数，c 与希腊字母表示可通过梯度优化的参数或超参数。

得到 1 范数或 2 范数松弛约束条件下的近端梯度算子：

$$\mathrm{prox}_{\lambda R_1}(\boldsymbol{\theta}) = \mathrm{sign}(\boldsymbol{\theta}) + \mathrm{sign}(\boldsymbol{\theta} - \mathrm{sign}(\boldsymbol{\theta})) \odot [|\boldsymbol{\theta} - \mathrm{sign}(\boldsymbol{\theta})| - \lambda]_+ \tag{6.66}$$

$$\mathrm{prox}_{\lambda R_2}(\boldsymbol{\theta}) = (\boldsymbol{\theta} + \lambda \mathrm{sign}(\boldsymbol{\theta}))/(1+\lambda) \tag{6.67}$$

进而完成参数的梯度更新过程。

6.5 本章小结

本章围绕量化在神经网络加速压缩中的研究与应用展开了详细介绍。我们从量化基础开始，首先介绍了不同种类量化函数并对比其各自的优缺点。在对量化函数进行了一般性讨论后，我们接着讲解了神经网络中基于均匀量化实现高效计算的基本原理。最后从量化粒度层面对比分析了不同的量化方式。

然后，我们分别考虑两类开销不同的神经网络量化策略，即训练后量化和量化感知训练。训练后量化可在较小资源开销下将预先训练好的全精度模型转化为量化网络，其算法核心主要包括量化参数求解和量化误差校正两部分。在大多数情况下，训练后量化在 8 比特量化位宽下足以实现接近全精度网络的性能。在更低的量化位宽下，量化噪声带来的性能损失难以通过简单的误差校正加以恢复。因此，我们引入了量化感知训练。这种量化策略通过访问原始训练集且重新训练量化网络使得网络在极低量化位宽下仍保留具有竞争性的网络性能。此时，如何克服量化运算导数几乎处处为 0 的问题从而有效训练模型成为该类算法的核心问题。

最后，我们基于上述常用量化策略进行扩展介绍，考虑各种复杂场景及约束下量化算法的应用问题，包括混合精度量化、无数据量化和二值量化这些进阶课题。

7 知识蒸馏

知识蒸馏（Knowledge Distillation，KD）是模型压缩中的重要手段，也可与其他压缩技术同时使用，以期进一步提升轻量化模型的性能。知识蒸馏通过引入标签外的额外监督信号，来辅助目标网络的学习。一般地，我们将这里的目标网络统称为“学生网络”（Student Network），而额外的监督信号往往来自于另一个算法模型，如果该模型恰为神经网络模型，我们将其统称为“教师网络”（Teacher Network）。

在本章中，我们将首先介绍知识蒸馏中的核心问题——何为知识[1]？再对当下神经网络模型中常用的知识蒸馏技术加以总结，最后介绍知识蒸馏的相关应用。

7.1 何为知识

以多分类模型为例，预训练的神经网络模型将会输出类似于“类别概率”的软标签（Soft Label）预测结果，如图 7.1 所示。和 One-hot 编码的人工标签相比，由信息熵（Entropy）的计算公式 $H(x) = -\sum_i^K P_i(x)\log P_i(x)$ 可以得知，网络预测标签的信息熵更大，那么在熵增大的过程中是否蕴含着新的“知识”呢？

直观理解，这种软标签应该会比硬标签更容易学习，同时也携带着类间相似度的信息。尽管对知识进行系统地定义仍较为困难，已有一些工作尝试对其进行探究：Phuong 等人证明在线性及深度线性条件下，给定线性教师分类器 $f(\boldsymbol{w}^*)$，学生网络通过蒸馏训练，将必然收敛于当前样本空间下的最优参数 $\hat{\boldsymbol{w}}$，而数据分布与教师网络的参数 $f(\boldsymbol{w}^*)$ 之间的夹角将会显著影响学生网络的收敛速率[199]。Muller 等人发现通过“标签平滑”（Label Smoothing，LS）训练得到的教师网

[1]受笔者知识所限，本章仅讨论基于分类模型的知识蒸馏中的知识表征问题。

络将无法有效地监督学生网络，并进一步分析出分类网络的倒数第二层的特征通过“标签平滑”训练后，正确类别与错误类别的特征间隔近似保持为常数 α，这使得同类中的样本与其他类的样本拥有较为接近的相似度，不同类别样本间特征的相似度差异性被破坏进而导致蒸馏失败[192]。Allen-Zhu 等人提出数据本身具有的“多视角”特性可能是知识蒸馏的关键（如图 7.2 所示）并给出了相关证明。通过硬标签训练得到的多个教师网络，习得了不同“视角”下的特征表达，这将有助于训练单一学生网络。知识蒸馏迫使学生网络同时学习“多视角”的特征而非陷入单一“视角”下的特征学习。进一步的实验证明，传统认知中知识蒸馏减小了标签噪声的影响或是改变了优化目标在最优解附近的凸性，这两点可能并不是基于模型集成的知识蒸馏取得成功的原因[8]。

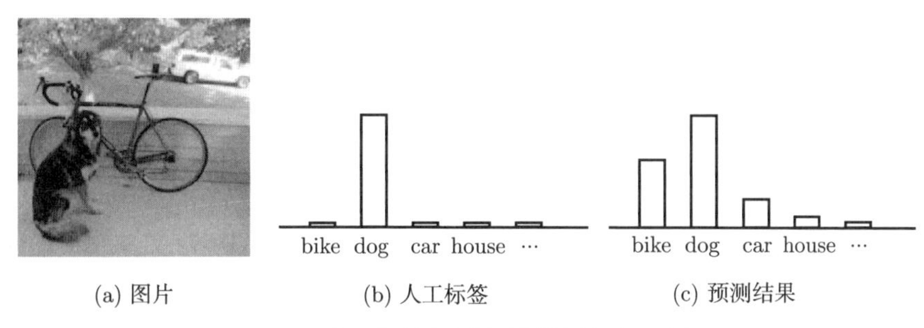

图 7.1 人工标签与网络预测结果对比示意

网络的预测结果比人工标签（信息熵为 0）的有着更大的信息熵。

图 7.2 “多视角”特征示例[8]

车辆具有“多视角”特征，譬如车灯、车轮、车窗等，通常情况下单一特征足以完成对车辆的准确分类。然而，在某些视角下部分特征无法被观测到，仅依赖于单一视角特征的分类器可能会出现误分类。特别地，车辆的部分特征与其他类别特征相近，譬如车灯类似于猫的眼睛。

软标签一方面提升了除正确类别外其余类别的概率，另一方面也降低了对于正确类别的置信度，这是否也将有助于学生网络的学习呢？Yuan 等人经过大量实验观察后提出，教师网络提供的软标签起到类似于“正则”项的作用，避免学生网络对于分类结果过于置信（Over-confident），实验中即使教师网络无法提供准确的类间相似度的信息，仍能较为有效地提升学生网络性能[290]。Muller 等人进而提出这一有趣现象的背后是在进行模型校准（Model Calibration）。模型校准[83] 这一概念由 Guo 等人提出，其期望校准误差（ECE）的形式化定义为

$$\mathbb{E}_{\hat{P}}\left[\left|\mathbb{P}(\hat{Y}=Y|\hat{P}=p)-p\right|\right] \tag{7.1}$$

即网络输出的置信度与真实精度差值的期望函数。模型校准用以解决网络输出的“置信度” $\hat{P}$ 与网络实际预测的精度 p 不一致的问题（如图 7.3 所示），避免网络出现高置信度的错误分类问题。基于此观点，文献 [12] 对网络过置信的程度给出了形式化定义：

$$S_{\text{sharpness}}=\log\sum_j \mathrm{e}^{z_j/\tau} \tag{7.2}$$

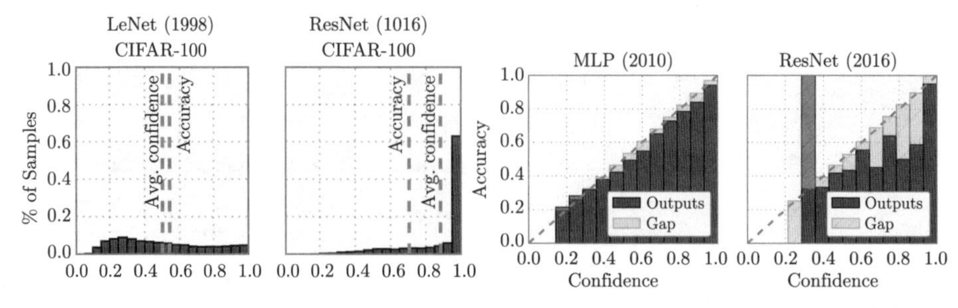

图 7.3 网络的预测结果置信度（Confidence）与精度（Accuracy）差异比较[83]
神经网络倾向于输出高置信度的结果，即使该分类结果是错误的。

这里的 z_j 为网络倒数第二层的神经元输出（即 logits），τ 为退火系数。通过观察学生网络与教师网络“尖锐度”（sharpness）的差异：

$$S_{\text{sharpness\_gap}}=\log\sum_j \mathrm{e}^{z_j^t/\tau}-\log\sum_j \mathrm{e}^{z_j^s/\tau} \tag{7.3}$$

$$\approx\log\left(K+\sum_j z_j^t/\tau+\frac{1}{2}\sum_j v_j^2/\tau^2\right)-\log\left(K+\sum_j z_j^s/\tau+\frac{1}{2}\sum_j v_j^2/\tau^2\right) \tag{7.4}$$

$$\approx\log\left(1+\frac{1}{2}(\text{std}(z^t)/\tau)\right)-\log\left(1+\frac{1}{2}(\text{std}(z^s)/\tau)\right) \tag{7.5}$$

由 logits 零均值的假设，可以得到式 (7.5) 的近似结果，其中 K 为常数。文献 [12] 进一步提出：教师网络的 logits 的标准差相较于学生网络而言较大，这导致两者“尖锐度”间的差异性也相应增大，“尖锐度”的差异性可以度量学生网络

的学习难度。

交叉熵损失（Cross-entropy）函数与 KL 散度（Kullback-Leibler Divergence）常被用于基于深度模型的蒸馏训练，那么从损失函数的形式出发，能否为探究知识的形式带来一些新的思考呢？Hinton 首先提出“隐知识”（Dark Knowledge）存在于网络对于错误类别的响应中[111]。通过探究教师网络输出 p 与学生网络输出 q 的交叉熵损失函数，Furlanello 等人将损失函数关于全连接层输出神经元 z_i 的梯度分解为对应于真实值（Ground-truth）标签的加权梯度项与对应于错误类别的输出结果项[76]：

$$\sum_{s=1}^{\text{batch}}\sum_{i=1}^{n}\frac{\partial \mathcal{L}_{i,s}}{\partial z_{i,s}}=\underbrace{\sum_{s=1}^{\text{batch}}p_{*,s}(q_{*,s}-1)}_{\text{Ground-truth Term}}+\underbrace{\sum_{s=1}^{\text{batch}}\sum_{i\neq *}q_{i,s}p_{i,s}}_{\text{Dark Knowledge}} \tag{7.6}$$

给出了“隐知识”的形式化表示，这里的 $*$ 对应着真实值标签所属的类别。通过对第一项进行改写

$$\sum_{s=1}^{\text{batch}}(p_{*,s}q_{*,s})-p_{*,s}=\sum_{s=1}^{\text{batch}}(p_{*,s}q_{*,s})-p_{*,s}y_{*,s} \tag{7.7}$$

可以发现知识蒸馏以教师网络的输出置信度 $p_{*,s}$ 为权重，对真实的 One-hot 标签 $y_{*,s}$ 进行加权。进一步的实验证明，两项均有助于提升知识蒸馏的效果，且“隐知识”中错误类别的响应与类别的对应关系并不重要（对除最大响应的类别外其余类别的 z_i 互换仍有较良好的蒸馏效果）。这一现象也在一定程度上印证了软标签是一种正则化项的观点。

在机器学习中，从偏差与方差的角度分析分类器是探究模型内在属性的一种常用做法。Heskes 于 1998 年首次提出基于交叉熵损失训练的分类器均可以对其误差项（Error）进行分解得到数据噪声，偏差（Bias）与方差（Variance）的组合形式[110]：

$$\text{Error}_{\text{CE}}=\mathbb{E}_{\boldsymbol{x},\mathcal{D}}[-\boldsymbol{y}\log\hat{\boldsymbol{y}}_{\text{CE}}]=\underbrace{\mathbb{E}_{\boldsymbol{x}}[-\boldsymbol{y}\log\boldsymbol{y}]}_{\text{Data Noise}}+\underbrace{D_{\text{KL}}(\boldsymbol{y},\overline{\boldsymbol{y}}_{\text{CE}})}_{\text{Bias}}+\underbrace{\mathbb{E}_{\mathcal{D}}[D_{\text{KL}}(\overline{\boldsymbol{y}}_{\text{CE}},\hat{\boldsymbol{y}}_{\text{CE}})]}_{\text{Variance}} \tag{7.8}$$

这里的 $\mathcal{D}$ 和 $\boldsymbol{x}$ 分别表示训练数据集和数据样本，$\boldsymbol{y}$ 为 One-hot 的真实值标签，$\hat{\boldsymbol{y}}_{\text{CE}}=f_{\text{CE}}(\boldsymbol{x};\mathcal{D})$ 为通过使用真实值标签训练得到的 f_{CE} 网络输出分布，$\overline{\boldsymbol{y}}_{\text{CE}}$ 为网络输出在训练数据集 $\mathcal{D}$ 上的“平均”，即 $\overline{\boldsymbol{y}}_{\text{CE}}=\frac{1}{Z_{\text{CE}}}\exp(\mathbb{E}_{\mathcal{D}}[\log\hat{\boldsymbol{y}}_{\text{CE}}])$。受此启

发，Zhou 等人从偏差-方差分解的角度对知识蒸馏中的误差项进行了改写[308]：

$$\mathrm{Error}_{\mathrm{KD}} = \underbrace{\mathbb{E}_{\boldsymbol{x}}[-\boldsymbol{y}\log\boldsymbol{y}]}_{\text{Data Noise}} + \underbrace{D_{\mathrm{KL}}(\boldsymbol{y},\overline{\boldsymbol{y}}_{\mathrm{CE}}) + \mathbb{E}_{\boldsymbol{x}}\left[\boldsymbol{y}\log\left(\frac{\overline{\boldsymbol{y}}_{\mathrm{CE}}}{\overline{\boldsymbol{y}}_{\mathrm{KD}}}\right)\right]}_{\text{Bias}} + \underbrace{\mathbb{E}_{\mathcal{D},\mathcal{T}}[D_{\mathrm{KL}}(\overline{\boldsymbol{y}}_{\mathrm{KD}},\hat{\boldsymbol{y}}_{\mathrm{KD}})]}_{\text{Variance}} \tag{7.9}$$

类似于式 (7.8)，这里的 $\hat{\boldsymbol{y}}_{\mathrm{KD}} = f_{\mathrm{KD}}(\boldsymbol{x};\mathcal{D},\mathcal{T})$ 为通过教师网络 $\mathcal{T}$ 知识蒸馏训练得到的网络输出分布，$\overline{\boldsymbol{y}}_{\mathrm{KD}}$ 为学生网络输出在训练数据集 $\mathcal{D}$ 上的“平均”，即 $\overline{\boldsymbol{y}}_{\mathrm{KD}} = \frac{1}{Z_{\mathrm{KD}}}\exp(\mathbb{E}_{\mathcal{D},\mathcal{T}}[\log\hat{\boldsymbol{y}}_{\mathrm{KD}}])$。通过对比式 (7.8) 与式 (7.9)，由于实验观察中 $\overline{\boldsymbol{y}}_{\mathrm{CE}}$ 更接近于 One-hot 编码，而 $\hat{\boldsymbol{y}}_{\mathrm{KD}}$ 更接近于软标签且后者的损失更小，可以推出知识蒸馏和通过 One-hot 标签训练相比，在一定程度上增加了偏差而减小了方差：

$$\varDelta = \mathrm{Error}_{\mathrm{KD}} - \mathrm{Error}_{\mathrm{CE}} = \varDelta_{\mathrm{bias}} + \varDelta_{\mathrm{variance}} \tag{7.10}$$

$$\varDelta_{\mathrm{bias}} = \mathbb{E}_{\boldsymbol{x}}\left[\boldsymbol{y}\log\left(\frac{\overline{\boldsymbol{y}}_{\mathrm{CE}}}{\overline{\boldsymbol{y}}_{\mathrm{KD}}}\right)\right] \geqslant 0 \tag{7.11}$$

$$\varDelta_{\mathrm{variance}} = \mathbb{E}_{\mathcal{D},\mathcal{T}}[D_{\mathrm{KL}}(\overline{\boldsymbol{y}}_{\mathrm{KD}},\hat{\boldsymbol{y}}_{\mathrm{KD}})] - \mathbb{E}_{\mathcal{D}}[D_{\mathrm{KL}}(\overline{\boldsymbol{y}}_{\mathrm{CE}},\hat{\boldsymbol{y}}_{\mathrm{CE}})] \leqslant 0 \tag{7.12}$$

通过增大偏差来减小方差以达到增强泛化性的目的，这又暗合了知识蒸馏是一种正则化的观点。

7.2 如何蒸馏

针对不同的机器学习任务，研究人员设计出了不同的网络模型结构以适配不同的学习目标，基于不同任务不同结构，相应地衍生出了不同的知识蒸馏方法，本节将主要从方法层面对知识蒸馏技术进行回顾。

7.2.1 软标签蒸馏

从避免模型对于分类结果过于置信的观点出发，最为朴素的想法便是标签平滑[234]，即将真实类别 c 对应的概率从 1 修改成 a $(0 < a < 1)$，以期惩罚网络对于特定类别过于置信的输出结果：

$$y'_k = \begin{cases} a & \text{若 } k = c \\ (1-a)/(K-1) & \text{若 } k \neq c \end{cases} \tag{7.13}$$

其中总类别数记为 K。进一步将 y' 与交叉熵损失函数进行结合，可以得到

$$\mathcal{L}_{\text{CE}}(\boldsymbol{y}',\hat{\boldsymbol{y}}) = \underbrace{(1-\alpha)\mathcal{L}_{\text{CE}}(\boldsymbol{y},\hat{\boldsymbol{y}})}_{\text{cross-entropy}} + \underbrace{\alpha\mathcal{L}_{\text{CE}}(\boldsymbol{u},\hat{\boldsymbol{y}})}_{\text{regularization}} \tag{7.14}$$

这里的 $\boldsymbol{u}$ 为均匀分布 $u_k = 1/K$ 而 $\hat{\boldsymbol{y}}$ 为网络的预测输出，α 为 $\dfrac{K-aK}{K-1}$。式 (7.14) 本质上是与标签相关的交叉熵损失函数加上与标签无关的正则化项。进一步将正则化项中的均匀分布替换为教师网络的输出 $\hat{\boldsymbol{y}}^{\text{t}}$ 以引入新的监督信息：

$$\mathcal{L}_{\text{KD}}(\boldsymbol{y}',\hat{\boldsymbol{y}}) = (1-\alpha)\mathcal{L}_{\text{CE}}(\boldsymbol{y},\hat{\boldsymbol{y}}) + \alpha D_{\text{KL}}(\hat{\boldsymbol{y}}^{\text{t}},\hat{\boldsymbol{y}}) \tag{7.15}$$

由 KL 散度与交叉熵损失的代换关系 $D_{\text{KL}}(\boldsymbol{p},\mathbf{1}) = \mathcal{L}_{\text{CE}}(\boldsymbol{p},\boldsymbol{q}) - H(\boldsymbol{p})$ 可以推得

$$\min \mathcal{L}_{\text{KD}}(\boldsymbol{y}',\hat{\boldsymbol{y}}) = (1-\alpha)\mathcal{L}_{\text{CE}}(\boldsymbol{y},\hat{\boldsymbol{y}}) + \alpha\mathcal{L}_{\text{CE}}(\hat{\boldsymbol{y}}^{\text{t}},\hat{\boldsymbol{y}}) \tag{7.16}$$

进而得到知识蒸馏中软标签的一般形式[111]：

$$\boldsymbol{y}' = (1-\alpha)\boldsymbol{y} + \alpha\hat{\boldsymbol{y}}^{\text{t}} = \text{hard label} + \text{soft label} \tag{7.17}$$

类似地，对软标签知识蒸馏方法进行形如上式的归纳汇总，可以得到表 7.1 中的结果。为了与教师网络输出的记法 $\hat{\boldsymbol{y}}^{\text{t}}$ 区分，这里将学生网络的输出记为 $\hat{\boldsymbol{y}}^{\text{s}}$，$\hat{\boldsymbol{y}}^{\text{s}}_{T-1}$ 意为上一训练阶段训练得到的学生网络的输出（在当前阶段的训练中参数固定），用以区分当前训练阶段的学生网络输出 $\hat{\boldsymbol{y}}^{\text{s}}$，$\hat{\boldsymbol{y}}^{\text{t}_i}$ 中下脚标 i 意为第 i 个网络。

表 7.1 软标签知识蒸馏标签形式对比

方法	CE	LS[234, 290]	CP[198]	Boot-soft[211]	KD[111]
硬标签	y	$(1-\alpha)\boldsymbol{y}$	$(1-\alpha)\boldsymbol{y}$	$(1-\alpha)\boldsymbol{y}$	$(1-\alpha)\boldsymbol{y}$
软标签	0	$\alpha\boldsymbol{y}$	$-\alpha\hat{\boldsymbol{y}}^{\text{s}}$	$\alpha\hat{\boldsymbol{y}}^{\text{s}}$	$\alpha\hat{\boldsymbol{y}}^{\text{t}}$
方法	Refinery[17]	Refinery[17]	Mealv2[222, 285]	ES[223]	Born-again[76]
硬标签	0	0	0	$(1-\alpha)\boldsymbol{y}$	0
软标签	$\hat{\boldsymbol{y}}^{\text{s}}_{T-1}$	$\hat{\boldsymbol{y}}^{\text{t}}$	$\dfrac{1}{N}\sum_i \hat{\boldsymbol{y}}^{\text{t}_i}$	$\alpha\boldsymbol{y} + \hat{\boldsymbol{y}}^{\text{t}}$	$\dfrac{1}{N}\sum_i \hat{\boldsymbol{y}}^{\text{s}_i}_{T-1}$

除软标签形式设计外，另一类主流方案着眼于知识蒸馏的学习过程。若以软标签中信息的来源对知识蒸馏方案进行划分，可以得到如表 7.2 中列举的结果。

表 7.2 软标签知识蒸馏迁移形式对比

方法	教师网络	学生网络	代表工作
T2S KD	预训练教师网络 A	学生网络 B	论文[17, 101, 111, 222, 237, 285]
Async MKD	未训练网络 A	学生网络 B	论文[299]
Sync MKD	未训练网络 A	学生网络 B	论文[10, 157, 270]
Self-KD	网络 A 的子网络	学生网络 A	论文[139, 150, 288-289]
S2S KD	预训练网络 A	学生网络 A	论文[17, 76]

T2S KD

教师-学生知识蒸馏（Teacher to Student KD）即为通常意义下的知识蒸馏，学生网络通过拟合教师网络的概率输出达到知识蒸馏的目的。具体地，论文 Bag of Tricks[101] 提出教师网络和学生网络应具有相同的拓扑结构以保证蒸馏的效果；You[285] 与 Shen[222] 等人在实验中发现，通过融合多个教师网络的概率输出可以进一步提升学生网络性能：

$$\mathcal{L}_{\mathrm{KD}}(\hat{\boldsymbol{y}}^{\mathrm{t_E}}, \hat{\boldsymbol{y}}^{\mathrm{s}}) = D_{\mathrm{KL}}(\hat{\boldsymbol{y}}^{\mathrm{t_E}}, \hat{\boldsymbol{y}}^{\mathrm{s}}), \quad \hat{\boldsymbol{y}}^{\mathrm{t_E}} = \frac{1}{T}\sum_{i=1}^{T}\hat{\boldsymbol{y}}^{\mathrm{t}_i} \tag{7.18}$$

而每个教师网络的拓扑结构未必与学生网络属于同一族。He 等人进一步证明了，在特定情况下利用 $\hat{y}^{t_{\mathrm{E}}}$ 进行知识蒸馏与同时以多个教师网络为监督进行知识蒸馏的内在关系[103]：

$$D_{\mathrm{KL}}\left(\hat{\boldsymbol{y}}^{\mathrm{s}}, \frac{1}{T}\sum_{i=1}^{T}\hat{\boldsymbol{y}}^{\mathrm{t}_i}\right) = \sum_{j}^{K}\hat{y}_j^{\mathrm{s}}\log\frac{\hat{y}_j^{\mathrm{s}}}{\frac{1}{T}\sum_{i=1}^{T}\hat{y}_j^{\mathrm{t}_i}} \leqslant \sum_{j}^{K}\hat{y}_j^{\mathrm{s}}\log\frac{\hat{y}_j^{\mathrm{s}}}{\left(\prod_{i=1}^{T}\hat{y}_j^{\mathrm{t}_i}\right)^{\frac{1}{T}}} \tag{7.19}$$

$$= \frac{1}{T}\sum_{i=1}^{T}D_{\mathrm{KL}}(\hat{\boldsymbol{y}}^{\mathrm{s}}, \hat{\boldsymbol{y}}^{\mathrm{t}_i}) \tag{7.20}$$

这里的下标 j 指代第 j 个类别。由上式可知：以多个教师网络输出结果的平均值作为监督，相较于同时向多个教师网络学习，损失函数的输出结果将会更小。

Tang 等人[237] 受 Focal-loss[163] 启发，关注到对于不同样本应赋予不同的权重进行差异化学习：

$$\mathcal{L}_{\mathrm{KD}}(\hat{\boldsymbol{y}}^{\mathrm{t}}, \hat{\boldsymbol{y}}^{\mathrm{s}}) = \alpha D_{\mathrm{KL}}(\hat{\boldsymbol{y}}^{\mathrm{t}}, \hat{\boldsymbol{y}}^{\mathrm{s}}) \tag{7.21}$$

$$\alpha = (1 - \exp(-(D_{\mathrm{KL}}(\hat{\boldsymbol{y}}^{\mathrm{t}}, \hat{\boldsymbol{y}}^{\mathrm{s}}) + \beta H(\hat{\boldsymbol{y}}^{\mathrm{t}}))))^{\gamma} \tag{7.22}$$

这里的 α 将给予困难样本（即学生网络与教师网络出现较大分歧导致 KL 散度较大的样本）与教师网络不置信的样本（即教师网络输出的概率分布接近于均匀分布的样本）以较大的权重。Zhou 等人通过对蒸馏损失函数进行偏差-方差分解，进一步论证了训练样本差异性的存在，一些样本通过影响训练过程中的偏差与方差之间的权衡，进而影响知识蒸馏的最终效果[308]。回顾式 (7.10)~(7.12)，稍加变形后可以发现损失函数各项与偏差-方差的如下关系：

$$\min \mathcal{L}_{\mathrm{KD}} = \underbrace{\mathcal{L}_{\mathrm{CE}}}_{\mathrm{Bias}\downarrow} + \underbrace{\mathcal{L}_{\mathrm{KD}} - \mathcal{L}_{\mathrm{CE}}}_{\mathrm{Variance}\downarrow} \tag{7.23}$$

当 $\left|\frac{\partial(\mathcal{L}_{\mathrm{KD}}-\mathcal{L}_{\mathrm{CE}})}{\partial z_i}\right|$ 大于 $\left|\frac{\partial \mathcal{L}_{\mathrm{CE}}}{\partial z_i}\right|$ 时，网络倾向于减小方差，反之，网络倾向于减小偏差。研究人员提出网络应聚焦于降低偏差[308]，对于有助于减小方差的“正则样本”（Regularization Sample）则应给予较小的训练权重，通过度量 $\hat{\boldsymbol{y}}^{\mathrm{t}}$ 与 $\hat{\boldsymbol{y}}^{\mathrm{s}}$ 的差异性对“正则样本”加以区分：

$$\mathcal{L}_{\mathrm{KD}}(\hat{\boldsymbol{y}}^{\mathrm{t}}, \hat{\boldsymbol{y}}^{\mathrm{s}}) = \alpha D_{\mathrm{KL}}(\hat{\boldsymbol{y}}^{\mathrm{t}}, \hat{\boldsymbol{y}}^{\mathrm{s}}) \tag{7.24}$$

$$\alpha = \left(1 - \exp\left(-\frac{\log \hat{y}_i^{\mathrm{s}}}{\log \hat{y}_i^{\mathrm{t}}}\right)\right) = \left(1 - \exp(-\frac{\log \mathcal{L}_{\mathrm{CE}}^{\mathrm{s}}}{\log \mathcal{L}_{\mathrm{CE}}^{\mathrm{t}}})\right) \tag{7.25}$$

这里的 α 将对教师网络较为置信而学生网络表现不佳的样本施加较大的权重，反之则会削弱该样本的重要性。

Async MKD

异步互蒸馏（Asynchronous Mutual KD）区别于给定教师网络的蒸馏模式，以异步的方式同时训练教师网络 A 与学生网络 B [299]，这里的教师网络未加预训练，在初始阶段性能并未显著优于学生网络。该方案同一时刻只有一个网络参数进行梯度更新，另一个网络作为监督参数固定，如此迭代循环往复直至收敛。其损失函数形为

$$\mathcal{L}_{\mathrm{AMKD}}(\hat{\boldsymbol{y}}^A, \hat{\boldsymbol{y}}^B) = \begin{cases} \mathcal{L}_{\mathrm{CE}}(\boldsymbol{y}, \hat{\boldsymbol{y}}^A) + D_{\mathrm{KL}}(\hat{\boldsymbol{y}}^B, \hat{\boldsymbol{y}}^A) & \mathrm{iter}\%2 = 0 \\ \mathcal{L}_{\mathrm{CE}}(\boldsymbol{y}, \hat{\boldsymbol{y}}^B) + D_{\mathrm{KL}}(\hat{\boldsymbol{y}}^A, \hat{\boldsymbol{y}}^B) & \mathrm{iter}\%2 = 1 \end{cases} \tag{7.26}$$

类似地，上式可以很容易地扩展为 K 个网络互为监督的形式：

$$\mathcal{L}_{\mathrm{AMKD}}^K(\hat{\boldsymbol{y}}^{A_*}, \hat{\boldsymbol{y}}^B) = \mathcal{L}_{\mathrm{CE}}(\boldsymbol{y}, \hat{\boldsymbol{y}}^B) + \frac{1}{K-1}\sum_{i=1, i\neq k}^{K} D_{\mathrm{KL}}(\hat{\boldsymbol{y}}^{A_i}, \hat{\boldsymbol{y}}^B) \tag{7.27}$$

为了与之前定义的损失函数形式保持一致，这里我们仍将模型 A_i 的输出记为 $\hat{\boldsymbol{y}}^{A_i}$。

Sync MKD

同步互蒸馏（Synchronous Mutual KD）和异步互蒸馏的迭代更新方式不同，它同时训练网络 A 与学生网络 B，两者互为监督并同时进行梯度更新[157]。其损失函数形为

$$\begin{aligned}\mathcal{L}_{\mathrm{SMKD}}(\hat{\boldsymbol{y}}^A,\hat{\boldsymbol{y}}^B)=(1-\alpha)\mathcal{L}_{\mathrm{CE}}(\boldsymbol{y},\hat{\boldsymbol{y}}^A)+\alpha\mathcal{L}_{\mathrm{KD}}(\hat{\boldsymbol{y}}^B,\hat{\boldsymbol{y}}^A)+\\(1-\alpha)\mathcal{L}_{\mathrm{CE}}(\boldsymbol{y},\hat{\boldsymbol{y}}^B)+\alpha\mathcal{L}_{\mathrm{KD}}(\hat{\boldsymbol{y}}^A,\hat{\boldsymbol{y}}^B)\end{aligned} \tag{7.28}$$

进一步地，考虑仅利用教师网络较为置信的样本进行知识蒸馏以保证监督信息的准确性：

$$\mathcal{L}_{\mathrm{KD}}(\hat{\boldsymbol{y}}^B,\hat{\boldsymbol{y}}^A)=\begin{cases}D_{\mathrm{KL}}(\hat{\boldsymbol{y}}^B,\hat{\boldsymbol{y}}^A) & H(\hat{\boldsymbol{y}}^B)<\chi\\0 & H(\hat{\boldsymbol{y}}^B)\geqslant\chi\end{cases} \tag{7.29}$$

利用信息熵大小对教师网络输出概率的置信度进行度量。对于信息熵小于阈值 χ 的情况，则认为教师网络 B 对类别判定结果足够置信。类似地，可以得到 $\mathcal{L}_{\mathrm{KD}}(\hat{\boldsymbol{y}}^A,\hat{\boldsymbol{y}}^B)$ 的形式化表达。

Self-KD

自蒸馏（Self-supervised KD）定义在一个较为冗余的超网络及大量较为紧凑的子网络之上。一般地，超网络为所有子网络的超集，子网络在某些维度上相较于超网络而言较为受限，比如网络宽度、层数、分辨率大小、卷积核大小等。该种方式常与模型压缩、网络结构搜索任务相互耦合，以期提升子网络性能辅助后续的精细化搜索或部署。一般认为超网络或较大[1]的子网络的性能应优于“较小”的子网络的性能。因此，存在依托超网络对每个子网络或特定子网络进行蒸馏的可能性。

图 7.4 给出了自蒸馏的一种基本形式，这里通过可学习的重要性指数 g_i 对不同分支子网络的 logits 进行加权求和，获得超网络对当前样本的置信度：

$$z_{\mathrm{super}}=\sum_{i=1}^{m}g_iz_i,\quad p_{\mathrm{super}}(\hat{y}=c|\boldsymbol{x})=\frac{\exp(z_{\mathrm{super}}^c)}{\sum_{i=1}^{C}\exp(z_{\mathrm{super}}^i)} \tag{7.30}$$

[1]注意这里的大未必对应着实际网络模型的参数量大小，而是仅以上文中提及的某些维度的相对大小来对大小加以定义。

以超网络的概率输出结果作为软标签，进而对 m 个不同子网络同时进行监督训练：

$$\mathcal{L}_{\mathrm{KD}}=\sum_{i=1}^{m} D_{\mathrm{KL}}(p_{\text{super}}(y=c|\boldsymbol{x}), p_{\text{sub}}^{i}(y=c|\boldsymbol{x})) \tag{7.31}$$

进一步考虑，性能较强的子网络均可以作为性能较弱的子网络的监督。形式化地将每个子网络的监督（Supervisor）定义为

$$\text{supervisor}_i=\{\text{sub-network}_j|\forall j, \dim_j>\dim_i\} \cup \text{super-network} \tag{7.32}$$

这里的 dim 可以为网络深度、通道输入、输入样本分辨率大小等可枚举的网络结构参数。经验性地，维度越大的子网络性能越强，通过组合较强的子网络（也可以是从集合中采样得到的一个或多个较强的子网络）可以得到对于当前较弱子网络 i 而言较为理想的教师网络。

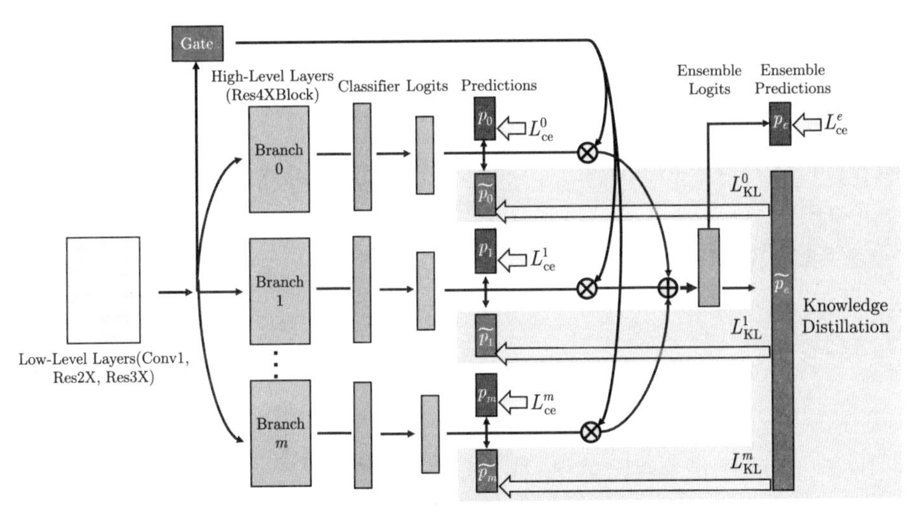

图 7.4 自蒸馏[139]

这里超网络的输出被定义为子网络 logits 的加权求和。

S2S KD

学生-学生知识蒸馏（Student to Student KD）指出蒸馏的有效性并不完全依赖于强效的教师网络，以相同拓扑结构的网络作为教师仍能够提升学生网络的有效性能。如图 7.5 所示，首先通过标签训练出第一阶段的教师网络，随后以教师网络的输出作为软标签训练出第二阶段的学生网络。以此类推，以 t 阶段得

到的学生网络作为 $t+1$ 阶段中的教师网络继续训练全新的学生网络。

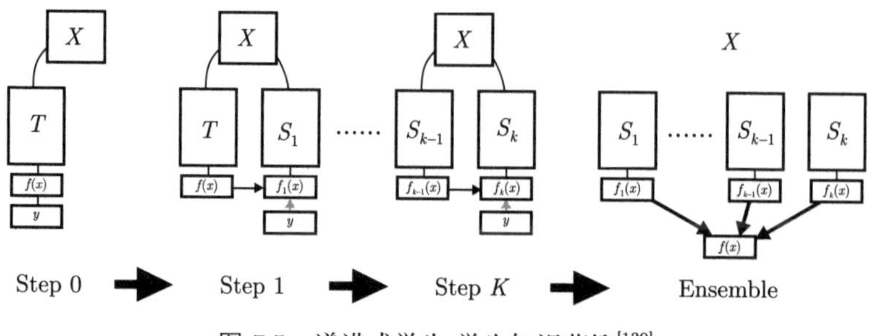

图 7.5 递进式学生-学生知识蒸馏[139]

Bagherinezhad 等人进一步提出该种训练方式并不依赖于原始训练数据，通过构建教师网络与学生网络存在分歧的对抗样本可以进一步提升学生网络性能[17]：

$$\boldsymbol{x}'=\boldsymbol{x}+\eta\frac{\partial\mathcal{L}_{\mathrm{KD}}(\hat{\boldsymbol{y}}^t,\hat{\boldsymbol{y}}^s)}{\partial\boldsymbol{x}} \tag{7.33}$$

为了避免对抗样本对学生网络的训练产生消极影响，$\boldsymbol{x}$ 将与 $\boldsymbol{x}'$ 在同一个 batch 中一并输入网络中进行训练。

7.2.2 隐层特征蒸馏

与软标签蒸馏方式类似，本节将从多个视角对隐层特征蒸馏方法进行归类讨论。首先，不同于标签层面的监督信息，特征蒸馏额外引入了空间维度，应如何利用该维度的信息进行知识蒸馏？其次，讨论教师网络与学生网络之间通道维度不匹配的问题。借鉴对比学习，特征蒸馏也将被形式化地表述为最大化互信息的下界问题。最后，通过将多层特征蒸馏转化为多任务学习，讨论如何权衡各项学习任务。

注意力机制

宏观上，在基于隐层特征的知识蒸馏中，知识的迁移方式仍大致符合表 7.2 的描述，本节着眼于如何实现特征的知识蒸馏：卷积神经网络在进行特征提取时，会逐渐关注到包含物体的图像关键区域，如图 7.6(a) 所示。Zagoruyko 等人提出这种注意力机制携带着显式的空间位置信息，如果能对其进行有效的提取，将会有助于学生网络尽早地关注到图像中的物体位置，避免背景信息对特征提取的干扰[291]。较为朴素的想法便是对具有相同网络拓扑结构的教师特征 $\mathbf{F}^{\mathrm{t}}$ 与学生特征 $\mathbf{F}^{\mathrm{s}}$ 进行 p-norm 意义下的拟合：

$$\mathcal{L}_{\text{Atten-KD}}(\mathbf{F}^{\mathrm{t}},\mathbf{F}^{\mathrm{s}})=\sum_{j\in\mathcal{I}}\left\|\frac{\mathrm{vec}(\mathbf{F}_j^{\mathrm{s}})}{\|\mathrm{vec}(\mathbf{F}_j^{\mathrm{s}})\|_2}-\frac{\mathrm{vec}(\mathbf{F}_j^{\mathrm{t}})}{\|\mathrm{vec}(\mathbf{F}_j^{\mathrm{t}})\|_2}\right\|_p \tag{7.34}$$

这里的 $\mathcal{I}$ 为教师与学生特征的 pair 对。由于 $\mathbf{F}^{\mathrm{t}}$ 与 $\mathbf{F}^{\mathrm{s}}$ 形式上为 4-D 张量，因此，需要通过向量算子化 vec() 将其展开成一维的长向量，再进行向量空间下的距离度量，如图 7.6(b) 所示。特别地，研究人员[291] 进一步考虑梯度中蕴含的结构化信息，通过对教师网络中的梯度信息与学生网络中的梯度信息进行拟合，达到知识蒸馏的目的：

$$\mathcal{L}_{\text{Grad-KD}}(F^{\mathrm{t}},F^{\mathrm{s}})=\left\|\frac{\partial}{\partial F^{\mathrm{s}}}\mathcal{L}_{\mathrm{CE}}(\boldsymbol{w}_{\mathrm{s}},F^{\mathrm{s}})-\frac{\partial}{\partial F^{\mathrm{t}}}\mathcal{L}_{\mathrm{CE}}(\boldsymbol{w}_{\mathrm{t}},F^{\mathrm{t}})\right\|_2 \tag{7.35}$$

$$\frac{\partial}{\partial \boldsymbol{w}_{\mathrm{s}}}\mathcal{L}_{\text{Grad-KD}}=\left(\frac{\partial}{\partial F^{\mathrm{s}}}\mathcal{L}_{\mathrm{CE}}^{\mathrm{s}}-\frac{\partial}{\partial F^{\mathrm{t}}}\mathcal{L}_{\mathrm{CE}}^{\mathrm{t}}\right)\frac{\partial^2}{\partial F^{\mathrm{s}}\partial \boldsymbol{w}_{\mathrm{s}}}\mathcal{L}_{\mathrm{CE}}^{\mathrm{s}} \tag{7.36}$$

(a) 神经网络注意力热图可视化　(b) 注意力蒸馏

图 7.6　基于注意力机制的隐层特征蒸馏[291]

特征对齐

注意到，上述基于注意力机制的蒸馏方案依赖于 $\boldsymbol{F}^{\mathrm{s}}$ 与 $\boldsymbol{F}^{\mathrm{t}}$ 在各个维度具有相同的大小，而学生网络的通道数目往往远小于教师网络，这将导致无法进行隐层知识蒸馏。有鉴于此，FitNet[214] 通过引入 1×1 卷积层构成的信息回归层（Regressor Layer），对齐教师网络与学生网络的通道数目，进而实现两阶段隐层特征蒸馏（如图 7.7 所示）。首先，利用随机初始化的信息回归层对学生网络的参数进行知识蒸馏：

$$\boldsymbol{w}_{\text{guid}}^{*} = \mathop{\arg\min}_{\boldsymbol{w}_{\text{guid}}} \mathcal{L}_{\text{F-KD}}(\boldsymbol{w}_{\text{guid}}, \boldsymbol{w}_{\text{r}}) = \mathop{\arg\min}_{\boldsymbol{w}_{\text{guid}}} \|f_{\text{t}}(\boldsymbol{x}; \boldsymbol{w}_{\text{t}}) - g(f_{\text{s}}(\boldsymbol{x}; \boldsymbol{w}_{\text{guid}}), \boldsymbol{w}_{\text{r}})\| \tag{7.37}$$

这里的 $g()$ 函数对应于教师网络隐层特征 $f_{\text{t}}(\boldsymbol{x}; \boldsymbol{w}_{\text{t}})$ 的激活函数，$\boldsymbol{w}_{\text{guid}}$ 对应于学生网络截至特征蒸馏位置处之前的部分参数集合，$\boldsymbol{w}_{\text{r}}$ 为用于特征对齐的信息回归层参数。之后，利用预训练后的参数进行软标签知识蒸馏：

$$\boldsymbol{w}_{\text{s}}^{*} = \mathop{\arg\min}_{\boldsymbol{w}_{\text{s}}} D_{\text{KL}}(\boldsymbol{w}_{\text{t}}, \boldsymbol{w}_{\text{s}}), \tag{7.38}$$

这里的 $\boldsymbol{w}_{\text{s}}$ 为学生网络的全体参数集合。

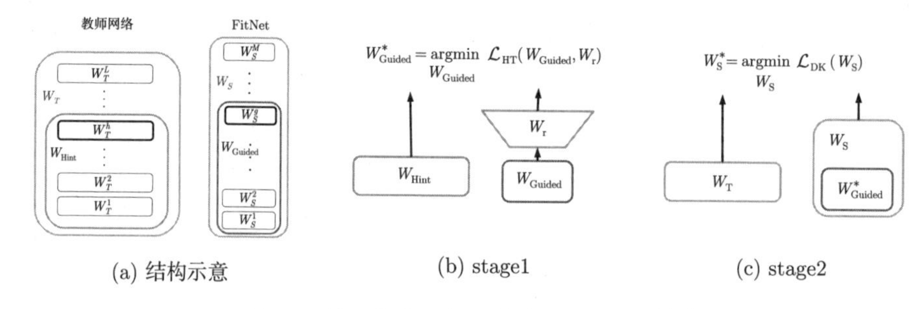

(a) 结构示意 (b) stage1 (c) stage2

图 7.7 基于信息回归层的隐层特征蒸馏[214]

对比学习

可以将式 (7.34) 看成核方法（Kernel Method）在特征空间上以多项式核（Polynomial Kernel）$K(x,y) = (x^{\text{T}}y + c)^d$ 对教师网络特征 F^{t} 与学生网络特征 F^{s} 进行相似性度量：

$$\min \left\| \frac{\text{vec}(F_j^{\text{s}})}{\|\text{vec}(F_j^{\text{s}})\|_2} - \frac{\text{vec}(F_j^{\text{t}})}{\|\text{vec}(F_j^{\text{t}})\|_2} \right\|_2^2 = \max \left(\frac{\text{vec}(F_j^{\text{s}})}{\|\text{vec}(F_j^{\text{s}})\|_2} \right)^{\text{T}} \left(\frac{\text{vec}(F_j^{\text{t}})}{\|\text{vec}(F_j^{\text{t}})\|_2} \right) \tag{7.39}$$

类似地，将多项式核替换成径向基核函数（Radial Basis Function Kernel）可以得到一般形式为

$$\min \frac{1}{K} \exp \left(-\gamma \left(\frac{\text{vec}(F_j^{\text{s}})}{\|\text{vec}(F_j^{\text{s}})\|_2} \right)^{\text{T}} \left(\frac{\text{vec}(F_j^{\text{t}})}{\|\text{vec}(F_j^{\text{t}})\|_2} \right) \right) \tag{7.40}$$

的对比损失（Contrastive Loss）函数[16]，这里的 K 可以是缩放系数或配平函数。

Tian 等人进一步提出通过优化属于同一样本与不同样本的教师网络与学生网络特征的对比损失函数，以期最大化教师网络与学生网络特征间的互信息[241]。具体地，预先定义教师网络与学生网络特征的似然函数，对于网络输入相同的情况（记为 $C=1$），得到联合概率密度分布：

$$q(F^{\mathrm{s}},F^{\mathrm{t}}|C=1)=p(F^{\mathrm{s}},F^{\mathrm{t}}) \tag{7.41}$$

相应地，将网络输入不同数据的情况记为 $C=0$（数据之间相互独立），得到边缘分布乘积形式的联合概率密度分布：

$$q(F^{\mathrm{s}},F^{\mathrm{t}}|C=0)=p(F^{\mathrm{s}})p(F^{\mathrm{t}}) \tag{7.42}$$

假定在一个 batch 的采样中，利用 1 个样本进行同样本教师/学生网络特征间的对比学习，而其余 N 个样本用于不同样本教师/学生网络特征间的对比学习，则先验概率为

$$p(C=1)=\frac{1}{N+1},\quad p(C=0)=\frac{N}{N+1} \tag{7.43}$$

由贝叶斯公式可推知 $C=1$ 情况下的后验概率为

$$\begin{aligned}
p(C=1|F^{\mathrm{s}},F^{\mathrm{t}}) &= \frac{q(F^{\mathrm{s}},F^{\mathrm{t}}|C=1)p(C=1)}{q(F^{\mathrm{s}},F^{\mathrm{t}}|C=1)p(C=1)+q(F^{\mathrm{s}},F^{\mathrm{t}}|C=0)p(C=0)} &(7.44)\\
&= \frac{p(F^{\mathrm{s}},F^{\mathrm{t}})}{p(F^{\mathrm{s}},F^{\mathrm{t}})+Np(F^{\mathrm{s}})p(F^{\mathrm{t}})} &(7.45)
\end{aligned}$$

进而得到互信息的下界：

$$\log p(C=1|F^{\mathrm{s}},F^{\mathrm{t}})=-\log\left(1+N\frac{p(F^{\mathrm{s}})p(F^{\mathrm{t}})}{p(F^{\mathrm{s}},F^{\mathrm{t}})}\right)\leqslant-\log(N)+\log\frac{p(F^{\mathrm{s}},F^{\mathrm{t}})}{p(F^{\mathrm{s}})p(F^{\mathrm{t}})} \tag{7.46}$$

$$\underbrace{\int p(F^{\mathrm{s}},F^{\mathrm{t}})\log\frac{p(F^{\mathrm{s}},F^{\mathrm{t}})}{p(F^{\mathrm{s}})p(F^{\mathrm{t}})}\mathrm{d}x}_{\text{Mutual Information (MI)}}\geqslant\underbrace{\int p(F^{\mathrm{s}},F^{\mathrm{t}})\log p(C=1|F^{\mathrm{s}},F^{\mathrm{t}})\mathrm{d}x}_{\mathbb{E}_{q(F^{\mathrm{s}},F^{\mathrm{t}}|C=1)}[\log p(C=1|F^{\mathrm{s}},F^{\mathrm{t}})]}+\log N \tag{7.47}$$

研究人员进一步证明[241]，通过优化教师网络与学生网络给定不同输入情况下特征之间的对比损失：

$$h^*=\arg\max_h\underbrace{\mathbb{E}_{q(F^{\mathrm{s}},F^{\mathrm{t}}|C=1)}[\log h(F^{\mathrm{s}},F^{\mathrm{t}})]}_{\text{same input for } f_{\mathrm{t}},f_{\mathrm{s}}}+\underbrace{N\mathbb{E}_{q(F^{\mathrm{s}},F^{\mathrm{t}}|C=0)}[\log(1-h(F^{\mathrm{s}},F^{\mathrm{t}}))]}_{\text{different input for } f_{\mathrm{t}},f_{\mathrm{s}}} \tag{7.48}$$

可以进一步提升互信息的下界，以达到最大化互信息的目的：

$$h^* = p(C=1|F^{\mathrm{s}}, F^{\mathrm{t}}) \tag{7.49}$$

$$\text{Mutual Information} \geqslant \underbrace{\mathbb{E}_{q(F^{\mathrm{s}},F^{\mathrm{t}}|C=1)}[\log h^*]}_{\sup \mathbb{E}_{q(F^{\mathrm{s}},F^{\mathrm{t}}|C=1)}[\log p(C=1|F^{\mathrm{s}},F^{\mathrm{t}})],\forall p} + \log N \tag{7.50}$$

多任务学习

为了平衡交叉熵损失与隐层特征蒸馏损失，一般情况下，会引入手工设计的权重系数 α。类比于式 (7.25) 中 $\alpha \in (0,1)$ 对蒸馏损失进行动态调控的方式，Zhu 等人将隐层特征蒸馏定义为多任务学习问题，通过门控机制对当前样本适用的蒸馏损失函数进行选择[312]。其中，优化交叉熵损失函数为主任务，最小化各隐层特征蒸馏损失被视为辅任务。通过辅任务与主任务间梯度方向的一致性，选择出当前步参与优化的隐层特征蒸馏损失函数：

$$\alpha_i = \begin{cases} 1 & 若\ \cos(\nabla_{\boldsymbol{w}_{\mathrm{s}}}\mathcal{L}_{\mathrm{CE}}, \nabla_{\boldsymbol{w}_{\mathrm{s}}}\mathcal{L}^i_{\text{Atten-KD}}) \geqslant 0, \\ 0 & 否则 \end{cases} \tag{7.51}$$

7.3 相关应用

通过以上介绍，相信读者对于蒸馏技术已经有了一定的了解，本节将通过具体的视觉应用，进一步回顾蒸馏技术。

7.3.1 鲁棒训练

后门攻击（Backdoor Attack）是一种在少部分训练数据中植入特定模式以诱导神经网络做出错误判断的攻击模式。对于干净的正常样本，网络将表现为正常的行为模式，而对于植入了与训练样本中相同模式的对抗样本，网络将被触发，输出与训练集中该模式对应的标签信息，而忽视样本的主体信息，进而出现错误预测。Li 等人发现将被植入后门的神经网络在少量干净图片上微调后，将显著降低攻击成功率，而将微调后的网络作为教师网络，对被植入后门的神经网络进行基于注意力机制的隐层特征知识蒸馏，将大幅提升学生网络的对抗鲁棒性，几乎无法攻击成功[154]。

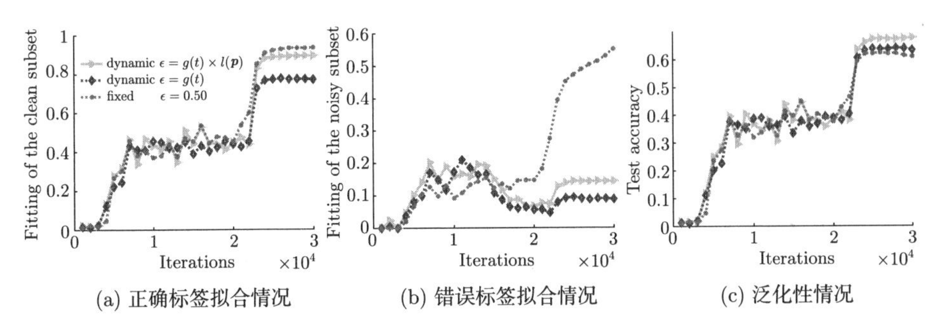

(a) 正确标签拟合情况　(b) 错误标签拟合情况　(c) 泛化性情况

图 7.8　自适应的信赖域因子 ϵ 对标签含噪条件下网络训练的影响[253]
和手工设置的 ϵ 因子相比，数据相关的 ϵ 项有助于网络判别和修正错误标签，并最终提升模型在测试样例上的泛化能力。

标签噪声（Label Noise）是监督学习中面临的常见问题，主流的两类解决方法均构建于知识蒸馏之上：1）正则化输出（Output Regularization，OR）通过惩罚过于置信的网络输出结果，避免网络过拟合噪声标签，削弱标签噪声对网络训练的影响。特别地，Confidence Penalty[198] 通过自蒸馏的方式 $(1-\epsilon)y - \epsilon\hat{y}^s$ 削减硬标签的置信度进行蒸馏学习；2）标签矫正（Label Correction，LC）向 One-hot 标签添加类间相似信息 $(1-\epsilon)\boldsymbol{y} + \epsilon\hat{\boldsymbol{y}}^s$ 软化硬标签，进而通过调节信赖域的大小 ϵ 恢复潜在的正确标签信息。特别地，ProSelfLC[253] 关注到已有工作依赖于手工设定的信赖域因子 ϵ，该项与数据无关且在训练过程中保持不变，这有悖于逐步修正错误标签的初衷。基于此，研究人员[253] 提出自置信度（Self-truth Score）的概念，将与数据相关的动态信赖域因子 ϵ 引入标签矫正的训练中：

$$\epsilon = g(t) \times l(p) = \begin{cases} g(t) = h(t/\Gamma - 0.5, B) \in (0,1) \\ l(p) = 1 - H(p)/H(u) \in (0,1) \end{cases} \tag{7.52}$$

这里的 t 为当前的迭代次数，Γ 为总迭代次数，$h(x,B) = 1/(1+\exp(-x \times B))$ 中的 B 为手工设置的用于控制衰减速率的超参数，信息熵定义为 $H(p) = \sum_i p_i \log(1/p_i)$。其中，全局置信度 $g(t)$ 衡量分类器在当前时刻的可信度：一般认为随着网络学习逐渐深入，网络输出类别的可信度也随之上升。局部置信度 $l(p)$ 衡量网络对于当前样本输出结果的可信度：一般认为网络输出的“概率分布”越接近于均匀分布，即信息熵越高，则网络对于当前输出结果越不置信。总体上，该研究[253] 更加信赖训练中后期的高置信度的分类结果而非人工标签。MConf[157] 在此基础上进一步提出：已有的全局置信度 $g(t)$ 缺乏对网络本身知识容量的建模，真实的全局置信度对于学习能力较强的网络与能力较弱的网络应当具有一定差异，而非仅仅是训练迭代次数 t 的函数。基于此，MConf 提出模型相关的全局置信度函数：

$$g(r) = h\left(r - \frac{1}{2}, B\right), \quad \text{where } r = 1 - \frac{\sum_{i=1}^{n} H(p_i)}{n * H(u)} \tag{7.53}$$

r 通过度量当前 batch 中所有样本的概率分布情况，反馈模型在当前时刻的置信度。若模型整体表现为较为置信的概率输出（即 $H(p_i) \ll H(u)$），则认为模型对于当前 bacth 有较大的全局置信度。

7.3.2 语义分割

语义分割作为结构化预测问题的典型代表，需要对原图像的每个像素进行类别标定，相关工作倾向于挖掘特征与标签空间中的结构化一致性信息。除真实值监督外，其蒸馏相关的监督方式大致可分为三种（如图 7.9 中 L_{kd}、L_{IPV} 与 L_{adv} 所示）：

- 利用性能较强的教师网络的概率预测结果作为软标签，在标签空间进行逐像素的知识蒸馏：

$$\mathcal{L}_{\text{KD}} = \frac{1}{H \times W} \sum_{i}^{H \times W} D_{\text{KL}}(\hat{\boldsymbol{y}}_i^{\text{s}}, \hat{\boldsymbol{y}}_i^{\text{t}}) \tag{7.54}$$

  这里的 $\hat{\boldsymbol{y}}_i^{\text{s}}, \hat{\boldsymbol{y}}_i^{\text{t}} \in \mathbb{R}^C$ 定义在每一个像素之上，即每一个像素点都拥有一个表征从属各类别概率的向量表示。

- 利用教师网络与学生网络隐层特征中各特征点与空间位置上其余特征点之间的相关性进行关系蒸馏[171]：

$$\mathcal{L}_{\text{relation}} = \frac{1}{H' \times W'} \sum_{i}^{H'} \sum_{j}^{W'} (a_{i,j}^{\text{s}} - a_{i,j}^{\text{t}})^2 \tag{7.55}$$

$$a_{i,j} = \boldsymbol{f}_i^{\text{T}} \boldsymbol{f}_j / (\|\boldsymbol{f}_i\|_2 \cdot \|\boldsymbol{f}_j\|_2) \tag{7.56}$$

  这里的 $a_{i,j}$ 为当前特征图上第 i 个像素位置的特征向量 $\boldsymbol{f}_i \in \mathbb{R}^{C_{\text{out}}}$ 与第 j 个像素位置的特征向量 $\boldsymbol{f}_j \in \mathbb{R}^{C_{\text{out}}}$ 的余弦相似度。有研究工作[254] 进一步将类别信息引入关系蒸馏中，提出首先应提取出各类别的模板特征：

$$\boldsymbol{f}_{\text{proto}}(p) = \frac{1}{|S_p|} \sum_{i \in S_p} \boldsymbol{f}_i \tag{7.57}$$

这里的 S_p 为与第 p 个像素点具有相同标签的像素点的集合，进而将相似度定义在类内特征之上：

$$\mathcal{L}_{\text{relation}}(p) = \frac{1}{H' \times W'} \sum_{p}^{H' \times W'} (a_p^{\text{s}} - a_p^{\text{t}})^2 \tag{7.58}$$

$$a_p = \boldsymbol{f}_p^{\text{T}} \boldsymbol{f}_{\text{proto}}(p) / (\|\boldsymbol{f}_p\|_2 \cdot \|\boldsymbol{f}_{\text{proto}}(p)\|_2) \tag{7.59}$$

这里的 $\mathcal{L}_{\text{relation}}(p)$ 即对应着图 7.9 中的 L_{IPV}。

- 借鉴生成对抗式网络的思想，在语义层面对学生网络与教师网络输出的标签结果进行鉴别：

$$\mathcal{L}_{\text{adv}} = \mathbb{E}_{\hat{\boldsymbol{y}}^{\text{s}} \sim p(\hat{\boldsymbol{y}}^{\text{s}}|\boldsymbol{x}, \boldsymbol{w}_{\text{s}})}[\log D(\hat{\boldsymbol{y}}^{\text{s}}|\boldsymbol{x}, \boldsymbol{w}_{\text{d}})] - \mathbb{E}_{\hat{\boldsymbol{y}}^{\text{t}} \sim p(\hat{\boldsymbol{y}}^{\text{t}}|\boldsymbol{x}, \boldsymbol{w}_{\text{t}})}[\log(1 - D(\hat{\boldsymbol{y}}^{\text{t}}|\boldsymbol{x}, \boldsymbol{w}_{\text{d}}))] \tag{7.60}$$

以期学生网络的输出结果能够在语义层面欺骗鉴别器。

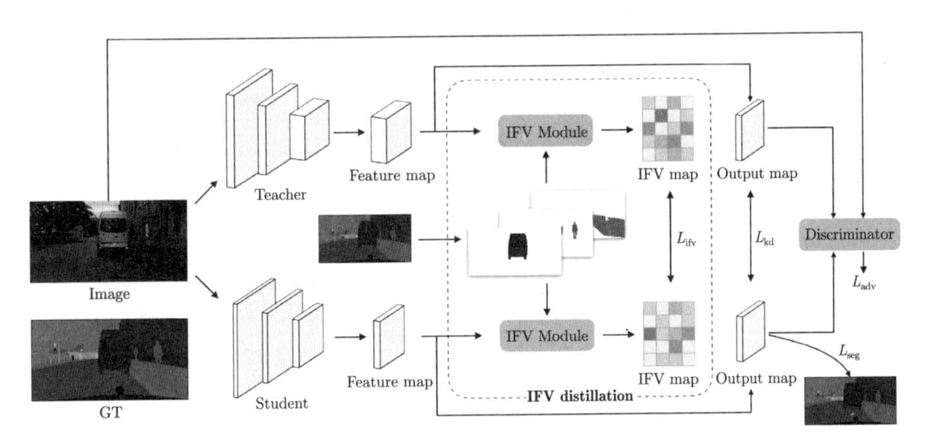

图 7.9 基于类内特征相似性知识蒸馏[254]

7.3.3 目标检测

与分类和分割模型相比，目标检测除了关注物体的分类置信度，仍需要提供位置相关的预测信号，这也给知识蒸馏提供了新的视角。相关工作也围绕着特征、类别与坐标三方面进行研究：

- 特征对齐：如何提取对于物体识别与定位较为有效的特征一直是目标检测领域研究的热点问题。对于知识蒸馏而言，利用隐层特征蒸馏来提升性能便是最为朴素的想法。Zhang 等人提出，将时下流行的注意力机制引入隐层特征蒸馏中，通过注意力机制标记不同位置处特征的重要性差异，从而进行针对性的隐层特征蒸馏（如图 7.10 所示）：

$$\mathcal{L}_{\text{Atten-KD}} = \left(\sum_{k}^{C} \sum_{i}^{H} \sum_{j}^{W} (F^{\text{t}}_{k,i,j} - F^{\text{s}}_{k,i,j})^2 \cdot M^{\text{spatial}}_{i,j} \cdot M^{\text{channel}}_{k} \right) \tag{7.61}$$

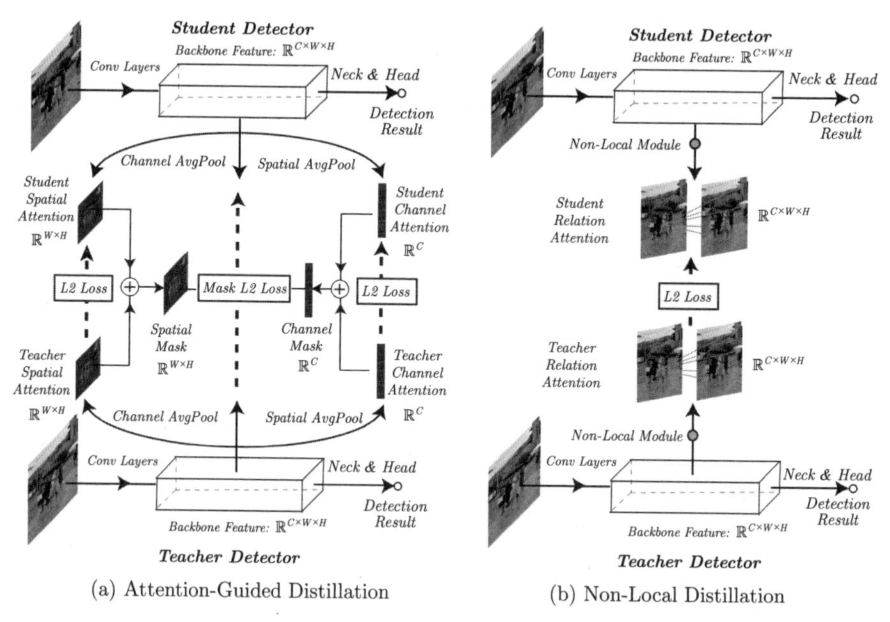

(a) Attention-Guided Distillation　　(b) Non-Local Distillation

图 7.10　基于非局部注意力机制知识蒸馏示意 [293]

其中，

$$M^{\text{channel}} = C \cdot \text{softmax}((\mathcal{G}^{\text{channel}}(\mathbf{F}^{\text{s}}) + \mathcal{G}^{\text{channel}}(\mathbf{F}^{\text{t}}))/T) \tag{7.62}$$

$$M^{\text{spatial}} = HW \cdot \text{softmax}((\mathcal{G}^{\text{spatial}}(\mathbf{F}^{\text{s}}) + \mathcal{G}^{\text{spatial}}(\mathbf{F}^{\text{t}}))/T) \tag{7.63}$$

$$\mathcal{G}^{\text{channel}}(\mathbf{F}) = \frac{1}{HW} \sum_{i}^{H} \sum_{j}^{W} |F_{:,i,j}|, \quad \mathcal{G}^{\text{spatial}}(\mathbf{F}) = \frac{1}{C} \sum_{k}^{C} |F_{k,:,:}| \tag{7.64}$$

类似地，可以将 Non-local 模块[252] 引入特征相似度的度量中：

$$\mathcal{L}_{\text{Atten-KD}} = \|\mathcal{G}^{\text{non-local}}(\mathbf{F}^{\text{s}}) - \mathcal{G}^{\text{non-local}}(\mathbf{F}^{\text{t}})\|_2 \tag{7.65}$$

$$\mathcal{G}^{\text{non-local}}(\mathbf{F})_{i,j} = \frac{1}{HW} \sum_{i}^{H} \sum_{j}^{W} f(F_{:,i,j}, F_{:,i,j}) g(A_{:,i,j}) \tag{7.66}$$

这里的 $f(\cdot)$ 形式化地定义为任意度量特征空间中两像素点之间关系的函数，$g(\cdot)$ 旨在计算单一像素点的特征表征。

为了更为精细化地描述特征的属性，Qi 等人从特征尺度进行思考，提出利用教师与学生网络不同尺度之间的特征进行跨尺度融合进行蒸馏[203]。如图 7.11 所示，通过调整输入图片的分辨率，对应于相同下采样倍数的检测头（Head）模块将会输出不同尺度的特征。经由式 (7.67) 定义的 C-FF 模块对不同尺度的特征进行融合，在融合后的特征空间进行隐层特征蒸馏：

$$P_i = \text{C-FF}(\boldsymbol{F}_i, \boldsymbol{F}_{i-1}) = \mathcal{G}(\boldsymbol{F}_i, \boldsymbol{F}_{i-1}) \cdot (\boldsymbol{F}_i + \boldsymbol{F}_{i-1}) \tag{7.67}$$

$$\mathcal{G}(\boldsymbol{F}_i, \boldsymbol{F}_{i-1}) = \text{softmax}\left(\text{FC}\left(\max\left(\text{FC}\left(\frac{1}{HW}\sum_{i}^{H}\sum_{j}^{W}[\boldsymbol{F}_i, \boldsymbol{F}_{i-1}]_{\cdot,i,j}\right), 0\right)\right)\right) \tag{7.68}$$

$$\mathcal{L}_{\text{KD}} = \sum_{i} \|P_i^{\text{t}} - P_{i-1}^{\text{s}}\|_1 \tag{7.69}$$

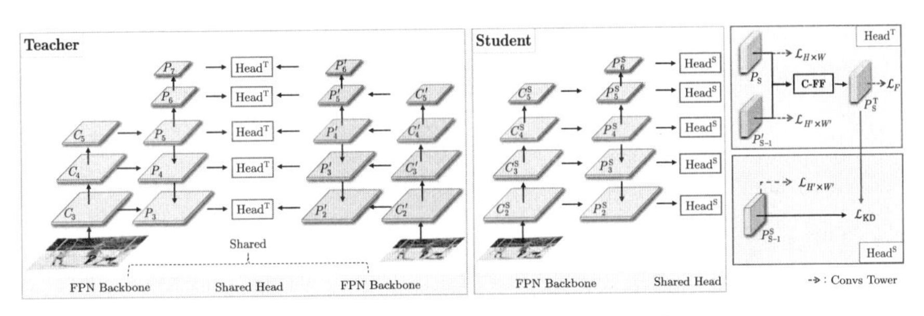

图 7.11 基于多尺度特征对齐知识蒸馏[203]

上式中的 $[*,*]$ 指代在通道纬度进行拼接（concat）。Wang 等人从特征的空间维度进行探究，提出检测框附近的像素点对应的特征具有较高的重要性，通过对这些位置进行基于隐层特征的知识蒸馏能够较好地获取教师网络的泛化能力[251]。进一步地，Guo 等人通过实验发现，不包含物体的背景特征仍具有一定的监督信息，通过对从属于物体和背景的特征分别进行蒸馏，将会进一步提升学生网络的性能[84]：

$$M_{i,j} = \mathbb{1}[(i,j) \in \text{Bounding Box}] \tag{7.70}$$

$$\mathcal{L}_{\text{Atten-KD}} = \sum_{k}^{C}\sum_{i}^{H}\sum_{j}^{W}((\alpha_{\text{obj}} - \alpha_{\text{back}})M_{i,j} + \alpha_{\text{back}}) \cdot (F_{k,i,j}^{\text{t}} - F_{k,i,j}^{\text{s}})^2 \tag{7.71}$$

这里的 α_{obj} 与 α_{back} 指代前景与背景在损失函数中的的权重系数。

- 软类标监督：相较于图像分类任务，于目标检测任务中应用软标签蒸馏存在着严重的训练样本不均衡问题。由于背景类别的引入，将会出现大量前景物体与背景错分的问题，而前景物体出现类别间错分的情况却十分少见，这将导致梯度信息被第一类错分情况左右。鉴于此，Chen 等人提出依类别进行加权的交叉熵损失函数[31]：

$$\mathcal{L}_{\text{KD}}(\hat{\boldsymbol{y}}^{\text{s}}, \hat{\boldsymbol{y}}^{\text{t}}) = -\sum_{c} w_c \hat{\boldsymbol{y}}^{\text{t}} \log \hat{\boldsymbol{y}}^{\text{s}} \tag{7.72}$$

类似地，Guo 等人提出较为粗粒度的加权形式，权值仅区分前景与背景两类情况[84]：

$$\mathcal{L}_{\text{KD}}(\hat{\boldsymbol{y}}^{\text{s}}, \hat{\boldsymbol{y}}^{\text{t}}) = -w_{\text{obj}} \cdot \sum_{c} b_c \hat{\boldsymbol{y}}^{\text{t}} \log \hat{\boldsymbol{y}}^{\text{s}} - w_{\text{back}} \cdot \sum_{c} (1 - b_c) \hat{\boldsymbol{y}}^{\text{t}} \log \hat{\boldsymbol{y}}^{\text{s}} \tag{7.73}$$

这里的 b_c 指代当前类别是否为前景。

- 坐标蒸馏：不同于概率化的类别表述，对离散化的坐标表示引入教师监督则更为困难。Chen 等人提出利用教师网络的预测结果进行困难样本挖掘，有选择性地对输入样本进行学习[31]：

$$\mathcal{L}_{\text{location}}(R^{\text{s}}, R^{\text{t}}, y) = \begin{cases} \|R^{\text{s}} - y\|_2^2 & \text{若 } \|R^{\text{s}} - y\|_2^2 + m > \|R^{\text{t}} - y\|_2^2 \\ 0 & \text{否则} \end{cases} \tag{7.74}$$

这里的 R_{s} 指代学生网络的坐标预测结果，y 为真实值标签。通过对比学生网络与教师网络的坐标预测效果，进而确定当前样本的困难程度，仅对学生网络表现较差的样本施加监督。进一步地，通过对坐标进行概率化建模，Zheng 等人统一了软标签监督与坐标蒸馏[305] 的损失函数形式：

$$R = \int_{R_{\min}}^{R_{\max}} x P(x) \mathrm{d}x = \sum_{i=1}^{n} R_i \cdot P(R_i) \tag{7.75}$$

$$\mathcal{L}_{\text{location}}(R^{\text{s}}, R^{\text{t}}) = D_{\text{KL}}(P(R^{\text{s}}), P(R^{\text{t}})) \tag{7.76}$$

这里将坐标定义为对区间 $[R_{\min}, R_{\max}]$ 内每个元素进行概率采样后的期望形式。对于给定区间 $R = [R_{\min}, R_1, \cdots, R_{n-1}, R_{\max}]$，采到每个样本的概率为 $P(R_i)$，由此得到坐标对应的概率化表示 $[P_{R_{\min}}, P_{R_1}, \cdots, P_{R_{\max}}]$。将每个区间视为类别 i，便可以利用 KL 散度进行知识蒸馏。

7.4　本章小结

知识蒸馏作为一种朴素的神经网络压缩策略，通过将一个预训练的大型教师网络的知识迁移到一个结构更简单、参数更少的学生网络中，以显著减小模型的尺寸，并显著降低计算需求，同时尽可能保持预测性能。展望未来，知识蒸馏技术的研究仍会在开发更为高效的知识迁移机制、探索不同类型的网络间知识传递方法，以及优化学生网络的结构设计上不断探索，以实现更广泛的应用场景和更高的能效比，特别是在移动和嵌入式系统中。此外，如何利用知识蒸馏来处理更加复杂的任务，如多模态学习和强化学习也值得后续进一步研究。

8 精简网络设计与搜索

2012 年 AlexNet 的横空出世使得以卷积神经网络为代表的深度学习技术得到了广泛的关注。自此之后，创新的神经网络架构设计一直都是推动深度学习快速发展的主要动力之一。在深度学习发展的前几年，国内外学者们更加关注网络的性能，一系列性能更高的网络架构相继被提出，例如 ZFNet、VGGNet、GoogleNet、ResNet 等，在 ImageNet 图像分类任务上的性能持续提高，达到并超过人类识别精度。随着网络分类精度的提高，网络的存储和计算量也随之飙升，为了解决此问题，精简网络架构开始受到越来越多的关注。本章将从两个方面介绍精简网络架构，即手工设计神经网络架构以及神经网络架构搜索。

8.1 手工设计神经网络架构

早期的精简网络架构设计都是依靠专家经验，通过手工设计达到网络精度和效率之间的平衡。在本节中，我们将介绍其中一些典型的轻量化网络架构。需要注意的是，还有一系列其他的经典研究工作都存在一些精简网络设计的影子，例如 AlexNet 中分组卷积（Group Convolution）、ResNet 中的瓶颈结构等。在本节中，我们将重点关注那些专门为了解决网络推理效率低而设计的精简网络架构。

8.1.1 Network In Network

NIN（Network In Network）[160] 是由 Lin 等人于 2014 年提出的，其核心思想是使用一个小的 MLP 网络替换传统卷积神经网络中的线性卷积核，称为 MLP 卷积。图 8.1 展示了传统的线性卷积和 MLP 卷积之间的对比。

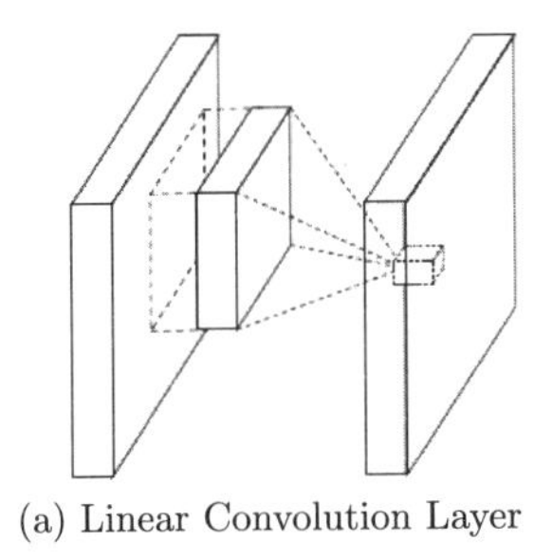

(a) Linear Convolution Layer

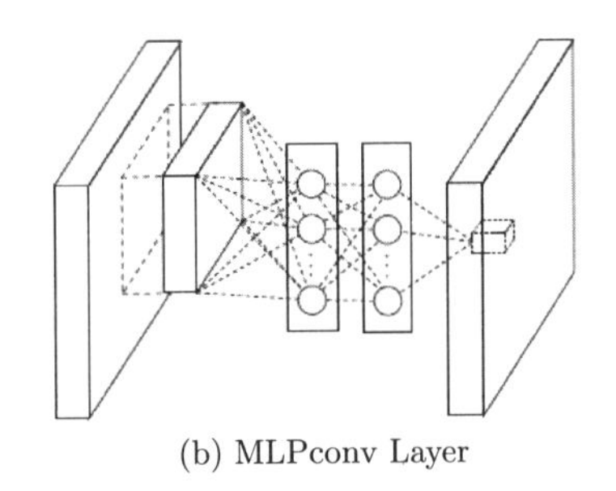

(b) MLPconv Layer

图 8.1 传统的线性卷积和 MLP 卷积示意[160]

如图 8.1(a) 所示，传统的卷积层可以认为是一个广义的线性模型（GLM，Generalized Linear Model），其主要特点是使用卷积核对输入特征图的局部块（Patch）进行线性变换。NIN 的作者认为局部线性函数表达能力不够强，因此提出使用非线性函数替换线性卷积核。同时，考虑到 MLP 网络可以拟合任何非线性函数，因此作者提出使用一个微型 MLP 网络作为非线性函数去替换线性卷积，如图 8.1(b) 所示。全局网络可以通过堆叠多个 MLP 卷积层实现，如图 8.2 所示，也就是说，在全局网络中又包含了多个局部的微型网络，这也是 Network In Network 名字的由来。

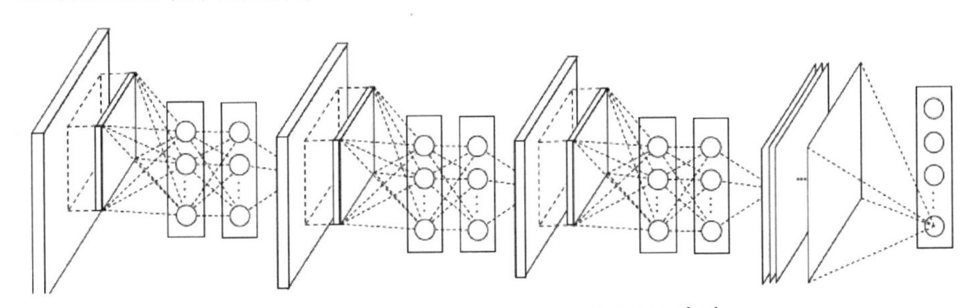

图 8.2 Network In Network 网络结构[160]

传统的线性卷积可以看成 MLP 卷积的一个特例，具体而言，线性卷积使用一个全连接层对输入特征图的局部块进行变换，而 MLP 卷积使用一个多层 MLP 网络对输入特征图的局部块进行变换，因此 MLP 卷积的表达能力要比线性卷积强很多。因此，在 MLP 卷积中，可以使用更少的隐藏层神经元来达到更高的性能，这也解释了为什么 NIN 能够使用更少的参数和计算量，而取得比传统卷积网络更高的精度。

最后，需要指出的是，MLP 卷积在操作上等价于拼接多个卷积层，即微型 MLP 网络中的每一个全连接层对应全局网络中的一个卷积层。具体而言，MLP

网络的第一个全连接层是一个常规的 $D \times D$ 卷积层，MLP 网络的后面若干层分别对应一个 1×1 的卷积层。与常规的 $D \times D$ 卷积相比，1×1 卷积能够使用更少的参数和计算量，实现网络不同通道之间的信息融合。因此，在 NIN 之后的网络设计中，例如下面将要介绍的 ResNeXt、MobileNet、ShuffleNet 等，均大量使用了 1×1 卷积。

8.1.2 ResNeXt

为了提高网络的性能，最直接的方式就是增加网络的深度和宽度。然而，增加网络的深度会导致梯度消失或梯度爆炸，使得网络训练变难；而增加网络宽度会使网络参数量和计算量成倍增加，导致模型复杂度过高。

ResNet 通过引入残差连接有效解决了网络深度增加时的梯度消失或梯度爆炸问题，使得训练数百层甚至上千层网络成为可能。另一方面，ResNet 通过引入瓶颈结构在一定程度上缓解了网络加宽带来的计算和存储开销的增加，即先使用 1×1 的卷积层将输入通道进行降维，然后对降维后的特征图进行 $D \times D$ 的卷积，最后再使用另一个 1×1 的卷积层对通道数进行升维得到最终的输出。

虽然瓶颈结构一定程度上降低了复杂度，但是随着网络宽度的不断增大，模型参数量和计算量依然会大幅提升。为了解决网络加宽带来的计算开销问题，ResNeXt 提出了多分支结构，简而言之，就是将残差模块（Residual Block）分成多路并行的残差分支，单独计算每一路残差分支而不依赖于其他分支。通过取消不同分支之间的信息融合，有效降低了残差模块的计算复杂度。图 8.3 给出了多分支结构示意图。

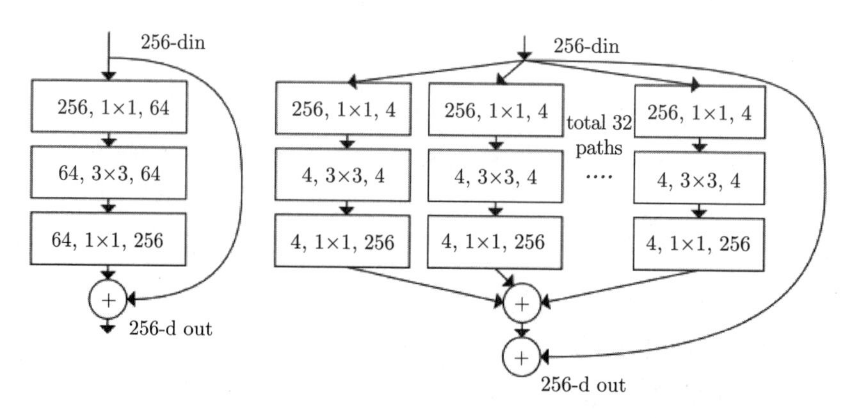

图 8.3　多分支结构示意[267]

多分支结构在相同的网络宽度下能够降低网络的参数量和计算量，但是会导致模型结构变得复杂。在文献 [267] 中，作者发现多分支残差结构等价于分组卷积，具体可以参考图 8.4。

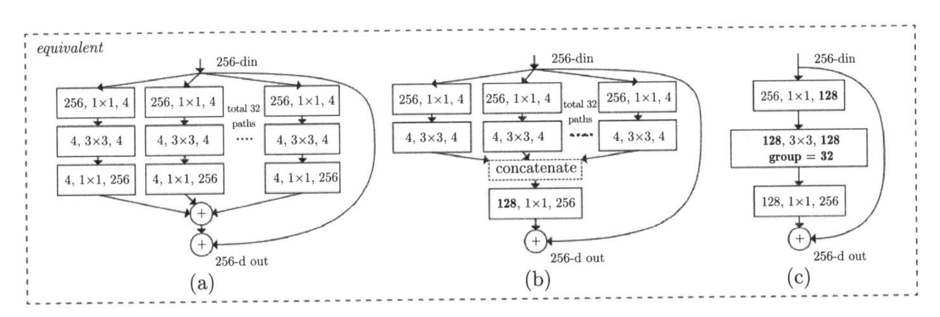

图 8.4　多分支残差结构等价于分组卷积[267]

根据图 8.4 我们发现，ResNeXt 实际上是将残差模块中间层的 3×3 卷积转换成了分组卷积。正如本章最开始部分提到的，分组卷积最早可以追溯到由 Krizhevsky 等人于 2012 年提出的 AlexNet[134] 网络，受限于当时的硬件条件，作者不得不将 AlexNet 的卷积层拆分成两组，并分别放到两个不同的 GPU 设备上进行计算（如图 8.5 所示）。

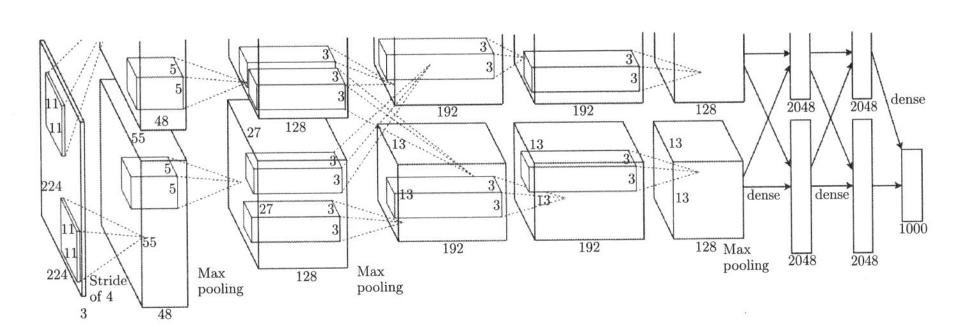

图 8.5　最早在 AlexNet 网络中提出的分组卷积[134]

分组卷积通过将卷积拆分成多个独立的分支，在相同的网络宽度下，可以大幅降低网络的参数量和计算量（参数量和计算量降低倍数等于分组个数）。受 ResNeXt 分组卷积的影响，后续很多精简网络架构（如 MobileNet、ShuffleNet 等）设计都采用了分组卷积方式。除了卷积网络，很多其他类型的神经网络也借鉴了多分支结构，例如 Transformer 中的多头注意力机制（Multi-Head Attention）[244]，实际上就是通过计算分组来降低网络的计算复杂度。

8.1.3 SqueezeNet

SqueezeNet[126] 是由 Forrest N.Iandola 等人于 2016 年提出的，其主要目标是在维持精度的前提下，大幅压缩网络的参数量（而没有重点关注网络的计算量）。正如 SqueezeNet 文章中所述，降低网络参数规模有三个优点：

- 更高效的分布式训练：模型参数量降低，可以有效降低模型在分布式训练中不同节点之间权值或梯度的传输，因此可以提高分布式训练效率；
- 模型分发到边缘设备代价更小：以自动驾驶为例，常常需要从云端分发更新后的模型并部署到大量的汽车终端上，如果网络模型参数量比较大，那么模型分发过程将消耗庞大的网络带宽，因此减小模型参数量，使得高频率更新模型成为可能；
- 更容易在 FPGA 或嵌入式终端上部署：FPGA 通常只有在小于 10MB 的片上存储，对于很多大量的嵌入式终端，其存储可能会更低。模型参数量小，可以将模型全部保存到内存当中，避免与外部存储的频繁交互。

为了降低网络模型参数量，SqueezeNet 提出了一种被称作“Fire”的模块，其结构如图 8.6 所示。Fire 模块通过三种策略有效降低卷积核参数量：

- 策略 1：使用 1×1 卷积核替换 3×3 卷积核：在网络设计中，尽量减少 3×3 卷积的使用，因为当卷积核数目固定时，1×1 的卷积核参数量是 3×3 的卷积核参数量的九分之一；
- 策略 2：降低 3×3 卷积核的输入通道数量和输出通道数量：3×3 卷积核的参数量是 $N\times C\times3\times3$，其中 C 和 N 分别表示输入通道数量和输出通道数量。为了降低参数量，不仅要降低卷积核的空间维度（即策略 1），也要降低输入通道数量和输出通道数量；
- 策略 3：将网络中的下采样层后移：如果仅仅使用前两个策略，能有效降低模型参数量，但这样会导致模型性能的下降。将网络中的下采样后移可以使浅层具有更大的特征图，这样通过增加计算量来缓解参数量降低带来的精度损失。

如图 8.6 所示，Fire 模块包括两部分：Squeeze 模块和 Expand 模块。其中 Squeeze 模块均使用 1×1 的卷积，并且对输入通道数进行降维，以降低 Expand

层输入通道数量；而 Expand 模块混合使用 1×1 和 3×3 卷积，并将其最终输出通道拼接到一起。通过堆叠 Fire 模块，SqueezeNet 可以在仅仅使用 AlexNet 1/50 的参数量情况下（1.2 M *vs.* 60 M），达到与 AlexNet 近似的效果。

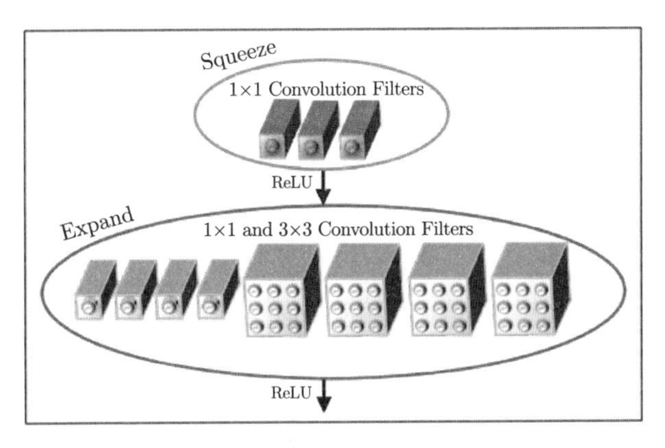

图 8.6　Fire 模块中的卷积核组织方式[126]

8.1.4 MobileNet

MobileNet[116] 是谷歌团队专门为移动端使用场景而开发的精简网络架构，其核心思想是使用深度可分离卷积（Depthwise Separable Convolution）替换标准卷积，以达到同时降低网络参数量和计算量的目的。图 8.7 给出了深度可分离卷积示意图。

参考图 8.7(a)，对于 C 个输入特征图，标准卷积由 N 个 3D 卷积核组成，而每个 3D 卷积核又包含 C 个 $D\times D$ 的 2D 卷积核，并且 M 个 2D 卷积核分别对应 M 个输入通道。深度可分离卷积将标准卷积分解成深度卷积（Depthwise Convolution）和点卷积（Pointwise Convolution），其中深度卷积包括 M 个 $D\times D$ 的 2D 卷积核，这 M 个 2D 卷积核分别作用在 M 个输入通道上，也就是每一个卷积核对应一个输入通道，深度卷积没有不同通道之间的信息交互；而点卷积是一个输入通道为 C，输出通道为 N 的 1×1 卷积，将不同通道之间的特征进行融合，即每一个输出通道都包含了所有 M 个输入通道的信息。

此外，不难发现，MobileNet 中的深度卷积其实就是一种特殊的分组卷积（参考 8.1.2 节），分组数量等于输入通道数和输出通道数，也就是每一个分组内部只有一个输入通道和一个输出通道。

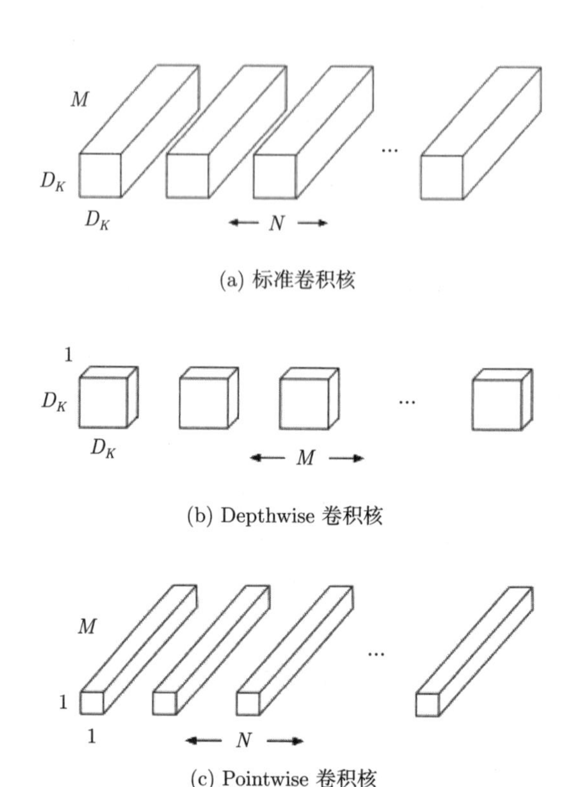

(a) 标准卷积核

(b) Depthwise 卷积核

(c) Pointwise 卷积核

图 8.7 深度可分离卷积[116]

它将标准卷积分解成深度卷积和点卷积。

基于深度可分离卷积，谷歌团队又提出了 MobileNetV2 架构，可以达到更高的精度，并且模型更小。和 MobileNet 相比，MobileNetV2 主要改进了两个地方，即提出了倒残差结构（Inverted Residual）和线性瓶颈结构（Linear Bottleneck）。

首先，残差模块已经被验证可以显著提升网络性能，因此，MobileNetV2 中也引入了残差模块。为了降低计算量，在 ResNet 的瓶颈残差模块中，首先使用了一个 1×1 的卷积将输入通道降维，然后执行 3×3 的卷积，最后使用另一个 1×1 的卷积将通道升维。而在 MobileNet 系列的研究中，所有的 3×3 卷积都是深度卷积，计算量比较小，因此可以适当增加深度卷积的输入通道和输出通道，利用深度卷积计算高效的优势来提升网络性能。基于此观点，MobileNetV2 提出了倒残差结构，如图 8.8(b) 所示，倒残差结构首先使用一个 1×1 的卷积将通道升维，然后经过一个 3×3 深度卷积，最后使用另一个 1×1 的卷积将通道降维。

此外，作者发现在 MobileNet 中有很多深度卷积参数均为 0，作者通过分析发现，该现象是由于在低维空间，ReLU 激活层会丢失部分输入信息导致的。基于以上分析，MobileNetV2 增加了线性瓶颈结构，即去掉残差模块最后一层的 ReLU 非线性激活层，从而有效防止 ReLU 对低维信息的损失。图 8.9 给出了 MobileNetV2 的基本组成单元，即带有线性瓶颈的倒残差模块。

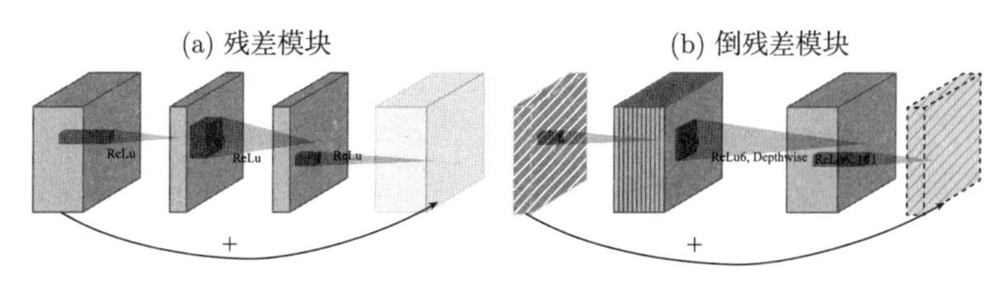

图 8.8 残差模块和倒残差模块的对比

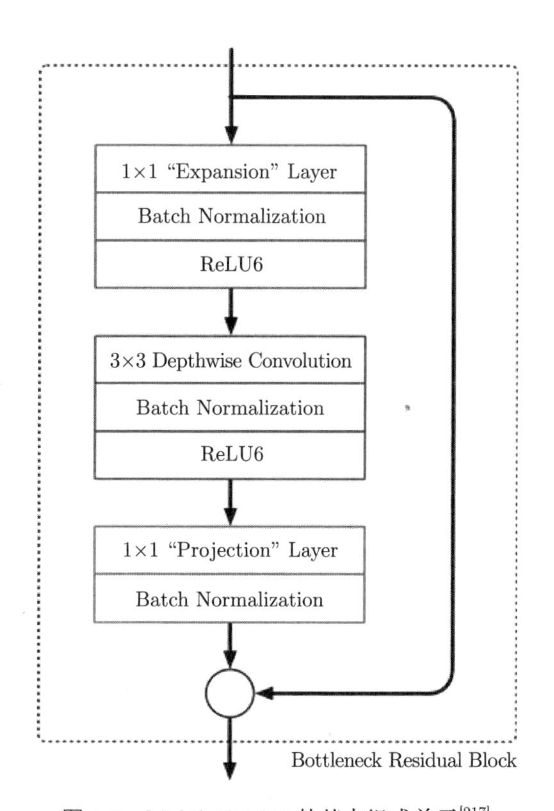

图 8.9 MobileNet V2 的基本组成单元[217]

深度卷积模块是 MobileNet 系列研究取得成功的重要因素，并对后续神经网络架构设计产生了深远的影响。在此之后的精简网络架构设计中，几乎均大量采用深度卷积和 1×1 卷积来提高网络的效率。

8.1.5 ShuffleNet

与 MobileNet 类似，ShuffleNet[180] 也是面向移动端应用而设计的精简网络架构。ResNeXt 以及 MobileNet 等的成功已经证明了分组卷积可以在保证网络性能的同时，大幅度降低模型参数量和计算量。ShuffleNet 可以看成在 MobileNet 基础上，再对 1×1 卷积进行分组。然而，直接对 1×1 卷积进行分组，会导致不同分组之间缺少信息交互，严重影响网络表达能力。在上一节我们指出，1×1 卷积的作用是融合不同输入通道之间的特征，确保每一个输出通道均包含了所有输入通道的信息。然而，在对 1×1 卷积进行分组后，每个输出通道仅包含了其所属组的输入通道的信息，而并没有利用到其他组的特征（如图 8.10(a) 所示），因此会导致网络性能的急剧下降。

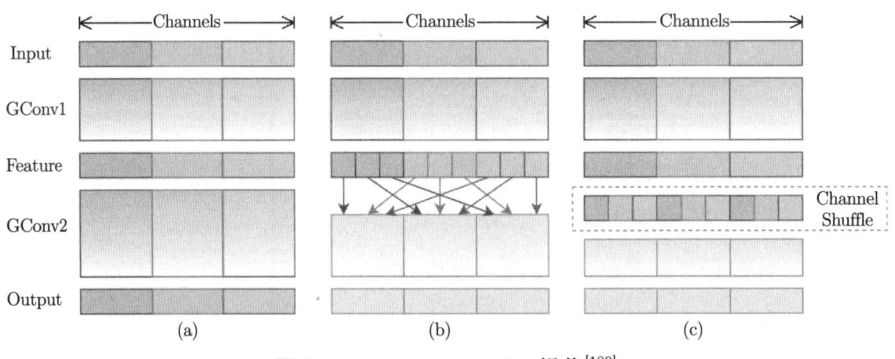

图 8.10　Channel Shuffle 操作[180]

为了解决上述问题，ShuffleNet 作者指出需要在不同分组之间引入信息交互机制，也就是每一个输出通道不仅要依赖组内的输入，同时也要依赖其他组的输入，图 8.10(b) 展示了不同分组之间信息交互的过程。基于此思想，作者进而提出了 Channel Shuffle 操作，如图 8.10(c) 所示。Channel Shuffle 可以在不修改卷积操作的条件下，实现不同分组之间的信息传递，并且 Channel Shuffle 操作是可导的，因此可以利用现有的深度学习框架实现高效的端到端训练。

8.2 神经网络架构搜索

最近几年，使用算法自动设计神经网络成为学界研究的一个热点。研究者们借助各种神经网络架构搜索算法设计精简网络，本节将介绍各种神经网络架构搜索算法以及它在精简网络设计之中的作用。

神经网络架构搜索最早的工作可以追溯到 20 世纪八九十年代，这些早期的工作主要是通过遗传算法来搜索简单的多层神经网络[280-281]。更加现代的方法于 2017 年由谷歌团队提出，他们使用强化学习算法在预先定义的搜索空间内进行搜索，得到了比 MobileNet 更加高效的神经网络[315]，引起了许多学者对神经网络架构搜索的关注。

神经网络架构搜索的相关研究主要集中在搜索空间、搜索算法和评估方法三个层面。人们通常预先构建一个搜索空间，然后在该空间内进行搜索。网络拓扑结构、网络算子以及参数的多样性使得研究者们可以探索非常庞大的搜索空间，最常用的搜索空间有基于单元的搜索空间和基于链式结构的搜索空间，如图 8.11、图 8.12 所示。

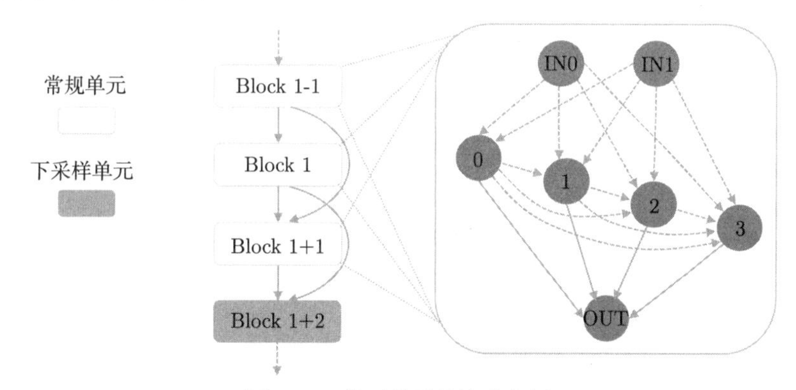

图 8.11　基于单元的搜索空间

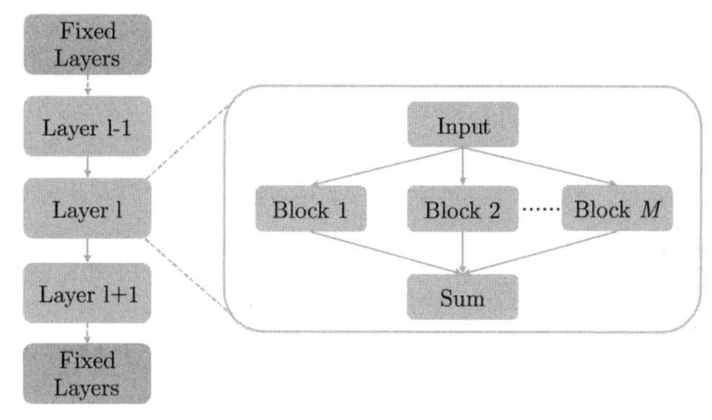

图 8.12　基于链式结构的搜索空间

定义好搜索空间之后需要设计搜索算法进行高效的网络搜索，这也是神经网络架构搜索最重要的研究内容。为了能够完成神经网络架构搜索任务，需要满足一个重要的前提条件，就是高效地评估神经网络的精度，而这也是限制神经网络架构搜索大规模应用的主要瓶颈。通常情况下，搜索算法和评估方法通常是密切相关的，本节主要从神经网络准确率的评估方法这一维度切入，分类介绍当前主流的神经网络架构搜索算法。

一般地，给定一个搜索空间 $\mathcal{A}$，对于搜索空间中的任一神经网络 $\boldsymbol{\alpha}$，其相应的参数表示为 $\boldsymbol{W}_\alpha$，神经网络架构搜索旨在通过算法发现搜索空间中验证集准确率最高的网络：

$$\boldsymbol{\alpha}^* = \arg\max_{\boldsymbol{\alpha}\in\mathcal{A}} \mathrm{Acc}(\boldsymbol{\alpha}, \boldsymbol{W}_\alpha) \tag{8.1}$$

在实际情况中，无法求得深度神经网络的最佳参数，通常通过梯度下降法最小化训练误差来近似求解，即

$$\max_{\boldsymbol{\alpha}\in\mathcal{A}} \mathrm{Acc}(\boldsymbol{\alpha}, \boldsymbol{W}_\alpha^*) \tag{8.2}$$

$$s.t.\ \boldsymbol{W}_\alpha^* = \min_{\boldsymbol{W}_\alpha} \mathcal{L}_{\mathrm{train}}(\boldsymbol{\alpha}) \tag{8.3}$$

实际上这是一个双重优化问题，要完成神经网络架构搜索的流程（外层优化），需要先训练好每一个网络（内层优化），然后再评估这些网络在验证集的准确率，通过搜索算法选择出其中准确率高的网络。2017 年，来自谷歌的 Quoc V.Le 等人进行了神经网络架构搜索的研究[315]。他们将神经网络架构搜索问题看成顺序决策问题，引入 LSTM 作为决策器输出动作序列 $a_1 \sim a_T$，并借助强化学习来训练该决策器。具体地，为了能找到最佳网络结构，我们希望决策器能够最大化期望奖励：

$$J(\boldsymbol{\theta}) = E_{P(a_{1:T};\boldsymbol{\theta})}[R] \tag{8.4}$$

其中，$\boldsymbol{\theta}$ 表示决策器的待学习参数，奖励 R 为网络结构在验证集上的准确率。为了求解这个问题，使用策略梯度更新决策器的权重 $\boldsymbol{\theta}$：

$$\nabla_{\boldsymbol{\theta}} J(\boldsymbol{\theta}) = \sum_{t=1}^{T} E_{P(a_{1:T};\boldsymbol{\theta})}[\nabla_{\boldsymbol{\theta}} \log P(a_t|a_{t-1:1};\boldsymbol{\theta})R] \tag{8.5}$$

由于无法准确求得期望，使用均值近似替代策略梯度的期望：

$$\nabla_{\boldsymbol{\theta}} J(\boldsymbol{\theta}) \approx \frac{1}{M}\sum_{m=1}^{M}\sum_{t=1}^{T} \nabla_{\boldsymbol{\theta}} \log P(a_t|a_{t-1:1};\boldsymbol{\theta})R_m \tag{8.6}$$

其中 M 表示每批数据包含的神经网络结构的数量，T 表示控制器需要预测的序

列长度，R_m 指第 m 个网络在验证集的准确率。为了减少误差，可以引入基准函数 b[1]，于是得到

$$\nabla_{\boldsymbol{\theta}} J(\boldsymbol{\theta}) \approx \frac{1}{M} \sum_{m=1}^{M} \sum_{t=1}^{T} \nabla_{\boldsymbol{\theta}} \log P(a_t | a_{t-1:1}; \boldsymbol{\theta})(R_m - b) \tag{8.7}$$

Quoc V.Le 等人[315] 的实践取得了相当不错的效果，也启发了后面众多神经网络架构搜索的研究。然而，在一个非常庞大的搜索空间 $\mathcal{A}$ 进行搜索，预先训练好所有的网络需要海量的计算资源；即使搜索算法能够在运行过程中相对高效地筛选出潜在的好网络，只训练并评估这部分候选网络，计算代价依然是十分巨大的，上面介绍的谷歌团队的早期实践就是一个例子，他们使用了 800 块 GPU 仅为了在 CIFAR-10 上进行直接搜索。于是人们开始研究如何在保持算法有效性的同时，提高搜索效率，这又衍生出了众多神经网络架构搜索算法。其中，比较常见的有基于权重共享的方法、基于预测器的方法以及基于先验指标的方法。

8.2.1 基于权重共享的神经网络架构搜索

基于权重共享的神经网络架构搜索是最近几年研究最广泛的一类方法。这类方法通常预先定义一个超网络 $S_{\mathcal{A}}$，其网络参数表示为 $\boldsymbol{W}_{\mathcal{A}}$，所有的候选网络都是这个超网络的一个子网络。这样，通过训练超网络并且将参数直接赋予子网络，可以避免单独训练每一个网络所带来的巨大开销。这些超网络通常可以分为两个类别，基于单元的超网络以及基于链式结构的超网络。其中，基于单元的超网络通常有两类单元：常规单元和下采样单元，通过堆叠常规单元以及下采样单元构成超网络，DARTS[168] 就使用了基于单元的超网络；而基于链式结构的超网络每个候选模块都可能选择不同的候选算子，FBNet[262] 使用了基于链式结构的超网络。

基于梯度的神经网络架构搜索

基于梯度的神经网络架构搜索由 Liu 等人在 2019 年提出。他们构建了一个基于单元的搜索空间（如图 8.11 所示），将输入特征看成节点，将候选算子看成边，则神经网络架构搜索需要选出每条边的最佳算子。假设 $\mathcal{O}$ 为候选算子的集合，x 为输入特征，某一条边选择了算子 o^*，其输出特征可以表示为

---

[1]这里基准函数的设置可以参照强化学习的相关算法及应用，论文[315] 使用了先前网络结构准确率的指数滑动平均作为基准函数。

$$\bar{o}(\boldsymbol{x})=\sum_{o\in\mathcal{O}}\delta(o=o^*)o(\boldsymbol{x}) \tag{8.8}$$

其中 $\delta(o=o^*)$ 为 1 当且仅当 $o=o^*$，其余情况为 0。DARTS 对该方案做了松弛，为每个候选算子添加了相应的结构参数 α_o，输出特征表示为所有候选算子输出的加权和：

$$\bar{o}(\boldsymbol{x})=\sum_{o\in\mathcal{O}}\frac{\exp(\alpha_o)}{\sum_{o'\in\mathcal{O}}\exp(\alpha_{o'})}o(\boldsymbol{x}) \tag{8.9}$$

这样，结构参数也可以通过误差反向传播算法进行更新，DARTS 使用算法 8.1 对结构参数 $\boldsymbol{\alpha}$ 和网络参数 $\boldsymbol{W}_{\mathcal{A}}$ 进行交替优化，该算法同时包含了一阶和二阶的情形，当 $\xi\neq0$ 时为二阶情形，当 $\xi=0$ 时为一阶情形。超网络训练完毕后，比较单元内每条候选边所有候选算子对应的结构参数的大小，选择保留 α_o 最大的参数对应的算子，即可以得到最终的单元。原始论文添加了额外的限制，将每个节点的输入边数限制为 2，即在上述保留的算子之中，仅保留两个最大参数对应的算子。

算法 8.1 使用可微算法进行神经网络架构搜索

while 网络没有收敛 **do**
1. 使用梯度 $\nabla_{\boldsymbol{\alpha}}\mathcal{L}_{\text{val}}(\boldsymbol{W}_{\mathcal{A}}-\xi\nabla_{\boldsymbol{W}_{\mathcal{A}}}\mathcal{L}_{\text{train}}(\boldsymbol{\alpha},\boldsymbol{W}_{\mathcal{A}}))$ 更新结构参数
2. 使用梯度 $\nabla_{\boldsymbol{W}_{\mathcal{A}}}\mathcal{L}_{\text{train}}(\boldsymbol{\alpha},\boldsymbol{W}_{\mathcal{A}})$ 更新网络参数

end while

在 DARTS 之中，不同候选算子的参数以及结构参数相互影响，最后阶段所采取的选择策略也过于直接。一种改进的办法是引入 Gumble 噪声 $\boldsymbol{g}$ 以及退火系数 τ，

$$\bar{o}(\boldsymbol{x})=\sum_{o\in\mathcal{O}}\frac{\exp((\alpha_o+g_o)/\tau)}{\sum_{o'\in\mathcal{O}}\exp((\alpha_{o'}+g_{o'})/\tau)}o(\boldsymbol{x}) \tag{8.10}$$

其中 $g_o,g_{o'}\sim\text{Gumble}(0,1)$，$\tau$ 随训练时间增加而逐渐变小，最终每个模块也趋向于只保留一条路径，这也是 FBNet[263] 所采用的技术。上面所介绍的算法只涉及唯一的目标，就是尽可能找到精度更高的网络。但是在实际应用中，我们对网络的计算速度有一定要求，于是可以考虑将网络计算延迟加入损失函数之中，作为正则项以约束搜索得到的网络的规模。比如 FBNet 就使用了以下的损失函数

$$\mathcal{L}(\boldsymbol{W}_\alpha)=\text{CE}(\boldsymbol{W}_\alpha)\cdot a\cdot\log(\text{Lat}(\boldsymbol{\alpha}))^b \tag{8.11}$$

其中，$\text{CE}(\boldsymbol{W}_\alpha)$ 表示交叉熵，$\text{Lat}(\boldsymbol{\alpha})$ 表示网络的延迟，a、b 是引入的超参数。

为了获得网络延迟的估计，可以先单独测量每个候选算子的延迟，然后再将所有的算子的延迟进行简单累加；但是在 FBNet 的超网中，每个候选算子都有相应的结构参数，对应的权重与式 (8.10) 中的是一致的，于是，最终得到的损失函数对于结构参数也是可微的，可以通过端对端训练找到能在精度和速度之间取得较好平衡的网络。

One-shot 神经网络架构搜索

使用上面所介绍的基于梯度的方法训练超网络可能会面临比较大的内存消耗，因为需要将所有的候选算子的特征进行加和作为下一节点或模块的输入；而且，使用这种方法很难合理地控制搜索得到的网络的计算量和参数量，因为每改变一次需求就需要重新训练一次超网络，而这还不包含调整超参数的时间。对于第一个问题，一种最直观的改进办法就是每次只采样一条路径，这样就能够减少内存开销提高效率，同时减少多个候选算子相互耦合的影响；对于第二个问题，可以将神经网络架构搜索过程解耦成两个阶段：超网络训练阶段和网络搜索阶段。这就是 One-shot 神经网络架构搜索[44, 87]。

不失一般性，我们假设超网络是基于链式结构的超网络 $S_{L,M}$，其中超网络有 L 层需要搜索，每层有 M 个候选模块，算子选择情况可以表示为一个独热向量 $\boldsymbol{\alpha}^l$，每个子网络可以表示为 $\boldsymbol{\alpha}=[\boldsymbol{\alpha}^l,\cdots,\boldsymbol{\alpha}^L]$，超网络优化方式可以表示为

$$\min_{\boldsymbol{W}_{\mathcal{A}}} E_{\boldsymbol{\alpha}\in\Gamma(\mathcal{A})}\mathcal{L}(\boldsymbol{W}_{\mathcal{A}}) \tag{8.12}$$

其中 $\Gamma(\mathcal{A})$ 为超网络候选算子的采样策略，最常用的方法是均匀采样，即每次前向从 M 个候选算子之中均匀采样一条路径，如算法 8.2 所示。

算法 8.2 单路径 One-shot 超网络训练

Input: 超网络 $S_{L,M}$，训练数据 D_{train}，训练总轮数 T
Output: 完成训练的超网络 $S_{(L,m)}$

```
for i = 1 : T do
    for data_batch in D_train do
        for l = 1 : L do
            α^l ~ Γ(A)
        end for
        获得模型 α = [α^1, ··· , α^L]
        通过误差反向传播算法更新模型 α 的参数
    end for
end for
```

超网络训练完成后，进入到网络的搜索阶段，可以借助各种各样的启发式算法来完成这一过程。除了准确率，计算效率也是设计卷积神经网络需要关心的一个问题。因此，神经网络架构搜索可以被表述为一个多目标优化问题:

$$\min_{\boldsymbol{\alpha}\in\mathcal{A}} \mathrm{Err}(\boldsymbol{\alpha}, \boldsymbol{W}_{\boldsymbol{\alpha}}), \tag{8.13}$$

$$\min_{\boldsymbol{\alpha}\in\mathcal{A}} \mathrm{Lat}(\boldsymbol{\alpha}, \boldsymbol{W}_{\boldsymbol{\alpha}}) \tag{8.14}$$

其中，Err 表示网络分类错误率，Lat 表示网络计算延迟。超网络训练完成后，可以通过多目标优化算法得到帕累托前沿，即寻找这样的一个集合 $\mathcal{A}_O$，使得对任意 $\boldsymbol{\alpha}_o \in \mathcal{A}_O$，不存在网络 $\boldsymbol{\alpha} \in \mathcal{A}$，能够同时满足 $\mathrm{Err}(\boldsymbol{\alpha}, \boldsymbol{W}_\alpha) < \mathrm{Err}(\boldsymbol{\alpha}_o, \boldsymbol{W}_{\alpha_o})$ 且 $\mathrm{Lat}(\boldsymbol{\alpha})\leqslant\mathrm{Lat}(\boldsymbol{\alpha}_o)$，或同时满足 $\mathrm{Err}(\boldsymbol{\alpha}, W_\alpha)\leqslant\mathrm{Err}(\boldsymbol{\alpha}_o, \boldsymbol{W}_{\alpha_o})$ 且 $\mathrm{Lat}(\boldsymbol{\alpha}) < \mathrm{Lat}(\boldsymbol{\alpha}_o)$。算法 8.3 描述的多目标遗传算法 NSGA-II[55] 可以近似求解该问题，其中有两个关键步骤：非支配排序（Non-dominated Sorting）以及按拥挤距离排序（Crowding Distance Sorting）。

假设两个优化目标分别为 f_1, f_2（分类错误率和计算延迟），我们希望最小化这两个目标。为了使用遗传算法，需要先区分个体的好坏，按照特定的规则选择出具有潜力的种群进行后续的交叉变异。由于这里的优化目标有两个，不能简单地按某一个目标区分好坏，需要同时考虑两个目标。考虑寻找种群的帕累托前沿，如图 8.13(a) 所示，首先找到 9 个点的帕累托前沿，我们记为集合 F_1；然后将集合 F_1 中的点排除，得到剩余点的帕累托前沿，记为 F_2；以此类推，直到所有的点都分配到某个集合 F_i 之中，最终我们得到一系列的集合 $F_1, F_2, \cdots$，这个过程被称为非支配排序。

如图 8.13(c) 所示，给定种群 R_t，使用上面描述的非占有性排序可以首先筛选出较为优异的集合 F_1, F_2。但是由于集合 F_3 个体较多，为了进一步筛选出 $|P_t| - |F_1| - |F_2|$ 个个体，需要先计算 F_3 中的个体的拥挤距离（Crowding Distance）。为了计算图 8.13(c) 中点 P 的拥挤距离，可以先找出距离 P 最近的两个点 A 和 B，并以 A 和 B 作为对角线顶点确定一个矩形，然后使用该矩形两条边长度的平均值作为拥挤距离。计算得到 F_3 中所有个体的拥挤距离后，将这些个体按拥挤距离从大到小排列（这个过程被称为按拥挤距离排序），最后选出前 $|P_t| - |F_1| - |F_2|$ 个个体。

通过以上两个步骤选出集合 P_{t+1} 之后，可以按照常规的遗传算法对集合内的个体进行选择、交叉、变异，生成新的个体。整个流程如算法 8.3 所示。

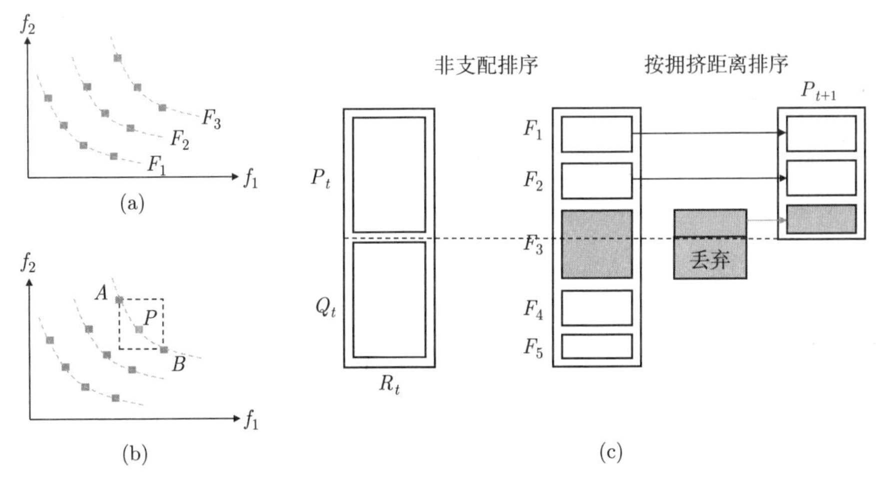

图 8.13 多目标遗传算法 NSGA-II

算法 8.3 多目标遗传算法网络搜索

Input: 完成训练的超网络 $S_{L,m}$，验证数据 D_{val}，迭代总轮数 G
Output: 近似位于帕累托前沿的 K 个网络
  优化目标：错误率，计算延迟
  随机初始化的种群 P_0, Q_0
  for $t = 0 : G-1$ **do**
    $R_t = P_t \cup Q_t$
    for $\boldsymbol{\alpha} \in R_t$ **do**
      评估模型 $\boldsymbol{\alpha}$ 在验证集的精度
    end for
    $F_1, F_2, \cdots, F_n = \text{Non-dominated-Sorting}(R_t)$
    $P_{t+1} = \emptyset, i = 0$
    while $|P_{t+1}| + |F_i| \leqslant |P_t|$ **do**
      $P_{t+1} = P_{t+1} \cup F_i$
      $i = i + 1$
    end while
    $P_{t+1} = P_{t+1} \cup \text{Top}_{|P_t|-|P_{t+1}|}(\text{Crowding-distance-Sorting}(F_i))$
    $M = \text{Tournament-Selection}(P_{t+1})$
    $Q_{t+1} = \text{Crossover}(M) \cup \text{Mutation}(M)$
  end for
  从 P_G 中取出 K 个网络从头训练

K-shot 神经网络架构搜索

前面我们介绍了两阶段算法 One-shot 神经网络架构搜索，既能够高效地完成超网的训练，又能够灵活地控制网络的计算量。但是，使用单路径 One-shot

超网络训练方法得到的网络，是否能够比较真实地反映网络的真实精度呢？为此我们需要考察继承超网络参数的网络准确率以及重新训练的网络准确率之间的相关性系数。

假设我们从搜索空间之中随机取出若干个网络 $\boldsymbol{\alpha}_1, \boldsymbol{\alpha}_2, \cdots, \boldsymbol{\alpha}_K$，从超网络中继承参数后，它们的准确率分别为 $\text{Acc}_{\text{share}}(\boldsymbol{\alpha}_1), \text{Acc}_{\text{share}}(\boldsymbol{\alpha}_2), \cdots, \text{Acc}_{\text{share}}(\boldsymbol{\alpha}_K)$，重新训练它们的准确率分别为 $\text{Acc}_{\text{ind}}(\boldsymbol{\alpha}_1), \text{Acc}_{\text{ind}}(\boldsymbol{\alpha}_2), \cdots, \text{Acc}_{\text{ind}}(\boldsymbol{\alpha}_K)$，我们需要考虑两者之间的斯皮尔曼等级相关系数：

$$\rho = 1 - \frac{6\sum d_i^2}{n(n^2-1)} \tag{8.15}$$

其中 d_i 指网络准确率对 $\text{Acc}_{\text{share}}(\boldsymbol{\alpha}_i), \text{Acc}_{\text{ind}}(\boldsymbol{\alpha}_i)$ 在各自序列中排序之后的位置之差。另外一个常用的衡量两个序列等级相关性的指标是肯德尔等级相关系数：

$$\tau = \frac{\text{concordant pairs} - \text{discordant pairs}}{n(n-1)/2} \tag{8.16}$$

其中，“concordant pairs”指准确率一致的网络对，例如，$\boldsymbol{\alpha}_1, \boldsymbol{\alpha}_2$ 继承参数准确率分别为 90.1, 90.9，从头训练准确率分别为 91.1, 92.9，则它们属于“concordant pairs”；$\boldsymbol{\alpha}_3, \boldsymbol{\alpha}_4$ 继承参数准确率分别为 90.5, 90.9，从头训练准确率分别为 91.1, 90.9，则它们属于“discordant pairs”。

最近的一些研究[229, 302] 表明，One-shot 方法的肯德尔等级相关系数并没有那么高，大致在 0.5 到 0.6 之间。这说明了评估网络准确率时直接从超网络继承参数会引入一定误差，从而有可能影响最终的搜索结果，于是，研究者们提出了 K-shot 神经网络架构搜索[229]。

我们仍然考察一个 L 层超网络，每层有 M 个候选算子，整个搜索空间一共包含 M^L 个网络，如果将第 l 层设置为固定的候选模块，还剩下 $N = M^{L-1}$ 个不同的网络，原则上，这 N 个不同的网络应该对应不同的权重 $\boldsymbol{w}_1^l, \cdots, \boldsymbol{w}_N^l$，它们共同组成了参数矩阵 $\boldsymbol{W}^l = [\boldsymbol{w}_1^l, \cdots, \boldsymbol{w}_N^l] \in \mathbb{R}^{d_l \times N}$，One-shot 超网络是其中的一个特例，即 N 个网络参数相同，因此可以表示为

$$\boldsymbol{W^l} = [\boldsymbol{w}_1^l, \cdots, \boldsymbol{w}_N^l] \approx \mathbf{1}^T \otimes \boldsymbol{w}_0^l \tag{8.17}$$

其中 $\otimes$ 表示克罗内克积。现在我们考虑折中的情形，即 N 个网络的权重由 K 组权重 $\boldsymbol{\theta}_1^l, \cdots, \boldsymbol{\theta}_K^l$ 生成，其中 $1 < K \ll N$，那么

$$\boldsymbol{W}^l = [\boldsymbol{w}_1^l, \cdots, \boldsymbol{w}_N^l] \approx [\boldsymbol{\theta}_1^l, \cdots, \boldsymbol{\theta}_K^l] \begin{bmatrix} \lambda_{1,1} & \cdots & \lambda_{1,N} \\ \cdots & \cdots & \cdots \\ \lambda_{K,1} & \cdots & \lambda_{K,N} \end{bmatrix} = \boldsymbol{\Theta}^l \boldsymbol{\Lambda} \tag{8.18}$$

其中，$\boldsymbol{\Lambda} = [\boldsymbol{\lambda_1}, \cdots, \boldsymbol{\lambda_N}]$，通过这种方式得到的网络可能会更加接近单独训练的网络。因此，我们需要设计算法求出合适的 $\boldsymbol{\Theta}$ 和 $\boldsymbol{\Lambda}$。对于 $\boldsymbol{\Lambda}$，首先可以增加一组约束 $\sum_{k=1}^{K} \lambda_{i,k} = 1$，称为单纯形约束。其次，不同的网络应该对应不同的 $\boldsymbol{\lambda}$ 向量，一个自然的想法是将其用一个神经网络重参数化，以网络结构编码作为输入，$\boldsymbol{\lambda}$ 作为输出，我们把整个网络称为单纯形网络 $\pi(\boldsymbol{\sigma})$。为了保证 $\boldsymbol{\lambda}$ 满足单纯形约束，可以使用 softmax 等归一化函数作为网络的最后一层。于是，网络的训练过程既包括超网络的训练，也包括单纯形网络的训练，可以采用算法 8.4 所描述交替训练的方式：

（1）固定超网络训练单纯形网络

$$\boldsymbol{\sigma}^{(t+1)} = \arg\min_{\boldsymbol{\sigma}} \mathcal{L}_{\text{train}}(\boldsymbol{\Theta}^{(t)} \pi(\boldsymbol{\sigma})) \tag{8.19}$$

（2）固定单纯形网络训练超网络

$$\boldsymbol{\Theta}^{(t+1)} \arg\min_{\boldsymbol{\Theta}} \mathcal{L}_{\text{train}}(\boldsymbol{\Theta} \pi(\boldsymbol{\sigma}^{(t)})) \tag{8.20}$$

超网络训练完毕后，可以使用遗传算法或者其他启发式算法进行第二阶段的搜索。

算法 8.4 K-shot 超网络训练

Input: 超网络 $S_{L,M}(\boldsymbol{\Theta})$，单纯形网络 $\pi(\boldsymbol{\sigma})$，训练数据 D_{train}，训练总轮数 T
Output: 完成训练的超网络 $S_{L,M}(\boldsymbol{\Theta})$
  for $t = 0 : T-1$ **do**
    if $\tau\%2 == 0$ **then**
      随机采样获得子网络 $\boldsymbol{\alpha}$
      根据子网络 $\boldsymbol{\alpha}$ 输入计算对应的结构系数 $\boldsymbol{\lambda}$
      计算超网络参数 $\boldsymbol{\Theta\lambda}$
      使用反传算法训练 K-shot 超网络
    else
      随机采样 m 个网络结构 $\boldsymbol{\alpha}_1, \cdots, \boldsymbol{\alpha}_m$
      根据 m 个子网络 $\boldsymbol{\alpha}_1, \cdots, \boldsymbol{\alpha}_m$ 输入计算对应的结构系数 $\boldsymbol{\lambda}_1, \cdots, \boldsymbol{\lambda}_m$
      使用反传算法训练单纯形网络 $\pi(\boldsymbol{\sigma})$
    end if
  end for

8.2.2 基于预测器的神经网络架构搜索

从前面的方法我们可以看出，神经网络架构搜索里一个比较关键的因素是如何准确高效地评估网络的性能。除了使用 One-shot 或者 K-shot 的方法近似获取网络的准确率，也可以训练 N 个网络作为数据集，构建一个根据网络结构预测最终准确率的机器学习模型。我们以基于单元的搜索空间为例子，由于每个单元可以看成一个有向无环图，最直接的想法是将网络结构作为输入，使用图神经网络作为模型预测网络准确率。为了达成这一目标，首先我们需要获取网络单元的邻接矩阵 $\boldsymbol{A}$；然后，我们为每条候选边进行 One-hot 编码作为每条边的特征，而每个节点的特征则来源于其输入边的特征的组合，如图 8.14 所示。

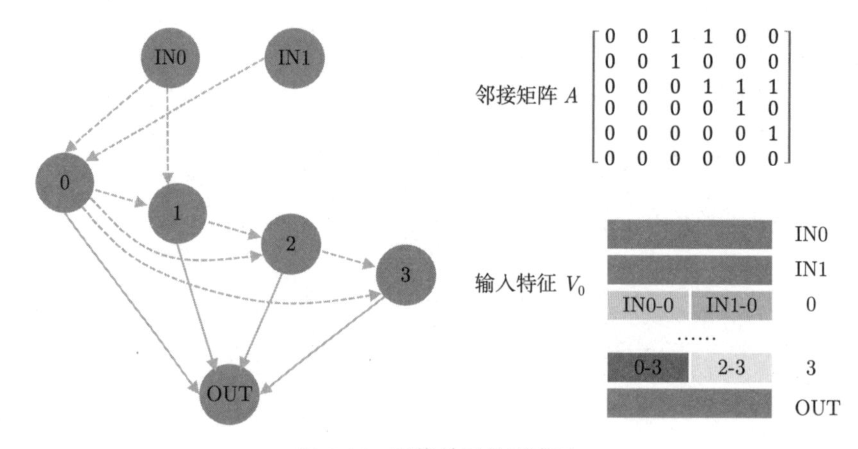

图 8.14 网络单元的图表示
（相关内容可参阅论文 [86]）

得到网络结构对应的输入特征 $\boldsymbol{V}_0 \in \mathbb{R}^{I\times D_0}$ 以及邻接矩阵 $\boldsymbol{A} \in \mathbb{R}^{I\times I}$ 之后，可以构造图神经网络，其中，每一层的图神经网络可以表示为

$$\boldsymbol{V}_{l+1} = \mathrm{ReLU}(\boldsymbol{A}\boldsymbol{V}_l\boldsymbol{W}_l) \tag{8.21}$$

其中 $\boldsymbol{W}_l \in \mathbb{R}^{D_l\times D_{l+1}}$ 为可学习参数。图神经网络的最后一层可以是一个线性层，用于回归网络的精度。

模型建立完毕后，可以从搜索空间中抽样选取若干个网络并从头训练，建立数据集用来训练预测器。预测器训练完毕后，输入新的网络结构即可输出预测精度，可以结合遗传算法等进行第二阶段的神经网络搜索。

8.2.3 基于先验指标的神经网络架构搜索

前面介绍的所有方法都需要使用某种方式对网络进行训练，即使是较为高效的 One-shot 方法也需要训练一个超网络，开销往往是正常训练一个神经网络的好几倍。为了能够将神经网络架构搜索的效率提升到极致，研究者们探索了一些无须训练的基于先验指标的神经网络架构搜索算法。这些方法的主要目标在于，寻找比较恰当的评价指标，无须训练网络，只使用该指标作为准确率的代理来进行网络搜索。

表 8.1 神经网络在 CIFAR-10 数据集上的精度与各种先验指标的相关性系数比较

指标	肯德尔系数	斯皮尔曼系数
Flops	0.539	0.713
Params	0.539	0.713
Snip	0.422	0.590
Synflow	0.530	0.724
Jacobian	0.575	0.743
Vote*	—	0.82

注：神经网络使用了 NAS-BENCH-201 的神经网络，表格数据来源于论文 [2]，带 * 数据来自于论文 [260]。

Snip[146]：最早用于剪枝，定义为

$$S_n = \sum_{i=1}^{N} S_p(w_i), S_p(w_i) = \left|\frac{\partial \mathcal{L}}{\partial w_i} \odot w_i\right| \tag{8.22}$$

Synflow[235]：最早用于剪枝，定义为

$$S_n = \sum_{i=1}^{N} S_p(w_i), S_p(w_i) = \frac{\partial \mathcal{L}}{\partial w_i} \odot w_i \tag{8.23}$$

Jacobian 指标[185]：给定一批输入数据 $\boldsymbol{X} = \{(\boldsymbol{x}_n)_{n=1}^{N}\}$，首先计算损失函数关于输入数据的梯度矩阵

$$\boldsymbol{J} = \begin{pmatrix} \dfrac{\partial L}{\partial \boldsymbol{x}_1} & \dfrac{\partial L}{\partial \boldsymbol{x}_2} & \cdots & \dfrac{\partial L}{\partial \boldsymbol{x}_N} \end{pmatrix}^{\mathrm{T}} \tag{8.24}$$

然后计算协方差矩阵

$$\boldsymbol{C}_J=(\boldsymbol{J}-\boldsymbol{M}_J)(\boldsymbol{J}-\boldsymbol{M}_J)^{\mathrm{T}} \tag{8.25}$$

$$(\boldsymbol{M}_J)_{i,j}=\frac{1}{N}\sum_{n=1}^{N}\boldsymbol{J}_{i,n} \tag{8.26}$$

以及相关矩阵

$$(\boldsymbol{\Sigma}_J)_{i,j}=\frac{(\boldsymbol{C}_J)_{i,j}}{\sqrt{(\boldsymbol{C}_J)_{i,i}(\boldsymbol{C}_J)_{j,j}}} \tag{8.27}$$

紧接着可以计算出 $\boldsymbol{\Sigma}_J$ 的 N 个特征值 $\sigma_{J,1}\leqslant\cdots\leqslant\sigma_{J,N}$，最后得到 Jacobian 指标为

$$S=-\sum_{i=1}^{N}[\log(\sigma_{J,i}+k)+(\sigma_{J,i}+k)^{-1}] \tag{8.28}$$

其中 k 是一个常数。论文 [260] 中给出了以上几种指标与真实网络准确率的肯德尔系数以及斯皮尔曼系数，其中 Jacobian 指标表现得最好。但是，我们也可以看到，计算量和参数量与网络准确率的相关系数也达到了相近的水平，这可能意味着使用这些指标无法有效区分计算量或参数量比较接近的网络。但在论文 [2] 中，同时使用 Snip，Synflow 以及 Jacobian 三个指标进行投票，取得了更高的相关性系数；同时，使用这些指标来辅助搜索可以提升搜索效果[260]。

8.3 本章小结

近年来，神经网络架构搜索吸引了众多研究者的关注，人们希望借助这种方法发现更好的网络，特别地，该方法被广泛应用于精简网络设计之中。许多研究结果表明，与手工设计的网络相比，使用神经网络架构搜索发现的网络能够在准确率和计算效率之间取得更好的平衡，如表 8.2 所示。但是，这些方法也都存在一定的问题。基于参数共享的可微算法不太稳定，容易出现退化问题[15, 250]；使用 One-shot 方法训练的网络准确率与从头训练的网络准确率的相关性仍然有待提升[229]；同样地，基于先验指标的方法具有一定的运气成分，难以解释，等级相关性系数也不高。上面几类方法也是目前最常见的方法。基于预测器的方法能够取得较高的相关性系数，但是方法的泛化性依然有待进一步研究；最近出现的 K-shot 方法比 One-shot 方法展示出了更好的效果，它是否能发展成为一类可信赖的方法有待时间的检验。同时，众多的神经网络架构搜索算法的搜索空间、网络训练超参数设置、使用的数据增强等也不尽相同，这使得我们难以非常公平地

比较各种方法的优劣。

表 8.2 不同神经网络架构搜索算法发现的网络在 ImageNet 上的结果比较

模型	方法	参数量	计算量（乘累加）	Top-1 准确率
MobileNet-v2 (×1.0)[217]	手工设计	3.4M	300M	72.0
ShuffleNet-v2 (×1.5)[180]	手工设计	3.5M	299M	72.6
FBNet-B[263]	基于梯度	4.5M	295M	74.1
SPOS[87]	One-shot	3.3M	319M	74.3
FairNAS-C[44]	One-shot	4.4M	321M	74.7
K-shot-NAS-C[229]	K-shot	4.4M	281M	76.3

另一方面，人们也希望能够尽可能地将神经网络设计的过程自动化。然而，目前的神经网络架构搜索大都基于预先定义的搜索空间，在一定程度上，人力的投入从神经网络的设计转化到了搜索空间的设计上。基于链式结构的搜索空间建立在 MobileNet 系列精简网络的基础之上；而对于常用的基于单元的搜索空间，最近的研究表明该空间具有一定的冗余性[11]，这也意味着单纯基于该搜索空间进行搜索可能具有较大的局限性。要想实现神经网络设计自动化的美好愿景，可能需要期待算法设计以及计算机硬件效能方面的突破性进展。

尽管如此，神经网络架构搜索作为一个较为新颖的研究方向，仍然在逐步往前发展。人们不断探索研究，发现已有方法存在的问题并逐步改进[11, 15, 250, 260]；同时也有人尝试突破已有范式努力实现神经网络搜索的自动化[210]。总体而言，基于先验指标的方法最高效，可以参照论文 [2] 中同时使用多个指标投票的思路；基于梯度的方法也较为高效，但是不够稳定，应用时可以参考论文 [250] 中的解决方法；One-shot 方法较为简单，等级相关系数不高，可参考 K-shot 的改进方法；基于预测器的方法相关性系数最高，但尚未在基于链式结构的搜索空间之中进行过充分验证，计算开销也比较大，比较适合基于单元的搜索空间。不同的方法有不同的适用场景，在使用前需要综合考虑算法效率、算法易用性以及算法有效性，做出最佳选择。

9 深度神经网络高效训练方法

前面几章详细介绍了各类深度神经网络加速与压缩算法，包括剪枝、量化、张量分解、知识蒸馏等算法，这些加速与压缩算法的目的是为了实现高效的网络推理，减少网络推理时间和压缩模型大小，因此这些算法都可以称为高效推理算法。

在这里我们重新审视这些算法兴起的原因，一方面，网络训练一般只需要进行一次，而网络推理在实际应用中会发生无数次，因此高效推理算法对于实际部署更有意义；另一方面，由于成本、功耗等问题，实际部署网络时通常不会采用高效 GPU 而是采用性能较低的终端设备，对网络加速与压缩的需求更强，这也推动了高效推理算法的兴起。

在本章中，我们将介绍网络高效训练算法，一种与高效推理方法有着很强联系的算法。我们将首先介绍高效训练算法的简介、基本类型、作用与意义，并且给出网络训练的基本流程，然后针对网络训练的各个流程介绍不同的高效训练算法。其中我们将看到许多熟悉的算法比如剪枝、量化等，可以发现这些经常被用于网络推理加速与压缩的方法同样可以用于网络训练。

9.1 深度神经网络高效训练简介

9.1.1 什么是高效训练方法

高效训练方法是指对网络训练的各个流程进行优化或近似，从而对网络训练进行加速或压缩的算法。和高效推理算法不同的是，高效训练算法主要是针对网络训练阶段进行加速和压缩。从需求提出者的角度来看，高效网络推理是面向网络部署者（应用开发者）的用户需求，而高效训练算法是面向网络训练者（算法工程师、科研工作者等）的用户需求。

9.1.2 高效训练方法基本类型

从对训练时间或内存的影响来看，高效训练方法可以分为网络训练加速方法和网络训练压缩算法，网络训练加速主要是指减少模型整体训练的时间，而网络训练压缩是指压缩网络训练所需的内存（包括 CPU 内存和 GPU 内存）。从对网络最终精度的损失来看，网络高效训练方法可以分为高效有损和无损训练方法，高效有损训练方法在实现网络训练加速或压缩的同时会对最终网络精度造成一定损失；而无损训练方法则是在不损失最终网络精度的前提下实现对深度网络训练的加速或者压缩。

9.1.3 高效训练算法的意义

深度学习兴起的两个重要因素来源于其远高于普通网络的参数量、计算量以及数以万记甚至百万记的训练数据，这也导致了其昂贵的训练代价。以近几年兴起的 GPT-3 模型为例，使用 1024 张 80GB A100 显卡训练 GPT-3 模型仍然需要长达一个月的时间，费用高达 1200 万美元，令人叹为观止。从训练时间成本方面来说，为了较快地训练深度神经网络，人们不得不采购更高算力的 GPU 来应对急剧增长的的模型计算复杂度。但是，一个残酷的事实是现在许多网络的训练时间仍是以数天记，对于大型网络甚至是以月为计量单位，这极大地拉长了科学实验的周期。许多科研实验的时间瓶颈都在模型训练上，需要等待模型训练的结束。科研工作者们通常都有过这种经历：在学术会议截稿日期之前熬夜做实验、等待训练结果，甚至因为训练时间过长而影响会议和期刊投稿。从内存这一方面来说，随着网络模型的迅速发展，很多模型训练所需要的 GPU 内存不断增加。尤其是近年来预训练大模型的兴起，网络参数量从原来的几千万个增加到现在的几千亿个甚至几万亿个。例如，GPT-3 模型参数量高达 1750 亿个，单个 GPU 显存甚至放不下整个模型参数。因此，高效训练方法一方面能减少模型训练的时间，缩短科研工作者的实验周期，减少时间成本；另外一方面对网络训练内存的优化能减少模型占用的内存大小，降低对显卡容量的需求，减少升级显卡带来的开销。

9.2 深度神经网络训练基本流程

如图 9.1 所示，深度神经网络训练一般包括了数据预处理、前向传播、反向传播、权重更新等流程。谈起训练过程优化，人们首先想到的是优化前向传播和反向传播，因为这两步在通常情况下耗时最多，内存占用也主要集中在这两阶段中。但是在不同环境下，数据预处理和梯度更新等步骤也有可能存在时间和内存瓶颈，本小节将以 PyTorch 框架下训练图像分类网络为例，分别介绍训练中的各个步骤。

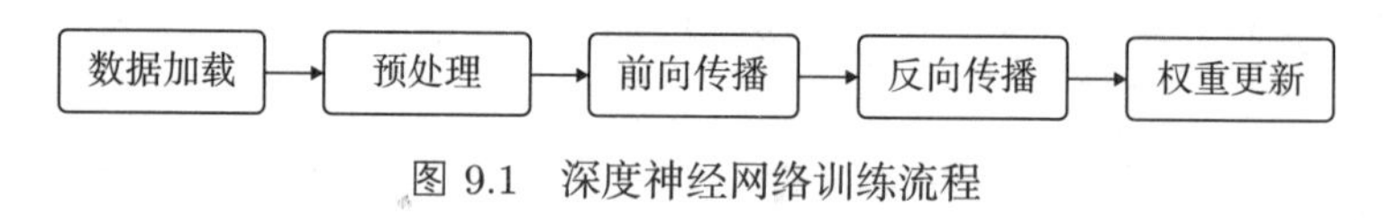

图 9.1 深度神经网络训练流程

9.2.1 数据预处理

数据预处理是指将数据从硬盘加载到内存中[1]，并对其进行解码、数据增强、归一化等操作。数据加载主要是文件读取，其时间瓶颈和硬盘读写速度有直接的关系，具体取决于硬盘类型、文件大小、文件数量等因素。在硬盘读取速度较慢而数据量很大时，数据加载就很容易成为整个训练流程的瓶颈。

数据加载完成之后，需要进行数据解码，例如将 jpeg 编码的图像数据解码成 RGB 三通道的像素数据。由于深度网络参数较多，容易产生数据过拟合，因此大部分网络训练都需要进行数据增强，清单 9.1 中第 6—7 行展示了常见的两种数据增强：随机缩放裁剪和随机水平翻转。另外，输入数据的不同维度的数据范围可能存在较大差异，这可能是不同维度的数据量纲不同导致的，因此需要对输入数据进行归一化处理，清单 9.1 中第 1—3 行以及第 8—9 行是展示了常用的 Z-score 标准化方法，也就是大家常说的“减均值、除方差”方法。

解码、数据增强和归一化等操作在当前训练框架中通常是在 CPU 上进行处理的，因此这些步骤的时间消耗和 CPU 的主频性能、线程数有较强的关系。由于数据增强方式的多样性，有时需要开发者自己实现自定义的数据增强，其时间消耗和具体的代码实现有直接关系，有些数据增强函数需要多次循环迭代或者

[1]这里是指常规情况下的数据加载，一些特殊情况下会将全部数据都直接存在内存中而不需要从硬盘读取数据。

较大的计算量，就会极大地增加数据增强的时间消耗。

在 PyTorch 框架中，数据预处理通常由 Dataset 和 DataLoader 这两个类完成，Dataset 负责将数据从硬盘加载到内存中，并且进行解码、数据增强、归一化等操作；DataLoader 主要是进行多线程数据预读取、将数据组成一批数据（Batch）、随机混淆（Shuffle）等操作。

清单 9.1 PyTorch 框架下网络训练部分代码

```
normalize = transforms.Normalize(
    mean=[0.485,0.456,0.406],
    std=[0.229, 0.224, 0.225])
train_dataset = datasets.ImageFolder(traindir,
    transforms.Compose([
        transforms.RandomResizedCrop(224),
        transforms.RandomHorizontalFlip(),
        transforms.ToTensor(),
        normalize,
    ]))
train_loader = torch.utils.data.DataLoader(
    train_dataset, batch_size=args.batch_size, shuffle=(train_sampler is None),
    num_workers=args.workers, pin_memory=True, sampler=train_sampler)
for i, (images, target) in enumerate(train_loader):
    if args.gpu is not None:
        images = images.cuda(args.gpu, non_blocking=True)
    if torch.cuda.is_available():
        target = target.cuda(args.gpu, non_blocking=True)
    # compute output
    output = model(images)
    loss = criterion(output, target)
    # compute gradient and do SGD step
    optimizer.zero_grad()
    loss.backward()
    optimizer.step()
```

9.2.2 前向传播

前向传播是指基于输入数据计算网络损失的过程，在这过程中每一层根据输入和权重计算该层的输出，并且将该输出传播至后续的层当作输入，不断向前传播计算结果。假设每层输入为 $\boldsymbol{X}^l$，权重表示为 $\boldsymbol{W}^l$，该层的前向传播可以表示为 $\boldsymbol{Z}^l = f(\boldsymbol{X}^l, \boldsymbol{W}^l)$，输出 $\boldsymbol{Z}^l$ 向后续层传播当作输入，清单 9.1 中第 20—21 行代表了网络前向传播的过程。在网络推理时每层的输出 $\boldsymbol{Z}^l$ 在被后续层使用之后是可以释放内存的。但是在网络训练中，由于反向传播过程需要使用每层的输出，前向过程中产生的每层网络输出需要维持在内存中，直到反向传播使用之后才能释放。

前向传播中的时间瓶颈主要在于前向传播计算，内存瓶颈则在于模型参数内存和中间节点的输出占用内存。对于不同的运算单元，模型参数内存和中间节点的输出占用内存区别较大。对于卷积层来说，中间层的输出占用内存通常都远高于其参数内存。例如，对于一个 3×3 的卷积层来说，假设其输入尺寸为 $[256,16,256,256]$ 的特征图，输出尺寸 $[256,32,256,256]$，那么该层输出占用内存为 $256\times32\times256\times256\times4\text{B}=2\text{GB}$，而参数占用内存为 $32\times16\times3\times3\times4\text{B}=18\text{KB}$。对于全连接层来说，中间层输出的内存占用却小于参数的内存占用。例如，对于一个从 1024 映射到 1024 的全连接层来说，假设其每个批处理大小为 256，则该层的参数内存大小为 $1024\times1024\times4\text{B}=4\text{MB}$，而该层输出占用内存大小为 $256\times1024\times4\text{B}=1\text{MB}$。

9.2.3 反向传播

反向传播是指在前向传播获得网络损失 $\mathcal{L}(\boldsymbol{W})$ 之后，计算网络损失 $\mathcal{L}(\boldsymbol{W})$ 相对于网络权重 $\boldsymbol{W}$ 的梯度 $\frac{\partial\mathcal{L}(\boldsymbol{W})}{\partial\boldsymbol{W}}$ 的过程。在这过程中，需要计算网络损失相对于每一层参数的梯度 $\frac{\partial\mathcal{L}(\boldsymbol{W})}{\partial\boldsymbol{W}^l}$ 以及相对于每一层输入的梯度 $\frac{\partial\mathcal{L}(\boldsymbol{W})}{\partial\boldsymbol{X}^l}$，并且网络损失对输入的梯度是从深层到浅层逐步传递的，清单 9.1 中的第 23—24 行代表了网络前向传播的过程。这里我们以全连接层为例，假设第 l 层为全连接层，其前向计算公式为：$\boldsymbol{Z}^l=\boldsymbol{X}^l(\boldsymbol{W}^l)^{\mathrm{T}}$，那么其反向计算过程为

$$\frac{\partial\mathcal{L}(\boldsymbol{W})}{\partial\boldsymbol{W}^l}=\left(\frac{\partial\mathcal{L}(\boldsymbol{W})}{\partial\boldsymbol{Z}^l}\right)^{\mathrm{T}}\boldsymbol{X}^l \tag{9.1}$$

$$\frac{\partial\mathcal{L}(\boldsymbol{W})}{\partial\boldsymbol{X}^l}=\frac{\partial\mathcal{L}(\boldsymbol{W})}{\partial\boldsymbol{Z}^l}\boldsymbol{W}^l \tag{9.2}$$

其中，$\frac{\partial\mathcal{L}(\boldsymbol{W})}{\partial\boldsymbol{Z}^l}$ 是前一次反向传播得到的。

从这里看出，由于反向传播过程需要计算两次梯度，通常比前向计算过程的计算复杂度更高，这也是区别于高效推理方法的一个重要地方。对于内存消耗来说，反向传播中要维持和模型参数相同数量的梯度，以进行随机梯度下降等损失优化。此外，在并行计算的场景下，多个进程或计算节点之间需要进行梯度同步，

需要将单个 GPU 上计算的梯度通过网络通信发送到其他计算节点或显卡上。由于每次迭代都需要进行梯度同步，这个时候还将面临通信带宽的瓶颈问题。一个极端的场景是，由于通信瓶颈较为严重，采用多机并行计算的效率远低于其理论计算值。因此，在反向传播中，除了时间和内存瓶颈，还需要考虑分布式场景下的通信瓶颈问题。

9.2.4 权重更新

权重更新是指在进行前向传播和反向传播之后，基于梯度 $\frac{\partial \mathcal{L}(\boldsymbol{W})}{\partial \boldsymbol{W}}$ 采用某种优化器（Optimizer）对网络权重进行更新的过程，清单 9.1 中的第 25 行代表了优化器对权重更新的过程。这里的网络优化器是为了最小化网络损失而采用参数更新或优化方法，比如常见的随机梯度下降法（SGD）。

通常来说，权重更新的计算复杂度和权重的数量呈线性关系，因此时间消耗一般不会成为该步的瓶颈。但是对于内存消耗来说，该步通常会消耗梯度和权重之外的额外内存。例如，带动量（Momentum）的 SGD 优化器的权重更新公式为

$$\boldsymbol{v}_t = \mu * \boldsymbol{v}_{t-1} + \mathrm{lr} * \boldsymbol{g}_t \tag{9.3}$$

$$\boldsymbol{w}_t = \boldsymbol{w}_{t-1} - \boldsymbol{v}_t \tag{9.4}$$

其中，$\boldsymbol{w}_t$ 表示第 t 步更新后的网络权重（向量化表示），$\boldsymbol{g}_t$ 代表第 t 次迭代的梯度，$\boldsymbol{v}_t$ 代表动量（或者速度）[1]，μ 代表动量系数，lr 是学习率。从上式中可以看到，在带动量的 SGD 优化器中需要在内存中额外保存每个参数的动量，这会带来额外的内存开销。类似地，Adam 优化器需要在内存中对每个参数保存基于指数移动平均（Exponential Moving Average）的一阶矩和二阶矩，额外增加了两倍模型参数内存。

9.3 深度神经网络分布式训练

由于当前深度神经网络巨大的参数量和计算量，人们通常使用多张 GPU 显卡并行计算，一种最常用的并行计算模式是数据并行，它在训练时将一批输入数

[1]这里假设质量为 1，所以动量也等于速度。

据切分成多个小批次数据，分别在不同的 GPU 上同时计算。当并行计算中使用多个服务器的 GPU 时，也称为分布式训练。在分布式训练过程中，不同小批次的数据在前向阶段和反向阶段分别独立计算，然后基于网络通信对各个 GPU 的梯度同步更新，保证每个 GPU 上的参数经过一次迭代之后是相同的[1]。对于分布式训练模式来说，参数服务器（Parameter Server）和 Ring All-Reduce 模式是其中的两种典型代表。

9.3.1 参数服务器模式

参数服务器架构通常会维持一个或多个参数服务器和若干个 GPU 工作者（Worker），其中参数服务器负责存储和更新深度网络参数，工作者负责 GPU 训练。图 9.2 展示了参数服务器基本架构，在网络训练时每个工作者先对自己的数据切片（Batch Slice）进行前向传播和反向传播并且得到部分数据下的梯度，然后每个工作者都将自己节点上的梯度发送到参数服务器上，参数服务器等到所有的工作者都发来梯度之后[2] 整合所有的梯度，然后基于整合的梯度更新参数，并将更新后的参数发送到所有的工作者，并进行下一次迭代。

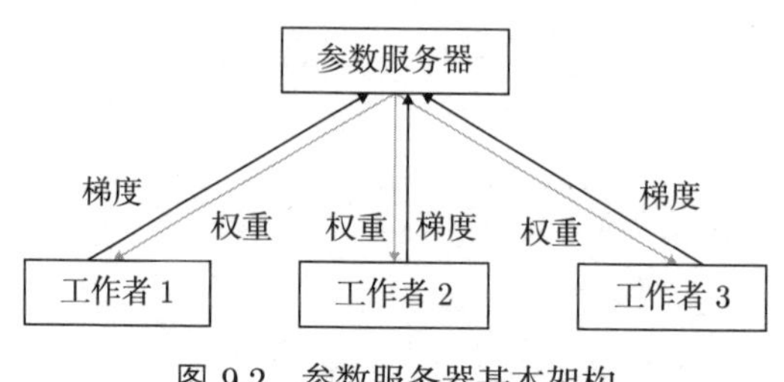

图 9.2 参数服务器基本架构

除了多机分布式训练，单机多卡训练也可以使用参数服务器模式。以单机 8 卡数据并行举例，参数服务器架构通常选择一个 GPU（默认是第一个 GPU，通常表示为 GPU0）作为参数服务器，所有 8 张显卡可以认为是工作者，然后按照参数服务器模式的梯度同步方式进行参数更新。在 PyTorch 框架中，DataParallel 类实现了类似的参数服务器模式的单机多卡并行功能。

不管是同步更新或者异步更新梯度，参数服务器的通信代价都容易过高，这

[1]异步权重更新会遇到梯度失效问题，可能导致网络陷入局部次优解。

[2]在异步更新下，参数服务器不会等待所有的工作者的梯度，而是收到某个工作者的梯度之后就对参数进行更新，并将更新后的参数发回该工作者。

是由于所有工作者的模型梯度都要发给它，而且更新的模型参数也要不停地发送给所有工作者。再者，随着计算节点数量的不断增加，参数服务器和计算节点间的通信带宽也会随之线性增加。因此参数服务器的带宽很容易成为分布式训练的瓶颈问题。

9.3.2 Ring All-Reduce 模式

在分布式计算中，All-Reduce 是指将全部（All）机器或进程的数据整合（Reduce）成单个数据表示后再传回全部机器或进程的算法。这里的数据整合操作是指将多个数据块缩减成单个数据块的操作，常见的数据整合操作有求和（Sum）、求最大值（Max）、求最小值（Min）等。Ring All-Reduce 属于 All-Reduce 算法的一种，被广泛应用在分布式计算框架中，该算法最早出现在高性能计算（HPC）领域，在 2007 年被百度硅谷人工智能实验室引入深度学习领域，并且成为深度学习框架中主流的分布式训练算法。

在 Ring All-Reduce 算法中，所有 GPU 在逻辑上以环型（Ring）的形式相互连接，每个 GPU 都有一个左邻居和右邻居，而且只从左邻居接收数据，向右邻居发送数据。Ring All-Reduce 算法主要分为 Scatter-reduce 和 All-gather 两阶段，在 Scatter-reduce 阶段，主要整合不同 GPU 的数据；在 All-gather 阶段则是将整合后的数据发送到所有 GPU。

Scatter-reduce： 假设共有 N 个 GPU 组成分布式系统，每个 GPU 中都含有相同数量的数据。在这一阶段中，每个 GPU 都先将数据等分成 N 块，然后迭代进行 $N-1$ 次 Scatter-reduce 操作。如图 9.3 所示，在第 i 次迭代操作中[1]，第 n 个 GPU 都会将第 $(n-i)$ 块数据[2]发送到右邻居，并从左邻居接收第 $(n-i-1)$ 块数据并进行整合（这里是累加）。

All-gather： 在进行 $N-1$ 次 Scatter-reduce 操作之后，每个 GPU 上都有某个数据块包含了分布式系统内所有 GPU 对应数据块的内容，见图 9.4(a)。在 All-gather 阶段，每个 GPU 都会接收和发送部分整合数据直到所有 GPU 全部得到完整的整合数据。与 Scatter-reduce 类似的是，All-gather 也会进行 $N-1$ 次迭代 All-gather 操作。不同的是，All-gather 不会对数据进行累加整合，而是

[1]本部分内容中的迭代下标和数据下标都是从 0 开始计数。

[2]考虑到 $n-i$ 小于 0 的情况，准确来说应该是发送第 $(n-i+N)\%N$ 块数据，这里% 代表取模操作，可以实现循环遍历。在下文中我们将默认下标小于 0 时自动循环遍历。

直接覆盖。如图 9.4 所示，在 All-gather 阶段第 i 次迭代时，第 n 个 GPU 发送第 $n-i+1$ 个数据块并接收第 $n-i$ 个数据块进行数据覆盖。

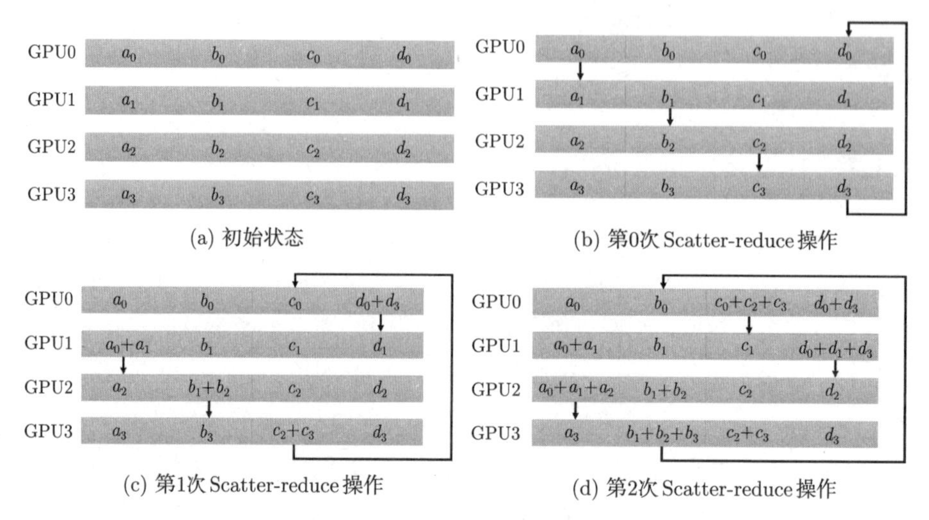

图 9.3 Ring All-Reduce 算法中的 Scatter-reduce 阶段示意
该例中有 4 个 GPU 进行分布式计算，梯度数据被等分成 a、b、c、d 4 块，然后按照 Scatter-reduce 操作进行累加整合。

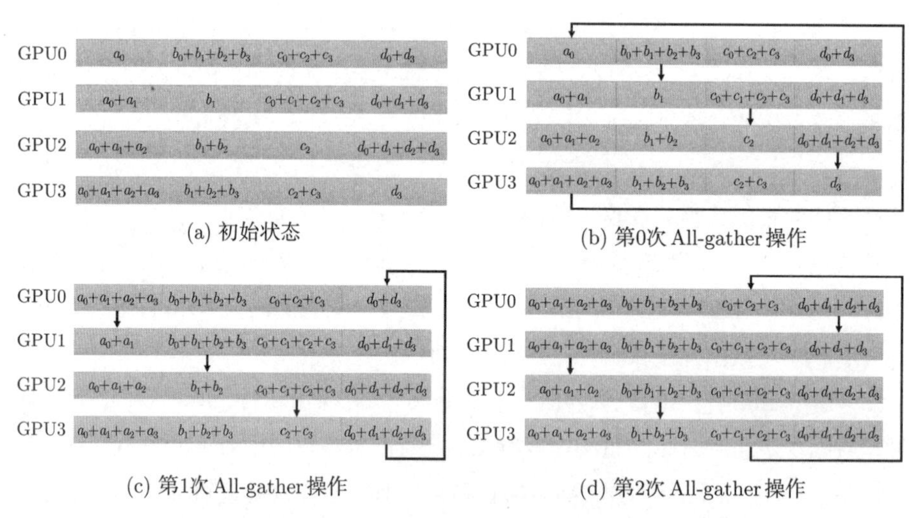

图 9.4 Ring All-Reduce 算法中的 All-gather 阶段
图 9.4(a) 代表 All-gather 阶段各个 GPU 节点的初始状态，其余子图代表 $N-1$ 次 All-gather 迭代。

通信代价： 假设模型参数总量为 M，其梯度大小与参数大小相同。对于一个 N 个 GPU 组成的分布式系统来说，Scatter-reduce 阶段和 All-gather 阶段

分别进行 $N-1$ 迭代，每次迭代发送 $\frac{M}{N}$ 数据量，那么 Ring All-Reduce 的传输总量为

$$D_{\text{trans}} = 2(N-1)\frac{M}{N} \tag{9.5}$$

从上式中可以看到，在 Ring All-Reduce 算法中数据通信总量和 GPU 数目 N 是无关的。此外，由于所有的梯度传输都是同步发生的，相邻 GPU 之间最慢的带宽传输决定了整个系统的速度，在相邻 GPU 通信速度都较优的情况下，Ring All-Reduce 算法速度最快。

9.4 面向数据预处理的高效训练方法

对数据预处理的加速或优化一般有两个方向，一种是在处理数据数量不变的情况下加快数据预处理操作，称为基于操作加速的数据预处理方法；另外一种是通过重复使用数据而减少预处理操作次数，称为基于重复数据的预处理方法。前者需要开发者实现更为高效的数据预处理代码或者对特定操作进行工程优化，后者则是期望使用更少的数据预处理达成同样的训练精度。前文中提到当前的数据预处理方法大部分都在 CPU 上进行，而且当前几乎所有训练框架都支持使用多线程预读取的方式对数据预处理并行加速，这种基于多线程的预读取方法其实是属于操作加速的数据预处理方法，类似的加速方法还有基于 GPU 的数据预处理方法。

9.4.1 基于 GPU 的数据预处理

和 CPU 相比，GPU 有着更强大的数据并行计算能力。在数据预处理成为整个训练流程的时间瓶颈时，使用 GPU 进行数据预处理是一种不错的选择。NVIDIA 推出的 DALI[1] 是一个面向数据预处理的软件库，支持 LMDB、RecordIO、TFRecord、JPEG、H.264 等多种格式的数据输入，并且提供了基于 GPU 加速的数据解码、数据增强、数据归一化等一系列函数，处理后的数据可以直接用于 TensorFlow、PyTorch、MXNet 等框架的训练和推理。

[1]链接 9-1。

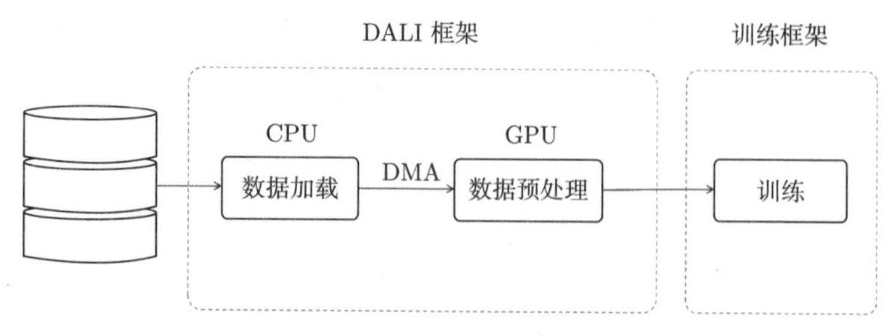

图 9.5 基于 DALI 框架的训练流程

9.4.2 基于数据重复的数据预处理

基于重复数据的数据预处理本质上是重复使用相同的数据而减少数据预处理的操作次数，因此有一种方案[41] 是在预处理流程中某个环节之后开始重复使用数据，然后再分别进行剩余操作（或者后续不进行任何预处理操作）。研究人员[69] 提出了一种“持续小批次”的快速预处理方法，该方法在连续的 K 次 SGD 迭代中持续使用同一个小批次的数据，也就是在数据预处理阶段节省了 K 个批次的数据预处理操作，但是较大的 K 值容易带来过拟合的风险。类似地，研究人员[113] 对一小批数据进行复制，然后进行不同的数据增强，这样节省了数据加载和解码等操作所需的时间，而且对同一批解码后的数据进行不同的数据增强有利于减少过拟合风险。研究人员[41] 提出了名为“数据回响”的预处理方法，该方法和上述两个方法相比更为通用，可以在数据解码、数据增强、打包成批（Batching）任意阶段之后进行数据复制，再进行剩余预处理操作，节省部分预处理时间。另外，该研究[41] 还提出在数据回响之后打乱（Shuffle）数据更有助于保持训练精度，减少过拟合风险。

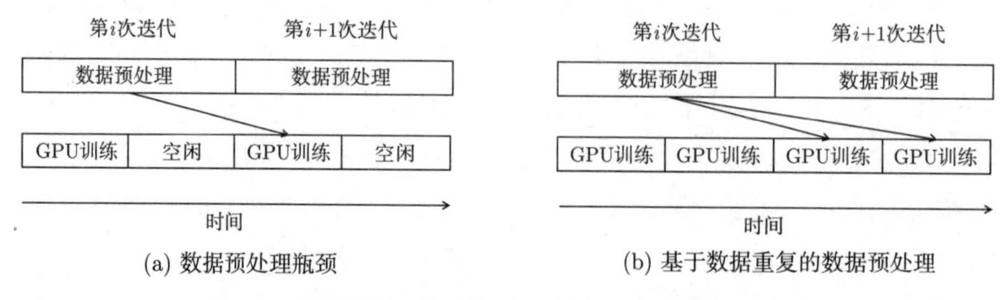

(a) 数据预处理瓶颈　(b) 基于数据重复的数据预处理

图 9.6 数据预处理瓶颈与基于数据重复的数据预处理

9.5 基于梯度压缩的高效分布式训练

如前文所述，深度网络分布式训练需要对不同计算节点间的梯度进行同步，而这些数据同步是基于网络通信的方式进行的。较大的参数量会使得网络通信时间变长，导致分布式通信成为整个训练流程的时间瓶颈。为了减少分布式训练的通信代价，一种有效的方式是对梯度进行压缩，减少梯度传输的数据总量。在深度网络推理中，网络剪枝和量化是两种非常流行的网络加速与压缩方法。略显不同的是，剪枝和量化技术在深度网络推理加速中主要是压缩网络参数，而在这里是压缩网络梯度。在本节中，我们将网络参数和梯度分别表示为 $\boldsymbol{w}$ 和 $\boldsymbol{g}$，梯度压缩可以表示为

$$\hat{\boldsymbol{g}} = \text{compress}(\boldsymbol{g}) \tag{9.6}$$

其中，$\bar{\boldsymbol{g}}$ 代表剪枝或量化后的梯度，compress(·) 代表剪枝或者量化等压缩函数。

在基于梯度压缩的分布式训练中，每个机器首先分别采样部分数据进行前向和反向传播得到部分梯度，然后在各自机器上对梯度进行压缩。在梯度量化或剪枝之后，需要对其进行编码压缩，比如将量化后的低比特梯度编码成以字节为单位的数据，又或者对剪枝后的梯度进行稀疏编码。在梯度编码之后，需要使用参数服务器模式或者 Ring All-Reduce 模式同步更新不同 GPU 上的编码梯度，最后根据优化器更新权重参数，整个流程如算法 9.1 所示。

算法 9.1 基于梯度压缩的分布式训练算法

Require: 数据集 χ
Require: 每个节点的数据批大小 b
Require: 计算节点总数 N
Require: 优化函数 SGD
Require: 初始化参数 $\boldsymbol{w}$
1: 对于计算节点 $k(=0,1,2\cdots)$：
2: **for** $t=0,1,\cdots$ **do**
3: 　从数据集中采样 χ 采样一批数据 $\boldsymbol{x}$
4: 　根据数据 $\boldsymbol{x}$ 进行前向和反向传播：$\boldsymbol{g}_t^k \leftarrow \boldsymbol{g}_t^k + \frac{1}{Nb}\nabla f(\boldsymbol{x};\boldsymbol{w}_t)$
5: 　压缩梯度：$\hat{\boldsymbol{g}}_t^k \leftarrow \text{compress}(\boldsymbol{g}_t^k)$
6: 　梯度编码并同步多机梯度：$\hat{\boldsymbol{g}}_t^k \leftarrow \text{AllReduce}_{k=1}^{N}\,\text{encode}(\hat{\boldsymbol{g}}_t^k)$
7: 　权重更新：$\boldsymbol{w}_{t+1} \leftarrow \text{SGD}(\boldsymbol{w}_t, \hat{\boldsymbol{g}}_t^k)$
8: **end for**

9.5.1 梯度剪枝方法

在训练深度神经网络时，其参数梯度通常是正偏态的，存在大量接近于零的梯度，因此对梯度进行剪枝[6, 30, 165] 能够有效压缩梯度，减少分布式通信带宽，避免通信带宽不足造成的分布式训练瓶颈。

假设网络梯度的目标稀疏度是 $s\%$，梯度总数为 N_g，第 k 个节点上的网络梯度表示为 $\boldsymbol{g}^k$，通过对梯度绝对值按升序排序，选择排名在第 $s\% \times N_g$ 个的梯度绝对值作为剪枝阈值 τ，然后对绝对值小于该阈值的梯度进行剪枝。基于剪枝的梯度压缩可以表示为

$$\tau = \mathrm{Sort}(|\boldsymbol{g}^k|)[s\% \times N_g] \tag{9.7}$$

$$\mathrm{Mask} = |\boldsymbol{g}^k| > \tau \tag{9.8}$$

$$\hat{\boldsymbol{g}}^k = \boldsymbol{g}^k \odot \mathrm{Mask} \tag{9.9}$$

其中 $\odot$ 代表对应元素相乘。

局部阈值与全局阈值：与网络权重剪枝一样，梯度剪枝也存在局部阈值和全局阈值的选择。局部梯度阈值是指将网络每一层的梯度单独排序，选择排名 $s\%$ 的参数作为阈值，然后在每一层内部进行梯度剪枝；全局阈值则对整个网络所有梯度进行排序，选取一个全局阈值，对整个网络的梯度进行剪枝。受到梯度消失或者梯度爆炸等原因的影响，网络每层梯度的幅值有较大的尺度差异，全局阈值可能导致某些层的梯度被全部剪掉，因此在梯度剪枝中局部阈值是一个较好的选择。

9.5.2 梯度量化方法

梯度量化是指将网络梯度从浮点格式量化成低比特的定点数，许多研究工作[7, 66, 219, 259] 对分布式计算下的梯度量化展开研究，相关结果表明在一些数据分布上网络训练时的梯度可以量化成三值数（ternary）甚至 1 比特，对梯度实现 $10 \sim 30$ 倍的压缩，进而加速分布式训练的梯度同步。

网络梯度量化可以采用均匀量化（uniform quantization）或者非均匀量化（non-uniform quantization），相对而言，均匀量化的反量化过程较为简单。假设 $Q(\cdot)$ 代表量化函数，假设给定压缩比特数 b，$q_{\max}$ 和 $q_{\min}$ 分别代表 b 比特最大

和最小整数值，一种简单的均匀量化函数 $\mathcal{Q}$ 可以表示为

$$\hat{\boldsymbol{g}}^k = \text{clip}\left(\text{round}\left(\frac{\boldsymbol{g}^k}{s}\right), q_{\min}, q_{\max}\right) \tag{9.10}$$

这里 $\text{clip}(\cdot,\cdot,\cdot)$ 代表截断函数，$\text{round}(\cdot)$ 代表取整函数，s 代表均匀量化的步长（step-size）。量化步长 s 的选取有多种方式，最简单的方式是 $s=\frac{\max(\boldsymbol{g}^k)-\min(\boldsymbol{g}^k)}{q_{\max}-q_{\min}}$。在分布式梯度同步之后，通常需要接收到的量化梯度进行反量化（de-quantization）以得到最终的梯度，量化函数式 (9.10) 对应的反量化函数 $\mathcal{Q}^{-1}$ 为

$$\boldsymbol{g}^k = \hat{\boldsymbol{g}}^k \cdot s \tag{9.11}$$

由于量化步长 s 是一个浮点数，所以要实现梯度压缩，通常是多个梯度共享一个步长 s。根据共享粒度的不同，可以将这些方法分为层级量化和通道级量化。在层级量化中，每层的梯度共享一个步长 s，而在通道级量化中每个卷积核共享一个步长，因此量化误差更小，但是需要传输更多的浮点量化步长。假设一层卷积层包含 T 个 $C\times k\times k$ 的卷积核，通道级量化的梯度需要传输 $T\times 32+T\times C\times k\times k\times b$ 个比特的数据，而层级量化需要传输 $32+T\times C\times k\times k\times b$ 个比特的数据。

9.5.3 本地残差梯度积累

对深度网络梯度进行量化或剪枝会导致同步的梯度存在一定的误差，对于一个包含 N 个 GPU 的分布式系统来说，经过梯度压缩之后，第 k 个节点的梯度残差可以表示为

$$\delta\boldsymbol{g}^k = \boldsymbol{g}^k - \hat{\boldsymbol{g}}^k \tag{9.12}$$

由于这些残差幅值通常较小，所以单次训练迭代不会对网络训练造成显著影响。但是，在多次迭代中，每次迭代都会产生梯度残差并传播到下一次迭代中。那么这些细小的误差在多次迭代之后会积累成较大的梯度误差，模型参数在缺失这部分累积梯度增量的情况下会导致网络收敛困难或精度较差。

为了解决这个问题，一种方法是在各个 GPU 上分别积累梯度压缩的残差，然后在下次压缩梯度之前将这部分残差加到梯度上，防止多次迭代之间的残差累加。这种方法一般称为本地残差梯度积累（Local Residual Gradient Accumulate）[165, 219]。基于本地残差梯度积累的梯度剪枝可以表示为

$$\hat{\boldsymbol{g}}_t^k = \mathrm{Prune}(\delta\boldsymbol{g}_{t-1}^k + \boldsymbol{g}_t^k) \tag{9.13}$$

$$\delta\boldsymbol{g}_t^k = \boldsymbol{g}_t^k - \hat{\boldsymbol{g}}_t^k \tag{9.14}$$

其中 $\boldsymbol{g}_t^k$、$\delta\boldsymbol{g}_t^k$ 和 $\hat{\boldsymbol{g}}_t^k$ 分别代表第 k 个 GPU 上第 t 次迭代的梯度、梯度残差和剪枝梯度，$\mathrm{Prune}(\cdot)$ 代表剪枝函数式 (9.7)。

类似地，基于本地残差梯度积累的梯度量化可以表示为

$$\hat{\boldsymbol{g}}_t^k = \mathcal{Q}(\delta\boldsymbol{g}_{t-1}^k + \boldsymbol{g}_t^k) \tag{9.15}$$

$$\delta\boldsymbol{g}_t^k = \boldsymbol{g}_t^k - \mathcal{Q}^{-1}(\hat{\boldsymbol{g}}_t^k) \tag{9.16}$$

其中 $\mathcal{Q}(\cdot)$ 和 $\mathcal{Q}^{-1}(\cdot)$ 分别代表量化和反量化函数。

动量更新（Momentum update）是深度网络参数优化中常用的技术之一，比如带动量的 SGD 算法。类似于梯度误差积累问题，动量更新也存在误差积累的问题。类似于本地残差梯度积累，研究工作[165] 中提出了一种动量矫正方法，在每个 GPU 上维持一个本地残差动量来消除多次迭代后产生的动量误差。本书在这里就不展开介绍，有兴趣的读者可以详细阅读文献[165]。

9.5.4 本地梯度截断

在深度网络训练中，梯度截断（Gradient Clipping）常被用来解决梯度爆炸问题。有研究[197] 提出一种基于 l_2 范数的梯度截断算法，当梯度向量的 l_2 范数大于阈值 τ_{clip} 的时候，对梯度向量进行缩放保证其 l_2 范数小于或等于阈值 τ_{clip}：

$$\bar{\boldsymbol{g}} = \begin{cases} \dfrac{\tau_{\mathrm{clip}}}{\|\boldsymbol{g}\|_2} \cdot \boldsymbol{g}, & \|\boldsymbol{g}\|_2 \geqslant \tau_{\mathrm{clip}} \\ \boldsymbol{g}, & \text{否则} \end{cases}$$

通常在分布式训练中，梯度截断发生在分布式梯度整合之后，对 $\sum\limits_{k=1}^{N} \boldsymbol{g}^k$ 进行梯度截断，但是截断时使用的尺度缩放无法影响本地累积的梯度残差，因此需要在每个 GPU 上单独进行梯度截断。由于每个 GPU 上的梯度只是部分梯度信息，为了达到全局梯度阈值 τ_{clip}，在每个 GPU 上进行梯度截断时采用的梯度阈值应该为：$\frac{\tau_{\mathrm{clip}}}{N^{\frac{1}{2}}}$，这种在每个 GPU 上进行梯度截断的方法称为本地梯度截断（Local Gradient Clipping）[165]。

除此之外，对于梯度量化来说，梯度赋值过大会造成梯度范围较大的问题，

这会增加量化步长，带来更高的量化损失。从这个角度出发，有研究[259] 提出了一种更简单的梯度截断方式，将高于阈值的梯度直接截断：

$$\bar{\boldsymbol{g}}_i = \begin{cases} \boldsymbol{g}_i, & \text{若 } |\boldsymbol{g}_i| \leqslant \tau_{\text{clip}} \\ \text{sign}(\boldsymbol{g}_i) \cdot c\sigma, & \text{否则} \end{cases}$$

其中，σ 是梯度方差，c 代表超参数。同样，上述梯度截断方法是在每个 GPU 上进行的，而且是在梯度压缩之前就对其进行截断。

9.6 面向显存优化的高效训练算法

由于训练速度直接影响网络训练的效率，所以研究者们对训练加速关注较多。但是显存大小[1] 同样对网络训练有着深刻影响，比如：深度网络显存占用较多导致无法在 12GB 的显存 GPU 上运行，因此需要采购显存更大的 GPU 设备，增加额外成本；或者由于模型显存过高，网络训练的批次过小而无法收敛。因此，近年来研究者们在训练显存优化方向展开了一系列研究工作[28, 33, 39, 78]，提出了梯度检查点（Gradient Checkpointing）、内存下放（Memory Offloading）、激活压缩的训练（Activation Compression Traning，ACT）、稀疏训练[191, 271] 等各类训练内存压缩算法。在下面的小节中，本书将首先介绍深度神经网络训练内存的构成，然后介绍几种典型的训练内存压缩算法，由于稀疏训练算法与稀疏推理算法在内容上较为相似，本节不再赘述该系列算法。

9.6.1 网络训练内存构成

在深度网络训练中，网络内存占用由模型内存、激活内存、优化器内存等三部分构成。

模型内存主要是存储模型的权重（Weight），包括需要进行梯度优化的参数（Parameters）和缓存变量（Buffers），模型内存在整个网络训练中的占用比例一般较小，大约是优化器内存占用的三分之一至二分之一，远小于激活内存的占用大小。然而在特殊情况下模型内存占用有可能超过激活内存，比如一些以全连接层为主的网络结构，其参数大小比中间层激活要占用更多的内存。

[1]GPU 显卡内存。

激活内存是在网络前向过程中逐层计算每一层的输出激活（或者说特征图），如 9.2.2 节所述，这些中间层激活需要保存在 GPU 内存中以进行后续的梯度反向传播。对于卷积神经网络来说，网络中间层激活的占用内存通常远高于模型内存和优化器内存。另外，激活内存大小和网络训练批次大小基本呈线性递增关系，网络训练能设置的最大批次主要受到激活内存的影响。

优化器内存是指深度网络优化器（Optimizer）占用的相关内存，其存储了梯度和梯度动量等信息。如 9.2.4 节所述，不同类型的优化器需要存储不同的信息，比如带动量的 SGD 优化器除了需要存储梯度，还需要存储梯度的动量数据，大概需要两倍的模型内存；而对于 Adam 优化器来说，需要存储网络权重梯度、梯度一阶矩、梯度二阶矩等信息，其内存消耗需要大概三倍的模型内存。

9.6.2 梯度检查点

通常来说，深度网络在训练过程中需要存储所有中间层的激活特征以进行反向梯度传播，而梯度检查点（Gradient Check-pointing）[23, 35] 则是只存储一部分网络层的输入，然后在反向传播时计算未存储的中间层激活，是典型的以速度换显存的方法，可以有效降低训练中的激活内存。

一种简单的梯度检查点策略是均匀间隔检查点法，其基本思想是对网络计算图等间隔设立梯度检查点，在网络前向过程中只存储梯度检查点所在网络层的输入，在反向中根据梯度检查点的输入计算其后续的网络层的输出激活并进行梯度传播。考虑一个 L 层的无分支深度网络，假设每隔 M 层设一个梯度检查点，即在 $L_0, L_M, L_{2M}, \cdots, L_{M\times(N-1)}$ 等网络层设立梯度检查点，共需要设 $N = \text{ceil}(L/M)$ 个。在网络前向时只存储这些检查点所在层的输入，在网络反向时则需要根据第 $i \times M$ 层的输入计算从第 $i \times M$ 到第 $(i+1)\times(M-1)$ 层之间每一层的输出激活，然后再进行梯度的反向传播。可以看到，整个过程的内存消耗复杂度为 $\mathcal{O}(M+N)$，如果取 $M=\sqrt{L}$，则内存消耗复杂度为 $\mathcal{O}(\sqrt{L})$，和原始的 $\mathcal{O}(L)$ 内存消耗相比，实现了亚线性的梯度内存消耗。

均匀间隔检查点法可以有效降低训练内存占用，但该方法也增加了约一倍的网络前向计算开销。有研究工作[24] 提出无 BN 检查点法，即在网络前向过程中不存储任何一层 BN 和 ReLU 层的输出，因为 BN 和 ReLU 的计算量和卷积、全连接层的计算量相比更小，不会增加太多网络计算量。这种方法在几乎不增加计算量（小于 1%）的情况下能节省接近 50% 的激活内存，是一种比较好的梯度检查点策略。其他梯度检查点策略还包括均匀残差模块检查点法，在前向过程中只保存每个残差模块的输出或者每隔 M 个残差模块的输出，在反向过程中重新计算残差模块内部层的输出。该策略还能和无 BN 检查点法相结合，在每个残差模块中保存第一个卷积的输出，但是不保存 BN 和 ReLU 层的输出，以减少重新计算卷积层的计算代价。

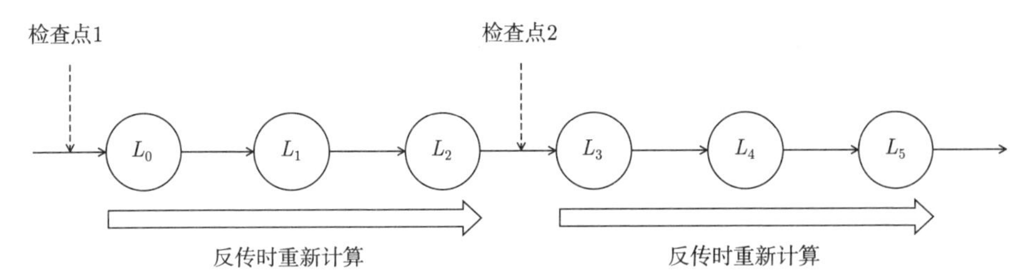

图 9.7 均匀间隔梯度检查点策略

图中给出了一个 6 层的神经网络，在前向传播时设立 2 个梯度检查点，只保存这些层的输入，然后在梯度反向传播时基于这些输入重新计算并保存 3 层的输出结果以进行梯度反传。

9.6.3 内存下放

由于 GPU 显存大小有限而且很难扩展，而 CPU 内存有较大扩展空间，一种节约显存的方法就是将数据从 GPU 中传输到 CPU 内存中，这种将原来保存在 GPU 中的数据传输到 CPU 内存进而减少 GPU 显存占用的技术称为内存下放（Memory Offloading）[224]，由于在计算时仍需要将 CPU 中的数据传回 GPU，这种技术也称为内存交换（Memory Swapping）。在前向传播时，内存下放会将某些网络中间层的激活输出下放到 CPU 内存中。在梯度反向传播时，则需要将 CPU 内存中保存的数据传回 GPU 来计算网络权重的梯度。内存下放技术的重点在于将哪些数据从 GPU 显存传输到 CPU 内存，一种朴素的做法是将所有中间层输出结果都下放到 CPU 内存中，但是将数据从 CPU 内存转到 GPU 内存会消耗一部分通信时间，对于计算复杂度较低的网络层来说，数据传输的时间甚至超过了梯度计算的时间，一种更合理的策略是只对卷积层的输出激活进行内存下放。

对于一些参数量比较大的模型，优化器内存在模型训练内存的比重较高，有研究工作[212] 提出了 ZeRo-Offload 方法，实现了 CPU 下的网络优化器，使得网络梯度和动量等都在 CPU 上存储和更新，实现了较高的网络内存优化。

9.6.4 激活压缩的训练

激活压缩的训练（Activation Compressed Training）在训练过程中对激活输出进行压缩保存，从而减少训练内存占用、增加训练批次的大小（Batch Size）。对于网络激活的压缩，相关研究工作主要基于量化来实现[28, 33, 75]。在面向推理的神经网络量化中，网络量化通过对网络权重和激活进行量化训练来实现推理模型的加速和压缩。与之不同的是，激活压缩的训练在网络前向传播中使用浮点类型的（而不是量化后的）输入和权重进行前向计算，在反向过程中则是基于量化后保存的激活和浮点参数进行梯度计算。另外，激活压缩训练的主要目的是减少网络中激活内存的占用，而不是对推理模型进行加速和压缩。

前向传播过程：在激活压缩的训练中，前向计算仍然使用浮点类型的输入和权重，但是保存的输入激活却是量化后的。如清单 9.2 第 9—11 行所示，在前向计算前保存量化压缩后的输入，但是前向计算时使用的仍是浮点的输入激活。激活量化的函数可以是均匀量化[28, 33] 或非均匀量化[75]，研究工作[33] 中使用的是随机均匀量化，并给出了通用网络结构下的收敛性证明，而且给出了量化激活带来的梯度方差大小，能够用来评估不同比特量化带来的误差影响。

反向传播过程：如清单 9.2 第 12—14 行所示，在反向过程中需要对前向过程中保存的压缩输入进行解压缩以得到浮点格式的输入。在计算网络损失 $\mathcal{L}(\boldsymbol{W})$ 相对于当前层权重 $\boldsymbol{W}^l$ 的梯度时，使用解压后的输入进行梯度计算。注意这里使用浮点格式表示解压后的输入是为了更好地进行浮点计算，本质上还是使用浮点格式表示的量化数据，其数据表示精度并没有发生变化。

清单 9.2 PyTorch 框架下普通计算层和激活压缩计算层的伪代码

```
class NormalLayer:
    def forward(context, input):
        context.save_for_backward(input)
        return compute_output(input)
    def backward(context, grad_output):
        input = context.saved_tensors
        return compute_gradient(grad_output,input)
class ActivationCompressedLayer:
    def forward(context, input):
        context.save_for_backward(compress(input))
        return compute_output(input)
    def backward(context, grad_output):
        input = decompress(context.saved_tensors))
        return compute_gradient(grad_output,input)
```

9.7 面向计算过程的网络训练加速

基于梯度压缩的分布式训练算法主要解决分布式训练下的通信瓶颈问题，而面向计算过程的网络训练加速则是对网络前向传播和反向传播的计算过程进行加速。网络推理加速中常用的量化和稀疏计算等方法对训练计算过程同样能起到良好的加速作用，但是在具体的使用方法上有所区别。本节重点介绍基于量化和剪枝技术的网络训练加速方法，包括 FP16 混合精度训练算法、基于低比特量化的训练加速算法、稠密与稀疏网络[1] 交替训练算法，以及基于稀疏反向传播的训练加速方法。

9.7.1 FP16 混合精度训练算法

深度网络训练中的权重、激活、梯度等数据一般都使用 32 位浮点（FP32）数据类型表示，在半精度浮点（FP16）格式下只有 5 位指数和 10 位尾数（见图 9.8），其取值范围和最小表示值都不如 32 位浮点表示，但是 16 比特数据传输和计算速度都比浮点计算快，而且 GPU 等硬件对 FP16 也有较为良好的支持。有研究工作[186] 表明在深度网络训练中使用半精度浮点几乎能取得和 32 位浮点数一样的网络精度。当前大部分深度学习训练框架都提供了 FP16 混合精度训练接口，比如 PyTorch 提供了 torch.cuda.amp 等自动混合精度接口来实现 FP16 计算加速。

在 FP16 混合精度计算中，网络中的权重、激活、梯度、梯度动量等数据都是以 FP16 半精度来存储的，因此网络前向传播和反向传播中都是基于半精度计算进行的。但是在 FP16 混合精度计算中通常会额外维护一个 32 位的浮点权重[2] 以进行半精度梯度累加，这主要是考虑到半精度权重可能会在某些情况下无法有效累加梯度。考虑两种情况下的半精度权重更新：第一，半精度梯度乘以学习率后可能导致幅值过小而无法被 FP16 表示，幅值小于 2^{-24} 的数值在 FP16 格式下都被表示成 0；第二，权重幅值高于更新量太多导致累加时更新量尾数变成 0，例如权重本身是更新量的 2048 倍，梯度累加时更新量需要右移 10 位导致 FP16 的尾数全部变成 0。因此维持一个 32 位浮点的权重进行梯度累加是很

[1]这里的稠密网络是指没有剪枝的网络，稀疏网络是指剪枝后的网络。

[2]由于网络中存在 FP16 和 FP32 两种精度的数据表示，所以 FP16 训练加速称为 FP16 混合精度训练。

有必要的。

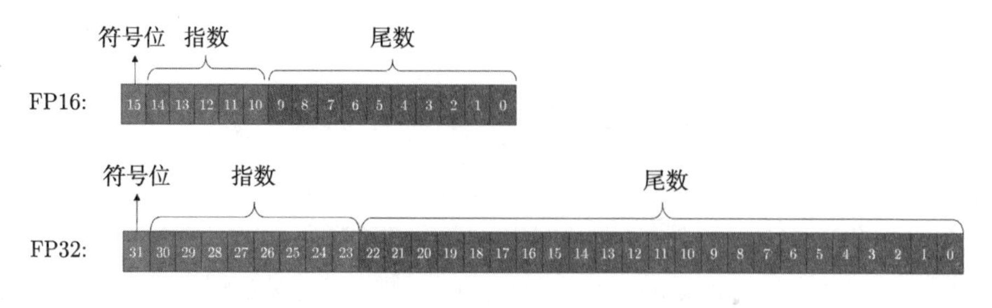

图 9.8　浮点 16 格式与浮点 32 位格式

9.7.2　基于低比特量化的训练加速算法

基于低比特量化的训练加速算法重点研究对网络中的权重、激活、梯度等数据采用低比特（$\leqslant 8$ 比特）量化数据表示，和 FP16 混合精度量化相比，低比特量化的训练速度更快、内存访问代价更小。但是低比特量化带来的代价是量化误差较大，进而导致精度达不到浮点网络训练精度。因此，为了保持网络训练精度，大部分研究工作[247, 264, 279, 310] 都致力于研究基于 8 比特量化的训练加速算法。

网络前向传播：在网络前向传播过程中，激活和权重都进行低比特量化，然后再进行量化前向计算，见图 9.9。该过程和量化感知训练（QAT）比较类似，不同的是量化感知训练中的前向计算通常还是基于低比特精度的浮点计算进行的，而这里为了实现网络加速，需要使用量化前向计算，比如 8 比特的矩阵运算 Gemmlowp[1]。另外，很多低比特量化训练加速算法都对批归一化层进行了量化处理，而在量化感知计算中批归一化层通常是不会被量化的。

网络反向传播：如图 9.9 所示，在梯度反向传播过程中，需要对网络损失相对于激活 $\boldsymbol{z}^l$ 的梯度 $\boldsymbol{e}^l = \frac{\partial \mathcal{L}(\boldsymbol{W})}{\partial \boldsymbol{z}^l}$（也称为传播误差）进行量化，由于权重 $\boldsymbol{W}^l$ 和输入 $\boldsymbol{x}^l$ 在前向过程中已经被量化了，因此反向过程也可以进行量化计算加速。为了在参数更新时减少数据溢出和舍入误差，通常需要使用高比特表示（比如浮点 32 位）的权重来积累梯度更新。

[1]链接 9-2。

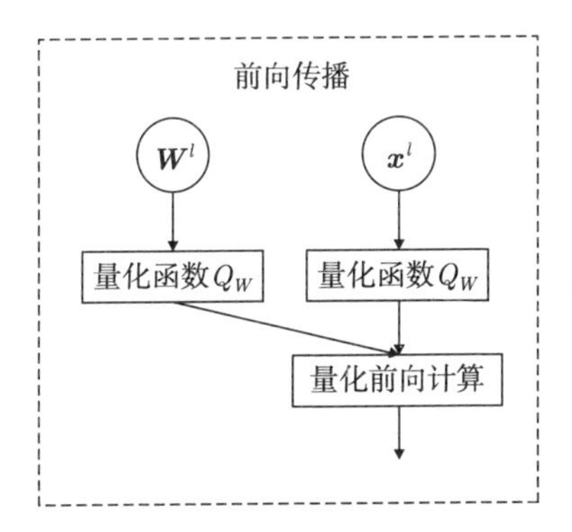

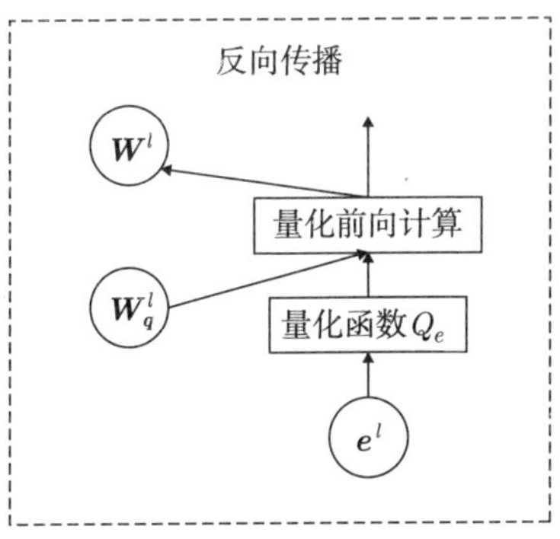

图 9.9 低比特量化训练计算过程

9.7.3 稠密和稀疏网络交替训练算法

神经网络剪枝通常被认为具有减少网络过拟合、增强网络泛化性的作用，但是通常被用于面向推理的网络加速和压缩。在神经网络训练中，基于剪枝算法可以对网络训练模式进行更改，它不只是训练稠密网络，而是对稠密网络和稀疏网络进行交替迭代训练，从而减少网络过拟合，提升网络精度。在这种情况下，网络剪枝类似于 Dropout，减少了网络过拟合的程度。如果是结构化剪枝算法，稀疏网络的训练比稠密网络训练速度要快很多，因此还能够加快网络整体训练速度。有研究工作[92, 201] 提出 DSD 和 RePr 算法，从权重剪枝和卷积核剪枝两个角度探讨了稀疏网络训练对网络精度的提升效果，均采用了稠密和稀疏网络交替迭代训练算法。

如算法 9.2 所示，稠密和稀疏网络交替训练算法先对稠密网络进行正常网络训练，然后基于某种评价标准对权重（或卷积核）进行排序，并对重要性比较低

算法 9.2 稠密和稀疏网络交替训练算法

1: **for** $t = 0, 1, \cdots, N$ **do**
2:     **for** $i = 0, 1, \cdots, S_1$ **do**
3:         训练稠密网络: $\min \mathcal{L}(\boldsymbol{W})$
4:     **end for**
5:     基于某种度量对网络进行剪枝
6:     **for** $i = 0, 1, \cdots, S_2$ **do**
7:         训练稀疏网络: $\min \mathcal{L}(\boldsymbol{W}_s)$
8:     **end for**
9:     重新初始化剪掉的权重
10: **end for**

的权重（或卷积核）进行剪枝，得到稀疏权重 $\boldsymbol{W}_{\mathrm{s}}$。由于稀疏网络特别是结构化稀疏网络训练较快，通过训练稀疏网络能够加快网络训练速度。在稀疏网络训练之后，对于剪枝后的权重进行重新初始化，再进行下一次交替迭代训练。

9.7.4 基于稀疏反向传播的训练加速

如前所述，在深度网络训练中反向传播比前向传播的时间复杂度更高，因此对反向传播进行加速是一个不错的高效训练算法方向。此外，我们注意到反向传播中需要计算网络损失相对于每一层参数的梯度 $\frac{\partial \mathcal{L}(\boldsymbol{W})}{\partial \boldsymbol{W}^l}$ 以及相对于每一层输入的梯度 $\frac{\partial \mathcal{L}(\boldsymbol{W})}{\partial \boldsymbol{x}^l}$，这二者的求解过程都离不开网络损失相对于每一层输出的梯度 $\frac{\partial \mathcal{L}(\boldsymbol{W})}{\partial \boldsymbol{z}^l}$。因此，对梯度 $\frac{\partial \mathcal{L}(\boldsymbol{W})}{\partial \boldsymbol{z}^l}$ 的稀疏化能够实现对 $\frac{\partial \mathcal{L}(\boldsymbol{W})}{\partial \boldsymbol{W}^l}$ 和 $\frac{\partial \mathcal{L}(\boldsymbol{W})}{\partial \boldsymbol{x}^l}$ 的计算加速，可谓是一石二鸟。研究工作[231, 256, 271, 283] 中探讨了全连接网络和卷积神经网络下的基于稀疏梯度反向传播的训练加速方法，相关实验结果表明在梯度 $\frac{\partial \mathcal{L}(\boldsymbol{W})}{\partial \boldsymbol{z}^l}$ 剪枝到 5% 的情况下，深度网络仍然能够得到接近或者超过原始网络训练的精度。

我们以全连接层为例具体介绍稀疏反向传播的计算过程，假设 $\boldsymbol{x} \in \mathbb{R}^S$ 代表全连接层的输入，$\boldsymbol{W} \in \mathbb{R}^{T\times S}$ 代表该全连接层权重，$\boldsymbol{z} \in \mathbb{R}^T$ 是其输出结果，那么其前向过程可以表示为

$$\boldsymbol{z} = \boldsymbol{W}x \tag{9.17}$$

通过在反向传播过程中对梯度 $\boldsymbol{g}_z = \frac{\partial \mathcal{L}(\boldsymbol{W})}{\partial \boldsymbol{z}^l}$ 剪枝，得到剪枝后的梯度 $\hat{\boldsymbol{g}}_z$，然后可以进行稀疏梯度反向传播：

$$\frac{\partial \mathcal{L}(\boldsymbol{W})}{\partial \boldsymbol{W}} = \hat{\boldsymbol{g}}_z \cdot \boldsymbol{x}^{\mathrm{T}} \tag{9.18}$$

$$\frac{\partial \mathcal{L}(\boldsymbol{W})}{\partial \boldsymbol{x}} = \boldsymbol{W}^{\mathrm{T}}\hat{\boldsymbol{g}}_z \tag{9.19}$$

从上式中可以看到，由于梯度 $\hat{\boldsymbol{g}}_z$ 是稀疏的，因此反向传播都是稀疏运算。对于卷积神经网络来说，其稀疏梯度反向传播的计算过程类似。但是，在实际训练中通常是采用批次输入进行训练的，这时输入和输出分别是 $\boldsymbol{X} \in \mathbb{R}^{N\times S}$ 和 $\boldsymbol{X} \in \mathbb{R}^{N\times T}$，而梯度 $\frac{\partial \mathcal{L}(\boldsymbol{W})}{\partial \boldsymbol{Z}}$ 采用细粒度剪枝后是不规则的稀疏表示，由于细粒度稀疏矩阵加速需要对应的稀疏加速代码或者专用硬件，其加速效果受到了很大影响。

9.8 本章小结

由于网络训练的效率直接影响研究者训练的时间和金钱成本，因此本章主要介绍高效的网络训练方法。为了让读者更容易理解不同的网络高效训练算法，本章在最开始就介绍了网络训练不同阶段的作用和功能。当前网络模型巨大的参数和计算量使得分布式训练成为网络训练不可或缺的一部分，因此本章还对不同的分布式训练模式进行了阐述。基于这些背景知识，本章从网络训练的不同阶段出发，介绍了针对不同训练阶段的高效训练算法，希望读者能根据训练时的瓶颈采用不同的高效训练方法。

10 卷积神经网络高效计算

在前面的章节中，我们从网络稀疏、量化、轻量化网络设计和搜索等方面介绍了如何压缩一个较大的网络模型，或者直接设计一个轻量化的网络模型，以期它们可以在真实的设备上拥有更快的推理速度。然而，卷积神经网络的快速计算离不开设备上的快速计算算法，尤其是快速卷积计算算法的支持。在业界，已经有许多优秀的运算库。利用这些优秀的计算加速库的支持，我们当然可以很方便地将网络模型快速部署到真实的设备上。如果你不仅仅满足于此，想要深入探究这些快速卷积算法背后的具体原理，那就跟随本章的步伐，和笔者一起来学习这些快速卷积算法的基本原理吧！

10.1 节将介绍一种经典的卷积计算算法，即 im2col 卷积算法（后续简称为 im2col 算法），该算法通过变换卷积输入，将卷积转化为矩阵乘，并可以利用已有的矩阵加速库进行高效计算；10.2 节将介绍 im2col 算法的一种改进算法 MEC，该算法在 im2col 算法的基础上减少了内存占用；10.3 节将介绍一种基于变换域的快速卷积算法——基于 Winograd 变换的 Winograd 快速卷积算法（后续简称为 Wingrad 算法）。在上述所有算法中，矩阵乘在其中都扮演着重要的角色，在计算流程中都占据了主要计算量。10.4 节作为选读内容，将基于 CPU 的计算架构介绍高效矩阵乘的优化和实现。

为了使本章的算法叙述有重点地进行，我们假设读者具有基本的编程基础，了解内存、指针等基本的相关概念。本章灰色方框中的内容是独立于算法流程之外，与算法的实现有关的描述。只关心算法的基本原理、操作流程的读者可以忽略不看，而想要自己动手实现计算算法的读者需要特别注意这些内容。

10.1 im2col 算法

本章首先介绍一种经典的快速卷积计算算法 im2col 算法，如图 10.1 所示。该算法的基本思路是，通过对卷积的输入进行内存重排，将复杂的卷积计算转化为相对更为简单的矩阵运算。而这些矩阵运算可以借助已有的矩阵运算库实现高效计算。

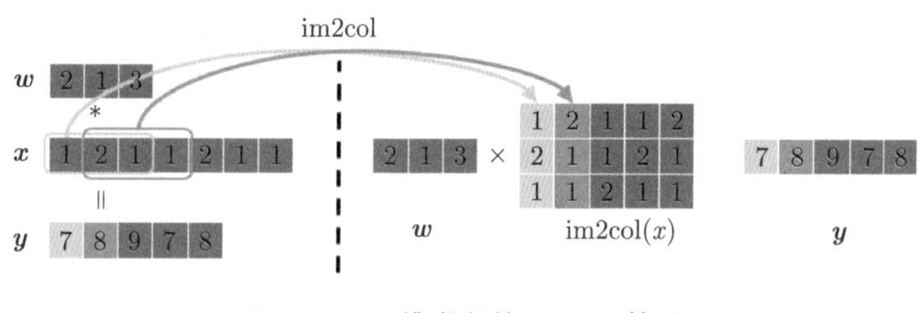

图 10.1　一维卷积的 im2col 算法

10.1.1 一维卷积的 im2col 算法

我们先从最简单的一维卷积的情况开始讲起。先回顾一下一维卷积的计算过程。设卷积核 $\boldsymbol{w} = [w_1, w_2, \cdots, w_r] \in \mathbb{R}^r$ 为一长度为 r 的向量，卷积输入 $\boldsymbol{x} = [x_1, x_2, \cdots, x_n] \in \mathbb{R}^n$ 为一长度为 n 的向量，则 $\boldsymbol{w}$ 和 $\boldsymbol{x}$ 之间的卷积可按下式计算：

$$y_i = \sum_{j=1}^{r} w_j \cdot x_{i+j-1} \tag{10.1}$$

其中 $\boldsymbol{y} = \boldsymbol{w} * \boldsymbol{x}$，$y_i$ 是 $\boldsymbol{y}$ 的第 i 个元素。式 (10.1) 实际上描述了一种“滑动窗口 + 内积”的计算，如图 10.1 左半部分所示。首先，卷积核 $\boldsymbol{w}$ 沿着输入向量 $\boldsymbol{x}$ 滑动，每滑动到一个位置，就将 $\boldsymbol{x}$ 中对应的元素和卷积核 $\boldsymbol{w}$ 进行内积运算得到对应的输出。例如，在计算开始时，$\boldsymbol{w}$ 处在 $\boldsymbol{x}$ 左侧的起始位置，与该位置对应的 $\boldsymbol{x}$ 中的元素是其前 3 个元素 $[1, 2, 1]$，即图中白底色部分所标识的元素，然后将这三个元素和卷积核 $\boldsymbol{w}$ 作内积，得到

$$y_1 = \begin{bmatrix} 2 & 1 & 3 \end{bmatrix} \begin{bmatrix} 1 \\ 2 \\ 1 \end{bmatrix} = 7 \tag{10.2}$$

此为一维卷积计算结果的第一个元素，也即图 10.1 左下部分中用黄色框标识的元素；接下来，将卷积核沿着 $\boldsymbol{x}$ 右移一步，到达图中橘红色框所标识的位置，对应的 $\boldsymbol{x}$ 中的元素为：$[2,1,1]$，然后将 $\boldsymbol{w}$ 和这三个元素作内积，得到结果 8，此即卷积输出结果的第二个元素，也即图中左下部橘红色框标识的元素。以此类推，直到 $\boldsymbol{w}$ 移动到 $\boldsymbol{x}$ 末尾的位置，计算出所有结果，即完成了一维卷积运算。很显然，得到的卷积输出的长度为 $m=n-r+1$。

回顾了一维卷积的运算过程，我们发现，整个运算过程实际上是同一个向量，即卷积核 $\boldsymbol{w}$ 和输入 $\boldsymbol{x}$ 中不同的元素在做内积运算。从这里，你是否嗅探到了什么呢？没错，一维卷积运算里似乎藏着矩阵和向量相乘的影子！因为矩阵和向量相乘的运算过程，也是同一个向量和矩阵中不同的行或列作内积运算。不过卷积运算里藏着的矩阵乘向量，没有那么直接，我们需要首先对输入 $\boldsymbol{x}$ 做一些变换。如图 10.1 右半部分所示，构造一个矩阵，我们称之为 $\mathrm{im2col}(\boldsymbol{x})$。设想一个和卷积核 $\boldsymbol{w}$ 长度相同的窗口沿着 $\boldsymbol{x}$ 滑动，每滑动到一个位置就把对应的元素放在 $\mathrm{im2col}(\boldsymbol{x})$ 的一列里。例如，开始时，窗口位于 $\boldsymbol{x}$ 的起始位置，即图中左侧被黄色框覆盖的位置，我们将这一部分元素放到 $\mathrm{im2col}(\boldsymbol{x})$ 的第一列，即右侧 $\mathrm{im2col}(\boldsymbol{x})$ 中黄色的一列；然后窗口右移一格，到达图中橘红色框覆盖的位置，将对应的 $\boldsymbol{x}$ 中的元素放到 $\mathrm{im2col}(\boldsymbol{x})$ 的第二列，即右侧 $\mathrm{im2col}(\boldsymbol{x})$ 中橘红色的一列。以此类推，直到窗口移动到 $\boldsymbol{x}$ 末尾的位置，并将所有对应的元素放置到 $\mathrm{im2col}(\boldsymbol{x})$ 不同的列中。这样构造完成后，卷积的输出 $\boldsymbol{y}$ 便可通过卷积核 $\boldsymbol{w}$ 和矩阵 $\mathrm{im2col}(\boldsymbol{x})$ 进行计算：

$$\boldsymbol{y}=\boldsymbol{w}^{\mathrm{T}}\mathrm{im2col}(\boldsymbol{x}) \tag{10.3}$$

需要注意的是在构造矩阵 $\mathrm{im2col}(\boldsymbol{x})$ 的过程中，只涉及内存搬运，不涉及任何计算，因此可以高效地完成。经过这一变换之后，原始的卷积运算现在就被转化为矩阵和向量的相乘运算。

读到这里，细心的读者可能已经发现，一维卷积的 im2col 算法只是通过对输入的变换，将原始的卷积计算转化为矩阵-向量相乘的计算。在这一过程中，不仅丝毫没有减少计算量，反而多出了 im2col 过程带来的额外开销。那么，它计算上的高效性又是从哪里来的呢？这是因为，在现代计算机体系结构中，一个算法的计算量早已不是决定该算法运行时间的唯一因素，除此之外，像访存模式的连续

性、计算的可并行性等都会极大地影响算法的运行速度。而矩阵-向量相乘，包括矩阵-矩阵相乘等这些在线性代数中极其重要的运算，它们在现代通用计算设备如 CPU、GPU 上的高效实现，都已经经过了成熟的研究，且有许多现有的、高度优化的矩阵运算库供研究者使用。借助于这些优秀的矩阵运算库，才能高效地实现 im2col 算法。

10.1.2 二维卷积的 im2col 算法

在介绍了一维卷积的 im2col 算法之后，我们再来看二维卷积的 im2col 算法的思路。同样，我们先来回顾一下二维卷积的计算过程。对于卷积核 $\boldsymbol{W} \in \mathbb{R}^{r\times r}$ 和卷积输入 $\boldsymbol{X} \in \mathbb{R}^{n\times n}$，设卷积的输出为 $\boldsymbol{Y}$，则 $\boldsymbol{Y}$ 中的每一个元素可按式 (10.4) 计算：

$$Y_{i,j} = \sum_{k=1}^{r}\sum_{l=1}^{r} W_{k,l} \cdot X_{i+k-1,j+l-1} \tag{10.4}$$

其中，$Y_{i,j}$ 代表矩阵 $\boldsymbol{Y}$ 的第 i 行第 j 列的元素。与一维卷积类似，二维卷积也可以被描述为一种“滑动窗口 + 内积”的运算。即卷积核 $\boldsymbol{W}$ 从输入 $\boldsymbol{X}$ 的左上角开始，按照从左到右、从上到下的顺序沿着 $\boldsymbol{X}$ 滑动，每滑动到一个位置，就将卷积核 $\boldsymbol{W}$ 中的元素和对应位置的 $\boldsymbol{X}$ 中的元素做内积计算得到卷积输出。如图 10.2 上半部分所示。刚开始时，卷积核 $\boldsymbol{W}$ 在输入 $\boldsymbol{X}$ 左上角的位置，即图中黄色框所覆盖的位置，与之对应的 $\boldsymbol{X}$ 中的元素是 $\begin{bmatrix} X_{1,1} & X_{1,2} \\ X_{2,1} & X_{2,2} \end{bmatrix} = \begin{bmatrix} 1 & 1 \\ 1 & 2 \end{bmatrix}$。将此 $\boldsymbol{X}$ 的子矩阵和卷积核 $\boldsymbol{W}$ 逐元素相乘并累加即可得到卷积输出 $\boldsymbol{Y}$ 的第一个元素。具体而言，我们首先将 $\boldsymbol{X}$ 的子矩阵和卷积核 $\boldsymbol{W}$ 分别展开成一条向量：

$$\begin{aligned} \mathrm{Vec}(\boldsymbol{W}) &= \begin{bmatrix} 2 & 1 & 1 & 1 \end{bmatrix} \\ \mathrm{Vec}\left(\begin{bmatrix} X_{1,1} & X_{1,2} \\ X_{2,1} & X_{2,2} \end{bmatrix}\right) &= \begin{bmatrix} 1 & 1 & 1 & 2 \end{bmatrix} \end{aligned} \tag{10.5}$$

然后，卷积的输出 $\boldsymbol{Y}$ 的第一个元素可通过两个向量的内积计算得到：

$$Y_{1,1} = \begin{bmatrix} 2 & 1 & 1 & 1 \end{bmatrix} \begin{bmatrix} 1 \\ 1 \\ 1 \\ 2 \end{bmatrix} = 6 \tag{10.6}$$

接下来，$\boldsymbol{W}$ 向右移动一格，到达图中橘红色框所在的位置，对应的 $\boldsymbol{X}$ 中的元素为 $\begin{bmatrix} X_{1,2} & X_{1,3} \\ X_{2,2} & X_{2,3} \end{bmatrix} = \begin{bmatrix} 1 & 1 \\ 2 & 2 \end{bmatrix}$。然后将此 $\boldsymbol{X}$ 的子矩阵和卷积核 $\boldsymbol{W}$ 做内积运算，得到卷积输出 $\boldsymbol{Y}$ 的第二个元素：

$$Y_{1,2} = \begin{bmatrix} 2 & 1 & 1 & 1 \end{bmatrix} \begin{bmatrix} 1 \\ 1 \\ 2 \\ 2 \end{bmatrix} = 7 \tag{10.7}$$

以此类推，直到 $\boldsymbol{W}$ 滑动到 $\boldsymbol{X}$ 右下角的位置，分别执行相应的内积运算得到卷积输出的所有元素为止。显然，卷积输出 $\boldsymbol{Y}$ 的大小为 $m \times m$，其中 $m = n - r + 1$。

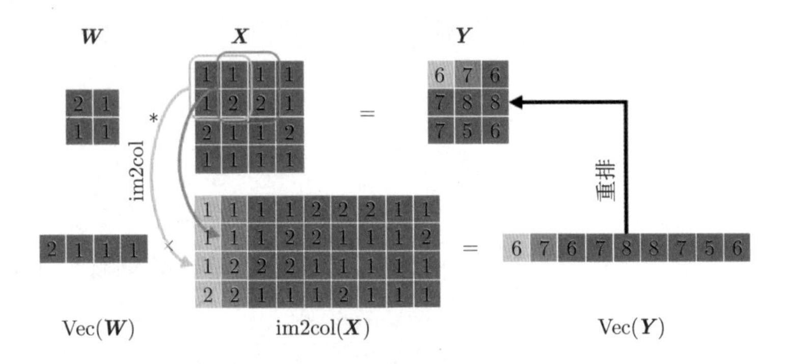

图 10.2　二维卷积的 im2col 算法

到这里，我们可以发现，与一维卷积类似，二维卷积的计算过程也是同一条向量 Vec($\boldsymbol{W}$) 与 $\boldsymbol{X}$ 中不同位置的子矩阵之间做内积的过程。因此，我们完全可以像在一维卷积的 im2col 算法里所做的那样，通过一些操作将二维卷积计算转化为矩阵-向量相乘计算。如图 10.2 的下半部分所示，构造一个 im2col($\boldsymbol{X}$) 矩阵，然后假想一个和卷积核一样大的窗口，该窗口沿着卷积输入 $\boldsymbol{X}$ 从左上角开始，从左到右、从上到下向 $\boldsymbol{X}$ 的右下角滑动。每滑动到一个位置，就把 $\boldsymbol{X}$ 中对应的子矩阵中的元素放置到 im2col($\boldsymbol{X}$) 的一列中。例如，图中上半部分被黄色框所覆盖的 $\boldsymbol{X}$ 的子矩阵中对应的元素被放置到图中下半部分 im2col($\boldsymbol{X}$) 矩阵的第一列，橘红色框所覆盖的 $\boldsymbol{X}$ 的子矩阵中对应的元素被放置到图中下半部分 im2col($\boldsymbol{X}$) 矩阵的第二列，等等。矩阵 im2col($\boldsymbol{X}$) 构造完成后，就可以通过向量化后的卷积核 Vec($\boldsymbol{W}$) 和矩阵 im2col($\boldsymbol{X}$) 之间的相乘运算得出卷积的输出。这里需要注意的是，向量 $\mathrm{Vec}(\boldsymbol{W})$ 和矩阵 $\mathrm{im2col}(\boldsymbol{X})$ 相乘后得到的输出是一条一维的向量：

$$\mathrm{Vec}(\boldsymbol{Y}) = \mathrm{Vec}(\boldsymbol{W}) \cdot \mathrm{im2col}(\boldsymbol{X}) \tag{10.8}$$

而二维卷积的输出 $\boldsymbol{Y}$ 是一个二维的矩阵。我们只需要将向量 $\mathrm{Vec}(\boldsymbol{Y})$ 中的元素重排成一个矩阵即可。

需要提醒读者的是，在设备上实现时，这个所谓的"重排"不需要产生任何实际操作。因为无论是二维的矩阵，还是一维的向量，它们在内存中的排布方式都是一样的。二维矩阵在内存中的排布方式主要有行优先和列优先两种，下面我们以行优先的矩阵排布方式为例来说明二维矩阵和一维向量在内存排布上的等价性。

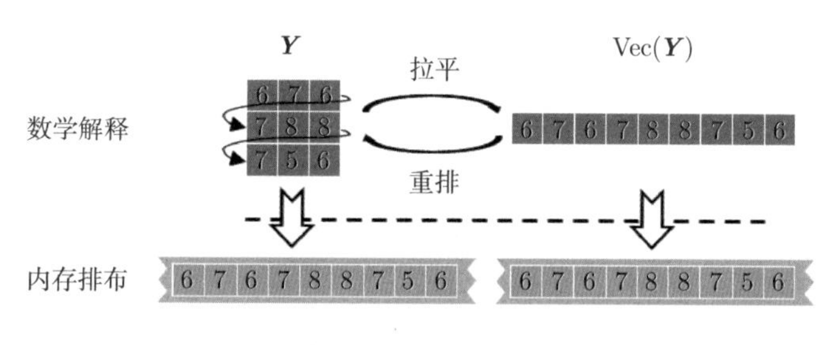

图 10.3 二维矩阵和一维向量的内存排布

图 10.3 展示了二维矩阵和一维向量在内存中的排布方式。图中左半部分展示了二维矩阵的行优先内存排布方式。首先，矩阵 $\boldsymbol{Y}$ 的第一行被从左到右依次放置在内存中，紧接着，矩阵的第二行被从左到右依次放置在接下来的内存中，以此类推，直到矩阵的所有行均被放置完毕。图中的右半部分展示了将矩阵 $\boldsymbol{Y}$ 拉平后得到的向量 $\mathrm{Vec}(\boldsymbol{Y})$ 在内存中的排布方式。一维向量在内存中的排布方式比较直接，只需要将向量中的元素在内存中按顺序放置即可。从图中我们可以看到，无论是二维矩阵 $\boldsymbol{Y}$，还是被拉平之后的一维向量 $\mathrm{Vec}(\boldsymbol{Y})$，它们在内存中的排布方式都是完全相同的。因此，在二维卷积的 im2col 算法的真正实现中，在对输入执行了 im2col 操作并利用矩阵-向量乘计算得到了一维向量 $\mathrm{Vec}(\boldsymbol{Y})$ 之后，为了得到真正的二维的卷积输出 $\boldsymbol{Y}$，我们实际上不需要任何额外的实际操作，只需要将向量 $\mathrm{Vec}(\boldsymbol{Y})$ 中的内容解释为一个二维矩阵即可。

10.1.3 多输入通道的二维卷积的 im2col 算法

到目前为止，我们已经介绍了一维卷积和二维卷积的 im2col 算法。然而，这两种卷积计算都与我们在深度神经网络中遇到的卷积计算相去甚远，因为在深度神经网络中遇到的卷积计算通常具有多个输入和输出通道。本节，我们先来介绍具有多个输入通道的二维卷积的 im2col 算法。在具有多个输入通道时，卷积核 W 和卷积的输入 X 均为一个三维的张量。在这种情况下，我们设 $\mathsf{W} \in \mathbb{R}^{i_c \times r \times r}$，$\mathsf{X} \in \mathbb{R}^{i_c \times n \times n}$，其中 i_c 是卷积的输入通道的个数。此时，我们定义 $\boldsymbol{W}_i = \mathsf{W}_{i,:,:} \in \mathbb{R}^{r \times r}$ 为第 i 个输入通道对应的卷积核，类似地，我们定义 $\boldsymbol{X}_i = \mathsf{X}_{i,:,:} \in \mathbb{R}^{n \times n}$ 代表第 i 个通道对应的卷积输入，那么多输入通道的二维卷积可由每一个通道对应的卷积核和卷积输入分别卷积再相加得到：

$$\boldsymbol{Y} = \mathsf{W} * \mathsf{X} \stackrel{\text{def}}{=} \sum_{i=1}^{i_c} \boldsymbol{W}_i * \boldsymbol{X}_i \tag{10.9}$$

图 10.4 上半部分展示了一个输入通道为 4 的多输入通道二维卷积计算的例子，在该计算中，卷积核 $\boldsymbol{W}_1, \boldsymbol{W}_2, \boldsymbol{W}_3, \boldsymbol{W}_4$ 分别和输入 $\boldsymbol{X}_1, \boldsymbol{X}_2, \boldsymbol{X}_3, \boldsymbol{X}_4$ 做二维卷积，然后将结果相加得到卷积最终的输出 $\boldsymbol{Y}$。当具有多个输入通道时，依然可以利用 im2col 算法来计算二维卷积，我们以图 10.4 下半部分为例来说明这个过程。事实上，这个思路非常简单，既然多输入通道的二维卷积可以由多个单输入通道的二维卷积累加得到，我们可以将每一个单输入通道的二维卷积利用 im2col 算法计算，然后将卷积结果累加起来。如图中所示，$\boldsymbol{W}_1$ 和 $\boldsymbol{X}_1$ 之间的卷积是一个单输入通道的二维卷积，我们已经在前一节中介绍过如何利用 im2col 算法来计算它。具体来讲，我们首先将 $\boldsymbol{W}_1$ 拉长成为一条向量，即图中左下部分的蓝色长条。然后根据卷积参数对 $\boldsymbol{X}_1$ 进行 im2col 操作得到 $\text{im2col}(\boldsymbol{X}_1)$，即图中中下部分的蓝色矩阵块。这样 $\boldsymbol{W}_1$ 和 $\boldsymbol{X}_1$ 之间的卷积就可以利用这两个向量和矩阵之间的向量-矩阵乘运算来实现。类似地，$\boldsymbol{W}_2, \boldsymbol{W}_3, \boldsymbol{W}_4$ 和 $\boldsymbol{X}_2, \boldsymbol{X}_3, \boldsymbol{X}_4$ 之间的卷积都分别可以利用单输入通道二维卷积的 im2col 算法来实现，然后将结果累加起来。我们发现，通过上面的转换，多输入通道的二维卷积最终被转化为多个向量-矩阵乘之间的累加，熟悉矩阵操作的读者可能马上就会发现，多个向量-矩阵乘之间的累加，事实上可以通过单个更大规模的向量-矩阵乘运算来实现：

$$
\begin{aligned}
\boldsymbol{\mathsf{W}} * \boldsymbol{\mathsf{X}} &= \sum_{i=1}^{i_c} \boldsymbol{W}_i * \boldsymbol{X}_i \\
&= \sum_{i=1}^{i_c} \mathrm{Vec}(\boldsymbol{W}_i) \cdot \mathrm{im2col}(\boldsymbol{X}_i) \\
&= \left[\mathrm{Vec}(\boldsymbol{W}_1), \mathrm{Vec}(\boldsymbol{W}_2), \cdots, \mathrm{Vec}(\boldsymbol{W}_{i_c})\right] \begin{bmatrix} \mathrm{im2col}(\boldsymbol{X}_1) \\ \mathrm{im2col}(\boldsymbol{X}_2) \\ \vdots \\ \mathrm{im2col}(\boldsymbol{X}_{i_c}) \end{bmatrix}
\end{aligned}
\tag{10.10}
$$

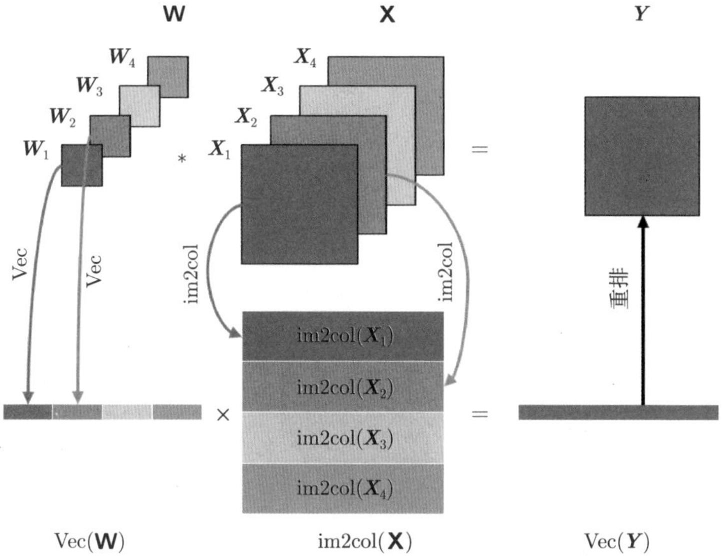

图 10.4 多输入通道二维卷积的 im2col 算法

10.1.4 多输出通道的二维卷积的 im2col 算法

至此，我们已经介绍了多输入通道的二维卷积算法，而在深度卷积神经网络中遇到的卷积计算通常还具有多个输出通道，此时卷积核是一个四维张量。我们回顾一下卷积神经网络中常见的多输出通道卷积计算流程，设卷积核 $\boldsymbol{\mathsf{W}} \in \mathbb{R}^{o_c \times i_c \times r \times r}$，卷积输入 $\boldsymbol{\mathsf{X}} \in \mathbb{R}^{i_c \times n \times n}$。其中 o_c, i_c 分别是卷积的输出、输入通道数。与上一节类似，我们用 $\boldsymbol{\mathsf{W}}_i = \boldsymbol{\mathsf{W}}_{i,:,:,:} \in \mathbb{R}^{i_c \times r \times r}$ 代表第 i 个输出通道对应的三维卷积核。那么，卷积的输出按下式计算：

$$\boldsymbol{Y}_i = \mathbf{W}_i * \mathbf{X} \tag{10.11}$$

其中，$\boldsymbol{Y}_i$ 代表卷积输出的第 i 个通道。换言之，多输出通道的卷积输出具有 o_c 个通道，每一个通道 $\boldsymbol{Y}_i$ 都由与该通道对应的三维卷积核 $\mathbf{W}_i$ 和输入 $\mathbf{X}$ 卷积得到。图 10.5 上半部分展示了多输出通道的卷积计算示意图。该卷积具有 4 个输出通道，在图中分别用蓝、橙、黄、绿四种颜色来标识。在计算过程中，我们首先将第一个通道对应的三维卷积核 $\mathbf{W}_1$，即图中左上部分蓝色卷积核，与卷积输入 $\mathbf{X}$ 做卷积运算，得到卷积输出的第一个通道 $\boldsymbol{Y}_1$，即图中右上部分蓝色块。卷积输出的其他通道的计算与上述过程类似，即分别利用 $\mathbf{W}_2, \mathbf{W}_3, \mathbf{W}_4$，即图中左上部分标识的橙、黄、绿三种颜色的卷积核，与卷积输入 $\mathbf{X}$ 做卷积运算，并得到卷积输出的后三个通道 $\boldsymbol{Y}_2, \boldsymbol{Y}_3, \boldsymbol{Y}_4$，即图中右上部分标识的橙、黄、绿三种颜色的块。而每一个这样的卷积都是一个多输入通道的二维卷积，我们可以利用前一节介绍的方法，将每一个通道对应的卷积运算转化为向量-矩阵乘运算：

$$\mathrm{Vec}(\boldsymbol{Y}_i) = \mathrm{Vec}(\mathbf{W}_i) \cdot \mathrm{im2col}(\mathbf{X}) \tag{10.12}$$

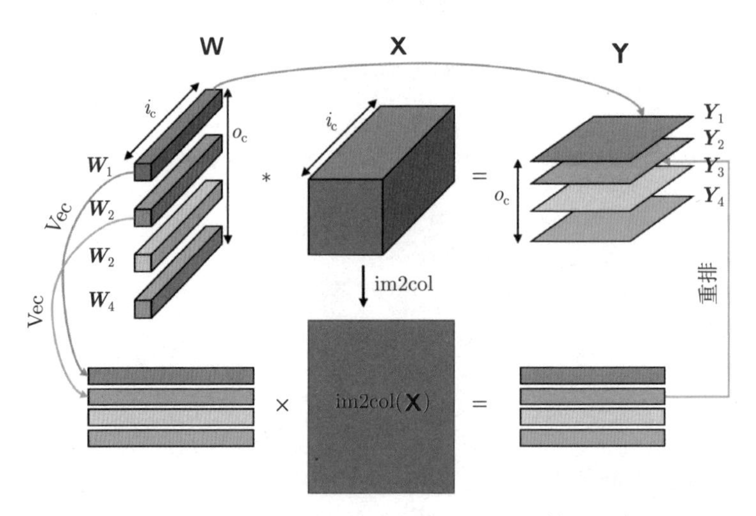

图 10.5　多输出通道的二维卷积的 im2col 算法示意

通过上面的转化我们看到，当利用 im2col 算法将每一个输出通道对应的卷积运算转化为向量-矩阵乘时，整个多输出通道的卷积运算最终可以整合为多个向量和同一个矩阵的相乘运算。熟悉矩阵运算的读者可能马上就能发现，这种运算可以最终被整合为一个矩阵-矩阵乘运算：

$$\begin{bmatrix} \mathrm{Vec}(\boldsymbol{Y}_1) \\ \mathrm{Vec}(\boldsymbol{Y}_2) \\ \vdots \\ \mathrm{Vec}(\boldsymbol{Y}_{o_c}) \end{bmatrix} = \begin{bmatrix} \mathrm{Vec}(\mathbf{W}_1) \\ \mathrm{Vec}(\mathbf{W}_2) \\ \vdots \\ \mathrm{Vec}(\mathbf{W}_{o_c}) \end{bmatrix} \cdot \mathrm{im2col}(\mathbf{X}) \tag{10.13}$$

图 10.5 下半部分展示了具有多输出通道的卷积 im2col 算法示意图。首先，我们将形状为 $o_c \times i_c \times r \times r$ 的四维卷积核拉平成为一个形状为 $o_c \times i_c r^2$ 的矩阵。具体做法如下：我们将第一个卷积核 $\mathbf{W}_1 \in \mathbb{R}^{i_c \times r \times r}$ 拉平成为一条长度为 $i_c r^2$ 的向量，然后放在矩阵的第一行，如图中左半部分蓝色箭头所标识的过程；然后将卷积核 $\mathbf{W}_2 \in \mathbb{R}^{i_c \times r \times r}$ 拉平成为一条长度为 $i_c r^2$ 的向量，然后放置在矩阵的第二行，如图中左半部分橙色箭头所标识的过程，以此类推，直到把所有卷积核放置完毕，我们便得到了一个形状为 $o_c \times i_c r^2$ 的矩阵。然后对三维卷积输入 X 按照 10.1.3 节所描述的方法做 im2col 操作，得到 im2col($\mathbf{X}$)，如图中中下部分所示。然后整个卷积的输出可以通过展平后的参数矩阵和 im2col($\mathbf{X}$) 之间的矩阵乘操作来完成。

10.2 矩阵乘算法优化与实现

上一节介绍的 im2col 算法将卷积计算转化成矩阵乘法计算，因此，在本节，我们以 CPU 为例，介绍矩阵乘的优化与实现。事实上，在不改变运算逻辑的情况下，计算优化有两个核心，一是通过迭代重组和内存重排来尽可能提高算法执行过程中访存的连续性，以适应 CPU 中常用的缓存架构；二是尽可能挖掘计算过程中的并行性，来适应现代 CPU 架构中常用的单指令多数据（Single Instruction Multiple Data，SIMD）技术。下面我们将展示这些优化思路是如何应用到矩阵乘的优化中的。

10.2.1 基础实现

我们先来回顾一下矩阵乘运算的定义，对于矩阵 $\boldsymbol{A} \in \mathbb{R}^{m \times k}$，$\boldsymbol{B} \in \mathbb{R}^{k \times n}$，矩阵 $\boldsymbol{A}$ 和 $\boldsymbol{B}$ 的矩阵乘结果 $\boldsymbol{C} = \boldsymbol{AB}$ 可按下式的定义进行计算：

$$C_{i,j} = \sum_{p=1}^{k} A_{i,p} B_{p,j} \tag{10.14}$$

其中 $\boldsymbol{C} \in \mathbb{R}^{m \times n}$，$\boldsymbol{C}$ 中第 i 行第 j 列的元素可由矩阵 $\boldsymbol{A}$ 的第 i 行和矩阵 $\boldsymbol{B}$ 的第 j 列之间内积得到。在下文中，我们均假设所有矩阵按照行优先的方式存储，即矩阵同一行中相邻元素的值排布在一段连续的内存里。如清单 10.1 所示，上述计算可以简易实现如下。

清单 10.1 简易矩阵乘计算算法

```
void naive_gemm(const int m, const int n, const int k,
                const float* A, const float* B, float* C){
  for (int i = 0; i < m; ++i){
    for (int j = 0; j < n; ++j){
      float sum = 0.f;
      for (int p = 0; p < k; ++p){
        sum += A[i * k + p] * B[p * n + j];
      }
      C[i * n + j] = sum;
    }
  }
}
```

10.2.2 矩阵重排

上面的算法实现了矩阵乘的最简易版本，它虽然可以实现矩阵乘计算的功能，但其计算性能并不好，这主要是因为它的内存访问不连续。我们来具体分析一下上述算法在计算过程中的内存访问。为了计算矩阵 $\boldsymbol{C}$ 的第 i 行第 j 列元素，算法在内层迭代中计算了矩阵 $\boldsymbol{A}$ 的第 i 行和矩阵 $\boldsymbol{B}$ 的第 j 列元素的内积。随着内层迭代的进行，算法依次访问矩阵 $\boldsymbol{A}$ 的第 i 行中的所有元素，在矩阵的行优先排布方式中，这些元素被排布在一段连续的内存中，因此算法对矩阵 $\boldsymbol{A}$ 中元素的访问没有问题；但是算法对矩阵 $\boldsymbol{B}$ 中元素的访问模式有所不同。具体来讲，随着内部迭代的进行，算法将依次访问矩阵 $\boldsymbol{B}$ 同一列中的各个元素，由于矩阵都是按照行优先的方式存储的，因此矩阵 $\boldsymbol{B}$ 中同一列相邻元素之间将有 n 个元素的内存间隔。因此，算法虽然对矩阵 $\boldsymbol{A}$ 中元素的访问是连续的，但是对矩阵 $\boldsymbol{B}$ 中元素的访问是不连续的。

那么，这种内存访问的不连续性有什么坏处呢？或者说它是如何影响算法的计算性能的呢？这与现代 CPU 中常用的层级内存结构有关。我们看到，矩阵乘的核心运算是 $\boldsymbol{A}$ 中元素与 $\boldsymbol{B}$ 中元素的乘累加运算，而这些乘累加运算需要的元素是保存在内存中的。在每一次执行乘累加运算之前，我们都需要首先将运算所需的元素从内存加载到 CPU 的运算单元中，只有数据被成功加载，乘累加运算才可以进行。在现代 CPU 中，运算单元执行运算的速度要远远快于 CPU 的访存速度，因此，在大多数 CPU 应用程序中，访存速率往往成为影响程序性能的主要瓶颈。

在现代 CPU 设计中，设计工程师们常常利用缓存技术来提高 CPU 的访存效率。图 10.6 展示了现代 CPU 中常用的内存层级金字塔。CPU 的存储部件被分成了若干个层级，最顶层，也是最靠近 CPU 的存储部件是寄存器，它通常直接向 CPU 芯片中的运算单元提供执行运算所需的操作数，访问速度也最快。通常情况下[1]，CPU 在执行运算之前，需要首先将运算所需的操作数从内存加载到寄存器中。为了提高访存效率，现代 CPU 在寄存器与内存之间加入了速度介于内存和寄存器之间的缓存结构。和内存相比，CPU 对缓存的访问速度更快，延迟更低，但由于工艺复杂，成本昂贵，因此其容量要远小于内存。缓存本质上是内存的一个暂存空间，由于其容量远小于内存，CPU 硬件会根据应用程序的访存模式，将内存中的一部分数据暂存在缓存中，这一点我们后面还会讲到。当 CPU 需要访问某一段内存中的数据时，它会首先在缓存中寻找，如果在缓存中找到了对应的数据，则直接访问缓存中的数据，这样就大大降低了访存延迟，从而提高应用程序的运行效率。如果 CPU 在缓存中没有找到对应的数据，便需要访问内存数据，这样便会增大访存延迟，从而损伤应用程序的性能。缓存也可以有多级，如一级缓存，二级缓存等，一级缓存可以认为是二级缓存的缓存，以此类推。在计算机科学中，当 CPU 需要访问内存时，如果在缓存中找到了对应的数据，称为一次缓存命中。显然，要想提高应用程序的运行性能，关键是提高程序的缓存命中率。

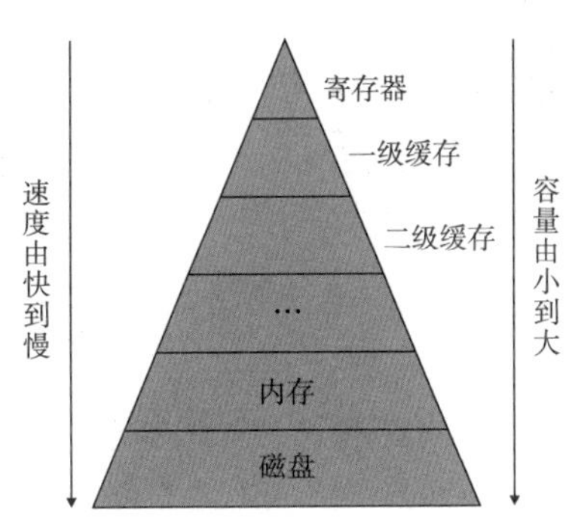

图 10.6　现代 CPU 中常用的内存层级金字塔

[1]Intel 的 CPU 允许运算单元直接跳过寄存器，读取内存中的元素作为操作数。

那么，如何提高一个应用程序的缓存命中率呢？需要注意的是，缓存的行为是由 CPU 的硬件控制的，对程序员来讲是透明的、不可控的，但这并不意味着缓存的行为完全不可预测。前面我们已经讲过，CPU 中缓存的容量远小于内存容量，我们不可能把内存中所有的数据全部加载到缓存中，因此 CPU 会根据应用程序的访存模式来决定将内存中的哪一部分内容加载到缓存中。首先要弄清楚的是，CPU 是如何决定将内存中的哪一部分数据加载到缓存中呢？事实上，CPU 控制缓存行为的原则很简单，它主要基于内存访问的局域性原则。这主要包含两个方面：

1. 时间局域性：当前时刻被访问的数据，很有可能在未来很短的一段时间内被重复访问。

2. 空间局域性：当前时刻程序访问了内存中某一处数据，很有可能在未来很短的一段时间内，也会访问在内存中处于该数据附近的其他数据。

基于上述两个原则，当 CPU 需要访问内存中某一处的数据时，如果在缓存中找到了对应的内容，就直接访问，如果在缓存中没有找到对应的内容，CPU 会从内存中访问该数据，同时将该数据，以及与该数据相邻的一段数据一起加载到缓存里。如果当前缓存已满，就将缓存中最不常用的一段数据，或者最早被加载进缓存的一段数据替换出来。读者只需要了解这些内容便足以理解面向 CPU 的矩阵乘优化实现的基本思路，更多关于这些内容的细节请参考相关文献[107]。

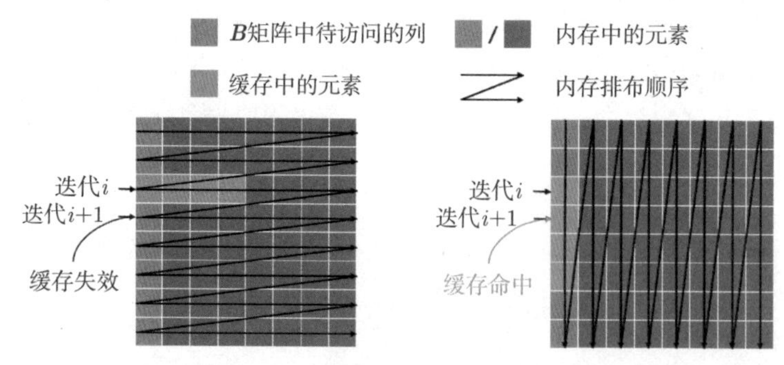

图 10.7 （左）基础实现版本的矩阵乘对矩阵 $\boldsymbol{B}$ 中元素的访问情况；（右）矩阵重排后的矩阵乘实现对矩阵 $\boldsymbol{B}$ 中元素的访问情况

到这里，我们便可以解释为什么矩阵乘的基础实现版本无法取得较好的性能。这是因为，在基础实现版本中，每一个内层循环都需要计算矩阵 $\boldsymbol{A}$ 中的一行和矩阵 $\boldsymbol{B}$ 中的一列的内积，这个过程需要依次访问矩阵 $\boldsymbol{B}$ 的一列中的每一个元素。由于矩阵 $\boldsymbol{B}$ 在内存中是按照行优先的方式存储的，换言之，矩阵 $\boldsymbol{B}$ 同一行的相邻元素在内存中被排列在相邻的位置，如图 10.7 左侧所示，因此矩阵 $\boldsymbol{B}$ 中同一列的相邻元素在内存中的位置并不相邻。我们利用图 10.7 左侧的示意图来说明在这种情况下，当我们依次访问矩阵 $\boldsymbol{B}$ 中某一列，即图中用橙色标注的一列中的每一个元素时会发生什么。在第 i 个迭代时，程序访问矩阵 $\boldsymbol{B}$ 对应列的第 i 个元素，并将该元素所在的内存位置附近的元素加载到缓存中，由于矩阵 $\boldsymbol{B}$ 是按照行优先的方式存储的，被加载到缓存中的位置如图中绿色方块所示。我们可以看到，下一次迭代需要访问的元素并没有被加载到缓存中，因此当下一次迭代开始时，程序依然需要直接访问内存，从而损伤性能。

经过上面的分析，我们发现基础实现版本的矩阵乘性能并不高，原因是程序对矩阵 $\boldsymbol{B}$ 的内存访问不连续造成缓存命中率降低。如果我们能够对矩阵 $\boldsymbol{B}$ 中的元素进行重排，使得计算算法在执行过程中对矩阵 $\boldsymbol{B}$ 的内存访问更连续，就可以提高缓存的命中率从而提高程序性能。在清单 10.2 中我们给出了这种算法的实现。我们来简单解释一下这份代码所作的优化，首先我们创建一个临时矩阵 $\_\boldsymbol{B}$，将原始矩阵 $\boldsymbol{B}$ 中的元素按照列优先的顺序排列在新的矩阵 $\_\boldsymbol{B}$ 中，如图 10.7 右侧所示，然后利用新的矩阵 $\_\boldsymbol{B}$ 中的元素来进行计算。从图 10.7 中右侧可以看到，优化后的程序对矩阵 $\boldsymbol{B}$ 的访问在内存上是完全连续的，因此可以提高计算性能。

清单 10.2 数据重排后的矩阵乘计算算法

```
1  #include <stdlib.h>
2  void reorder_gemm(const int m, const int n, const int k,
3                    const float* A, const float* B, float* C){
4      float* _B = (float*)malloc(k * n * sizeof(float));
5      for (int x = 0; x < k; ++x){
6          for (int y = 0; y < n; ++y){
7              _B[y * k + x] = B[x * n + y];
8          }
9      }
10     for (int i = 0; i < m; ++i){
11         for (int j = 0; j < n; ++j){
12             float sum = 0.f;
13             for (int p = 0; p < k; ++p){
14                 sum += A[i * n + p] * _B[j * k + p];
15             }
16             C[i * n + j] = sum;
17         }
18     }
19     free(_B);
20 }
```

10.2.3 分块矩阵乘算法

在上一节中，我们从提高内存访问连续性的角度，利用矩阵重排优化了基础版本的矩阵乘实现。但上面的优化只是源于启发式的定性分析。事实上，为了设计矩阵乘计算算法使其对计算机的层级缓存结构更加友好，需要对其计算过程进行精细的分块和重排来提高算法的缓存利用率。本节我们介绍这样的一种矩阵乘分块计算算法。

图 10.8 展示了分块矩阵乘计算算法的基本原理。假设有矩阵 $\boldsymbol{A} \in \mathbb{R}^{m\times k}$ 和矩阵 $\boldsymbol{B} \in \mathbb{R}^{k\times n}$，我们想要设计一种算法来计算矩阵 $\boldsymbol{A}$ 与矩阵 $\boldsymbol{B}$ 的矩阵乘的结果：$\boldsymbol{C} = \boldsymbol{AB}$，其中 $\boldsymbol{C} \in \mathbb{R}^{m\times n}$。为此，算法首先将矩阵乘运算沿着维度 k 进行分块，分块参数为 k_c。这样，将矩阵乘运算分解为 $\lceil \frac{k}{k_c} \rceil$ 个长条形矩阵乘运算（General Panel to Panel Multiplication，GEPP），如图中顶部所示。在每一个 GEPP 运算开始之前，算法会首先将矩阵 $\boldsymbol{A}$ 中对应的形状为 $m \times k_c$ 的子矩阵中的元素重排到一段内存 $\boldsymbol{A}_\mathrm{s}$ 中，如图顶部到中部的空心箭头所示。在这之后，算法进一步将每一个 GEPP 运算沿着维度 n 以分块参数 n_c 进行分块，这样，将运算进一步分解为多个长条形矩阵和小块矩阵的相乘运算（General Panel to Block Multiplication，GEPB），如图中的中间部分所示。同样地，在每一个 GEPB 运算开始之前，算法会首先将矩阵 $\boldsymbol{B}$ 中对应的形状为 $k_c \times n_c$ 的子矩阵重排到一块连续的内存 $\boldsymbol{B}_\mathrm{s}$ 中，如图中从中间到底部的空心箭头所示。最后，算法利用重排后的 $\boldsymbol{A}_\mathrm{s}$ 和 $\boldsymbol{B}_\mathrm{s}$ 中的数据来完成计算。在这个过程中，算法会分别以分块参数 m_r 和 n_r 将每一个 GEPB 运算进一步先后沿着维度 m 和维度 n_c 进行分块，完成最后的运算，如图中底部所示。上面描述的算法可用清单 10.3 中所示的伪代码来描述。该代码忽略了细节上的边缘处理、具体内存和计算操作，以方便读者能够更清晰地看到算法的基本骨架。可以看到，上述伪代码主要由 _k, _n, _mr, _nr，四层循环组成，每一层循环的顺序和分块参数都代表了矩阵乘分块算法中的一次计算分块。我们分别将这四层循环称为 _k 循环，_n 循环，_mr 循环和 _nr 循环。在 _n 循环的每一次迭代开始时，我们将矩阵 $\boldsymbol{B}$ 中的一个大小为 $k_c \times n_c$ 的子矩阵重排到一段内存 $\boldsymbol{B}_\mathrm{s}$ 中。这一段内存将被加载到 CPU 的二级缓存中，并在 _mr 循环内部被重复使用 $\lceil \frac{m}{m_r} \rceil$ 次，这样提高了二级缓存的复用率，同时提高了二级缓存的命中率。另外需要注意的是，在 _mr 循环的某一次迭代中，最内层的 _nr 循环的每一次迭代所需的数据都是 $\boldsymbol{A}_\mathrm{s}$ 中的同一

个形状为 $m_r \times k_c$ 的小矩阵。在 _nr 循环的第一个迭代完成后，这一段小矩阵将被加载到 CPU 的一级缓存中，并在后续的迭代中被重复使用。这样提高了一级缓存的复用率，同时也提高了一级缓存的命中率。

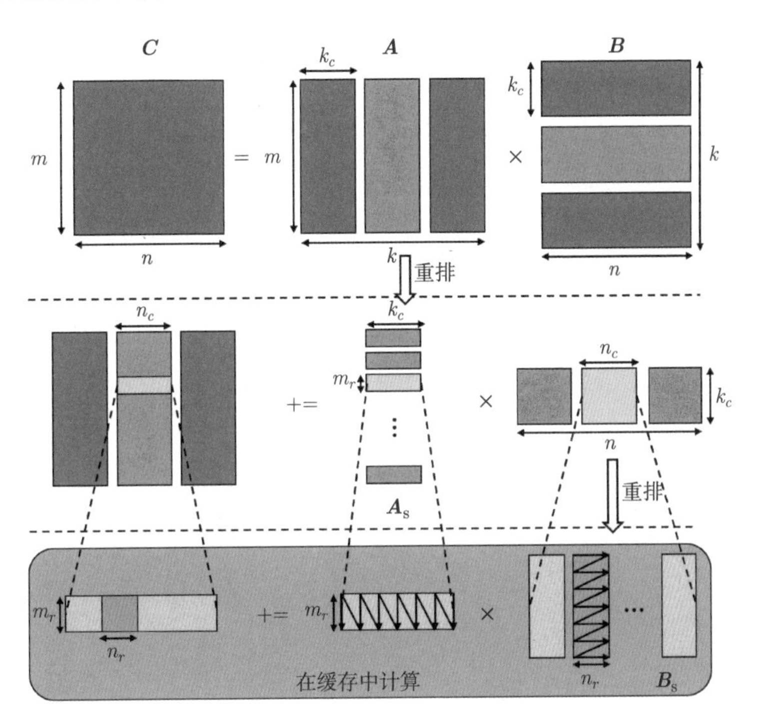

图 10.8 矩阵乘分块算法原理

清单 10.3 矩阵乘分块计算算法

```
for _k = 0 to k step kc:
  # 将矩阵 A 的第 _k 到 _k+kc 列重排到 As 中
  for _n = 0 to n step nc:
    # 将矩阵 B 的第 _k 到 _k+kc 行、第 _n 到 _n+nc 列
    # 重排到 Bs 中 [在二级缓存中，后续迭代不断复用。]
    for _mr = 0 to m step mr:
      # 访问 As 中对应的数据 [在一级缓存中，后续迭代不断复用。]
      for _nr = 0 to nc step nr:
        # 访问 As 中对应的数据
        # 计算内积，写回结果
```

经过上面的分析我们已经看到，在矩阵乘的分块算法中，无论是分块顺序还是分块参数，都不是随意设置的，而是和 CPU 的硬件架构相关的。首先，在最

内层的 _nr 循环执行过程中，对应的 $\boldsymbol{A}_{\mathrm{s}}$ 中的形状为 $m_r \times k_c$ 的小矩阵应该驻留在一级缓存中，因此 $m_r k_c$ 不应该超过一级缓存的大小；而另一方面，我们希望尽可能充分地利用 CPU 的一级缓存，因此 $m_r k_c$ 也不宜太小。另外，在 _nr 循环中，一级缓存中 $\boldsymbol{A}_{\mathrm{s}}$ 的元素将被复用 $\lceil \frac{n_c}{n_r} \rceil$ 次，因此 n_c 的值也应该尽可能大，但另一方面，$\boldsymbol{B}_{\mathrm{s}}$ 中存储的形状为 $k_c \times n_c$ 的子矩阵应该在后续的计算中驻留在二级缓存中并被不断复用，因此 $m_c n_c$ 的值不应该超过二级缓存的大小。

10.2.4 向量化计算

在矩阵乘的分块算法一节，我们已经在内存访问友好性的角度上分析了分块顺序和分块参数 k_c, n_c，那么，算法又为什么要在内层循环中对运算用参数 m_r, n_r 做了进一步的分块呢？这主要是因为 CPU 中常用的向量化计算，或者叫单指令多数据（Single Instruction Multiple Data，SIMD）技术。它在 CPU 内部设置多个运算单元，并配置了与之相应的向量寄存器，以允许 CPU 可以利用一条指令同时执行多个数据的运算。矩阵的向量化运算主要发生在矩阵乘分块算法的最内层 _nr 循环中的内积运算中。图 10.9 展示了它的基本原理。

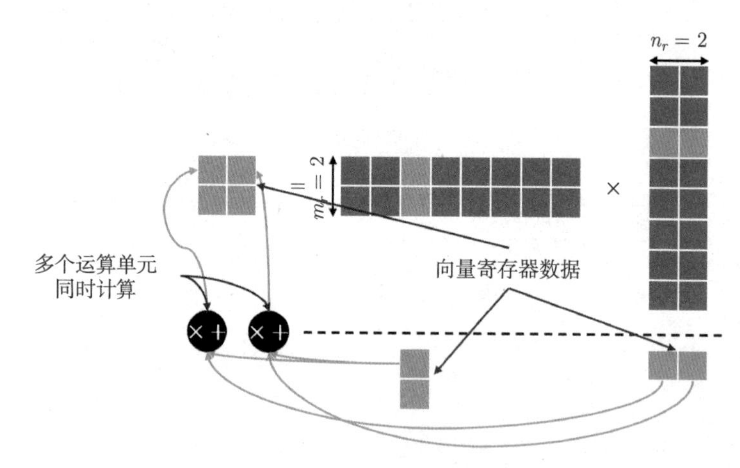

图 10.9　矩阵乘的向量化运算原理

为了充分利用 CPU 中的向量化计算能力，我们首先需要对临时矩阵 $\boldsymbol{A}_{\mathrm{s}}$ 和 $\boldsymbol{B}_{\mathrm{s}}$ 的排布形式进行特殊的设计。上一节我们已经讲到，临时矩阵 $\boldsymbol{A}_{\mathrm{s}}$ 存放的是矩阵 $\boldsymbol{A}$ 中的一个大小为 $m \times k_c$ 的子矩阵。为了对这个子矩阵进行重排，我们首先将这个矩阵沿着维度 m 以参数 m_r 进行分块，得到一系列大小为 $m_r \times k_c$

的小矩阵，这些 $m_r \times k_c$ 的小矩阵按照从上到下的顺序被依次排列在临时矩阵 $\boldsymbol{A}_\mathrm{s}$ 中。每一个 $m_r \times k_c$ 的临时矩阵按照下面的方式排列：矩阵同一列的 m_r 个元素被排列在一段连续的内存中，如图 10.8 底部所示。临时矩阵 $\boldsymbol{B}_\mathrm{s}$ 在内存中的排列与 $\boldsymbol{A}_\mathrm{s}$ 类似，只是 $\boldsymbol{B}_\mathrm{s}$ 中一个 $k_c \times n_c$ 的矩阵首先被分解为若干个大小为 $k_c \times n_r$ 的小矩阵，然后这些小矩阵被依次排列在内存中，每一个小矩阵每一行的 n_r 个元素排列在一段连续的内存中。

我们看到，矩阵乘分块算法最终将一个矩阵乘计算分解为若干个 $m_r \times k_c$ 和 $k_c \times n_r$ 之间的小矩阵的内积运算，整个算法的计算主要发生在这里。图 10.9 展示了如何利用 SIMD 技术来快速完成这样的运算。在图中的示例中，$m_r = n_r = 2$。在每一次迭代中，我们首先从左边的小矩阵中取出一列 m_r 个值加载到一个向量寄存器中，注意，由于 $\boldsymbol{A}_\mathrm{s}$ 进行排放时已经将这些元素排放在了内存中相邻的位置，因此这个加载的过程可以很快完成；然后从右边矩阵中取出对应的一行 n_r 个元素并加载到一个向量寄存器中。接下来，我们利用已加载到向量寄存器中的元素完成一次乘累加运算。假设 CPU 芯片中有两个乘累加运算单元，可以支持同时计算两个乘累加运算。我们将左边矩阵中第一个元素分别和右边矩阵中的两个元素相乘，并将结果累加到计算结果的前两个元素中，注意这两个乘累加运算是在 CPU 中时同时完成的。这样提高了矩阵运算的并行性，从而进一步提高运算性能。

10.3 内存高效的快速卷积算法

在前面的章节中，我们介绍了卷积的 im2col 算法。该算法的基本思想是对卷积输入进行一个 im2col 变换操作得到一个矩阵，并将原本复杂的卷积计算转化为相对比较简洁的矩阵乘运算。im2col 算法的优点是，将卷积运算转化为矩阵乘运算后，可以利用已有的矩阵运算库，如 OpenBLAS，MKL，Eigen 等进行计算，因此可以获得较高的计算效率。但同时，im2col 算法的缺点也很明显：为了将原始的卷积运算转化为矩阵乘运算，它需要首先对卷积输入做 im2col 操作，这一操作虽然几乎不需要任何计算，但它需要一段额外的内存来存储 im2col 之后的矩阵，即 im2col($\mathbf{X}$)。这个矩阵的大小通常比卷积的输入输出要大很多倍，这在资源受限的设备上是无法忍受的。本节将探讨一种内存高效的快速卷积计算算法，它可以在将卷积运算转化为矩阵乘运算的同时，减少这一过程中带来的内存占用。

10.3.1 im2col 算法的问题

为了简单起见，我们首先以单通道二维卷积的 im2col 算法为例来说明该算法所存在的问题。我们先通过图 10.10 来简单回顾一下单通道二维卷积的 im2col 算法的基本流程。算法首先对卷积的输入 $\boldsymbol{X}$ 进行 im2col 操作，得到一个新的矩阵 im2col($\boldsymbol{X}$)，然后卷积的计算结果可以利用展开后的卷积核 Vec($\boldsymbol{W}$) 和 im2col 操作之后的卷积输入 im2col($\boldsymbol{X}$) 之间的向量-矩阵乘来完成。我们注意到，为了将原本复杂的卷积运算转化为相对简洁的矩阵运算，算法需要首先对卷积的输入进行 im2col 变换。这一过程虽然没有引入额外的计算，但却引入了额外的内存开销来存储转化之后的矩阵 im2col($\boldsymbol{X}$)。后面我们将会看到，这个额外引入的内存占用事实上是非常巨大的。在开始具体的计算之前，我们先来定性地分析一下。我们还是以图 10.10 为例来说明这个问题。在该图展示的例子中，卷积核的大小为 2×2。在 im2col 操作的过程中，我们以一个大小为 2×2 的窗口在卷积输入 $\boldsymbol{X}$ 上从左到右、从上倒下滑动，每滑动到一个位置，就将对应位置的 $\boldsymbol{X}$ 中的元素放到矩阵 im2col($\boldsymbol{X}$) 的一列中。我们看到，在开始时，窗口位于 $\boldsymbol{X}$ 左上角的位置，与之对应的 $\boldsymbol{X}$ 中的元素为 $[X_{1,1}, X_{1,2}, X_{2,1}, X_{2,2}]$，即图中黄色框所示的元素，我们将这 4 个元素放到 im2col($\boldsymbol{X}$) 的第一列中；紧接着，窗口右移一格，与之对应的 $\boldsymbol{X}$ 中的元素为 $X_{1,2}, X_{1,3}, X_{2,2}, X_{2,3}$，即图中橙色框所示的元素，我们再将这四个元素放到 im2col($\boldsymbol{X}$) 的第二列中。细心的读者可能已经发现，图中黄色和橙色两个窗口中的元素是存在重叠的，即 $X_{1,2}, X_{2,2}$ 两个元素，也即图中绿色方块所标识的两个元素。这两个元素既在第一个窗口里，也在第二个窗口里。换言之，在矩阵 im2col($\boldsymbol{X}$) 中，这两个元素既出现在矩阵的第一列，又出现在矩阵的第二列。这意味着，在 im2col 操作的过程中，卷积输入 $\boldsymbol{X}$ 中有大量的元素被重复复制到矩阵 im2col($\boldsymbol{X}$) 中多次。因此，矩阵 im2col($\boldsymbol{X}$) 的大小必然大于原本的卷积输入 $\boldsymbol{X}$[1]。

通过上面定性的分析，我们发现 im2col 算法在执行过程中需要一段额外的内存来存储转换后的卷积输入 im2col($\boldsymbol{X}$)，进一步的分析表明该转换后的矩阵大小通常比卷积原本的输入 $\boldsymbol{X}$ 更大。下面我们来定量地计算转换后的矩阵 im2col(X) 的大小。我们假设卷积核 $\boldsymbol{W}$ 的大小为 $r \times r$；卷积的输入 $\boldsymbol{X}$ 的大小

[1]事实上，这种说法并不严谨。因为当卷积的步长大于卷积核大小的时候，卷积的相邻窗口之间没有重叠，矩阵 im2col($\boldsymbol{X}$) 中没有重复出现的元素，其大小就会小于 $\boldsymbol{X}$。但这种情况在实际的卷积神经网络中几乎不会出现。

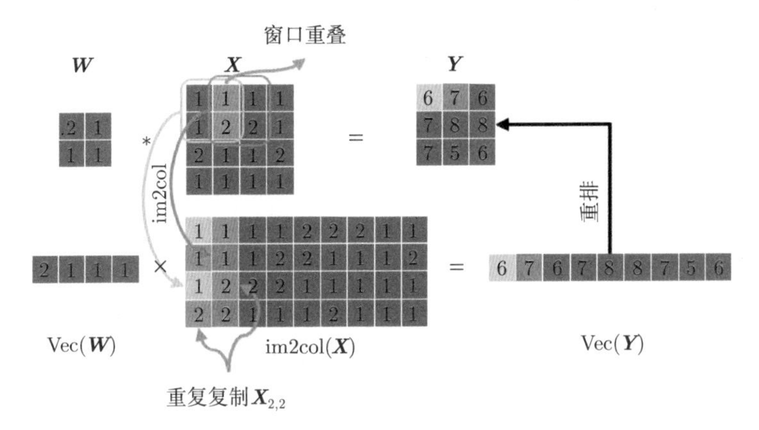

图 10.10 单通道二维卷积的 im2col 算法及其问题
im2col 过程带来了额外的内存消耗。

为 $n \times n$；卷积的输出 $\boldsymbol{Y}$ 的大小为 $m \times m$。在 im2col 操作过程中，卷积输出的每一个元素都对应着 $\boldsymbol{X}$ 中的一个窗口，同时也对应着矩阵 im2col($\boldsymbol{X}$) 中的一列，而卷积的输出共有 m^2 个元素，因此矩阵 im2col($\boldsymbol{X}$) 中共有 m^2 列；而 im2col($\boldsymbol{X}$) 中每一列中的元素对应着卷积输入 $\boldsymbol{X}$ 中一个大小为 r^2 的窗口，因此 im2col($\boldsymbol{X}$) 中每一列共有 r^2 个元素。总结下来，矩阵 im2col($\boldsymbol{X}$) 中元素的总个数为 m^2r^2。而原始的卷积输入 $\boldsymbol{X}$ 中的元素为 n^2。因此，im2col($\boldsymbol{X}$) 与 $\boldsymbol{X}$ 的大小之比为

$$\frac{n_{\text{im2col}}}{n_X} = \frac{m^2r^2}{n^2} \tag{10.15}$$

对于步长为 s 的卷积，卷积的输入、输出的大小与卷积核大小之间存在如下关系：

$$m = \left\lceil \frac{n-r+1}{s} \right\rceil \tag{10.16}$$

而在常用的深度卷积神经网络中，卷积层输入的大小往往远远大于卷积核的大小，即 $n \gg r$。因此我们有

$$m \approx \frac{n}{s} \tag{10.17}$$

将上式代入式 (10.15) 得

$$\frac{n_{\text{im2col}}}{n_X} \approx \frac{r^2}{s^2} \tag{10.18}$$

其中，r 是卷积核大小，s 是卷积步长。在常见的卷积神经网络中，卷积核大小通常大于卷积步长，即 $r > s$。事实上，网络中大多数卷积层的卷积步长为 1。因此，在大多数情况下我们总会有 $\frac{n_{\text{im2col}}}{n_X} > 1$，甚至有 $\frac{n_{\text{im2col}}}{n_X} \approx r^2$。这表明，卷积

计算的卷积核越大，im2col($\boldsymbol{X}$) 相对于 $\boldsymbol{X}$ 的大小就越大，而且 im2col($\boldsymbol{X}$) 的大小相对于卷积核大小呈平方关系增长。事实上，对于多通道卷积的情况，上述分析依然成立。设卷积的输入通道个数为 i_c，输出通道个数为 o_c，则转换后的矩阵 im2col($\boldsymbol{X}$) 的大小为 $i_c m^2 r^2$。而卷积输入 $\boldsymbol{X}$ 的大小为 $i_c n^2$，两者的大小之比依然可用式 (10.18) 表示。关于这一部分的具体计算读者可以自行完成。

通过上面的分析，我们已经发现 im2col 算法具有诸多优势，它流程简单，可以将原本复杂的卷积运算转化为更为简洁的矩阵运算，并利用已有的矩阵运算加速库来完成高效计算，因此比较容易实现。但它的问题在于 im2col 操作带来了巨大的额外内存开销，这限制了它在资源受限的移动设备上的应用。为了解决这个问题，本节将介绍一种内存高效的卷积计算算法。我们将要介绍的算法名为内存高效卷积（Memory Efficient Convolution，MEC）算法。该算法同样可以将原本复杂的卷积计算转化为矩阵运算，从而借助已有的矩阵运算加速库来完成高效计算。同时，通过精巧的算法设计，该算法可以有效减少转换过程中引入的内存开销。

10.3.2 单通道二维卷积的 MEC 算法

同样地，我们从最简单的单通道二维卷积开始来介绍 MEC 算法的基本思想。这里需要提醒读者的是，MEC 算法的思想虽然简单，但即使是在最简单的单通道二维卷积的情况下，MEC 算法的流程依然难以理解。它本质上是一个进阶版的 im2col 算法。因此，笔者在这里强烈建议读者在开始本章的阅读之前，能先将 im2col 算法的基本流程融会贯通，最好能自己动手实现。下面，我们来介绍 MEC 算法的基本思想。

图 10.11(a) 展示了单通道二维卷积的算法流程。在该图所示的示例中，卷积核的大小为 2×2。类似地，MEC 算法也是通过对卷积的输入 $\boldsymbol{X}$ 做一定的变换，将原始的卷积运算转化为矩阵运算的。算法的基本思路是，利用一个宽度与卷积核大小相同，高度与 $\boldsymbol{X}$ 的高度相同的窗口，沿着 $\boldsymbol{X}$ 从左向右滑动，每滑动到一个位置，就将窗口中对应的 $\boldsymbol{X}$ 中的元素复制到变换矩阵的一列中。例如，刚开始时，窗口位于 $\boldsymbol{X}$ 的最左侧，即图中上半部分实线黑框所标识的位置，对应的元素是 $\boldsymbol{X}$ 的前两列元素，我们将 $\boldsymbol{X}$ 中的这些元素复制到变换矩阵的第一列中，如图中下半部分实线黑框所标识的元素。接下来，窗口位置沿着 $\boldsymbol{X}$ 向右移动一格，到达图中上半部分虚线黑框所标识的位置，与之对应的元素是 $\boldsymbol{X}$ 的

第二列和第三列元素，我们将这些元素复制到变换矩阵的第二列中，也即图中下半部分虚线黑框所标识的位置。以此类推，直到窗口滑动到 $\boldsymbol{X}$ 的末尾，$\boldsymbol{X}$ 中所有元素均被复制到转换矩阵中为止。

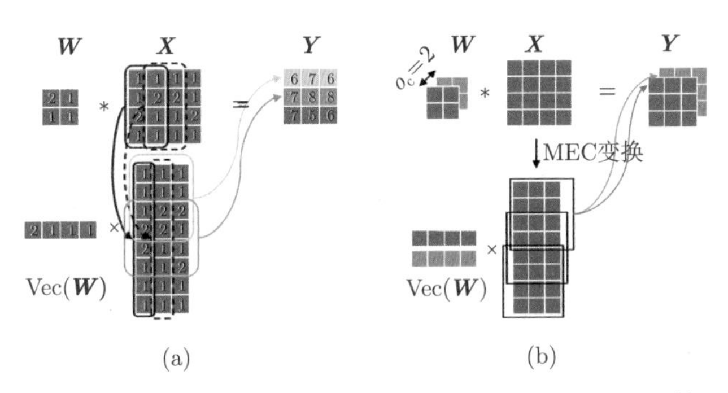

图 10.11 单通道二维卷积 (a) 和多通道二维卷积 (b) 的 MEC 算法流程

转换完成后，卷积的计算结果也可以通过矩阵运算来完成。但与 im2col 算法不同，MEC 算法经过上述的转换之后，卷积运算需要通过一系列小规模的矩阵运算来完成。具体来讲，首先，我们将卷积核 $\boldsymbol{W}$ 展开成一条向量得到 Vec($\boldsymbol{W}$)，如图中左下部分所示。然后，卷积的结果可以被逐行计算，每一行元素都由一个矩阵运算来完成。我们用一个高度与展开后的卷积核长度相同的窗口在转换矩阵上从上到下滑动，滑动的步长与卷积核高度相同。每滑动到一个位置，就将展开后的卷积核 Vec($\boldsymbol{W}$) 与转换矩阵中对应的子矩阵做向量-矩阵乘运算得到卷积输出的一行元素。我们以图 10.11(a) 为例来解释这个过程。在该图所示的示例中，卷积核大小为 2×2，展开后的卷积核长度为 $2 \times 2 = 4$。因此我们用一个高度为 4 的窗口沿着转换矩阵滑动。如图中下半部分所示，在一开始，窗口位于矩阵的顶部，即图中所示的黄色窗口。由于窗口高度为 4，与该窗口对应的转换矩阵中的元素是其前 4 行子矩阵，我们用展开后的卷积核 Vec($\boldsymbol{W}$) 与该子矩阵相乘即可得到卷积输出的第一行，如图中黄色箭头所指示；接下来，我们将窗口位置向下滑动。由于图中所示的示例中卷积核的高度为 2，因此窗口向下滑动的步长也为 2，得到新的窗口如图中下部分的橙色窗口所示，与该窗口对应的元素是转换矩阵的第 3—6 行，我们将展开后的卷积核 Vec($\boldsymbol{W}$) 与该子矩阵相乘即可得到卷积输出的第二行，如图中橙色箭头所指示的计算流程。不断进行上述计算流程，直到窗口最终滑到转换矩阵的底部并计算得到所有的卷积输出为止。

10.3.3 多通道二维卷积的 MEC 算法

通过上一小节的讲解，我们已经大致明白在简单的单通道二维卷积的情况下，MEC 算法如何通过变换将原本复杂的卷积运算转化为一系列小规模的矩阵运算。与 im2col 算法类似，MEC 算法的思想也可以很容易扩展到多通道二维卷积的情况。图 10.11(b) 展示了当具有多个输出通道时二维卷积的 MEC 算法流程。在图中表示的示例中，卷积的输出通道数为 2。在原本的卷积计算中，我们将两个卷积核 (即图中的蓝色和橙色两个卷积核) 分别对卷积输入做卷积计算，得到两个通道的卷积输出。

为了将原始卷积的计算过程转化为矩阵运算，我们首先对卷积输入 $\boldsymbol{X}$ 进行变换，变换方法与单通道二维卷积下的变换相同。为了计算最终的卷积结果，我们首先将两个输出通道对应的卷积核展开成对应的两条向量，即图中左下部分所示的蓝色和橙色两条向量。然后像单通道二维卷积的 MEC 算法一样，我们将这两个展开之后的卷积核和转换矩阵中不同的子矩阵分别相乘得到卷积输出的不同元素。具体而言，在一开始，我们选择转换矩阵的第 1—4 行元素，然后将展开后的两个通道对应的卷积核分别与该子矩阵做相乘计算，得到两个通道对应的卷积输出的第一行元素；然后将窗口下移两行，利用转换矩阵的第 3—6 行做同样的运算，分别得到两个通道对应的卷积输出的第二行元素。我们来重新审视卷积输出每一行结果的计算形式，以第一行卷积输出的计算为例，为了计算各个通道卷积的第一行输出，我们用第一个通道对应的卷积核和转换子矩阵的前 4 行子矩阵相乘得到第一个输出通道的第一行结果，并用第二个通道对应的卷积核和转换矩阵的前 4 行子矩阵相乘得到第二个输出通道的第一行结果。我们发现，在具有多个输出通道时，卷积的每一行结果的计算都遵循多条向量和同一个矩阵相乘的计算模式，这恰好就是一个矩阵乘。

通过上面的分析我们发现，无论是单通道卷积，还是多通道卷积，利用 MEC 算法的思想都可以将卷积运算转化为矩阵运算。像 im2col 算法一样，它也可以借助已有的矩阵运算库进行高效计算。但不同的是，im2col 算法通过转换，最终将卷积运算转化为单个矩阵乘运算，而 MEC 算法则需要将卷积运算转化为多个规模相对更小的矩阵运算。一般来讲，这种化整为零的运算分解通常会降低计算性能，但 MEC 算法的内存复杂度低于 im2col 算法。实践表明，算法内存占用量的降低通常也伴随着计算性能的提升，这与算法更好的访存局部性有关。下面我们将具体来分析 MEC 算法的内存复杂度，并与 im2col 算法比较。

10.3.4 空间复杂度分析

为了将卷积运算转化为形式上更为简洁的矩阵运算，MEC 算法也需要额外的内存。本节我们来分析 MEC 算法的空间复杂度。主要是分析 MEC 算法中转换矩阵所需占用的额外内存的大小。显然，MEC 算法在转换过程中也是有重复复制的，因此转换矩阵的大小也会大于卷积的输入 $\boldsymbol{X}$。与我们在分析 im2col 算法的空间复杂度时相同，这里依然以单通道二维卷积的情况为例来说明。并假设卷积核的大小为 $r \times r$，卷积输入和输出的大小分别为 $n \times n$ 和 $m \times m$，卷积的步长为 s。如图 10.11(a) 所示，显然，转换矩阵的列数与卷积输出 $\boldsymbol{Y}$ 的列数相同，而转换矩阵的每一列都对应卷积输入中的 r 列元素，因此 MEC 算法所需要的额外内存访问量为

$$n_{\mathrm{MEC}} = mnr \tag{10.19}$$

回顾一下，在 im2col 算法中，额外内存的占用量为

$$n_{\mathrm{im2col}} = m^2 r^2 \tag{10.20}$$

因此我们有

$$\frac{n_{\mathrm{im2col}}}{n_{\mathrm{MEC}}} = \frac{mr}{n} \tag{10.21}$$

在 $n \gg r$ 的假设下，我们进一步有

$$\frac{n_{\mathrm{im2col}}}{n_{\mathrm{MEC}}} \approx \frac{r}{s} \tag{10.22}$$

在常用的卷积神经网络中，卷积核的大小通常大于卷积的步长，在更多的情况下，卷积的步长常常为 1，因此式 (10.22) 告诉我们，在大多数情况下（几乎可以认为在所有情况下），我们总有 $\frac{n_{\mathrm{im2col}}}{n_{\mathrm{MEC}}} > 1$。也就是说，在大多数情况下，im2col 算法的空间复杂度要高于 MEC 算法，而且卷积核越大、卷积的步长越小，MEC 算法相对于 im2col 算法的内存节省越明显。这主要是因为 MEC 算法事实上相当于只在行维度上执行 im2col 变换，从而将每一行卷积的计算转化为矩阵运算，而在列维度上，MEC 算法并没有执行 im2col 变换，因此在列维度上维持了卷积运算。

10.4 Winograd 快速卷积算法

在前面的章节中，我们已经介绍了 im2col 算法和 MEC 算法。这两个算法的基本思路都是通过对卷积输入做一定的变换，将原本复杂的卷积运算转化为更为简洁的矩阵运算，并利用已有的矩阵加速库来进行快速计算。仔细分析后我们会发现，无论是 im2col 算法还是 MEC 算法，都没有减少卷积的计算量。那有没有办法通过某种变换减少卷积的计算量，从而达到加速效果呢？事实上，答案是肯定的。在本节和下一节，我们将介绍一种快速卷积算法，即 Winograd 算法。这种算法可以通过变换减少卷积的计算量达到加速效果。

10.4.1 Winograd 快速卷积

本节我们首先以卷积核大小为 3，输出元素个数为 2 的一维卷积为例来介绍 Winograd 算法的基本思路。对于卷积核 $[w_0, w_1, w_2]$ 和卷积输入 $[x_0, x_1, x_2, x_3]$，那么卷积的输出 $[y_0, y_1]$ 为

$$\begin{bmatrix} y_0 \\ y_1 \end{bmatrix} = \begin{bmatrix} x_0 & x_1 & x_2 \\ x_1 & x_2 & x_3 \end{bmatrix} \begin{bmatrix} w_0 \\ w_1 \\ w_2 \end{bmatrix} = \begin{bmatrix} m_1 + m_2 + m_3 \\ m_2 - m_3 - m_4 \end{bmatrix} \tag{10.23}$$

其中：

$$\begin{aligned} m_1 &= (x_0 - x_2)w_0 \quad m_2 = (x_1 + x_2)\frac{w_0 + w_1 + w_2}{2} \\ m_4 &= (x_1 - x_3)w_2 \quad m_3 = (x_2 - x_1)\frac{w_0 - w_1 + w_2}{2} \end{aligned} \tag{10.24}$$

我们用矩阵形式表述上述过程：

$$\boldsymbol{y} = \boldsymbol{A}^{\mathrm{T}}[(\boldsymbol{G}\boldsymbol{w}) \odot (\boldsymbol{B}^{\mathrm{T}}\boldsymbol{x})] \tag{10.25}$$

其中：

$$\boldsymbol{B}^{\mathrm{T}} = \begin{bmatrix} 1 & 0 & -1 & 0 \\ 0 & 1 & 1 & 0 \\ 0 & -1 & 1 & 0 \\ 0 & 1 & 0 & -1 \end{bmatrix}, \boldsymbol{G} = \begin{bmatrix} 1 & 0 & 0 \\ \frac{1}{2} & \frac{1}{2} & \frac{1}{2} \\ \frac{1}{2} & -\frac{1}{2} & \frac{1}{2} \\ 0 & 0 & 1 \end{bmatrix}, \boldsymbol{A}^{\mathrm{T}} = \begin{bmatrix} 1 & 1 & 1 & 0 \\ 0 & 1 & -1 & -1 \end{bmatrix} \tag{10.26}$$

$\odot$ 表示逐元素相乘。从式 (10.25)我们可以看到，Winograd 算法计算卷积的思路是，首先利用矩阵 $\boldsymbol{G}$ 和矩阵 $\boldsymbol{B}^{\mathrm{T}}$ 分别与卷积核 $\boldsymbol{w}$ 和卷积的输入 $\boldsymbol{x}$ 相乘，然后将相乘之后的结果做逐元素相乘，之后再利用矩阵 $\boldsymbol{A}^{\mathrm{T}}$ 对逐元素相乘的结果进行变换，得到最终的卷积输出。

我们看到，上面所描述的 Winograd 算法是针对卷积核大小为 3，卷积输入大小为 4，卷积输出大小为 2 的情况特别设计的，我们通常将这个算法称为 $F(2,3)$。对于不同的卷积核的大小、不同的卷积输入的大小，通常都有与之对应的特定的 Winograd 算法。我们将一个输出大小为 m，卷积核大小为 r 对应的 Winograd 算法称为 $F(m,r)$。需要注意的是，虽然对于每一个卷积输出大小的卷积核大小，都有一个与之对应的 Winograd 算法，也就是有三个特定的、与卷积大小相关的变换矩阵，然而在实际应用中，对于规模较大的卷积，我们通常将它们分解为多个规模更小的卷积来计算，这主要是因为卷积规模的增大，会降低 Winograd 算法的数值稳定性。

我们以图 10.12 为例来说明如何将一个规模较大的一维卷积转化为多个更小规模的卷积。在图中所示的示例中，卷积核的大小为 3，卷积输入的大小为 6，卷积输出的大小为 4。为了利用前面所述的 $F(2,3)$ Winograd 算法来计算该卷积，我们首先需要将卷积分解为一系列输入大小为 4，卷积核大小为 3，输出大小为 2 的卷积。为此，我们可以将卷积的输出 $\boldsymbol{y}$ 进行分组，每组两个元素，在图中的示例中，卷积输出被分成两组，分别如图中黄色和橙色部分所示。第一组元素为 $\boldsymbol{y}$ 的前两组元素，即图中黄色部分：

$$\boldsymbol{y}^{(1)} = \begin{bmatrix} y_1 & y_2 \end{bmatrix}^{\mathrm{T}} \tag{10.27}$$

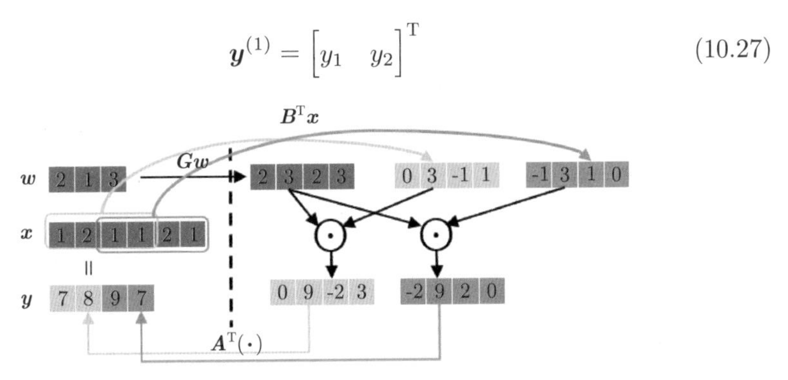

图 10.12 利用 $F(2,3)$ Winograd 算法计算一维卷积

显然，卷积输出的前两个元素可由卷积核 $\boldsymbol{w}$ 和卷积输入 $\boldsymbol{x}$ 的前 4 个元素卷积得到：

$$\boldsymbol{y}^{(1)}=\boldsymbol{w}*\begin{bmatrix}x_1 & x_2 & x_3 & x_4\end{bmatrix} \tag{10.28}$$

下面我们定义：

$$\boldsymbol{x}^{(1)}=\begin{bmatrix}x_1 & x_2 & x_3 & x_4\end{bmatrix}^{\mathrm{T}} \tag{10.29}$$

式 (10.28) 所示的计算是一个输入大小为 4，输出大小为 2，卷积核大小为 3 的卷积计算，因此可以用 $F(2,3)$ Winograd 算法进行快速计算。为此，我们首先用变换矩阵 $\boldsymbol{G}$ 对卷积核 $\boldsymbol{w}$ 进行变换，得到变换后的卷积核：

$$\boldsymbol{G}\boldsymbol{w}=\begin{bmatrix}1 & 0 & 0\\ \frac{1}{2} & \frac{1}{2} & \frac{1}{2}\\ \frac{1}{2} & -\frac{1}{2} & \frac{1}{2}\\ 0 & 0 & 1\end{bmatrix}\begin{bmatrix}2\\1\\3\end{bmatrix}=\begin{bmatrix}2\\3\\2\\3\end{bmatrix} \tag{10.30}$$

然后我们利用矩阵 $\boldsymbol{B}^{\mathrm{T}}$ 对卷积输入 $\boldsymbol{x}^{(1)}$ 进行变换得到变换后的卷积输入：

$$\boldsymbol{B}^{\mathrm{T}}\boldsymbol{x}^{(1)}=\begin{bmatrix}1 & 0 & -1 & 0\\ 0 & 1 & 1 & 0\\ 0 & -1 & 1 & 0\\ 0 & 1 & 0 & -1\end{bmatrix}\begin{bmatrix}1\\2\\1\\1\end{bmatrix}=\begin{bmatrix}0\\3\\-1\\1\end{bmatrix} \tag{10.31}$$

将卷积核和卷积输入都变换完成后，我们将变换的结果进行逐元素相乘：

$$\begin{bmatrix}2 & 3 & 2 & 3\end{bmatrix}^{\mathrm{T}}\odot\begin{bmatrix}0 & 3 & -1 & 1\end{bmatrix}^{\mathrm{T}}=\begin{bmatrix}0 & 9 & -2 & 3\end{bmatrix}^{\mathrm{T}} \tag{10.32}$$

最后，我们利用矩阵 $\boldsymbol{A}^{\mathrm{T}}$ 对上述结果进行反变换得到卷积输出的前两个值：

$$\boldsymbol{y}^{(1)}=\begin{bmatrix}1 & 1 & 1 & 0\\ 0 & 1 & -1 & -1\end{bmatrix}\begin{bmatrix}0\\9\\-2\\3\end{bmatrix}=\begin{bmatrix}7\\8\end{bmatrix} \tag{10.33}$$

显然，卷积的后两个元素也可以通过上面相同的计算流程进行计算。因为卷积输出的后两个元素 $\begin{bmatrix}y_3 & y_4\end{bmatrix}$ 可以利用卷积核 $\boldsymbol{w}$ 和卷积输入的后四个元素 $\begin{bmatrix}x_3 & x_4 & x_5 & x_6\end{bmatrix}$ 之间的卷积来进行计算。这同样是一个卷积核大小为 3，卷积输出大小为 2 的卷积运算，因此也可以利用 $F(2,3)$ Winograd 算法实现快速计算。

下面我们来形式化地介绍如何利用 $F(2,3)$ 计算任意大小的，卷积核大小为 3 的卷积。首先，将卷积的输出 $\boldsymbol{y}$ 两两一组进行分组，其中，第 i 组卷积表示为

$$\boldsymbol{y}^{(i)} = \begin{bmatrix} y_{2i-1} & y_{2i} \end{bmatrix}^{\mathrm{T}} \tag{10.34}$$

这一组输出可由卷积核 $\boldsymbol{w}$ 和卷积输入 $\boldsymbol{x}$ 的一部分进行卷积运算得到，我们定义：

$$\boldsymbol{x}^{(i)} = \begin{bmatrix} x_{2i-1} & x_{2i} & x_{2i+1} & x_{2i+2} \end{bmatrix}^{\mathrm{T}} \tag{10.35}$$

显然我们有

$$\boldsymbol{y}^{(i)} = \boldsymbol{w} * \boldsymbol{x}^{(i)} \tag{10.36}$$

上式定义了一个输出大小为 2，卷积核大小为 3 的卷积，它可以利用 $F(2,3)$ Winograd 算法来进行计算：

$$\boldsymbol{y}^{(i)} = \boldsymbol{A}^{\mathrm{T}}[(\boldsymbol{G}\boldsymbol{w}) \odot (\boldsymbol{B}^{\mathrm{T}}\boldsymbol{x}^{(i)})] \tag{10.37}$$

10.4.2 多通道二维卷积的 Winograd 算法

在上面的章节中，我们介绍了如何利用 $F(2,3)$ Winograd 算法来计算一维卷积，事实上，上述算法的思想可以很容易扩展到卷积神经网络中遇到的卷积，即多通道二维卷积的计算之中。我们设卷积的输入、输出通道分别为 i_c, o_c，卷积核大小为 3×3[1]，卷积输入的大小为 $n \times n$，卷积输出的大小为 $m \times m$，则卷积的输入 $\mathbf{X} \in \mathbb{R}^{i_c \times n \times n}$，卷积核 $\mathbf{W} \in \mathbb{R}^{o_c \times i_c \times 3 \times 3}$，卷积输出 $\mathbf{Y} \in \mathbb{R}^{o_c \times m \times m}$ 之间有如下关系：

$$\boldsymbol{Y}_c = \sum_{k=1}^{i_c} \boldsymbol{W}_{c,k} * \boldsymbol{X}_k \tag{10.38}$$

其中，$\boldsymbol{Y}_c \in \mathbb{R}^{m \times m}$ 是卷积输出的第 c 个通道；$\boldsymbol{W}_{c,k} \in \mathbb{R}^{3 \times 3}$ 是卷积的第 c 个输出通道和第 k 个输入通道对应的卷积核；$\boldsymbol{X}_k \in \mathbb{R}^{n \times n}$ 是卷积输入的第 k 个通道。像一维卷积的情况一样，我们将卷积输出的每一个通道 $\boldsymbol{Y}_c$ 按照行、列分解为若干个大小为 2×2 的块，其中，位于第 i 行第 j 列的块为

$$\boldsymbol{Y}_c^{(i,j)} = \begin{bmatrix} Y_{c,2i-1,2j-1} & Y_{c,2i-1,2j} \\ Y_{c,2i,2j-1} & Y_{c,2i,2j} \end{bmatrix} \tag{10.39}$$

---

[1] 我们这里以 3×3 为例来说明，是因为在实际应用中，3×3 的卷积通常可以利用 Winograd 算法获得较为明显的加速，事实上，Winograd 算法可以应用于任意大小的卷积中。

卷积输出的每一个 2×2 的块都可以用卷积核与卷积输入的一个 4×4 的块之间的卷积计算来完成，与式 (10.39) 相对应的输入区域为：

$$\boldsymbol{X}_k^{(i,j)} = \begin{bmatrix} X_{k,2i-1,2j-1} & X_{k,2i-1,2j} & X_{k,2i-1,2j+1} & X_{k,2i-1,2j+2} \\ X_{k,2i,2j-1} & X_{k,2i,2j} & X_{k,2i,2j+1} & X_{k,2i,2j+2} \\ X_{k,2i+1,2j-1} & X_{k,2i+1,2j} & X_{k,2i+1,2j+1} & X_{k,2i+1,2j+2} \\ X_{k,2i+2,2j-1} & X_{k,2i+2,2j} & X_{k,2i+2,2j+1} & X_{k,2i+2,2j+2} \end{bmatrix} \tag{10.40}$$

这样，我们将卷积的输出分解为若干个大小为 2×2 的块，然后分别计算每一个块：

$$\boldsymbol{Y}_c^{(i,j)} = \sum_{k=1}^{i_c} \boldsymbol{W}_{c,k} * \boldsymbol{X}_k^{(i,j)} \tag{10.41}$$

上式中等式右边的每一项都是一个卷积核大小为 3×3，输入大小为 4×4，输出大小为 2×2 的卷积。该计算可以通过在行、列两个维度上连用两次 $F(2,3)$ Winograd 算法来实现：

$$\boldsymbol{Y}_c^{(i,j)} = \sum_{k=1}^{i_c} \boldsymbol{A}^{\mathrm{T}}[(\boldsymbol{G}\boldsymbol{W}_{c,k}\boldsymbol{G}^{\mathrm{T}}) \odot (\boldsymbol{B}^{\mathrm{T}}\boldsymbol{X}_k^{(i,j)}\boldsymbol{B})]\boldsymbol{A} \tag{10.42}$$

下面我们定义：

$$\boldsymbol{U}_{c,k} = \boldsymbol{G}\boldsymbol{W}_{c,k}\boldsymbol{G}^{\mathrm{T}}, \quad \boldsymbol{V}_k^{(i,j)} = \boldsymbol{B}^{\mathrm{T}}\boldsymbol{X}_k^{(i,j)}\boldsymbol{B} \tag{10.43}$$

这样，式 (10.42) 可以简化为

$$\boldsymbol{Y}_c^{(i,j)} = \boldsymbol{A}^{\mathrm{T}} \left[\sum_{k=1}^{i_c} \boldsymbol{U}_{c,k} \odot \boldsymbol{V}_k^{(i,j)} \right] \boldsymbol{A} \tag{10.44}$$

上式是多通道二维卷积的 Winograd 算法的基本原理。它沿着两个空间维度将卷积计算分解为若干个 2×2 的块，每一块卷积可以用 Winograd 算法来实现快速计算。总结下来，多通道二维卷积的计算流程可以归纳为以下四步：

（1）卷积核变换：对每一个输出通道 c 和输入通道 k，按照式 (10.43) 计算 $\boldsymbol{U}_{c,k}$。

（2）卷积输入变换：对于每一个输入通道 k 和块 i,j，按照式 (10.43) 和式 (10.40) 计算 $\boldsymbol{V}_k^{(i,j)}$。

（3）逐元素相乘：对于每一个输出通道 c 和块 i,j，计算：$\tilde{\boldsymbol{Y}}_c^{(i,j)} = \sum_{k=1}^{i_c} \boldsymbol{U}_{c,k} \odot \boldsymbol{V}_k^{(i,j)}$。

（4）输出反变换：对于每一个输出通道 c 和块 i,j，计算：$\boldsymbol{Y}_c^{(i,j)} = \boldsymbol{A}^{\mathrm{T}}\tilde{\boldsymbol{Y}}_c^{(i,j)}\boldsymbol{A}$。

10.4.3 复杂度分析

在前面的章节中，我们已经详细介绍了如何使用 Winograd 算法来计算卷积。本节分析 Winograd 算法的复杂度。从上一节的结尾处我们看到，Winograd 算法的计算流程共分为四步，我们分别分析这四步的计算复杂度。

卷积核变换。卷积核变换是 Winograd 算法的第一步，对于每一个输出通道 c 和输入通道 k 对应的卷积核 $\boldsymbol{W}_{c,k} \in \mathbb{R}^{3\times3}$，它利用式 (10.43) 将卷积核进行变换，其计算是利用一个 3×4 的矩阵 $\boldsymbol{G}$ 分别左乘和右乘卷积核，需要的乘累加运算的个数为

$$C_{\text{trans\_kernel}} = o_{\text{c}}i_{\text{c}}(4\times3\times3+4\times3\times4) = 84o_{\text{c}}i_{\text{c}} \tag{10.45}$$

卷积输入变换。对于每一个输入通道 k 和卷积计算块 i,j 对应的卷积输入 $\boldsymbol{X}_k^{(i,j)}$，算法利用式 (10.43) 对卷积输入进行变换，其计算是利用一个 4×4 的矩阵 $\boldsymbol{B}^{\mathrm{T}}$ 分别左乘和右乘卷积输入块，需要的乘累加运算的个数为

$$C_{\text{trans\_in}} = i_c\left\lceil\frac{m}{2}\right\rceil^2(2\times4^3) = 128i_c\left\lceil\frac{m}{2}\right\rceil^2 \tag{10.46}$$

其中，对单个输入块进行变换，需要 128 次乘累加 (左乘、右乘各 64 次)；由于算法将卷积计算按照空间维度分解为多个 2×2 的块进行计算，而卷积输出的大小为 $m\times m$，因此共可以分解为 $\lceil\frac{m}{2}\rceil^2$ 个计算块，每一个输入通道、每一个计算块对应的输入块都需要进行变换，故最终卷积输入变换的计算复杂度如式 (10.45) 所示。

逐元素相乘。这是 Winograd 算法计算量最大的一步。经过上面两步计算分别得到 $\boldsymbol{U}_{c,k}$ 和 $\boldsymbol{V}_k^{(i,j)}$ 之后，对于每一个输出通道 c 和计算块 i,j，算法按式 (10.46) 进行计算：

$$\tilde{\boldsymbol{Y}}_c^{(i,j)} = \sum_{k=1}^{i_c}\boldsymbol{U}_{c,k}\odot\boldsymbol{V}_k^{(i,j)} \tag{10.47}$$

由于 $\boldsymbol{U}_{c,k}$ 和 $\boldsymbol{V}_k^{(i,j)}$ 都是 4×4 的矩阵，因此，等式右边的加和需要的乘累加数为 $16i_{\text{c}}$，又由于对于每一个输出通道和计算块都需执行上述计算，因此这一步需

要的总的计算量为

$$C_{\text{elt\_mul}} = 16 i_{\mathrm{c}} o_{\mathrm{c}} \left\lceil \frac{m}{2} \right\rceil^2 \tag{10.48}$$

输出反变换。输出反变换是 Winograd 算法的最后一个步骤，对于每一个输出通道 c 和计算块 i, j，这一步按照式 (10.48) 计算：

$$\boldsymbol{Y}_c^{(i,j)} = \boldsymbol{A}^{\mathrm{T}} \tilde{\boldsymbol{Y}}_c^{(i,j)} \boldsymbol{A} \tag{10.49}$$

其中 $\boldsymbol{A}^{\mathrm{T}} \in \mathbb{R}^{2\times 4}$, $\tilde{\boldsymbol{Y}}_c^{(i,j)} \in \mathbb{R}^{4\times 4}$，单个变换需要的乘累加数为 $2\times 4\times 4+2\times 2\times 4=40$，由于对每一个输出通道和计算块都需要执行一次上述变换，因此这一步需要的总乘累加数为

$$C_{\text{trans\_out}} = 40 o_c \left\lceil \frac{m}{2} \right\rceil^2 \tag{10.50}$$

综上所述，Winograd 算法最终的算法复杂度为

$$\begin{aligned} C_{\text{wino}} &= C_{\text{trans\_kernel}} + C_{\text{trans\_in}} + C_{\text{elt\_mul}} + C_{\text{trans\_out}} \\ &\approx 84 i_{\mathrm{c}} o_{\mathrm{c}} + 32 i_{\mathrm{c}} m^2 + 4 i_{\mathrm{c}} o_{\mathrm{c}} m^2 + 10 o_{\mathrm{c}} m^2 \end{aligned} \tag{10.51}$$

下面我们来分析普通卷积算法的计算复杂度。在卷积计算中，我们共需要计算 $o_{\mathrm{c}} m^2$ 个输出元素，每一个输出元素所需的乘累加数为 $i_{\mathrm{c}} k^2$，因此普通卷积算法的计算复杂度为

$$C_{\text{conv}} = 9 i_{\mathrm{c}} o_{\mathrm{c}} m^2 \tag{10.52}$$

通过上面的计算，我们得到

$$\frac{C_{\text{wino}}}{C_{\text{im2col}}} = \frac{4 + \left(\frac{84}{m^2} + \frac{32}{o_{\mathrm{c}}} + \frac{10}{i_{\mathrm{c}}}\right)}{9} \tag{10.53}$$

式 (10.52) 意味着，只要 $\frac{84}{m^2} + \frac{32}{o_{\mathrm{c}}} + \frac{10}{i_{\mathrm{c}}} < 5$，前述 Winograd 算法的计算复杂度就小于卷积的计算复杂度。另外，卷积的通道数越大，Winograd 算法计算量的节省便越明显。需要注意的是，上述条件在常见的深度神经网络模型中是很容易满足的。上述所有推导都基于将卷积的输出分解为若干个 2×2 的块，然后每一块计算采用 $F(2,3)$ 快速卷积算法来实现。除此之外，还有许多其他的分块策略可供选择，如 $F(4,3), F(6,3)$ 等，理论上，单个块的大小越大，Winograd 算法节省的计算量越多。但随着块的增大，Winograd 算法的数值稳定性会下降，为了同时保证计算速度和卷积计算的精度，在实际应用中，我们通常利用 $F(6,3)$ 或者 $F(4,3)$ 来实现卷积的快速计算。

10.5 稀疏卷积高效计算

在本节中，我们将以模型稀疏为例，介绍如何对压缩后的模型进行高效计算。正如我们在上一章介绍的矩阵乘算法那样，要想让计算充分发挥高效算法的优势，需要将目标硬件的计算架构考虑在内。不同类型的硬件往往具有不同的计算架构，因而适合运行在不同硬件设备上的模型结构也会有所不同。本节我们介绍几种面向特定计算平台设计的模型压缩与加速方法，这类方法根据目标计算平台的硬件特性对模型的稀疏化结构进行定制化设计，从而在保证网络精度的同时，可以高效地部署压缩后的模型。

10.5.1 模式剪枝

10.5.2 动机及剪枝方式

回顾第 5 章，我们介绍了剪枝方法的两种特殊情况：非结构化剪枝和结构化剪枝。这两种剪枝方法具有不同的特点，各有优劣。那么，是否存在其他处于二者之间的剪枝模式，它在剪枝模式中保留一定的结构性，从而可以在特定的硬件设备上进行快速计算，同时又不像结构化剪枝一样具有过强的结构性约束？本节将介绍模式剪枝（Pattern Pruning），是一种专门针对移动设备设计的剪枝模式。模式剪枝的基本原理如图 10.13 所示，它为卷积核设计了几种不同的剪枝模式，在对模型中的卷积核进行剪枝时，要求剪枝完成后所保留的非零元素的分布满足指定的剪枝模式。例如，在图 10.13 的示例中，它要求每一个卷积核被剪枝之后，保留下来的非零元素构成一个“坦克”形，“坦克”的头朝向不同的方向。另外，为了进一步提升模型压缩率，在剪枝时，可以移除一些不重要的卷积核，这一步称为卷积核剪枝。

与非结构化剪枝相比，模式剪枝保留了一定的结构性，但其结构性约束没有结构化剪枝那样强，因此，在计算复杂度相同的约束下，模式剪枝可以得到更高的精度。模式剪枝是专门针对移动设备设计的一种剪枝方法，它是如何在移动设备上进行加速的呢？事实上，该方法是面向现代 CPU 中常用的单指令多数据（Single Instruction Multiple Data，SIMD）技术设计的。SIMD 技术允许计算机利用单条指令同时处理多个数据。在大多数具有 SIMD 技术的移动 CPU 上，

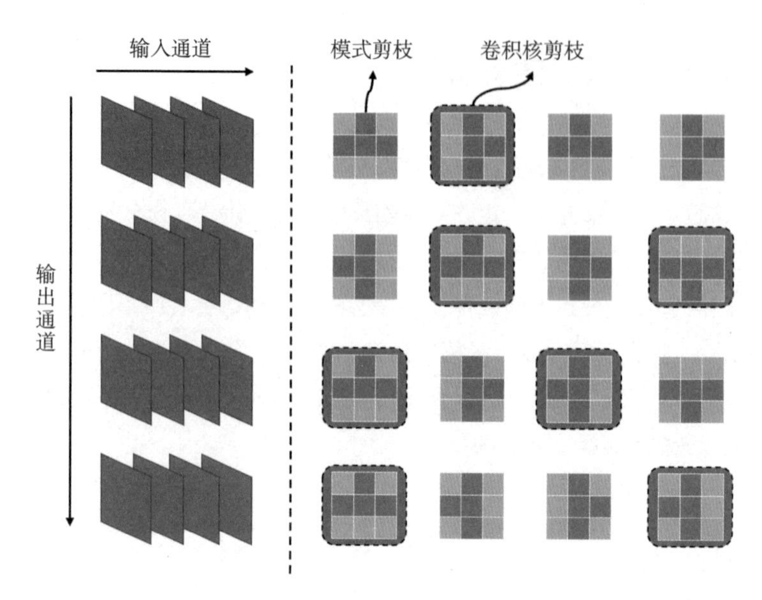

图 10.13 模式剪枝的原理

一条 SIMD 指令可以同时处理 4 个浮点类型的数据。在模式卷积中，每一个卷积核保留 4 个非零元素，这样可以很方便地利用单指令多数据技术进行加速。下面我们介绍模式卷积在移动设备上的具体加速方法。

计算算法

模式剪枝虽然有利于利用 CPU/移动 GPU 中的 SIMD 技术进行快速计算，但是如果不做任何优化，直接实现模式剪枝后的稀疏算法，并不会得到很好的加速效果，此时稀疏算法的伪代码如清单 10.4 所示。不难发现，下面的代码在核心计算逻辑中存在大量的逻辑判断，这是不利于高效计算的。我们可以通过重排卷积核的位置来解决这个问题。图 10.14 展示了模式剪枝的参数重排与压缩的实施方案。图中最左侧表示原始的经过模式剪枝之后的参数矩阵，其中每一行代表一个输出通道，图中灰色元素表示被剪枝的卷积核，其余不同颜色元素分别表示不同通道保留的卷积核，数字表示所保留卷积核的稀疏模式。

为了对如图 10.14 所示的稀疏卷积核进行压缩表示，我们重排不同输出通道对应的卷积核，将与剩余的非零卷积核个数相近的输出通道对应的参数相邻排列。如图中所示，由于原输出通道 0 和输出通道 2 对应的非零卷积核的个数相同，因此我们将原输出通道 1 和输出通道 2 对应的卷积核交换位置，将原输出通道 0 和输出通道 2 对应的卷积核相邻排列。这样重排之后，保证了相邻通道的卷积核对应的计算量也是相近的，因此当多个线程同时处理这些通道时，就可以很好地避免由于线程负载不均衡带来的性能损失。

清单 10.4 模式剪枝简易稀疏计算算法

```
for ...
  for oc = 0 to tile_oc:
    for oh = 0 to tile_h:
      for ow = 0 to tile_w:
        for ic = 0 to in_channel:
          # 读取对应位置卷积核的模式（例如坦克头的朝向）
          pat = pattern[oc][ic]
          if pat == 0: # 跳过计算
          if pat == 1: # 按照模式 1 计算
          if pat == 2: # 按照模式 2 计算
          if ...
```

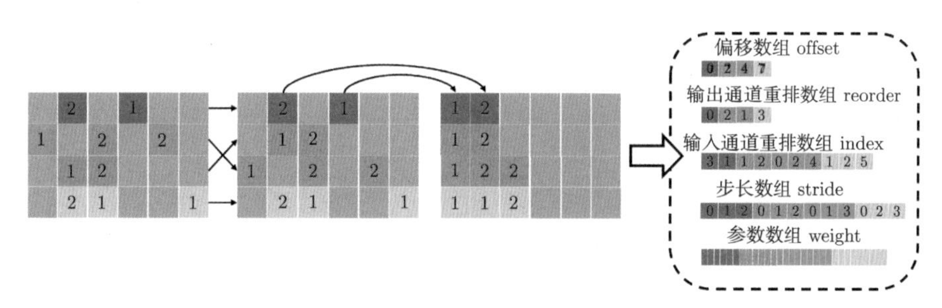

图 10.14 模式剪枝的参数重排与压缩表示原理

重排不同输出通道对应的卷积核之后，并没有解决原始算法实现中分支结构过多的问题，可以通过进一步重排卷积核在输入通道上的维度来解决这个问题。具体来讲，对于每一个输出通道对应的卷积核，将具有相同模式的卷积核进行相邻排列，如图中所示，输出通道 0 对应两个非零卷积核，我们将这两个非零卷积核紧凑排列，并将模式 1 对应的卷积核排列在模式 2 之前，其他所有输出通道对应的卷积核均做同样的排列。

对模式剪枝之后的卷积核进行重排后，接下来的问题是，如何对重排之后的参数进行压缩存储？由于卷积核已经经过了重排，在存储时需要额外的信息来保存卷积核的重排顺序。事实上，经过模式剪枝和重排之后的卷积层参数可以通过 5 个数组来保存。分别是偏移数组（offset），输出通道重排数组（reorder），输入通道重排数组（index），步长数组（stride）和参数数组（weight）。其中 offset

数组用来指示重排后每一个输出通道的位置，如图 10.14 中所示，蓝色的 0 表示重排后的输出通道 0 在起始位置，绿色的 2 表示重排后的输出通道 1 在起始位置之后 2 个非零卷积核的位置，以此类推。reorder 数组用来指示输出通道的顺序，图中的 reorder 数组告诉我们原输出通道 1 和原输出通道 2 的参数被交换了位置。index 数组用来指示重排后每一个非零卷积核对应的输入通道，图中 index 数组中蓝色部分表示重排后的输出通道 0 中的两个非零卷积核分别在原输入通道 3 和原输入通道 1 中。步长数组 stride 用来指示网络中每一个非零卷积核的模式，由于我们已经将具有相同模式的卷积核排列在一起，因此只需要保存每一种模式的卷积核的起始位置即可。stride 数组中蓝色的三个数指示在重排后的输出通道 0 中，有 $1-0=1$ 个模式 1 的卷积核，有 $2-1=1$ 个模式 2 的卷积核，以此类推。参数数组 weight 用来保存非零参数的值。参数经过重排之后，计算算法可用清单 10.5 中更为高效的方式来实现。

清单 10.5 模式剪枝参数重排后的稀疏计算算法

```
for ...
  for oc = 0 to tile_oc:
    for oh = 0 to tile_h:
      for ow = 0 to tile_w:
        for ic = stride[0] to stride[1]:
          # 根据 index 数组读取输入
          # 按照模式 1 进行计算
        for ic = stride[1] to stride[2]:
          # 根据 index 数组读取输入
          # 按照模式 2 进行计算
        for ...
```

和原始的计算算法相比，上述经过卷积核重排之后的计算算法有效减少了核心计算部分的判断逻辑，因此可以达到更好的计算性能。

10.5.3 块剪枝

在上一节，我们介绍了模式剪枝。该方法将卷积核剪枝成几种特定的形状，然后利用 CPU 上常用的 SIMD 技术对计算算法进行设计和优化，并利用自动调参技术对算法的迭代顺序、分块参数等进行优化，最终得到可以在通用计算平台上高效运行的代码。这种剪枝模式虽然可以在保证网络精度的同时，在移动设备上得到较好的计算性能，但适用范围有限，只支持卷积核大小为 3×3 的卷积，对于其他形状的卷积核则不适用，或者至少需要重新设计剪枝的形状模式并重新实现卷积计算算法，这在实际应用中是不可接受的。本节介绍一种块剪枝方法，该方法是模式剪枝的一种改进，其剪枝模式的设计更加灵活，可以支持不同类型的卷积计算，不受卷积核形状的限制。也因为灵活的特点，该方法能够达到更高的模型精度。此外，该方法的剪枝模式对现代通用计算平台的计算架构非常友好，因此可以达到很好的加速效果。

网络的块剪枝的原理如图 10.15 所示。它将卷积核按照输入、输出通道进行分组，相邻的输入、输出通道的卷积核被分为一组。在图中，每 2 个相邻的输入通道和 2 个相邻的输出通道对应的卷积核被分成一组，进行剪枝时同一组内所有卷积核共享相同的稀疏模式，而不同组之间的卷积核被移除的参数位置可以不同。卷积核在输入、输出两个维度上的分组大小通常是根据目标设备中 SIMD 指令单次可处理的数据长度决定的。例如，在常用的移动 CPU 或 GPU 上，SIMD 指令通常一次可处理 4 个单精度浮点类型的数据，因此分组参数可以设置为 4、8 或者 16。

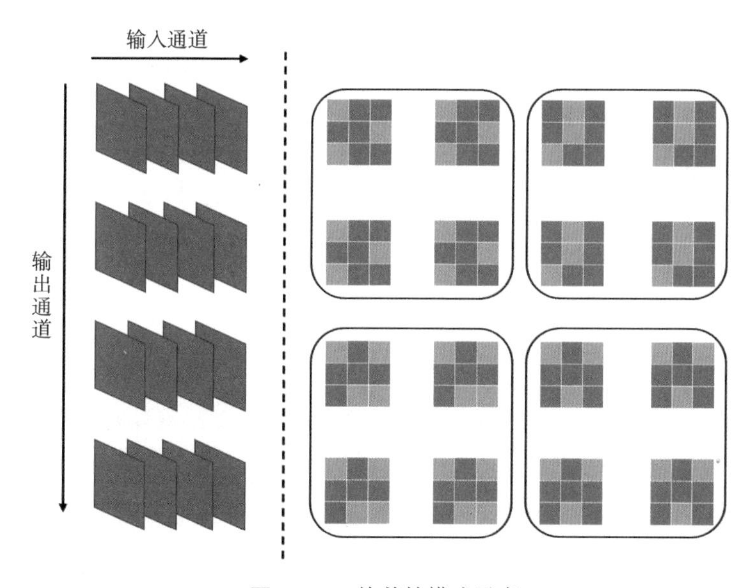

图 10.15 块剪枝模式示意

和模式剪枝相比，块剪枝方法有显著的优势。一方面它可以适用于任意大小的卷积核，这一点是显然的；另一方面，它的剪枝模式更加灵活。模式剪枝要求对网络中的每一个卷积核都进行剪枝，而且保留的非零参数必须服从特定的稀疏模式。块剪枝则更加灵活，它只需要将卷积核按照输入和输出通道进行分组，并要求同一组中的卷积核被移除的参数位置相同，而不同组之间的卷积核被移除的参数位置可以是任意的。需要注意的是，块剪枝的分组大小通常为 4、8 或者 16，这远远小于卷积层输入和输出的通道数，而且不同分组卷积核之间的剪枝模式可以不同，因此块剪枝的剪枝模式是比较灵活的。注意块剪枝对不同组卷积核之间被移除的参数位置不做任何限制，此外，当分块参数为 1 时，块剪枝将完全与非结构化随机剪枝一致，因此块剪枝的结构性约束只是略大于非结构化随机剪枝。

除了上述两方面优势，块剪枝本身也是针对现代移动 CPU/GPU 中常用的 SIMD 技术而专门设计的一种剪枝方法，非常适合部署在移动计算设备上并加速计算。由于同一组卷积核中被移除的参数位置相同，因此它们共享完全相同的计算模式。这给计算带来两个好处，一是在卷积计算过程中，由于同一组内规则的稀疏模式，非零参数可以一次性从内存加载到寄存器中，并可以被复用以减少内存访问次数，从而达到更好的加速效果。二是由于同组卷积核共享完全相同的计算模式，因此计算量也完全相同。当利用不同的线程来处理卷积计算时，可以保证不同线程的工作量完全相同，有效避免因线程间负载不均衡导致的性能损失。除此之外，由于块剪枝的分块参数是按照设备中 SIMD 指令的长度的倍数设计的，因此可以很方便地利用设备中的 SIMD 指令来处理这些卷积计算，从而达到更好的速度。

10.5.4　2:4 剪枝

在本章的前两节中，我们分别介绍了模式剪枝和块剪枝两种面向移动计算设备的剪枝方法。本章我们介绍一种面向 NVIDIA GPU 设计的模型剪枝方法，即 4–2 剪枝。事实上，它是一种专门针对 NVIDIA A100 GPU 设计的稀疏方式，在早期的 NVIDIA GPU 中不支持此类稀疏模型的高效计算。4–2 剪枝的基本原理如图 10.16 所示。在原始的网络中，卷积核是一个四维的张量，如图中最左边所示，我们假设卷积核 $\mathbf{W} \in \mathbb{R}^{o_\mathrm{c} \times i_\mathrm{c} \times k_\mathrm{h} \times k_\mathrm{w}}$，其中 $o_\mathrm{c}, i_\mathrm{c}$ 分别是卷积输入、输出通道的个数，$k_\mathrm{h}, k_\mathrm{w}$ 分别是卷积核的高度和宽度。为了对网络参数进行剪枝，我们首先将卷积核参数展开成为一个形状为 $o_\mathrm{c} \times i_\mathrm{c} k_\mathrm{h} k_\mathrm{w}$ 的矩阵，然后对参数矩阵进行剪枝。剪枝时，矩阵同一行每相邻 4 个元素中选择两个保留。剪枝之后的稀疏矩阵可以用两个矩阵来进行压缩表示，第一个矩阵是数据矩阵，它保存了参数剪枝之后的非零元素；第二个矩阵是索引矩阵，它保存了稀疏矩阵中两个非零元素的位置。由于每 4 个元素中被保留的元素位置一共有 4 种情况，因此每一个非零元素的索引只需要用 2 个比特来表示，大大减小了矩阵存储的内存占用。将矩阵进行压缩存储后，可以利用 NVIDIA A100 GPU 中的张量核心对卷积进行加速计算。

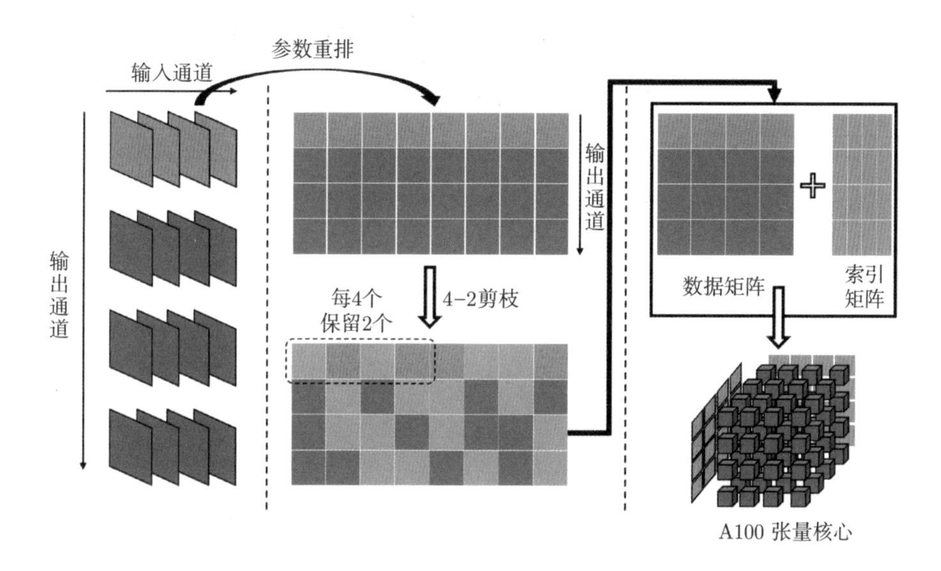

图 10.16　2:4 剪枝的基本原理

图 10.17 展示了 A100 GPU 中 4–2 稀疏运算核心原理。由于卷积计算可以通过 im2col 的方法转换为矩阵乘来实现，因此这里我们以一个矩阵乘为例来说明 4–2 稀疏运算核心的工作原理。首先，压缩参数矩阵后可以得到非零参数和索引两个矩阵。矩阵乘输出的第一个元素由参数矩阵 $\boldsymbol{W}$ 的第一行和数据矩阵 $\boldsymbol{X}$ 的第一列做内积运算得到。在计算时根据索引矩阵的数值得到非零参数的位置，并根据其位置由两个选择器选择数据矩阵 $\boldsymbol{X}$ 中对应位置的元素，然后读取非零参数矩阵中的非零值，再将两者做内积运算得到矩阵乘的第一个结果。其他输出元素的计算与此同理。需要注意的是，上述流程中，从输入元素选择，再到内积计算都是通过专门的硬件电路实现的，因此可以非常高效地完成计算。

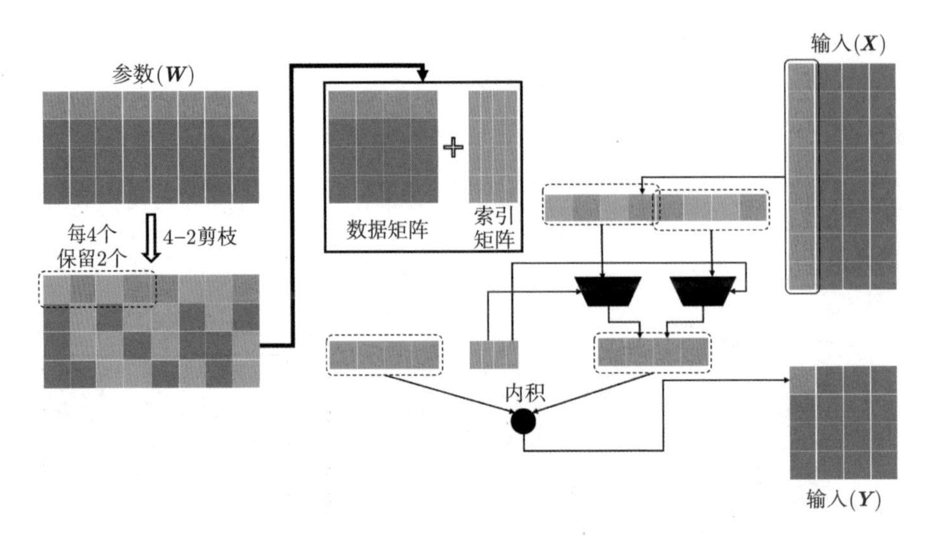

图 10.17 A100 GPU 中 4–2 稀疏运算核心原理

10.6 本章小结

正如本章介绍的 im2col 算法中所说，卷积神经网络中的卷积运算在经过一系列变换之后，可以被转化为矩阵乘运算。早在深度学习出现之前，业界对矩阵乘运算的优化和实现就进行了深入的研究[82, 88, 132]，因为在许多其他的实际应用场景中，矩阵乘也是一种重要的运算。本章所介绍的矩阵乘分块算法由 GOTO 等人在 2008 年提出[81]。直到现在，该算法仍然是在 CPU 上进行优化矩阵乘运算的标准算法，被包括 OpenBLAS，MKL，Eigen 等在内的诸多知名矩阵运算库广泛使用。

无论是 im2col 算法，还是 MEC 算法，都是直接在空间域对卷积计算进行优化。而卷积作为信号处理领域中一种重要的运算，其高效计算算法也广受重视，对它的研究产生了大量优秀而巧妙的算法，如基于快速傅里叶变换（Fast Fourier Transformation，FFT）的快速卷积算法，基于 Winograd 变换[261] 的快速卷积算法等。这些算法的基本思想是将原始的卷积核的卷积输入通过一定的变换，变换到另一个域里，在另一个域里，卷积计算可以用更少的乘累加次数来完成。2015 年，Lavin 等人[140] 将原始的 Winograd 算法扩展到深度学习中常见的多通道二维卷积的快速计算中，取得了很好的加速效果。

通过本章介绍的矩阵乘分块计算算法，想必读者也可以窥探到，即使是矩阵乘这样简单的数值运算，也需要根据计算机的体系结构进行仔细分析和设计，才有可能设计出高效的计算算法。而随着深度学习研究的不断深入，更新、更复杂的算子不断涌现，同时新的计算设备层出不穷，这些计算设备之间的计算架构常常存在着巨大的差异，对所有这些算子，在所有这些不同的设备上进行手动优化，渐渐成为一个越来越费时费力的过程。它需要研究者同时对算子本身的计算模式，和不同硬件设备的体系结构具有深入的认识，并具有较强的分析、计算、抽象和综合能力。为了将人从这些繁重的分析和设计工作中解放出来，近年来，出现了许多针对不同设备的自动化调优工具[36, 303-304]。这些工具的整体思路是将算子的计算过程分解为迭代、访存、计算三个基本要素，然后在不改变使用者指定的算子计算逻辑的情况下，对算子的计算流程进行自动化的调整，即对迭代进行分块、重排，从而优化计算过程中的访存模式；并对计算进行尽可能的向量化和并行化处理来提高计算性能。需要注意的是，所有这些过程都是由这些自动调优工具自动完成的，它们会自动尝试不同的迭代分块参数和顺序，不同的内存组织形式和不同的并行化策略，并根据来自真实设备的反馈调整当前策略，直到最终找到最优策略。

11 大模型高效计算

近几年，大模型的研究如火如荼。和传统的卷积神经网络等模型相比，大模型的参数量和计算复杂度都要高得多，因此更需要轻量化的压缩手段，减少模型对计算和存储资源的占用，提高模型训练和推理效率。本章将从大模型概述、大模型压缩方法、高效训练与微调、针对大模型的系统优化和高效解码等角度对大模型的高效计算展开介绍。

11.1 大模型概述

大模型（Large Model）也被称为基础模型（Foundation Model），一般是指在大规模无标签数据上进行训练（通常是自监督学习或半监督学习）得到的具有大参数量和计算复杂度的模型，并且可以用于各种下游任务。本节将从大模型发展历程、大模型的基础结构即 Transformer 架构、大模型计算特性分析三个方面对大模型进行简要介绍。

11.1.1 大模型发展历程

2017 年，谷歌研究员在论文“Attention Is All You Need”中首次提出了 Transformer 架构，和传统的卷积神经网络和循环神经网络相比，该架构允许序列中的每一个元素直接和其余所有元素进行信息交互，并且可以并行计算，极大提高了计算效率。因此，Transformer 架构一经提出，便受到了广泛关注，奠定了大模型的架构基础。2018 年，谷歌提出基于 Transformer 架构的 BERT 模型，将参数量提升到了最大 340M，横扫 11 项自然语言处理（NLP）任务榜单，开启了“预训练-微调”模式的里程碑；差不多同时期，OpenAI 发布了 GPT-1，采用了以 Transformer 解码器为基础的生成式预训练模型，从而可以更好地适配下游任务。自此之后，Transformer 架构和预训练大模型逐渐成为自然语言处理领域的主流，很多知名的模型被相继提出，包括 OpenAI 的 GPT-2 模型、英伟达 Megatron-LM 模型、微软 Turing-NLG 模型、谷歌 T5 模型等。

2020 年末，OpenAI 公司推出第三代大语言模型 GPT-3，在当时是有史以来规模最大的语言模型，参数量达到了惊人的 1750 亿，比 GPT-2（15 亿参数量）大了两个数量级；同时其智能水平以及应用范围也达到了前所未有的层次。2022 年，基于 GPT-3.5 的 ChatGPT 模型横空出世，凭借其强大的文本生成能力迅速获得广泛关注，并使得大语言模型和生成式人工智能进入大众的视野。ChatGPT 系列工作取得的卓越性能不仅依靠参数量的提升，还利用了基于人类反馈的强化学习、指令微调等技术，以使大语言模型与人类意图更加“对齐”，这些技术也是 ChatGPT 能够取得成功的关键。GPT 以及 ChatGPT 系列的工作，使得人类距离通用人工智能（Artificial General Intelligence，AGI）更进一步，掀起了国内外大模型研究热潮。近几年，我国大模型研究也呈爆发式增长态势，百度的文心一言、阿里巴巴通义千问、华为盘古大模型、科大讯飞星火认知大模型，以及清华大学 GLM、复旦大学 MOSS 等大模型纷纷亮相。

目前，随着大语言模型在自然语言处理领域取得突破性进展，以 Transformer 为基础的大模型在计算机视觉、语音等领域也受到了广泛关注。各种模态的大模型均获得了广泛研究，包括大语言模型、视觉大模型、科学计算大模型、图文大模型、多模态大模型等，这些模型在众多领域和行业的应用越来越多，进一步推动人工智能技术向多维度发展。

11.1.2 Transformer 架构

Transformer 架构主要由多头注意力模块（Multi-head Attention Layer，MHA）、全连接网络模块（Feed Forward Network，FFN）以及层归一化模块（Layer Normalization）构成。

多头注意力模块

多头注意力模块（MHA）是 Transformer 架构的核心，是由多个并行的自注意力头拼接而成的，每个自注意力头负责使用序列中其他位置的信息更新当前位置信息，以对时序信息进行建模。以缩放点积注意力（Scaled Dot Product

Attention）为例，对于输入序列矩阵 $\boldsymbol{X} \in \mathbb{R}^{N\times d}$，其中 N 和 d_k 分别表示序列长度（序列中每个元素即为一个 token）和自注意力头的特征维度，那么自注意力计算可以表示为如下公式：

$$\boldsymbol{A}_h = \text{softmax}\left(\frac{\boldsymbol{Q}_h\boldsymbol{K}_h^{\mathrm{T}}}{\sqrt{d/H}}\right)\boldsymbol{V}_h \tag{11.1}$$

$$\boldsymbol{Q}_h = \boldsymbol{X}\boldsymbol{W}_h^Q, \quad \boldsymbol{K}_h = \boldsymbol{X}\boldsymbol{W}_h^K, \quad \boldsymbol{V}_h = \boldsymbol{X}\boldsymbol{W}_h^V \tag{11.2}$$

其中，$\boldsymbol{W}_h^Q$、$\boldsymbol{W}_h^K$、$\boldsymbol{W}_h^V \in \mathbb{R}^{d\times\frac{d}{H}}$ 分别表示用于计算查询（Query）、键（Key）、值（Value）的权值矩阵，这里的 H 表示注意力头的数量。

将所有 H 个自注意力头的输出（即 $\boldsymbol{A}_1,\cdots,\boldsymbol{A}_H$）拼接到一起，再通过一个参数为 $\boldsymbol{W}^O$ 的全连接层，即可得到多头注意力模块的输出 (Output)，如以下公式所示：

$$\text{MHA}(\boldsymbol{X}) = [\boldsymbol{A}_1,\cdots,\boldsymbol{A}_H]\boldsymbol{W}^O \tag{11.3}$$

全连接网络

在 Transformer 架构中，多头注意力模块的输出会经过一个由两个全连接层和激活函数构成的全连接网络模块（FFN），以增强模型的特征表达能力。当采用 ReLU 激活函数时，此时的 FFN 可以表示为

$$\text{FFN}(\boldsymbol{X}) = \text{ReLU}(\boldsymbol{X}\boldsymbol{W}_1)\boldsymbol{W}_2 \tag{11.4}$$

其中，$\boldsymbol{W}_1 \in \mathbb{R}^{d\times d_I}$ 和 $\boldsymbol{W}_2 \in \mathbb{R}^{d_I\times d}$ 分别表示两个全连接层的参数；d_I 表示全连接网络中间层特征维度，一般设置 $d_I = 4d$。此处为了方便表示，忽略了偏置项。

Transformer 模块

每个 Transformer 模块均由多头注意力模块和全连接网络模块构成，且中间增加了层归一化模块以及残差连接。具体公式如下：

$$\boldsymbol{X}_{\text{mha}} = \text{LayerNorm}(\text{MHA}(\boldsymbol{X})) + \boldsymbol{X} \tag{11.5}$$

$$\boldsymbol{X}_{\text{ffn}} = \text{LayerNorm}(\text{FFN}(\boldsymbol{X}_{\text{mha}})) + \boldsymbol{X}_{\text{mha}} \tag{11.6}$$

图 11.1 是 Transformer 模块架构示意图。

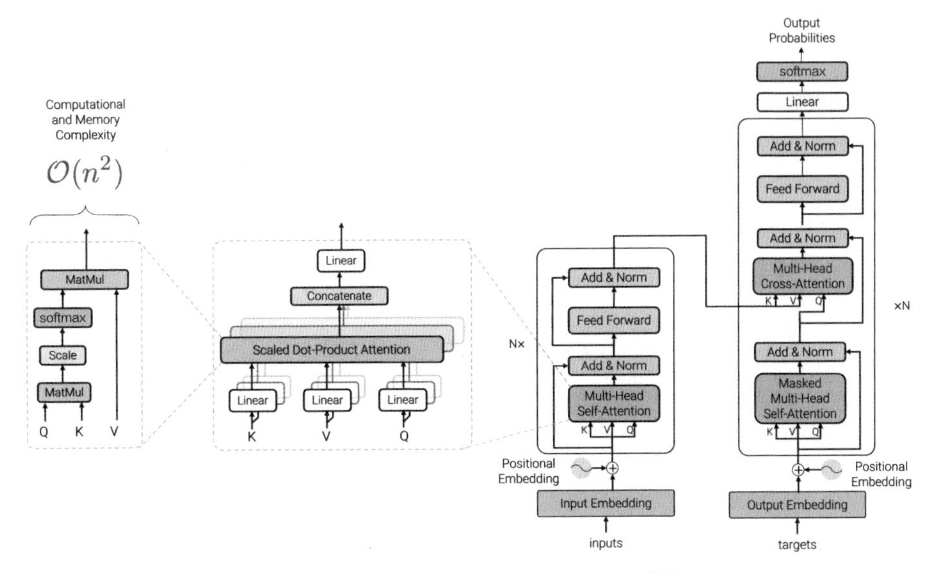

图 11.1 Transformer 模块架构示意图[240]

11.1.3 计算特性分析

根据第 11.1.2 节的定义可以看出，Transformer 模块的主要参数量和计算量集中在多头注意力模块（MHA）和全连接网络模块（FFN）。本节对 MHA 模块和 FFN 模块的参数量和计算量进行分析，具体如表 11.1 所示（假设 $d_I = 4d$）:

表 11.1 Transformer 模块参数量和计算量

网络模块	参数量	计算量（乘累加）
MHA 模块	$4d^2$	$4Nd^2 + 2N^2d$
FFN 模块	$8d^2$	$8Nd^2$

从表 11.1 中可以看出，当 $d_I = 4d$ 时，大约有 2/3 的参数量集中在 FFN 模块。对于计算量，FFN 模块的计算量与序列长度 N 呈线性增长，而 MHA 的计算复杂度和空间复杂度都是 $\mathcal{O}(N^2)$ 的，当序列长度 $N \gg d$ 时，MHA 的计算量将占主导地位。

需要注意的是，式 (11.1) 展示的是对序列中所有元素进行并行计算的过程，而在很多自回归生成任务，例如在文本生成任务中，序列长度处于动态增长过程，每次只能对最近产生的 token 进行计算。然而，对当前 token 进行计算时，需要所有历史 tokens 产生的键值对（Keys，Values）。为了降低计算量和提升计算效率，往往需要对历史的键值对进行缓存，在计算时利用缓存的键值对进行计算，这种计算方式称为键值缓存（KV Cache）。KV Cache 是一种以空间换时间的思想，然而，当序列长度很大时，KV Cache 所占用的存储空间将显著增大，因此，在大模型高效计算中，除了压缩参数量和计算量，如何降低内存占用，也是需要解决的核心问题之一。

11.2 大模型压缩方法

大模型压缩方法和传统的卷积神经网络压缩具有很多相似性，本书介绍的很多压缩方法都可以借鉴应用到大模型压缩之中。本节将重点介绍典型的通过量化和稀疏化对大模型进行压缩的方法。

11.2.1 大模型量化

如本书第 6 章介绍的，量化通过减少表示参数所需的位数，能够减少模型的内存占用和推理延迟，这一点对大模型而言更为明显。由于大模型的基本组成单元同样可以表示为权值和激活值的矩阵乘法，因此第 6 章中介绍的量化函数、均匀量化与非均匀量化、对称量化与非对称量化、训练后量化与量化感知训练、混合精度量化等内容对大模型同样适用。本章节将更侧重量化问题在大模型中的特性，尤其是大模型中独特的离群点现象，而对于大模型同样适用的量化基础则不再赘述。

量化对象

现阶段大模型是由 MHA 和 FFN 组成的，同 CNN 中的量化一样，量化对象一般是所有带有参数的权重和激活进行的矩阵乘法，包括 MHA 中的 Query/Key/Value/Output 的线性变换以及 FFN 中的全连接层。除此以外，根据实际需要，部分工作也会对 KV Cache 进一步量化，从而节省通信带宽和存储。

离群点

大模型中一个很重要的特性是离群点（Outliers）现象的存在。该现象是指大模型的激活值中出现的部分值远大于其他绝大多数激活值的现象。更具体地，给定一个 Transformer 层，其输入的隐状态（Hidden State）为 $\boldsymbol{X} \in \mathbb{R}^{N\times d}$，其

中 N 是序列维度，d 是特征维度。如图 11.2 所示，离群点一般出现在隐状态的特征维度上，即 $\boldsymbol{X}_{:,i}$，其中 $0 \leqslant i \leqslant d$。值得注意的是，离群点一般出现在 MHA 层的投影层（包括 Query/Key/Value/Output 的投影层）和 FFN 的第一个增大特征维度的映射层上。有学者[58] 根据经验进一步指出离群点的绝对值大于 6，并出现在整个网络至少 25% 的层中，且占据特征维度上至少 6% 的序列。

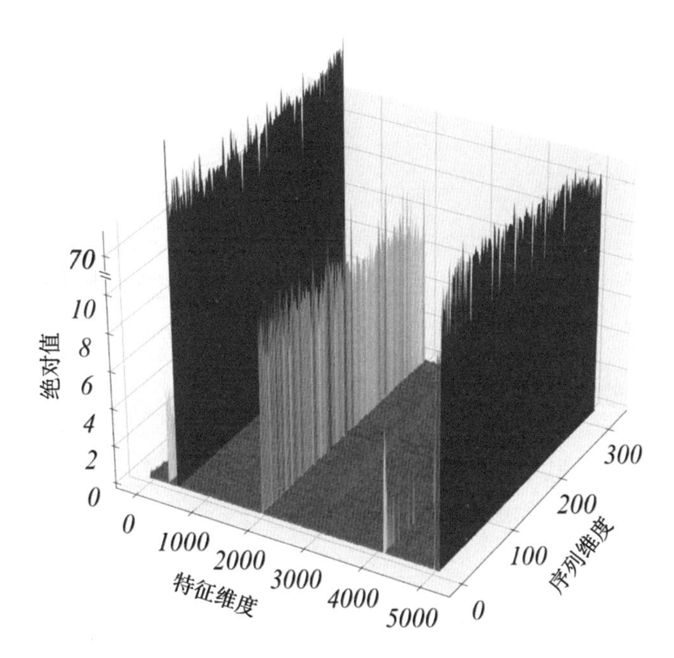

图 11.2 大模型中离群点示意图，离群点出现在特征维度上，其绝对值远大于其他点（相关内容可参阅论文“SmoothQuant: Accurate and Efficient Post-Training Quantization for Large Language Models” [266]）

这些离群点只存在于一小部分固定的特征维度中，但它们有规律地、一致地出现在多个层和数据序列中。这些离群点在模型预测中起着至关重要的作用，将它们截断或将相应参数设置为零会显著降低模型任务的性能。关于大模型中出现离散点现象的原因目前还是一个开放性问题，有研究[20] 指出大模型中离散点的出现可能是由于注意力机制中的 softmax 函数。

为了更清楚地理解大模型中的离群点给量化造成的影响，我们回顾一下第 6 章中的量化误差来源。量化带来的误差可以分为两类：截断误差和舍入误差。前者指的是那些因为超出量化区间导致的近似误差，后者指的是那些因为落在量化区间内但因为数值精度不够导致的近似误差。因此，这里存在一个关于量化步长取值的基本矛盾：量化步长越大，则截断误差越小而舍入误差越大；量化步长越小，则舍入误差越小而截断误差越大。由于这些绝对值显著大于其他值的离群点，在第 6 章中介绍的逐张量的训练后量化会导致显著的误差。一方面，对于小范围值使用较大的量化范围会导致表示损失（大的舍入误差）。另一方面，对于大值使用较小的量化范围会导致非常高的截断误差。因此，在大模型中存在显著离群点的情况下，通常很难找到舍入和截断误差之间的良好平衡，导致整体误差较高。

量化粒度

在第 6 章中，对以 CNN 为代表的小模型（这里的“小”是为了和本章的大模型相区分），我们对权重和激活分别采用了逐通道量化和逐层量化以平衡精度和性能。而对于大模型，由于离群点的存在，往往需要更细的量化粒度来满足精度需求。如图 11.3 所示，大模型的量化往往采用对激活值逐 token 量化、对权值逐通道量化的量化粒度。

给定序列维度为 N、特征维度为 d_i 的激活 $\boldsymbol{X} \in \mathbb{R}^{N \times d_i}$，输出为度为 d_o 的权重 $\boldsymbol{W} \in \mathbb{R}^{d_i \times d_o}$，其量化尺度系数分别为 $\boldsymbol{s}_x \in \mathbb{R}^N$ 和 $\boldsymbol{s}_w \in \mathbb{R}^{d_o}$。量化后的激活和权重用 $\hat{\boldsymbol{W}}$ 和 $\hat{\boldsymbol{X}}$ 表示，则逐 token 激活量化、逐通道权值量化的矩阵乘法可以表示为

$$\hat{\boldsymbol{Y}} = \mathbf{s}_x \otimes \mathbf{s}_w \odot \hat{\boldsymbol{X}}\hat{\boldsymbol{W}} \tag{11.7}$$

其中 $\otimes$ 表示向量外积，$\odot$ 表示逐元素点积。图 11.3 展示了大模型量化中常用的细粒度量化方式，即对激活采用逐 token 量化，而对权值采用逐通道量化。

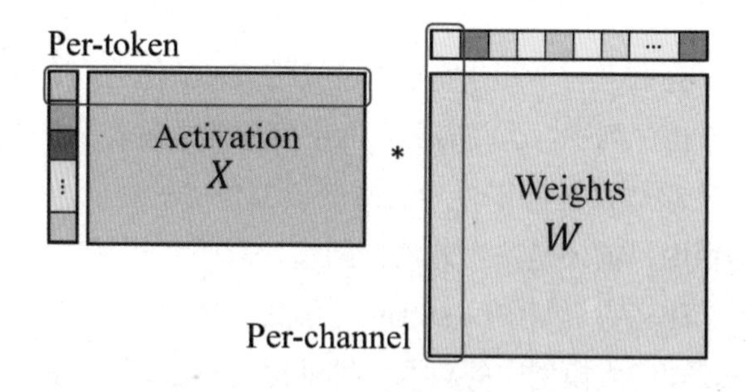

图 11.3　大模型量化中更细的量化粒度
（相关内容可参阅论文“LLM-QAT: Data-Free Quantization Aware Training for Large Language Models”）

需要注意的是，尽管采用了更细的量化粒度，这并不能解决离群点带来的量化困难问题。这是因为离群点出现在特征维度上（如图 11.2），而激活的逐 token 量化是在序列维度上采用更细的量化粒度。可能有读者看到这里会问，既然离群点出现在特征维度上，为什么不采用逐通道的粒度来缓解离群点量化困难呢？这是因为激活的逐通道量化将无法利用硬件的矩阵乘法加速特性，保持了精度但损失了性能。

经典方法

LLM.int8()[58] 是较早发现大模型中存在离群点并分析其对量化造成的影响的工作。其提出的解决思路也很直观，即通过混合精度量化的方式，对离群点所在的特征维度及对应权重所在的特征维度采用浮点乘法计算，其他正常点所在的维度采用 Int8 量化，最后将结果相加。

$$\hat{\boldsymbol{Y}} = \sum_{h \in O} \hat{\boldsymbol{X}}_{\text{fp16}}^{h} \hat{\boldsymbol{W}}_{\text{fp16}}^{h} + \boldsymbol{S} \odot \sum_{h \notin O} \hat{\boldsymbol{X}}_{\text{int8}}^{h} \hat{\boldsymbol{W}}_{\text{int8}}^{h} \tag{11.8}$$

其中 $h \in O$ 表示离群点所在的特征维度，$\boldsymbol{S}$ 表示融合后的激活和权值的量化尺度因子。这种方式简单直观，能够有效避免离群点造成的量化误差，但在计算阶段需要先判断哪些特征维度存在离群点，引入了额外的时间代价。

SmoothQuant[266] 的核心思想在于通过线性变化等价地将激活值中的离群点的幅值转移一部分到权重上，从而缓解激活值中离群点造成的量化困难，如图 11.4 所示。给定序列维度为 N、特征维度为 d_i 的激活 $\boldsymbol{X} \in \mathbb{R}^{N \times d_i}$，输出为度为 d_o 的权重 $\boldsymbol{W} \in \mathbb{R}^{d_i \times d_o}$，额外引入平滑系数 $\boldsymbol{s} \in \mathbb{R}^{d_i}$：

$$\hat{\boldsymbol{Y}} = \hat{\boldsymbol{X}}\hat{\boldsymbol{W}} = (\hat{\boldsymbol{X}}/\boldsymbol{s}) \cdot (\boldsymbol{s}\hat{\boldsymbol{W}}) \tag{11.9}$$

其中，$\boldsymbol{s} = \max(|\hat{\boldsymbol{X}}_j|)^{0.5} / \max(|\hat{\boldsymbol{W}}_j|)^{0.5}$，$j = 1, 2, \ldots, d_i$。

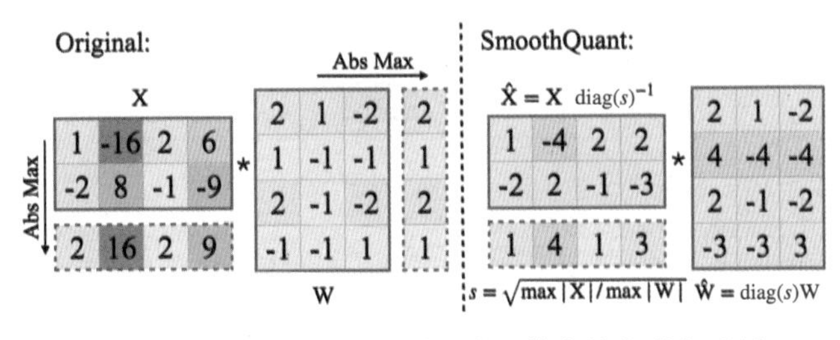

图 11.4 SmoothQuant 缓解激活值中的离群点示例
（相关内容可参阅论文“SmoothQuant: Accurate and Efficient Post-Training Quantization for Large Language Models”）

由于输入 $\boldsymbol{X}$ 通常是由上一层的线性操作 (如线性层、归一化层) 产生的，式 (11.9) 中对激活进行平滑的操作（$\hat{\boldsymbol{X}}/\boldsymbol{s}$）可以融合到上一层的参数中，从而不会因为平滑操作引入额外的计算开销。

GPTQ[74] 也是在业界应用较为广泛的 LLM 量化方法之一，其理论来源最早可以追溯到 1989 年 LeCun 等人的 OBD 算法[143]，随后经过 OBS[95]、OBQ[72] 等工作的发展，有较为完整的数学推导。GPTQ 从量化后模型的损失函数变化出发，经过二次泰勒展开和移项，得到量化前后损失函数的变化 $\Delta E = \frac{1}{2}\Delta \boldsymbol{w}^{\mathrm{T}}\boldsymbol{H}\Delta \boldsymbol{w}$，其中 $\Delta \boldsymbol{w}$ 表示权重的量化损失，$\boldsymbol{H}$ 是损失函数的 Hessian 矩阵。GPTQ 的优化目标是最小化量化前后的损失变化。GPTQ 通过数学推导得到了在该目标函数下最优的权重参数的更新 $\Delta \boldsymbol{w} = -\frac{w_q}{[\boldsymbol{H}^{-1}]_{qq}}\boldsymbol{H}^{-1} \cdot \boldsymbol{e}_q$ 以及更新参数引起的目标函数误差变化大小 $\Delta E = \frac{1}{2}\frac{w_q^2}{[\boldsymbol{H}^{-1}]_{qq}}$。如图 11.5 所示，GPTQ 的核心思想是对某个 block 内的所有参数逐行量化，每行参数量化后，适当调整这个 block 内其他未量化的参数，以弥补量化造成的精度损失。具体地，$\Delta \boldsymbol{w}$ 就是用于弥补量化损失的参数更新量。此外，GPTQ 通过 Cholesky 分解来高效获得上述 Hessian 矩阵信息，并通过并行优化使得这种递归更新的量化方式适用于参数量庞大的 LLM 模型。

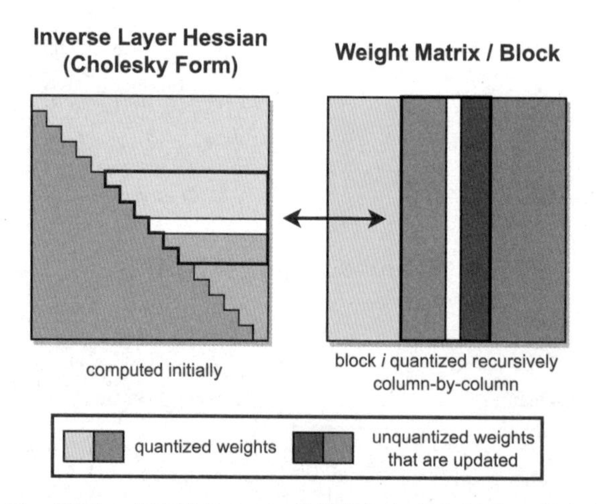

图 11.5 GPTQ 每一步对一个连续的 block（黑色框）进行量化，并在当前量化完成时更新剩余权重（蓝色）
量化过程在每个 block 内递归进行，如图当前正在对中间的白色列进行量化
（相关内容可参阅论文“GPTQ: Accurate Post-Training Quantization for Generative Pre-trained Transformers”）

OmniQuant[220] 分别提出可学习的权重截断值和可学习的等价变换来缓解权重和激活中的离群点。具体地，针对权重量化，OmniQuant 在权重量化函数 $\boldsymbol{W}_q = \mathrm{clamp}(\lfloor \frac{\boldsymbol{W}}{h} \rceil, 0, 2^N - 1)$ 中引入可学参数 γ 与 λ，使其量化步长 h 是由 γ 与 λ 参与计算的。

$$h = \frac{\gamma \max(\boldsymbol{W}) - \beta \min(\boldsymbol{W})}{2^N - 1} \tag{11.10}$$

通过这种方式，只需要调整量化步长来确定最优的截断阈值，从而降低了优化难度，使原始权重易于量化。此外，与 SmoothQuant 将激活中离群点造成的量化困难转移至权重中进行缓解的思想类似，OmniQuant 通过在激活值参与的运算中引入可学习的 δ 与 s，等价地将线性层和注意力层的计算变换为如下形式，

$$\boldsymbol{Y} = \boldsymbol{X}\boldsymbol{W} + \boldsymbol{B} = \underbrace{[(\boldsymbol{X} - \delta) \oslash s]}_{\tilde{\boldsymbol{X}}} \cdot \underbrace{[s \odot \boldsymbol{W}]}_{\tilde{\boldsymbol{W}}} + \underbrace{[\boldsymbol{B} + \delta \boldsymbol{W}]}_{\tilde{\boldsymbol{B}}} \tag{11.11}$$

$$\boldsymbol{P} = \mathrm{softmax}(\boldsymbol{Q}\boldsymbol{K}^{\mathrm{T}}) = \mathrm{softmax}(\underbrace{(\boldsymbol{Q} \oslash s_a)}_{\tilde{\boldsymbol{Q}}}\underbrace{(s_a \odot \boldsymbol{K}^{\mathrm{T}})}_{\tilde{\boldsymbol{K}}^T}) \tag{11.12}$$

通过这种等价变换，可以在不引入额外参数与计算成本的情况下，让权重分担一部分激活的量化困难，达到降低量化误差的目的。

因为量化的通用性和高效性，针对 LLM 的量化仍是目前比较热门的研究方向，研究人员们朝着更低的比特位宽、更小的精度损失仍在不断探索。

11.2.2 大模型剪枝

神经网络剪枝旨在识别并剔除模型中的冗余结构，从而在尽可能保持精度的条件下提高模型计算和存储效率。本书第 5 章已详尽介绍并讨论了面向卷积神经网络的传统剪枝方法，这里不再赘述。和卷积神经网络相比，大模型的主要计算单元并未发生改变，仍然是向量内积。因此，理论上这些方法都可以照搬过来直接应用在大模型上。然而，大模型的显著特点是其天量的参数规模，从最初的十亿级，到如今的百亿级乃至千亿级。传统的剪枝方法大都是针对常用卷积神经网络的参数规模设计的，比如其通常会在裁剪完成之后进行网络重训练以恢复精度损失，有时甚至会进行多轮裁剪和重训练。很显然，这些方法的计算复杂度使得其处理大模型的耗时会令人难以忍受。为此，针对大模型所设计的各种剪枝方法的核心诉求便是如何在可接受时间开销内完成剪枝并依然保证仅有少量

的精度损失。从直觉上看，大模型天量参数规模中蕴藏着的巨大冗余性使达成此目标的可能性很高。参考前面章节的分类方法，本节同样根据剪枝的细粒度分别讨论非结构化剪枝和结构化剪枝这两种场景下的具体方法和策略。

非结构化剪枝

在非结构化剪枝中，网络的每个权重被单独考察以确定是否有保留的必要，因此也叫做权重剪枝。由于所得网络的稀疏样式极不规整，这种剪枝策略在通用硬件设备上很难获得实际计算加速，所以在部署卷积神经网络时很少使用。但是在对大模型进行部署时，相比于计算，访存往往才是推理耗时的瓶颈。由于可以显著降低参数规模从而减少访存开销，非结构化剪枝重新获得了学术界和工业界的关注。

前文提到，为了降低精度损失，已有非结构化剪枝方法通常会在完成权重裁剪后对模型做端到端的重训练。很显然，这种策略会使得处理大模型的耗时变得难以接受。为此，SparseGPT[73] 采用了逐层剪枝的策略。考虑某个线性层，其权重 $\boldsymbol{W}$ 的维度为 (d_o, d_i)，同时输入 $\boldsymbol{X}$ 的维度为 (BN, d_i)，其中 B 和 N 分别表示输入样本的批量大小和序列长度。基于上述符号表示，该线性层的剪枝过程可形式化表述为如下优化问题：

$$\underset{\boldsymbol{M},\hat{\boldsymbol{W}}}{\arg\min}\ ||\boldsymbol{W}\boldsymbol{X}^{\mathrm{T}} - (\boldsymbol{M} \odot \hat{\boldsymbol{W}})\boldsymbol{X}^{\mathrm{T}}||_2^2 \tag{11.13}$$

这里，$\odot$ 表示矩阵点乘；$\boldsymbol{M}$ 表示掩码矩阵，其维度大小同权重 $\boldsymbol{W}$ 一致；$\hat{\boldsymbol{W}}$ 表示更新取值后的权重，用于弥补剪枝导致的输出误差。在依次对各层完成上述优化问题的求解后，也就得到了裁剪后的网络及相应权重取值。

但这里优化变量 $\boldsymbol{M}$ 和 $\hat{\boldsymbol{W}}$ 是相互耦合的，直接同时求解两者会使得式 (11.13) 成为 NP-hardness 问题。为此，SparseGPT 首先注意到上述问题中矩阵 $\boldsymbol{M}$ 和 $\hat{\boldsymbol{W}}$ 不同行的优化求解是彼此独立的，因此可将其拆解为 d_o 个子问题并行求解。其次，SparseGPT 在优化各行时将其求解过程进一步拆分为掩码选取和权重重构两个子问题。

在掩码选取过程中，SparseGPT 借鉴了 OBS[96] 的结论，采用如下指标：

$$\varepsilon_m = \frac{w_m^2}{[\boldsymbol{H}^{-1}]_{mm}} \tag{11.14}$$

来衡量矩阵 $\boldsymbol{W}$ 每行第 m 个权重 w_m 的重要性。其中，$\boldsymbol{H} = \boldsymbol{X}^{\mathrm{T}}\boldsymbol{X}$，$[.]^{-1}$ 表示

矩阵取逆，$[.]_{ij}$ 表示矩阵的第 i 行 j 列的元素。然后，根据计算得到重要性，将所有待裁剪的权重排序，在满足给定稀疏率的前提下保留靠前的那部分权重，即可获得最终的掩码矩阵。在权重重构过程中，SparseGPT 同样借鉴了 OBS 的结论。后者指出，为了弥补裁剪该行任意权重 w_m 带来的输出损失，当前行剩余权重更新量的闭式解为：

$$\boldsymbol{\delta}_m = -\frac{w_m}{[\hat{\boldsymbol{H}}^{-1}]_{mm}} \cdot [\hat{\boldsymbol{H}}^{-1}]_{:,m} \tag{11.15}$$

其中，$[.]_{:,j}$ 表示矩阵的第 j 列。综上可以得到逐层剪枝的整体流程为：对于权重矩阵的第 i 行，先根据式 (11.14) 计算出各个权重的重要性进而确定其掩码 $\boldsymbol{M}_i$；然后再根据掩码 $\boldsymbol{M}_i$ 逐个裁剪权重并通过式 (11.15) 更新剩余权重的取值。需要说明的是，这里对各行权重的裁剪是逐个进行的，在最开始时有 $\hat{\boldsymbol{H}} = \boldsymbol{H} = \boldsymbol{X}^{\mathrm{T}}\boldsymbol{X}$，但在每裁剪完单个权重后需要根据当前行剩余权重重新计算 $\hat{\boldsymbol{H}}$。

为了进一步降低求解复杂度，SparseGPT 提出了图 11.6 所示的权重重构过程。首先，前面已经介绍过权重矩阵不同行的求解是互不相干的，因此 SparseGPT 这里是按事先确定好的顺序（图中以从左到右的顺序作为示例）依次重构每列的权重。其次，在每次迭代中，SparseGPT 并不是对各行权重中保留的所有权重都进行更新，而是仅计算那些尚处于未被重构的列中的权重更新量。通过这种设计，一方面不同行在利用式 (11.15) 计算权重更新量时所需的 $\hat{\boldsymbol{H}}$ 是完全共享的，另一方面裁剪完某列后所需的新 $\hat{\boldsymbol{H}}'$ 可以基于已有的 $\hat{\boldsymbol{H}}$ 快速计算得到。

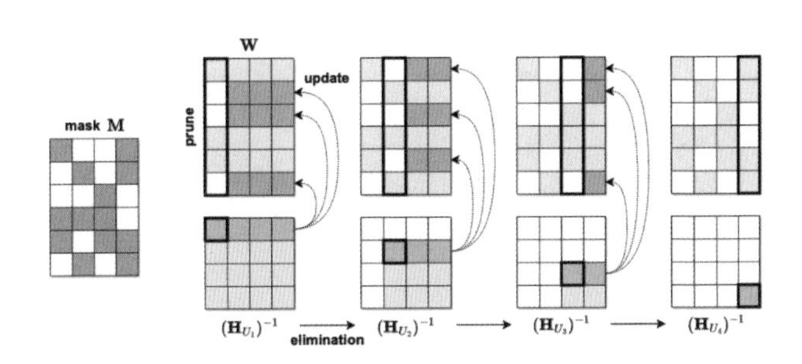

图 11.6 SparseGPT 提出的权重重构流程示意图
（相关内容可参阅论文“SparseGPT: Massive Language Models Can be Accurately Pruned in One-Shot”）

尽管 SparseGPT 通过逐层剪枝策略在有效规避重训练的同时保证了稀疏

网络的精度，但其提出的权重重构过程仍然较为繁琐且计算复杂度不低。为此，Wanda[230] 更进一步指出可在不对原有权重做任何修改的条件下直接对模型做裁剪。其方法整体流程如图 11.7 所示。具体来说，Wanda 的主要贡献包括两方面，即提出全新的重要性衡量准则和分组比较策略。首先，传统剪枝方法通常使用权重自身的幅度值来衡量其重要程度，Wanda 则认为权重的重要性取决于其对输出结果的影响大小，而这是由权重和相应激活的乘积所决定的。另一方面，已有的研究工作[58] 表明大模型中间隐层特征中某些维度上取值的幅度显著偏大，此时仅考虑权重自身取值就变得明显不合理。为此，对于权重矩阵第 i 行 j 列的元素 W_{ij}，Wanda 提出利用其幅度值与激活矩阵相应行范数的乘积作为该权重的重要性衡量指标，即:

$$\boldsymbol{S}_{ij} = |W_{ij}| \cdot \|\boldsymbol{X}_j\|_2 \tag{11.16}$$

此外，传统剪枝方法通常将模型所有权重或者某层所有权重根据重要性指标进行比较排序，进而保留最重要的那部分权重。Wanda 则发现若仅在权重矩阵每行的内部进行比较排序然后进行裁剪，最终得到的稀疏网络精度会明显提高。这一发现有悖于直觉，因为此时相当于人为地给稀疏样式增添了额外的约束，直观上看精度应当有所损失。Wanda 的实验表明，这一策略仅在大模型上有精度提升，在传统卷积神经网络上并未观察到类似的现象。

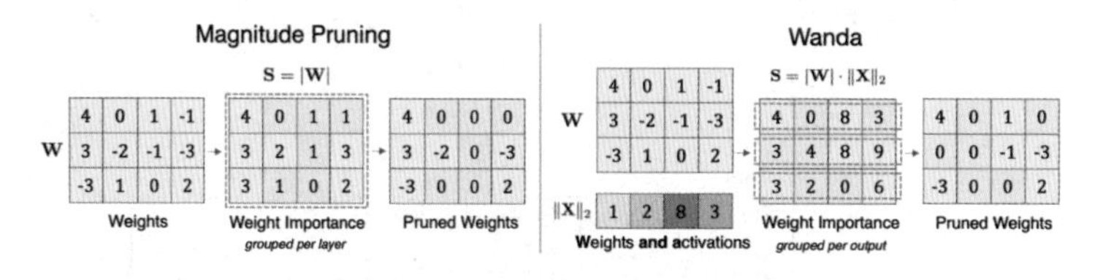

图 11.7　Wanda 方法整体示意图

（相关内容可参阅论文“A Simple and Effective Pruning Approach for Large Language Models”）

针对 Wanda 提出的通过降低权重重要性比较的范围可以有效提高稀疏网络精度这一观察，RIA[300] 给出的解释是直接对线性层内所有权重进行比较和裁剪容易导致权重矩阵的整行或者整列都被裁剪掉。为此，如图 11.8 所示，RIA 给出的解决方案是对权重矩阵同时按行和按列进行归一化，保证相同线性层内权重的重要性分布在同一数量级范围内。同时，RIA 也和 Wanda 一样将输入激活

范数纳入权重重要性的考量范围，最终得到的衡量指标为

$$S_{ij} = \left(\frac{|W_{ij}|}{\sum \boldsymbol{W}_{i,:}} + \frac{|W_{ij}|}{\sum \boldsymbol{W}_{:,j}} \right) \times (\|\boldsymbol{X}_j\|_2)^{\alpha} \tag{11.17}$$

其中，超参数 α 用来控制激活范数对权重重要性的影响程度，RIA 根据经验发现取值为 0.5 效果最好。

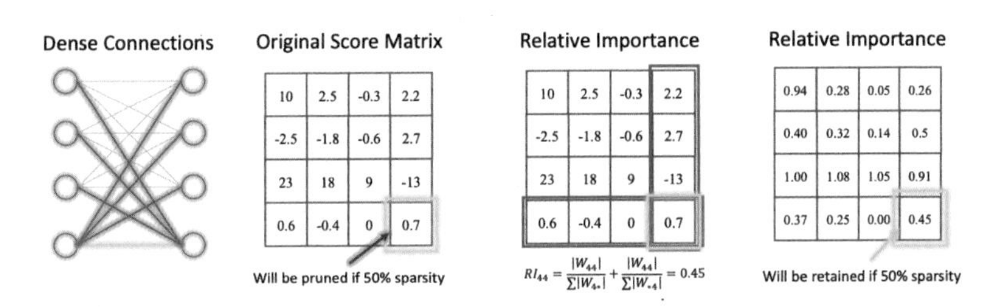

图 11.8 RIA 中权重幅度的归一化过程示意图
（相关内容可参阅论文“Plug-and-Play: An Efficient Post-training Pruning Method for Large Language Models”）

结构化剪枝

不同于非结构化剪枝把每个权重当作独立的裁剪单元，结构化剪枝往往将权重矩阵的整行或者整列，甚至整个权重矩阵，捆绑在一起同时决定保留与否。因此，除了可以减少访存开销，结构化剪枝不需要专用的软硬件设计便能获得计算加速。但也由于稀疏样式面临更严格的约束，在裁剪相同权重比例的条件下，结构化剪枝面临的精度损失也会显著高于非结构化剪枝。此时，为了保证剪枝后的模型仍然可用，一定程度的重训练就十分必要了。

LLM-Pruner[181] 是最早探索对大模型做结构化剪枝的研究工作之一。其方法整体流程包括 3 个阶段：耦合结构提取、重要性计算和高效微调。耦合结构提取的动机是由于结构化剪枝往往导致模型结构相关的超参数（如隐层特征维度）的改变，因此当面对残差连接这类需要特征维度对齐的操作时，需要保证多个不同权重矩阵剪枝决策的一致性。如果手动指定所有需要对齐的剪枝决策，则不仅耗时且不具备扩展性，而耦合结构提取通过给定的算法可以自动化挖掘需要被同时裁剪或者保留的模型子图。

首先，对于模型中的任意两个神经元 N_i 和 N_j，LLM-Pruner 定义如下两类依赖关系：

$$N_j \in \mathrm{Out}(N_i) \wedge \mathrm{Deg}^-(N_j) = 1 \Rightarrow N_j \text{ 依赖于} N_i \tag{11.18}$$

以及

$$N_i \in \mathrm{In}(N_j) \wedge \mathrm{Deg}^+(N_i) = 1 \Rightarrow N_i \text{ 依赖于} N_j \tag{11.19}$$

其中,$\mathrm{In}(N_i)$ 和 $\mathrm{Out}(N_i)$ 分别表示以 N_i 为目标节点和源节点的神经元,$\mathrm{Deg}^-(N_j)$ 表示神经元 N_j 的入度，$\mathrm{Deg}^+(N_i)$ 表示神经元 N_i 的出度。耦合结构提取的大致流程是首先遍历模型中所有神经元，并基于式 (11.18) 和式 (11.19) 得到初始耦合结构，然后在此基础上不断扩展子图直到增长停滞。

为了评估耦合结构的重要性，LLM-Pruner 首先基于如下的泰勒展开近似计算每个权重的重要性：

$$I_{W_i^k} = |\mathcal{L}_{W_i^k}(\mathcal{D}) - \mathcal{L}_{W_i^k=0}(\mathcal{D})| \approx |\frac{\partial \mathcal{L}(\mathcal{D})}{\partial W_i^k} W_i^k - \frac{1}{2}\sum_{j=1}^{N}\left(\frac{\partial \mathcal{L}(\mathcal{D}_j)}{\partial W_i^k} W_i^k\right)^2 \tag{11.20}$$

其中，$\mathcal{D}_j$ 表示第 j 个输入样本 $\{x_j, y_j\}$，W_i^k 表示耦合结构中第 i 个权重矩阵的第 k 个权重。为了聚合单个权重重要性得到整个耦合结构的重要性，LLM-pruner 尝试了：1）累加，$I_{\mathcal{G}} = \sum_{i=1}^{M}\sum_k I_{W_i^k}$；2）累积，$I_{\mathcal{G}} = \prod_{i=1}^{M}\sum_k I_{W_i^k}$；3）最大值，$I_{\mathcal{G}} = \max_{i=1}^{M}\sum_k I_{W_i^k}$ 等不同策略。

最后，由于结构化剪枝造成的精度损失过大，为了在少量数据样本和计算开销的条件下尽可能恢复模型输出，LLM-Pruner 借鉴了已有的大模型高效训练策略（如 LoRA）来对稀疏模型做有限度的重训练。

半结构化剪枝

非结构化剪枝虽然可以在较高稀疏率下保持良好的模型精度，但其极不规则的稀疏样式不仅对当前主流硬件设备很不友好，而且也很难设计出高效且通用的硬件加速器对其进行处理。结构化剪枝虽然不需要专用的软硬件设计便可直接获得部署加速效果，但为保持精度不可避免地引入了一定程度的重训练，并且稀疏率仅能在较低水平徘徊。因此，NVIDIA 自安培架构引入的 N:M 半结构化稀疏样式[188] 因其在模型精度和计算性能间保持较好的平衡而吸引了众多关注。

在 N:M 稀疏样式中，每内存连续的 M 个元素中至少 N 个为 0。这里假设权重矩阵 $\boldsymbol{W}$ 是行主序存储的，因此可将每行权重中连续 M 个元素分为一组，然后利用 SparseGPT、Wanda 或者 RIA 中提出的重要性准则对同组内权重进行排序，并剪掉重要性最低的 N 个元素，即可实现 N:M 稀疏样式。同时，上述各自方法中的其余组成部分均保持不变。

但上述简单策略存在的一个问题是，可能同一行中的重要或者不重要权重是聚集在一起的，因此强行要求连续 M 个元素必须裁剪掉 N 个并不是最优的选择。为此，一个有效的解决策略是先对权重矩阵的不同列进行交换，从而保证重要的权重均匀分配在每组当中。由于直接求解最优交换策略的计算复杂度过高，RIA 提出了如图 11.9 所示的近似求解方案。具体来说，该近似策略包括两个求解阶段。首先是启发式分配，该阶段对权重矩阵每列的重要性分别求和，并将其视为当前列所有权重的平均重要性指标；然后基于该平均重要性对不同列进行分组，保证重要的列均匀分布在各组中。其次是线性求和分配，该阶段在启发式分配得到的分组策略基础上做进一步微调：先从分配好的 K 组中每组取出一列，然后将这 K 列重新分配到 K 组中，并保证重新分配后的权重矩阵在裁剪后保留的元素的重要性之和最大。这个问题可形式化描述为线性求和分配问题（Linear Sum Assignment，LSA），利用匈牙利算法[135] 便能高效求解。

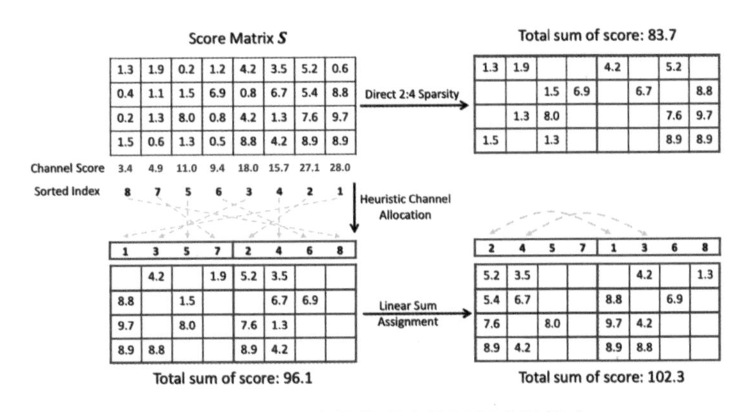

图 11.9 RIA 中最优列交换近似求解策略

（相关内容可参阅论文“Plug-and-Play: An Efficient Post-training Pruning Method for Large Language Models”）

11.3 高效训练与微调

11.3.1 大模型高效训练算法

大模型的参数规模从十亿到万亿不等，这种极大规模的参数量对大模型训练内存容量提出了较高的要求。对于大模型说，其训练内存主要由模型状态、激活内存、临时缓存内存、内存碎片等部分组成。其中，模型状态是大模型训练内存的主要组成部分，由优化器状态（参数的拷贝、动量和方差）、梯度和参数等组成。假设一个大模型的参数量为 Ψ，在采用 fp16/32 混合精度训练的情况下，需要维护一份 fp16 格式的参数和梯度，分别占用 2Ψ 字节和 2Ψ 字节的内存。同时，优化器中需要维护一份 fp32 格式的参数，对 fp16 格式的梯度进行累积并更新参数，占用 4Ψ 字节的内存。在大模型训练中，Adam 优化器是一种常用的优化求解器，其内部还维护了一份 fp32 格式的动量和方差，分别占用 4Ψ 字节和 4Ψ 字节的内存。那么对于一个采用 Adam 优化器进行混合精度计算的大模型来说，其训练内存至少会占用 $2\Psi + 2\Psi + 4\Psi + 4\Psi + 4\Psi = 16\Psi$ 字节的内存。这就意味着，对于一个 10B 的大模型来说，在没有考虑激活内存、临时缓存内存和内存碎片的前提下，其训练内存就已经占了 160GB，远超过了当前主流的 A100 和 H100 显卡的内存容量。

这种庞大的训练内存占用一方面对显卡的容量提出了较高要求，另一方面也导致数据并行的批次无法增大，降低了大模型的训练速度。本节面向大模型训练内存优化，重点讲述零冗余优化器（Zero Redundancy Optimizer，ZeRO）[206]、全切片数据并行（Fully Sharded Data Parallel，FSDP）[301] 等大模型高效训练算法。

零冗余优化器 ZeRO

深度神经网络的常见并行训练方法有数据并行训练（Data Parallel，DP）、模型并行（Model Parallel，MP）和数据-模型混合并行。在数据并行中，每个并行的训练进程都要包含所有的模型状态。换句话说，每个并行训练进程中的模型状态都是其他进程模型状态的一份完整复本，因而存在极大的内存冗余。其次，不管是模型并行还是数据并行，在训练过程中内存中都一直保留了全部的模型状态，但是在实际训练过程中并不是每时每刻都需要全部的模型状态。一个典型例子是，模型训练过程中某层的参数只在该层的前向传播和反向传播中被使用，在其余的训练步骤中不会再用到该层的参数。因此，不管是模型并行还是数据并行，两种训练方法都存在较大的内存冗余。为此，微软公司提出了零冗余优化器[206] 算法，主要通过消除数据并行或模型并行中的内存冗余来降低大模型的训练内存需求，进而提升训练批次大小和训练速度。ZeRO 算法没有在每个训练进程中复制完整的模型状态，而是对模型状态进行切块，每个进程只保留部分的模型状态，并在最小化数据通信的同时使用动态的通信调度，减少每个进程的训练内存占用。由于 ZeRO 算法将完整的模型状态切分到每个并行计算进程上，因此，随着参与并行训练的 GPU 进程数量的增加，每个 GPU 设备上的训练内存占用反而线性减少。

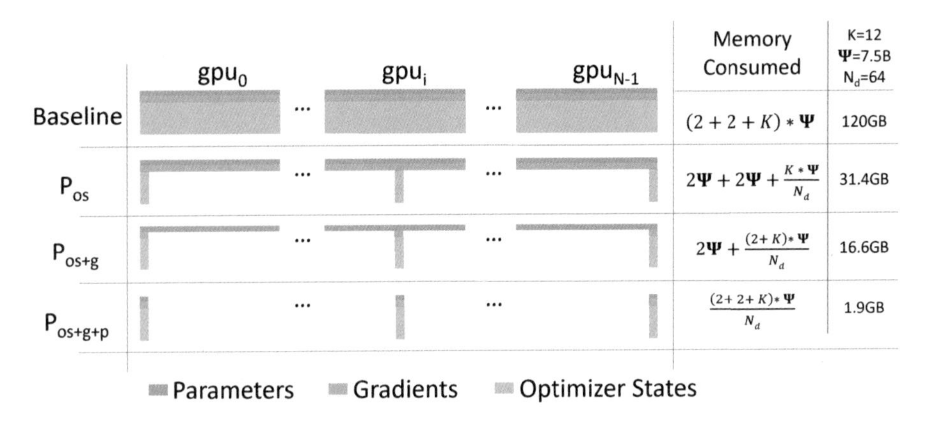

图 11.10　ZeRO 不同阶段算法的内存占用示意图
（相关内容可参阅论文“ZeRO: Memory Optimizations Toward Training Trillion Parameter Models”）

根据切分内容的不同，ZeRO 算法可以分为 ZeRO 1、ZeRO 2 和 ZeRO 3 等不同的阶段（或模式），下面将一一展开介绍。

ZeRO 1 只对优化器状态（Optimizer States）进行切分，因此也称为 $\mathbf{P}_{\mathrm{os}}$，这里优化器状态包含了 fp32 格式下的参数拷贝、动量和方差等内容。对于数据并行训练来说，假设其并行度为 N_d（有 N_d 个 GPU 进行并行计算），ZeRO 1 将优化器状态平均切分成 N_d 份，然后分别分配到 N_d 个并行进程上。每个并行进程只需要保存和更新全部优化器状态的 $\frac{1}{N_d}$，而不是像传统数据并行一样在内存中维护全部的优化器状态。在实际训练中，由于每个并行进程都维护了整个模型的 fp16 参数和梯度，因此其前向和反向传播和数据并行并无区别。在前向和反向传播结束后，ZeRO 1 需要通过 Reduce-scatter 操作对不同进程的梯度进行规约（Reduce），然后更新每个进程所持有的优化器状态切片，包括动量、方差和 fp32 参数切片，然后将 fp32 参数量化并保存到 fp16 格式的参数中，此时每个进程的 fp16 参数都只有 $\frac{1}{N_d}$ 是更新过的，最后则需要对所有的并行进程进行一次 All-gather 操作就可以获得完全更新后的模型参数。

在内存占用方面，假设优化器状态占用 $K\Psi$ 字节，在经过 ZeRO 1 算法的切片之后，每个 GPU 上的内存占用从原来的 $2\Psi + 2\Psi + K\Psi = 4\Psi + K\Psi$ 变成了 $4\Psi + \frac{K}{N_d}\Psi$。如果并行计算的 GPU 进程数 N_d 足够大，那么 $\frac{K}{N_d}$ 就可以被忽略。例如，对于在 256 块 GPU 上进行并行训练的 10B 大模型来说，内存占用从原来的 160GB 降到了 40.05GB，其内存占用约为原来的 $\frac{1}{4}$。

ZeRO 2 在 ZeRO 1 基础上进一步对梯度进行了切分，因此也称为 $\mathbf{P}_{\text{os}+g}$。ZeRO 1 对优化器状态进行了切分，有效降低了内存占用，但是在梯度内存上依然存在冗余性。在 ZeRO 1 算法的流程中，每个数据并行的进程只需要对应部分的梯度就能更新该进程维护的优化器状态，但是每个进程却维护了一个完整状态的梯度数据。针对 ZeRO 1 算法中梯度内存的冗余，ZeRO 2 不仅对优化器状态进行了切分，还将梯度按照并行计算的设备数 N_d 进行平均切分并分配，每个设备上保留完整梯度的 $\frac{1}{N_d}$。在实际训练中，由于每个并行进程都维护了整个模型的 fp16 参数，因此其前向传播和标准的分布式数据并行训练并无区别。在反向训练过程中，由于每个 GPU 进程只维护了部分梯度，用于存储其对应的规约后的梯度，还需要构建一个临时的切分梯度内存，用于存储每个 GPU 进程内部的梯度。然后调用 Scatter-reduce 操作对不同并行进程的梯度进行规约，并将规约后的梯度存入该 GPU 进度中的梯度切片，此时临时梯度内存可以被释放。为了提高实际通信效率，ZeRO 2 使用了一个分桶（Bucketization）策略，将对应于一个分块的全部梯度放入一个桶中，然后对整个桶的梯度进行整体地规约。剩余流程和 ZeRO 1 的相同，每个 GPU 进程需要使用对应的梯度更新其对应的优化器状态和参数，最后使用 All-gather 更新全部的 GPU 进程的参数。

内存占用方面，在经过 ZeRO 2 算法的切分之后，每个 GPU 上的内存占用从原来的 $4\Psi + K\Psi$ 变成了 $2\Psi + \frac{K+2}{N_d}\Psi$。如果并行计算的 GPU 进程数 N_d 足够大，那么 $\frac{K+2}{N_d}$ 就可以被忽略，此时，对于 Adam 优化器训练的模型来说，使用 ZeRO 2 训练算法的内存占用约为原来的 $\frac{1}{8}$。

ZeRO 3 在 ZeRO 2 基础上进一步对参数进行了切分，也称为 $\mathbf{P}_{\text{os}+g+p}$，通过将参数切分平均分配到每个并行计算进程上，可以进一步降低大模型的训练内存占用。但是，和梯度、优化器状态等信息不同，模型参数参与了前向传播和反向传播等计算过程。每个 GPU 进程在进行前向传播和反向传播时，如果计算过程需要的参数不在自己的切片内，则需要从其他并行计算的进程通信中获取。因此，和 ZeRO 1、ZeRO 2 不同，ZeRO 3 会增加训练过程中的数据通信量。在具体计算过程中，假设全部的参数被分成了 N_d 份，在前向计算过程需要第 i 块参数之前，负责该分块的进程可以将该部分的参数广播给其他所有的数据并行进程，每个数据并行进程构建一个临时的参数内存块用于存储该分块参数，并进行该部分参数涉及的前向传播。一旦完成这部分参数涉及的前向传播，就可以舍弃这部分参数。其中，分块参数的临时存储可以通过内存流水来降低内存开销。在前向传播过程中，每块 GPU 在参数广播时涉及的通信量为 $N_d \frac{1}{N_d}\Psi = \Psi$。类似地，在反向传播时需要完整的参数来计算模型损失相对于每层输入的梯度，因此也需要将参数广播到其他并行进程中，也会产生 $N_d \frac{1}{N_d}\Psi = \Psi$ 的数据通信量。在前向和反向传播之后，和 ZeRO 2 类似，需要对每个并行进程的梯度进行 Scatter-reduce 操作来获得所有进程规约后的梯度。和 ZeRO 1、ZeRO 2 不同的是，ZeRO 3 不再需要使用 All-gather 来同步更新的参数。这一方面是因为 ZeRO 3 算法中每个并行进程不再维护完整的模型参数，另一方面是因为前向传播时进行的参数广播操作达到了 All-gather 操作的目的。因此，算上 Scatter-reduce 产生的通信量 Ψ，ZeRO 3 产生的通信量为 3Ψ，约为标准分布式数据并行算法通信量的 $\frac{3\Psi}{2\Psi} = 1.5$ 倍。

内存占用方面，在经过 ZeRO 3 算法对优化器状态、梯度、参数的切分之后，每个 GPU 上的内存占用从原来的 $4\Psi + K\Psi$ 变成了 $\frac{K+4}{N_d}\Psi$。此时，对于 Adam 优化器训练的模型来说，使用 ZeRO 3 在 256 块 GPU 上训练一个 10B 参数大模型的内存占用将从原来的 160GB 减少到 0.625GB。

全切片数据并行 FSDP

全切片数据并行 (FSDP) 早在 2021 年初就作为 FairScale 库的一部分进行了发布，然后 Meta AI 吸收了 FairScale 中的关键特性，在 PyTorch 1.11 版本中正式引入 FDSP 算法。该算法可以认为是对 ZeRO 3 算法的一种重新设计和实现，并且和 PyTorch 的其他组件进行了对齐。其主要算法思想和 ZeRO 3 类似，具体来说，FSDP 在训练时会将模型分解成更小的单元，然后将单元内的参数拉成一个扁平的向量并进行分块，并将分块后的参数分配到每个 GPU 上，分块后的参数在计算前通过并行进程间的通信而恢复成完整参数，计算后即可抛弃。类似地，模型参数对应的梯度、优化器状态等也按照同样的方式进行分块。

FSDP 会将模型分解成若干个更小的单元，这里阐述一下单元的概念。在最简单的情况下，可以认为每一层是一个单元。此时，由于 FSDP 对每一层的参数都切分到每个 GPU 卡上，因此每一层在计算前都需要提前收集参数切片并恢复该层的参数，此时临时占用一层的参数内存大小。但是如果将一层作为参数切片收集的基本单元就导致每层在计算前都要进行多卡通信来恢复参数，通信过于频繁。如果将整个网络作为一个单元，在第一层计算前就将所有层的参数切片收集到一起，就会导致所有层的切片参数都重新恢复成了原始参数，内存占用反而更高。那么一种折衷的方式就是将大模型划分成若干个单元，每次在该单元进行计算前将该单元内部的参数切片恢复成完整参数，此时临时的参数内存占用是该单元的参数大小，在该单元计算结束后释放该单元的参数内存占用。对比 ZeRO 3 算法，如果并行计算 GPU 数 N_d 等于 FSDP 中的单元个数，且 FSDP 的单元按照网络层从浅层到深层均匀划分单元，此时 ZeRO 3 和 FSDP 每次多进程通信恢复处理的参数基本一致，都是 $\frac{\Psi}{N_d}$ 大小，只是切分方式不同。

FSDP 这种切片的思想借鉴了 ZeRO 3 算法，但是和 DeepSpeed 实现的 ZeRO 3 有较大的不同，其区别体现在以下几个方面。

- **切分形式不同**。DeepSpeed 中 ZeRO 3 按照网络的层对参数进行切片并分配到对应的 GPU 上。FSDP 会先将网络的层划分成若干单元，每个单元内参数会被拉成扁平的向量，然后平均分到每个卡上。例如，对于一个在 4 张 GPU 上训练的 16 层 Transformer 网络，假设每层的参数量相同，那么 ZeRO 3 将该网络从第一层到最后一层，每 4 层平均分配到 GPU0-3 上。对于 FSDP，假设 16 层 Transformer 网络被划分成 3 个单元（前 4 层一个单元，后 4 层一个单元，中间 8 层一个单元），那么每个单元内的参数被拉成一个扁平的向量后被 4 个 GPU 平均切分，也就是每个 GPU 都包含了该单元所有层参数的一部分。FSDP 中的单元有点类似于 ZeRO 3 中的切块，但是 ZeRO 3 中的切块是只有一个 GPU 包含了该切块内的所有参数，比如 GPU0 包含了 $1 \sim 4$ 层的所有参数，其他 GPU 不包含 $1 \sim 4$ 层的参数，而 FSDP 是将该单元内的参数划分到每个 GPU 上，由所有的 GPU 上的参数共同组成该单元内的所有参数。
- **通信原语不同**。对于 ZeRO 3，如果某些层的参数在 GPU0 上，那么其他 GPU 上是不包含这些层的任何参数的。当这些层需要计算时，需要通过 Broadcast 通信原语实现其他 GPU 上的参数恢复。虽然这种通信原语可以实现所需要的功能，但是会导致 GPU 设备上的负载不够均衡，影响分布式训练的效率。由于 FSDP 是将每层的参数平均切分到每个 GPU 上，在需要计算时通过 All-gather 操作将切片参数恢复成该层原始的完整参数。

- **切片策略支持不同**。ZeRO 3 的参数切分数量等于并行计算的 GPU 个数 N_d，切片策略固定。而 FSDP 支持全复制策略、全切片策略和混合切片策略，这里引入切片因子 $F \in [1, N_d]$，当 $F = 1$ 时，FDSP 退化成分布式数据并行算法（DDP），不同 GPU 上的参数完全复制，属于全复制策略；当 $F = N_d$ 时，FSDP 将参数切分到每个 GPU 上，属于全切片策略，见图 11.11；当 $1 < F < N_d$ 时，FSDP 结合了切片和复制两种策略，首先将参数切分成 F 份，然后再复制 $\frac{N_d}{F}$ 次，如图 11.12 所示。

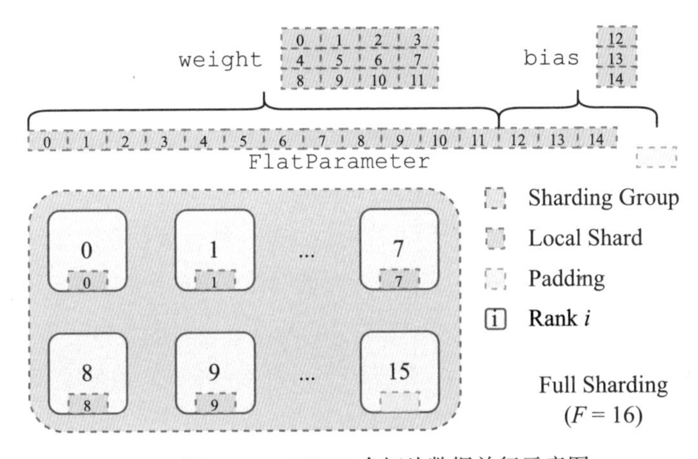

图 11.11 FSDP 全切片数据并行示意图

（相关内容可参阅论文“PyTorch FSDP: Experiences on Scaling Fully Sharded Data Parallel”）

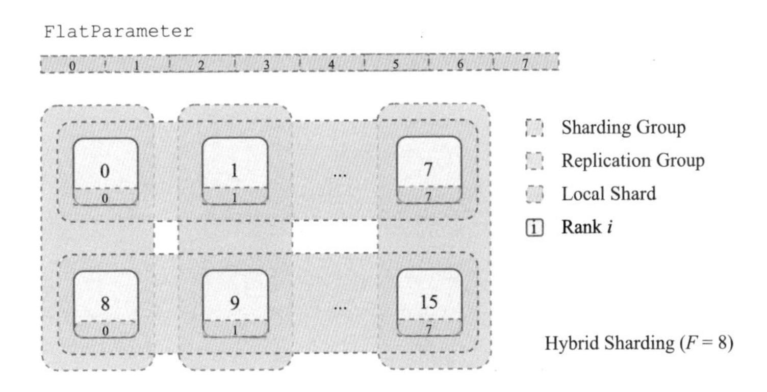

图 11.12 FSDP 混合切片策略示意图

（相关内容可参阅论文“PyTorch FSDP: Experiences on Scaling Fully Sharded Data Parallel”）

11.3.2 大模型参数高效微调方法

虽然大模型在多项任务中都展现出较强的迁移能力和涌现能力，但是在一些垂直领域应用和细分领域任务上还存在不足，需要在特定领域数据上进行微调以提升模型效果。传统的模型微调是在下游数据集上调整模型中的所有参数以适应特定任务，也称为全参数微调方法。但这种做法存在两个问题，首先，全参数微调的成本问题日益严重。对于包含数十亿乃至数千亿参数的模型，大模型的全参数微调可能需要成千上百个 GPU 核心并行工作，这导致了硬件成本的大幅上升。不仅如此，由于训练大模型需要较长时间，电力消耗和其他运维成本也会显著增加。这些因素加在一起，使得全参数微调的经济成本变得难以承受。其次，从技术层面上，对大模型进行全部参数微调可能导致灾难性遗忘的问题。当对全部参数进行微调时，模型在适应新的数据集和任务特点的同时，可能会重写其在预训练阶段学到的大部分或全部知识，特别是那些与新任务不直接相关的知识。这不仅影响了模型在原有任务上的表现，还可能降低模型的泛化能力。更重要的是，灾难性遗忘会限制模型的可用性，使其无法在多任务环境下有效工作，因为每次任务转换都可能需要重新微调，带来的时间消耗和成本开销是极大的。

综上所述，随着模型尺寸的增加，全参数微调的局限性开始显现。高昂的经济成本和技术上的灾难性遗忘问题是当前面临的两大主要挑战。这些问题促使研究人员寻求更为高效、经济的微调策略，即采用参数高效微调 (Parameter Efficient Fine-tuning，PEFT) 的方式对大模型的少量参数进行微调，以达到降低成本和避免灾难性遗忘的目的。下面将介绍低秩适配微调（Low-Rank Adaptation，LoRA）、适配器微调（Adapter）、前缀微调（Prefix-tuning）三种典型参数高效微调方法。

LoRA 系列方法

LoRA[118] 是一种基于低秩分解的大模型参数高效微调方法（其结构如图 11.13 所示），适合在训练资源受限的情况下对大模型进行微调，其核心思想是通过低秩矩阵分解来近似模型中的权重变化，在训练过程中冻结原始参数，只对低秩矩阵进行微调，从而减少微调过程中需要优化的参数数量。

大模型中的众多权重矩阵一般是满秩的，有研究[3] 表明预训练的语言模型具有较低的内在维度（Intrinsic Dimension），尽管随机投影到较小的子空间内，但仍然可以有效地学习。基于该假设，LoRA 引入低秩近似的原理对预训练大模

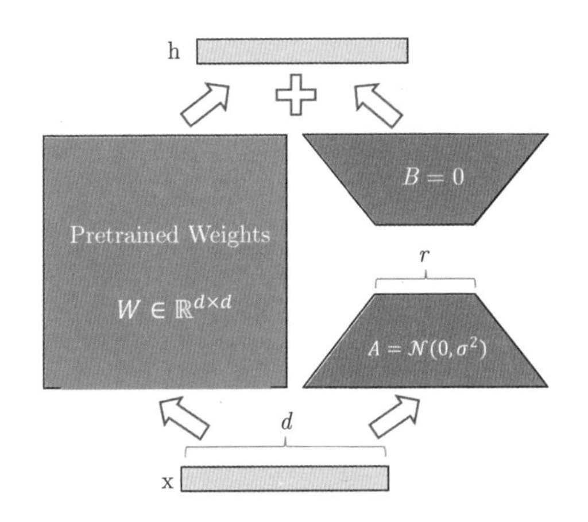

图 11.13 LoRA 结构示意
（相关内容可参阅论文“LoRA: LOW-RANK ADAPTATION OF LARGE LANGUAGE MODELS”）

型进行高效微调。具体来说，对于一个预训练模型的权重矩阵 $\boldsymbol{W}$，引入两个低秩矩阵 $\boldsymbol{A}$ 和 $\boldsymbol{B}$，其中 $\boldsymbol{A}$ 的维度为 $d\times r$，$\boldsymbol{B}$ 的维度为 $r\times d$，r 是远小于 d 的秩（rank）。通过调整 $\boldsymbol{A}$ 和 $\boldsymbol{B}$，模型实际上是在调整 $\boldsymbol{W}$ 的一个低秩近似 $\boldsymbol{AB}$。这种方式显著减少了微调过程中的自由参数数量，因为只需要更新 $\boldsymbol{A}$ 和 $\boldsymbol{B}$ 而非整个 $\boldsymbol{W}$。计算公式如下所示：

$$\boldsymbol{h}=\boldsymbol{W}\boldsymbol{x}+\hat{\boldsymbol{W}}\boldsymbol{x}=\boldsymbol{W}\boldsymbol{x}+\boldsymbol{A}\boldsymbol{B}\boldsymbol{x} \tag{11.21}$$

如图 11.13 所示，LoRA 对于可微调矩阵 $\boldsymbol{A}$ 采用随机高斯初始化，对于矩阵 $\boldsymbol{B}$ 则初始化为 0。在模型微调过程中，LoRA 不要求对原始的满秩矩阵 $\boldsymbol{W}$ 进行梯度更新，而只需要对低秩矩阵 $\boldsymbol{A}$ 和 $\boldsymbol{B}$ 进行梯度更新即可。如果对网络的所有线性层都采用 LoRA 微调方式进行训练，且当 LoRA 的秩设置为与预训练权重矩阵的秩相同时，LoRA 是可以大致恢复全参数微调的表达能力的。虽然 LoRA 在微调中引入了额外的训练参数，但是在模型推理的过程中并不增加推理延迟，具体是因为 $\boldsymbol{h}=\boldsymbol{W}\boldsymbol{x}+\hat{\boldsymbol{W}}\boldsymbol{x}$ 可变为 $\boldsymbol{h}=(\boldsymbol{W}+\hat{\boldsymbol{W}})\boldsymbol{x}$，额外引入的微调参数在微调结束后可以融入原始的参数中。

基于 LoRA 的许多变体主要包括以下几个方面：低秩调整[243, 292, 297]，主要研究动态调整 LoRA 中的秩；LoRA 引导的预训练权重更新[296, 314]，利用 LoRA 指导预训练权重的更新过程；量化适应[59, 155, 272]，引入了多种量化技术以提升 LoRA 在低精度微调和推理中的表现；基于 LoRA 的改进[37, 273, 294]，融入多种新技术以增强 LoRA 的功能；以及基于 LoRA 的多任务微调[122, 169, 236]，通过结合多个 LoRA 模块进行跨任务转移，用于在新任务上微调模型。

Adapter 系列方法

Adapter[115] 方法是一种在自然语言处理领域中用于迁移学习的技术，特别适用于基于预训练大模型在下游任务的微调。它通过在预训练模型的架构中插入额外的小型网络层，也称为 Adapter 层，来实现对新任务的适应，而不必重新训练整个模型。这种方法有效节省了计算资源并提高了模型的适应性。

Adapter 具体架构如图 11.14 所示，在一个 Transformer 层中插入两个 Adapter，分别是在自注意力层（Self-attention layer）和前向网络层（Feed-forward layer）后面。Adapter 模块由前向降维投影、非线性激活函数和前向升维投影以及残差连接组成。对于输入 $\boldsymbol{X}$，具有 ReLU 非线性激活函数的 Adapter 的输出可以用下面的公式定义：

$$\boldsymbol{Y} = (\mathrm{ReLU}(\boldsymbol{X}\boldsymbol{W}_{\mathrm{down}}))\boldsymbol{W}_{\mathrm{up}} + \boldsymbol{X} \tag{11.22}$$

其中，$\boldsymbol{W}_{\mathrm{down}} \in R^{d\times r}$ 是 Adapter 模块中的前向降维投影 (FeedForward Down-project), $\boldsymbol{W}_{\mathrm{up}} \in R^{r\times d}$ 是 Adapter 模块中的前向升维投影（FeedForward Up-project），r 远小于 d。

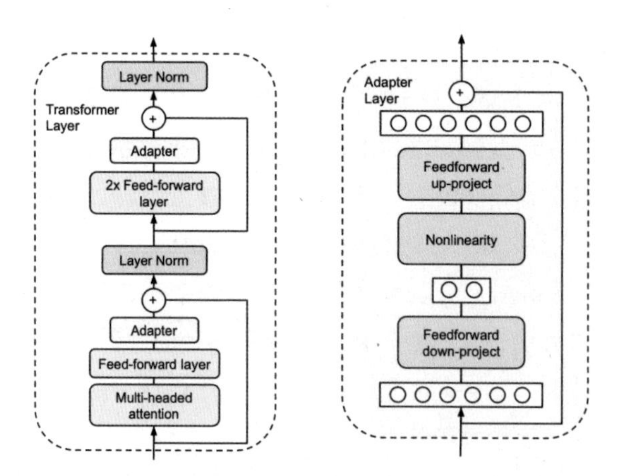

图 11.14　Adapter 结构示意
（相关内容可参阅论文“Parameter-Efficient Transfer Learning for NLP”）

受到 Adapter 的启发，研究者们提出了许多基于 Adapter 变体的参数高效微调方法。残差 Adapter[166] 通过仅在前馈层和层归一化之后插入适配器模块来进一步提高效率。并行 Adapter[98, 311] 将适配器网络与注意力层和前馈层并行插入，这使得 Adapter 模块能够更高效地整合进 Transformer 中。AdapterDrop[215] 移除 Transformer 中每一层对给定任务不重要的 Adapter，以提高推理效率。

Prefix-tuning 系列方法

前缀微调（Prefix-tuning）[153] 的核心思想是在每个网络层中添加一个小的、可学习的参数前缀，这些前缀充当条件信息，引导模型生成符合特定任务的输出，可以视为是注入到模型中的任务特定信号。

Prefix-tuning 是在多头注意力网络结构中的 Key 和 Value 上分别添加可微调的提示参数 $\boldsymbol{P}_k$ 和 $\boldsymbol{P}_v$，如图 11.15 所示。以参数 $\boldsymbol{P}_k$ 为例，它是由一系列的提示向量组成，即 $\boldsymbol{P}_k = \{\boldsymbol{p}_k^1, \boldsymbol{p}_k^2, \cdots, \boldsymbol{p}_k^n\}$，其中 n 是这些提示的长度。如果在微调过程中，直接训练 $\boldsymbol{P}_k$ 和 $\boldsymbol{P}_v$ 参数，可能会导致训练效果的不稳定。因此，Prefix-tuning 对这些可微调的参数添加了多层感知机（MLP）进行训练，公式如下所示：

$$\text{head} = \text{Attn}(\boldsymbol{X}\boldsymbol{W}_q, [\boldsymbol{P}_k, \boldsymbol{X}\boldsymbol{W}_k], [\boldsymbol{P}_v, \boldsymbol{X}\boldsymbol{W}_v]) \tag{11.23}$$

$$\boldsymbol{P}_k = \text{MLP}(\boldsymbol{P}_k'), \boldsymbol{P}_v = \text{MLP}(\boldsymbol{P}_v') \tag{11.24}$$

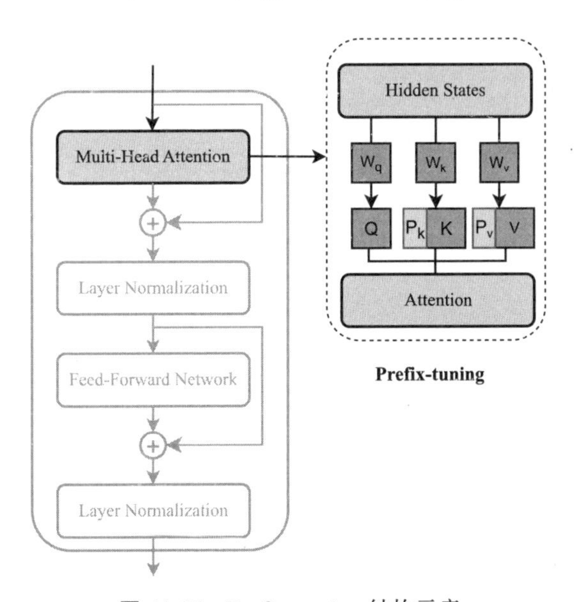

图 11.15 Prefix-tuning 结构示意
（相关内容可参阅论文“Parameter-Efficient Fine-Tuning Methods for Pretrained Language Models: A Critical Review and Assessment”）

其中 $\boldsymbol{P}_k \in \mathbb{R}^{n\times d}, \boldsymbol{P}_v \in \mathbb{R}^{n\times d}$ 分别由 $\boldsymbol{P}_k' \in \mathbb{R}^{n\times k}, \boldsymbol{P}_v' \in \mathbb{R}^{n\times k}$ 经过 MLP 变换得到，$[\cdot,\cdot]$ 表示的是矩阵拼接操作。在模型微调阶段，只有 MLP 的参数和 $\boldsymbol{P}_k', \boldsymbol{P}_v'$ 是可以调整的，模型其他部分的参数是冻结的。在模型推理阶段，则去掉 MLP 和 $\boldsymbol{P}_k', \boldsymbol{P}_v'$，只保留 $\boldsymbol{P}_k, \boldsymbol{P}_v$。

此外，研究者们提出了一系列类似思想的方法。Prompt-tuning[148] 通过将额外的 l 个可学习的提示标记 $P = [P_1], [P_2], \ldots, [P_l]$，整合到模型输入 X 中，然后将它们串联起来生成最终输入 X'。在微调期间，只有提示参数 P 通过梯度下降法更新，而预训练的参数保持不变。与 Prompt-tuning 不同，P-tuning[170] 则是利用双向 LSTM 生成 l 个可学习的提示标记。

11.4 系统优化

由于大语言模型访存密集以及计算量庞大的特点，即便采用了模型压缩以及优化算法，模型训练和实际部署对整个计算系统依然是个很大的挑战。此外，目前大语言模型依然不断地朝着采用更大的模型、使用更多的训练数据的方向发展，为了进一步提升计算效率，许多系统优化的方法被提出，并且得到广泛的应用。大语言模型的系统优化方法通常可以分为三类，算子融合优化、存储管理优化和并行服务优化，本小节将以一些典型方法为例进行介绍，包括 FlashAttention、Paged Attention 以及连续批处理方法。

11.4.1 算子融合优化：FlashAttention

算子融合方法是神经网络计算的常用优化方法，它通过将模型计算图中相邻的算子融合到一起来有效减少中间计算结果的读写。由于大语言模型中很多算子的计算受限于访存，因此算子融合方法会更加重要，其中最为典型的例子是 Attention 计算部分。Attention 作为大语言模型中最为关键的部分之一，其计算和访存与计算 token 长度的平方成正比关系，这使得当输出 token 的长度很长时，Attention 的处理通常会成为模型计算的瓶颈。为了解决这一问题，FlashAttention[49] 和 Flash-decoding[50] 提出将 Self-attention 中的矩阵乘法和 softmax 的计算融合为一个算子来处理，通过这样的方法，极大减小了对于中间计算结果 Attention 矩阵的读写，提升了计算效率。

标准 Self-attention 的计算可以表示为（为了简便，忽略 Attention mask 和放缩系数 $\frac{1}{\sqrt{d}}$）：

$$\boldsymbol{O} = \text{softmax}(\boldsymbol{Q}\boldsymbol{K})\boldsymbol{V} \tag{11.25}$$

其中 $\boldsymbol{Q},\boldsymbol{K},\boldsymbol{V} \in \mathbb{R}^{N\times D}$，$N$ 表示 token 的个数，d 表示隐状态的维度（由于 Batch 和 head 维度相互之间是独立的，为了简便忽略）。通常计算时会首先计算 $\boldsymbol{X} = \boldsymbol{Q}\boldsymbol{K}^{\mathrm{T}}$，然后计算 softmax 部分来得到 Attention 矩阵 $\boldsymbol{A}$，最后将 $\boldsymbol{A}$ 与 $\boldsymbol{V}$ 矩阵相乘，依次完成各个部分的计算。由于 $\boldsymbol{X}$ 和 $\boldsymbol{A}$ 矩阵所需 $O(N^2)$ 的存储大小，这样计算时难以将两个矩阵存储在 GPU 片上存储中，需要存储到 GPU 的显存里，又因为这两个矩阵在 Attention 计算之外并不会被用到，因此额外增加了大量 GPU 显存的读写。在矩阵乘法计算时也会遇到类似的问题，通常采用分块的方法来解决，具体来说是将较大的 Tensor 拆分为多个小块，每次计算一个小块，将中间计算结果存储在片上存储中并复用，从而减少片外 GPU 显存的读写。之所以可以这样拆分，是因为矩阵乘法中的累加部分是满足结合律的，因此可以将矩阵乘法拆分为许多个分块矩阵乘法的和，但是 Attention 层中采用了 softmax 算子，在其计算时需要读取矩阵中一行的所有数据，这给 Attention 分块处理带来了一定的困难。FlashAttention 借鉴了 Online Softmax[187] 的方法，使得 Self-attention 的计算也可以融合为一个算子来计算。

由于在 softmax 计算中存在指数运算，通常会采用安全 softmax 来保证计算中不会出现溢出的问题，特别是在 float16 的情况下：

$$\text{softmax}(\{x_1,\ldots,x_N\}) = \left\{\frac{e^{x_i}}{\sum_{j=1}^{N} e^{x_j}}\right\}_{i=1}^{N} = \left\{\frac{e^{x_i-m}}{\sum_{j=1}^{N} e^{x_j-m}}\right\}_{i=1}^{N} \tag{11.26}$$

其中 $m = \max_{j=1}^{N}(x_j)$。这样计算时需要先计算得到最大值 m，然后遍历 1 到 N 计算得到分母部分，最后再通过一个循环得到 softmax 的最终结果。Online softmax 计算时则是将式 (11.26) 中最大值求取与分母部分的计算同时完成，分母部分的计算为

$$d_i = \sum_{j=1}^{i} e^{x_j-m_i} = \left(\sum_{j=1}^{i-1} e^{x_j-m_{i-1}}\right) e^{m_{i-1}-m_i} + e^{x_i-m_i} = d_{i-1}e^{m_{i-1}-m_i} + e^{x_i-m_i} \tag{11.27}$$

其中 $m_i = \max_{j=1}^{i}(x_j) = \max(x_i, m_{i-1})$。计算得到最大值与分母的值之后，与安全 softmax 类似，可以通过一个循环计算得到 softmax 的结果。这样由于最终

计算结果需要首先计算得到全局最大值 m_N 和分母值 d_N，因此 Online softmax 依然需要两个循环来完成计算，这样也就无法像矩阵乘法那样分块计算。

当将 Online Softmax 应用到 Self-attention 的计算中时，假定需要计算第 k 行的输出结果，即 $\boldsymbol{O}[k,:] = \text{softmax}(\boldsymbol{Q}[k,:]\boldsymbol{K}^{\text{T}})V$，需要两个循环才能完成计算，第一个循环的计算可以表示为

for $i = 1 \to N$

$$\begin{aligned} x_i &= \mathbf{Q}[k,:] * \mathbf{K}[:,i] \\ m_i &= \max(x_i, m_{i-1}) \\ d_i &= d_{i-1}e^{m_{i-1}-m_i} + e^{x_i - m_i} \end{aligned} \tag{11.28}$$

然后在第二个循环中由计算得到的最大值 m_N 与分母值 d_N 计算 Attention 矩阵 $\boldsymbol{A}$ 和输出结果 $\boldsymbol{O}$:

for $i = 1 \to N$

$$\begin{aligned} a_i &= \frac{e^{x_i - m_N}}{d_N} \\ \mathbf{o}_i &= \mathbf{o}_{i-1} + a_i \mathbf{V}[i,:] \end{aligned} \tag{11.29}$$

则第 k 行的输出结果为 $\boldsymbol{O}[k,:] = \mathbf{o}_N$。如果依然需要两个循环才能完成计算，那么，Self-attention 也无法通过分块的方法将所有计算在一个算子中计算完成。为了解决该问题，FlashAttention 方法将式 (11.29) 进一步展开得到

$$\mathbf{o}_i = \sum_{j=1}^{i} \left(\frac{e^{x_j - m_N}}{d_N} \mathbf{V}[j,:] \right) \tag{11.30}$$

并且采用与 Online Softmax 类似的方法，将 $\mathbf{o}_i$ 展开为迭代计算的形式：

$$\begin{aligned} \mathbf{o}'_i &= \sum_{j=1}^{i} \frac{e^{x_j - m_i}}{d_i} \mathbf{V}[j,:] \\ &= \left(\sum_{j=1}^{i-1} \frac{e^{x_j - m_i}}{d_i} \mathbf{V}[j,:] \right) + \frac{e^{x_i - m_i}}{d_i} \mathbf{V}[i,:] \\ &= \left(\sum_{j=1}^{i-1} \frac{e^{x_j - m_{i-1}}}{d_{i-1}} \frac{e^{x_j - m_i}}{e^{x_j - m_{i-1}}} \frac{d_{i-1}}{d_i} \mathbf{V}[j,:] \right) + \frac{e^{x_i - m_i}}{d_i} \mathbf{V}[i,:] \\ &= \left(\sum_{j=1}^{i-1} \frac{e^{x_j - m_{i-1}}}{d_{i-1}} \mathbf{V}[j,:] \right) \frac{d_{i-1}}{d_i} e^{m_{i-1} - m_i} + \frac{e^{x_i - m_i}}{d_i} \mathbf{V}[i,:] \\ &= \mathbf{o}'_{i-1} \frac{d_{i-1}}{d_i} e^{m_{i-1} - m_i} + \frac{e^{x_i - m_i}}{d_i} \mathbf{V}[i,:] \end{aligned} \tag{11.31}$$

转换为迭代的形式之后，上述公式不再与 m_N 和 d_N 存在依赖关系，这样可以将第二个循环中的计算部分与第一个循环的计算部分相融合，Self-attention 就可以通过一个循环来完成：

for $i = 1 \to N$

$$\begin{aligned}
x_i &= \mathbf{Q}[k,:] * \mathbf{K}[:,i] \\
m_i &= \max(x_i, m_{i-1}) \\
d_i &= d_{i-1}e^{m_{i-1}-m_i} + e^{x_i-m_i} \\
\mathbf{o}'_i &= \mathbf{o}'_{i-1}\frac{d_{i-1}}{d_i}e^{m_{i-1}-m_i} + \frac{e^{x_i-m_i}}{d_i}\mathbf{V}[i,:]
\end{aligned} \tag{11.32}$$

则第 k 行的输出结果为 $\boldsymbol{O}[k,:] = \mathbf{o}_N = \mathbf{o}'_N$。

与矩阵乘法的优化方法类似，上述计算过程可以通过分块的方式来完成，中间结果 $x_i, m_i, d_i, \mathbf{o}'_i$ 都可以存储在片上缓存中，从而节省 GPU 显存的带宽占用。依然以上述计算中第 k 行的结果为例，沿 $\boldsymbol{K}^{\mathrm{T}}$ 列维度和 $\boldsymbol{V}$ 行维度将其分别分为大小为 c 的若干块，每次完成一个块的计算，所有块依次完成，则 Self-Attention 的计算可以表示为

for $i = 1 \to T$

$$\begin{aligned}
\mathbf{x}_i &= \mathbf{Q}[k,:] * \mathbf{K}[:,(i-1)*c : i*c] \\
m_i &= \max_{j=1}^{c}(\mathbf{x}_i[j]) \\
d_i &= d_{i-1}e^{m_{i-1}-m_i} + \sum_{j=1}^{c} e^{\mathbf{x}_i[j]-m_i} \\
\mathbf{o}'_i &= \mathbf{o}'_{i-1}\frac{d_{i-1}}{d_i}e^{m_{i-1}-m_i} + \sum_{j=1}^{c}\frac{e^{x_i[j]-m_i}}{d_i}\mathbf{V}[(i-1)*c+j,:]
\end{aligned} \tag{11.33}$$

其中 T 表示分块的个数，第 k 行的输出结果为 $O[k,:] = \mathbf{o}'_T$。进一步可以将 $\boldsymbol{Q}$ 矩阵沿行维度分为大小为 b 的若干块，这样每次计算分块大小为 $b \times c$ 的中间结果，通过两层嵌套的循环依次完成每个块的计算，完成 Self Attention 的整个计算。分块大小 b 和 c 可以根据片上存储的大小来决定，以保证分块后的中间结果可以全部存储在片上。值得注意的是，上述讨论围绕 Self Attention 的前向计算展开，在模型训练时反向计算的方式可以通过类似的 FlashAttention 方法来高效实现，这里不再展开讨论。

在实际的实现中，FlashAttention 在批大小（batch）、注意力头、$\boldsymbol{Q}$ 矩阵的

序列维度进行了并行计算，这种实现方式适合在模型训练的过程中进行并行加速，但是并不适用于推理过程。推理过程的生成阶段通常序列长度为 1，这意味着如果 batch 比较小的话，整个计算过程的 GPU 利用率将会非常低，甚至可能出现小于 1% 的情况。为了解决这一问题，Flash-decoding 在此基础上提出增加新的并行维度，在 $\boldsymbol{K}$ 和 $\boldsymbol{V}$ 的序列维度进行并行计算，这样即使 batch 很小，只要上下文长度足够长，依然能够充分利用 GPU 的并行计算资源。

11.4.2 存储管理优化：Paged Attention

随着大语言模型变得越来越大，模型在计算过程中所需的存储量也在不断增加，同时当使用大语言模型时，每次处理输入输出的序列长度可能都不同，并且随着生成 token 的增加，序列长度也一直在不断增长，这给计算系统如何进行高效的存储管理提出了新的挑战。随着输出序列的不断增加，KV Cache 所占存储的比例越来越大，因此 KV Cache 的存储是最具代表性的问题之一。为了解决该问题，Paged Attention[137] 将操作系统的虚拟内存中分页的经典思想引入大语言模型的计算中，在不需要修改模型结构的情况下，有效提升模型计算的吞吐量。

KV Cache 存储主要存在两个问题，一个是碎片化问题，当大语言模型收到请求时，需要依据支持的最大序列长度预先分配存储，由于 KV Cache 所需存储量与序列长度成正相关的关系，因此会预先分配非常大的一块连续存储，但是实际处理时可能需要处理的序列长度远小于最大长度，从而导致严重的存储碎片化。另一个是存储浪费问题，KV Cache 的大小取决于一个 batch 中最长的序列长度，然而由于序列长度是可变的，一个 batch 中的不同样本通常有不同的序列长度，对于序列长度小于最长序列的样本，KV Cache 中存储了许多无效的值，这就导致了严重的存储浪费，这部分无效值甚至能够占到 KV Cache 存储的 60% ~ 80%。

与传统处理 KV Cache 的方法不同，Paged Attention 支持非连续的存储。该方法将 KV Cache 分为多个块，每个块存储固定的 token 个数，同时为了管理这些块，引入一个页表来维护逻辑存储块与物理存储块之间的映射关系，通过该页表可以获取存储指定位置数据的块的物理地址，来读取相应数据，这非常类似于操作系统中虚拟内存的页表的作用。

通过这样的方式，可以更加灵活地管理 K 和 V，无需根据最大序列长度预先分配存储，而是可以在新生成 token 时按需分配，从而解决存储碎片化的问题。此外，对于一个 batch 中不同的样本，不需要根据最长的序列长度来分配存储，存储浪费的问题只会出现在每个样本对应的最后一个块中，这样极大缓解了存储浪费的问题，进一步减小了计算时读 KV Cache 的开销，提高计算效率。不仅如此，通过分块的方式，也方便对分块的存储进行内存共享，进一步提高大语言模型部署时的计算吞吐。

11.4.3 并行服务优化：Continuous Batching

大语言模型在实际部署时，通常同一时刻需要面临来自用户的众多请求，通过并行处理优化服务能够有效提升服务效率。并行服务优化通常有两个目标，一是尽可能保证快速响应每个请求，为此需要减少对单个请求的响应延迟，一是尽可能提升计算吞吐，通过增加服务的吞吐量，从而能够同时处理来自用户的多个请求，提升系统的整体性能，整个系统需要在响应延迟不影响服务质量的情况下，尽可能地提升吞吐量。

批处理是一种常用的同时并行处理多个用户请求的方法，与传统神经网络模型不同，大语言模型的推理过程是通过迭代来完成的，又因为不同用户请求的输入序列长度是不确定的，这导致传统的批处理方法难以高效处理解决该问题。如图 11.16 所示，在预填充阶段可以同时处理所有 4 个请求，各自生成一个新的 token，但是在生成阶段可能会存在某些请求只需生成较少的 token 就截止了，例如图中第三个请求，这样在后续的处理中同时处理的请求数量会变少，从而导致 GPU 的利用率变低，极大降低了计算吞吐。

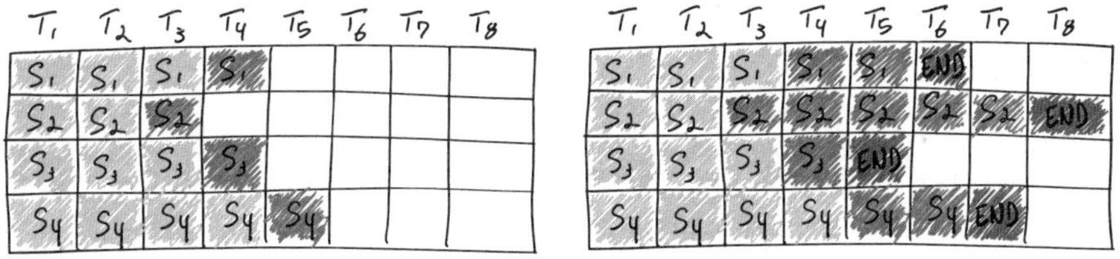

T_1	T_2	T_3	T_4	T_5	T_6	T_7	T_8
S_1	S_1	S_1	S_1				
S_2	S_2	S_2					
S_3	S_3	S_3	S_3				
S_4	S_4	S_4	S_4	S_4			

T_1	T_2	T_3	T_4	T_5	T_6	T_7	T_8
S_1	S_1	S_1	S_1	S_1	END		
S_2	S_2	S_2	S_2	S_2	S_2	S_2	END
S_3	S_3	S_3	S_3	END			
S_4	S_4	S_4	S_4	S_4	S_4	END	

图 11.16 传统批处理同时计算 4 个不同的请求

其中黄色块表示输入 token，蓝色块表示生成的 token，红色块表示截止 token，T_i 表示第 i 个 token。相关内容可参阅文献 [48]。

为了优化批处理在处理大语言模型计算时的效率问题，有许多方法被提出，

Orca[287] 提出 Continuous Batching（也称为 Iterative Batching）的方法，即将不同请求结合到一起处理；SARATHI[5] 提出将预填充阶段的处理分为多块，同时将预处理的块与处于生成阶段的请求一起计算，DistServe[306] 提出将处于预填充阶段和生成阶段的请求分开并在不同 GPU 上分别合并做批处理。

在上述这些方法中，Continuous Batching 方法被广泛应用。该方法在大语言模型推理的每次迭代时均进行请求调度，一旦执行的 batch 中有请求已经完成，就可以根据 GPU 显存的使用情况来插入一个新的序列，对新的请求进行处理。如图 11.17 所示，当第 3 个请求的计算任务处理完成后，可以在下一次迭代的时候插入第 5 个请求的并行计算，通过这样的方式尽可能提升计算系统的吞吐。在实际应用中，情况可能会更加复杂，一方面需要考虑到 GPU 显存的限制，需要保证有足够的存储满足新插入请求的处理任务，另一方面还要考虑满足响应延迟的要求，这需要与其他调度策略结合来使用。

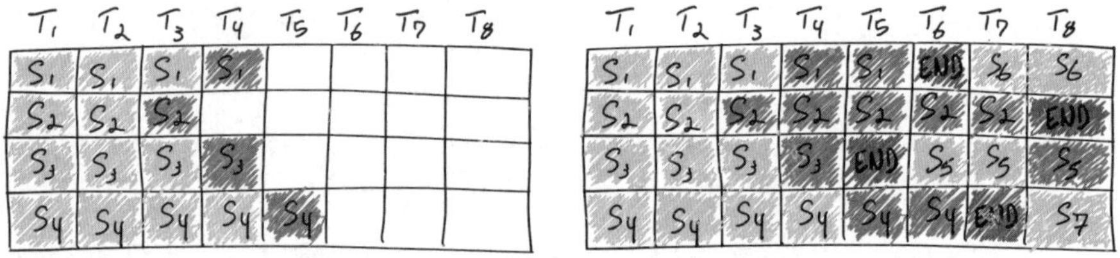

图 11.17　采用 Continuous Batching 方法处理 7 个不同的请求
其中黄色块表示输入 token，蓝色块表示生成的 token，红色块表示截止 token，T_i 表示第 i 个 token。相关内容可参阅文献 [48]。

值得注意的是，Continuous Batching 通常与 Paged Attention 方法一起使用，这样能够在高效调度的同时，灵活地实现动态存储管理，提供更加高效的大语言模型推理服务。

11.5　高效解码

大语言模型通常使用自回归预测方式进行推理，这种自回归解码方式每步只能产生一个 token，计算效率比较低下。因此，一些工作着眼于更高效的解码策略优化，本小节将从两个维度对相关方案进行介绍。第一，“推测解码”（Speculative Sampling），该方法采用先推测后验证（Draft-then-Verify）的思想，首先采用小的草稿模型（Draft Model）通过自回归生成连续多个 token，之后将多个 token 并行输入大模型进行验证从而加速推理；第二，“思维导图”（Skeleton-of-Thought），该方法通过引导大模型首先生成答案模板，然后并行进行内容填充从而加快推理过程。

11.5.1 推测解码

借鉴通用处理器（CPU）中常用的预测执行优化技术，推测解码[149] 通过引入小的草稿模型，同时增加大模型并行度来换取大模型[1]单次解码可预测的 token 数目。其核心是在预测性采样方案中，通过引入拒绝重采样，小模型预测结果的样本分布也可以逼近大模型。由如下定义，可以建立小模型预测的下一个 token 的概率分布 $q(x)$ 与大模型预测的概率分布 $p(x)$ 之间的代换关系。显然，如果小模型对大模型的输出分布的近似效果越好，则越多的由小模型预测出的 token 可以被最终保留。

定义 11.1 自分布 $p(x)$ 中预测性采样 x 等价于如下采样策略：自分布 $q(x)$ 中采样 x，如果 $q(x) \leqslant p(x)$ 则保留该样本 x，如果 $q(x) > p(x)$，则以概率 $1-\frac{p(x)}{q(x)}$ 拒绝该样本，并改为从调整后的分布 $p'(x) = \text{norm}(\max(0, p(x) - q(x)))$ 中再次采样 x。对于任意分布 $p(x)$ 和 $q(x)$，以此种方式采样得到的 x 与直接自分布 $p(x)$ 采样 x 等价。

虽然预测性采样给出了对原分布 $p(x)$ 的替代性的采样策略，但 $p(x)$ 的计算次数并没有减少，其加速推理的核心内容是将较大模型的自回归预测由串行变更为并行，以更好地利用硬件设备的算力，减少数据传输带来的额外时间成本，下一个 token 的串行预测任务则交由小模型完成，较大模型仅参与对小模型预测出的 K 个 token 的评判，最终保留未被拒绝的连续子 token 序列作为解码结果。具体地，推理解码的方案如算法 11.1 所示。

类似地，Yang 等人提出“引用推理”（Inference with Reference）方法[277]，该方法的出发点是在很多场景（如检索增强与长上下文对话等）中，由于模型的输出和引用文本之间存在大量重复（如图 11.18 所示），因此可以使用引用文本序列作为推测，并让大模型并行验证，从而提升大模型的推理速度。研究人员[190] 则期望利用单一模型进行两次推理的方式，构造出待验证 token 序列与采样后

[1]请读者留意，此处的大模型指参数量与计算量比轻量化模型更大的大语言模型，并且是泛指的大模型，本小节中的大模型均指参数量与计算量较大的大语言模型。

算法 11.1 推理解码

1. **Inputs:** Model_s, Model_l, prefix.
2. // 小模型 Model_s 进行自回归预测
3. **for** $i = 1$ **to** K **do**
4. $\quad q_i(x) \leftarrow \text{Model}(\text{prefix} + [x_1, \ldots, x_{i-1}])$
5. $\quad x_i \sim q_i(x)$
6. **end for**
7. // 大模型 Model_l 并行计算小模型生成的 K 个 token 的概率
8. $p_1(x), \ldots, p_{K+1}(x) \leftarrow \text{Model}_l(\text{prefix}), \ldots, \text{Model}_l(\text{prefix} + [x_1, \ldots, x_K])$
9. // 通过大模型的结果检验小模型输出的 token 序列中可以保留的长度
10. $r_1 \sim U(0,1), \ldots, r_K \sim U(0,1)$
11. $n \leftarrow \min(\{i-1 | 1 \leqslant i \leqslant K, r_i > \frac{p_i(x)}{q_i(x)} \bigcup \{K\}\})$
12. // 对被拒绝的元素进行重采样.
13. $p(x)' \leftarrow P_{n+1}(x)$
14. **if** $n < K$ **then**
15. $\quad p(x)' \leftarrow \text{norm}(\max(0, P_{n+1}(x) - q_{n+1}(x)))$
16. **end if**
17. $x' \sim p(x)$
18. // 最终输出的解码长度将会小于等于小模型推理出的长度 K
19. **return** prefix $+ [x_1, \ldots, x_n, x']$

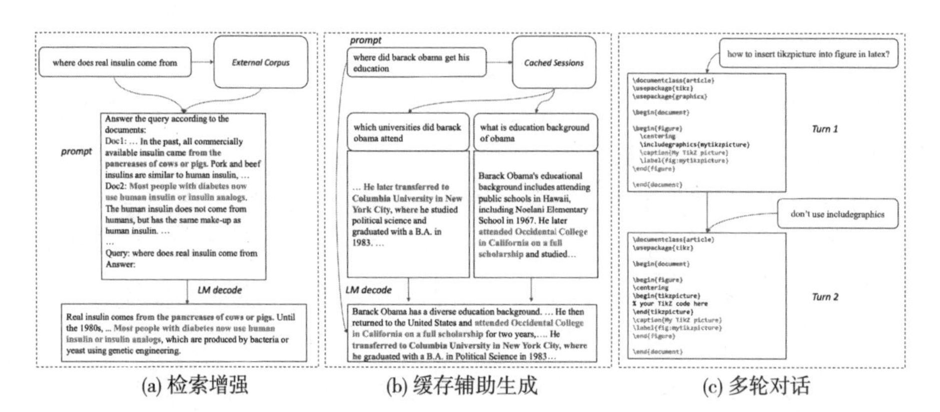

(a) 检索增强 (b) 缓存辅助生成 (c) 多轮对话

图 11.18 推理解码典型应用场景

在大模型的典型应用中，如检索增强生成、缓存辅助生成和多轮对话中，模型的输入和输出之间均存在着大量的内容重复，这为推理解码提供了可能性[277]。

的子 token 序列，并创新性地提出“预见性嵌入”，将一些额外的 token 拼接到原文本序列之后，构成形为 $(\text{prefix}, [\text{LA}]_1, \ldots, [\text{LA}]_K)$ 的新序列，其中 $[\text{LA}]_i$ 为可学习的“预见性嵌入”占位符，网络在输入 $(\text{prefix}, [\text{LA}]_1, \ldots, [\text{LA}]_K)$ 后，会直接预测第 K 位的 token。在首次推理时，同时输入 K 个长度依次递增的包含“预见性嵌入”的输入 $\{(\text{prefix}, [\text{LA}]_1), \ldots, (\text{prefix}, [\text{LA}]_1, \ldots, [\text{LA}]_K)\}$，大模

型会给出长度为 K 的待验证 token 序列取代推理解码方案中的小模型的预测结果，大模型的二次推理过程则与推理解码保持一致。

虽然推理解码在不损失大模型能力的情况下取得了一定的加速效果，但其输入的序列长度受到小模型能力与任务特性的约束，无法设定为一个较长的长度，这限制了该方案加速比的进一步提升。Spector 等人[227] 指出可以通过动态构建树状的多条待验证 token 序列来进一步扩大候选集合（如图 11.19 所示），提升推理解码方法获得更长的解码长度的概率。同时，多个待验证 token 序列使得每个序列均可以递归地再次使用推理解码技术，采用更小的模型进行初步预测，而后使用小模型作为验证模型，得到的结果序列作为大模型的预测结果候选序列。如此往复，可以进一步地提升推理解码的效率。

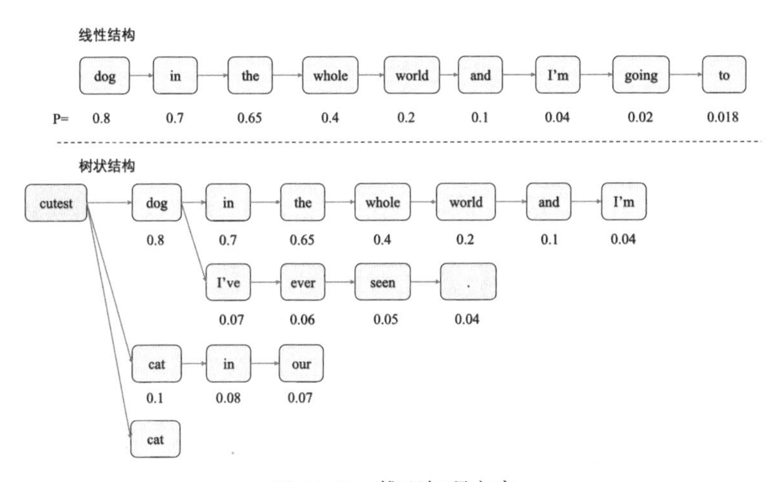

图 11.19 推理解码方案

动态树状结构与标准线性结构的 token 出现概率差异性比较[227]。作者认为算力应该用于更可能出现的 token 上，而不是较不可能的情况上，因此树状的结构相较于线性结构算力的配置更合理，解码空间更大。

11.5.2 思维导图

受到人类思考和写作过程的启发，研究人员[194] 提出了“思维导图”（Skeleton-of-Thought）方法。通过首先引导大模型（LLMs）生成答案的框架，然后并行执行 API 调用或批量解码，以并行方式完成答案每个要点的内容以实现加速。具体地，图 11.20 给出了该方案两阶段的示意说明：

- 答案框架构建阶段: 给定用户的查询请求 q，首先使用大模型基于“答案框架生成提示词”，以条分缕析的方式生成概括性的回答 R^s 及其 B 个要点；
- 答案内容填充阶段: 基于生成的 B 个要点与“答案扩充提示词”，使用大模型对每个要点进行并行化的内容扩增。最后将所有要点的回答结果进行拼接得到最终的回答 R^{pe}；

对于上文提及的并行化的执行方式，可以通过发起多个并行 API 调用，以增加 API 请求和 token 数量为代价，获得端到端的时延上的收益。对于本地部署的模型，亦可以通过将单次请求填充为一个 batch 的方式，在单次推理中实现对 B 个要点的内容扩增[1]。在实验中，该方案不仅提升了模型的推理速度，也对结果的生成质量带来了提升。

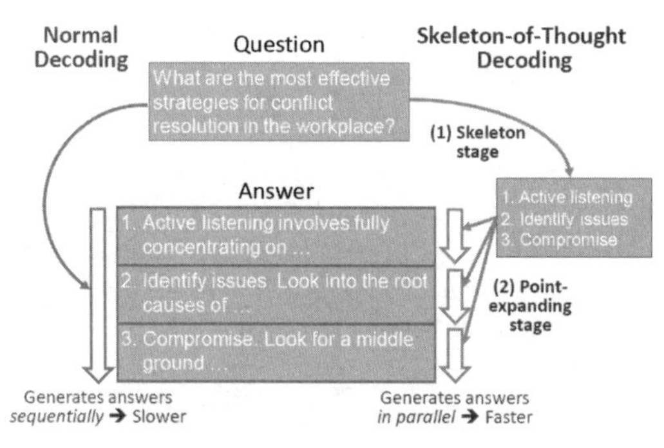

图 11.20 思维导图方案图示[194]

首先生成答案框架，而后并行对答案框架中提及的点进行内容填充。

11.6 本章小结

本章首先给出了大模型的基本介绍，回顾了大模型的发展历程，并对大模型的计算特性进行了分析。然后从模型量化、网络剪枝两个角度展开介绍了大模型压缩面临的难题及解决方法。此外，大模型在训练和微调时需要占用大量的计算资源，本章介绍了目前主流的大模型高效训练方法以及大模型参数高效微调方法。最后，针对大模型尤其是 Transformer 架构的计算特性，从系统优化和高效

[1]该方案基于对当前的大模型推理过程耗时瓶颈的经验性观测，解码阶段的耗时主要为大模型参数加载而非激活值的加载与模型的运算，因此增加 batch size 并不会显著提升每个 token 的解码耗时。

解码两个角度介绍了大模型在实际部署过程中面临的难题以及解决思路。通过学习本章内容，希望读者能够对大模型高效计算的需求、挑战及解决方案有所了解；同时，由于大模型计算还处于快速发展迭代中，本章的介绍难免有疏漏和不当之处支出，恳请广大读者批评指正。

12 神经网络加速器设计基础

在前面的章节中，我们详细介绍了各类深度神经网络加速与压缩算法，包括剪枝、量化、张量分解、知识蒸馏等，并且基于通用硬件平台介绍了一些常用的高效计算方法。从系统整体的视角出发，这些优化方式缺少了重要的一环，那就是硬件本身。实际上，我们可以针对神经网络的计算过程定制专用的硬件架构，也就是设计神经网络加速器，而这一方向也成为当前计算机体系结构和集成电路的重要研究方向之一。

12.1 为什么要设计神经网络加速器

尽管深度学习的许多算法模型（如卷积神经网络[142]、LSTM 模型[112]）早在 20 世纪八九十年代就已经出现了，但是受到数据和算力的限制，没有充分的发展空间。进入 21 世纪以后，互联网迅速普及，人们能够非常方便地从互联网上获取数据，研究者们也借助互联网构建了一些大规模数据集，其中最具代表性的是李飞飞等人建立的 ImageNet[56]。同时，半导体技术的发展带动了计算机硬件性能的提升，按照摩尔定律，每隔 24 个月，晶体管的数量增加一倍，越来越强大的计算机硬件被生产出来，用于满足人们日益增长的工作和娱乐需求。与此同时，这些强大的计算机硬件也被人们用于科学计算之中，以支持更大规模的神经网络的计算。2012 年，Alex Krizhevsky 等人提出用于大规模图像分类的卷积神经网络 AlexNet，大幅度提升了 ImageNet 数据集的图像分类成绩，当时他们使用两块 GTX 580 GPU 将网络训练了 5—6 天[134]。从此以后，使用高性能 GPU 训练神经网络成为了深度学习的“标配”。

然而，从半导体技术发展的角度来说，推动计算机硬件发展的摩尔定律呈现出逐渐放缓的趋势。1986 年到 2002 年，处理器的性能大致每两年翻一倍，或者每年性能提升 52%；2003 到 2010 年，处理器每年性能提升 23%；2011 年到 2014 年，每年性能提升只有 12%，而到了 2015 年以后，每年的性能提升更是只剩下 3.5%[202]。以 David Patterson 为代表的计算机体系结构领域的学者认为，摩尔定律已经逐渐走到了尽头，应该把更多的精力投入特定领域专用架构（Domain-Specific Architecture）的研究之中[108]，而深度神经网络加速器则是其中的重要代表。

从技术上来说，深度神经网络作为其中一类重要的机器学习方法，具有一些显著的特征。首先，深度神经网络的参数量和计算量都特别大，而且增长迅速。2016 年提出的用于图像分类的神经网络 ResNet-50[100] 计算量多达 4.1G，而到了 2021 年，在计算机视觉各项任务表现优异的模型 Swin-Transformer[172] 计算量达到了 47.1G；2018 年用于自然语言处理的 BERT 参数量为 110M，而 2020 年提出的 GPT-3 参数量高达 175B[21]；网络规模的增长速度远高于通用硬件性能的提升速度，如表 12.1 所示。其次，深度神经网络的计算模式比较固定，计算量也常常集中在某几个算子之中。例如，ResNet-50 只包含卷积、池化、ReLU 激活等操作，其中卷积操作是最重要的部分。BERT 主要由多层感知机以及自注意力模块组成，而这两个模块的主要计算都是矩阵乘法。因此，设计一个神经网络专用加速器，可能只需要为有限的几个算子做针对性的优化，就能够获得更高的能效比。最后，深度神经网络具有可压缩的特性，在保持网络精度的基础上，我们可以通过量化算法把神经网络浮点计算转化为低比特计算，也可以通过剪枝将网络变得更加稀疏，从而降低模型计算的复杂度；然而，传统硬件只支持有限数据类型的计算，无法充分发挥低比特计算的优势，对稀疏计算的支持也并不友好，如果设计专用的加速器，就能够充分地利用这种可压缩的特性，更好地提升深度神经网络的计算效率。

表 12.1　常见的深度神经网络参数量和计算量

网络模型	参数量	计算量（乘累加）
AlexNet	60.9M	724.4M
ResNet-50	25.6M	4.1G
Swin-B	88M	47.1G
BERT-base	110M	—
GPT-3	175B	—

12.2 神经网络加速器设计基础

在设计加速器的过程中，我们比较关心以下三个指标：功耗（Power）、延迟（Latency）以及面积（Area）。功耗指的是单位时间消耗的能量，运行时可以直接测得，在设计时可以通过数学建模或者仿真获得功耗的估计值；延迟指的是模型的运行时间，延迟越低，加速器速度越快。对于视觉类任务，我们也常常使用帧率（FPS）来衡量加速器的运行速度，它可以定义为

$$\text{FPS} = \frac{1}{\text{Latency}} \tag{12.1}$$

与帧率密切相关的指标是计算吞吐量（Throuputs）。计算吞吐量指的是单位时间可以完成的计算量，一般情况下，计算吞吐量指峰值吞吐量，即单位时间可以完成的最大计算量。然而，峰值吞吐量不能完全决定一个加速器的计算速度，因为加速器的计算单元几乎不可能 100% 地被利用，因此，我们需要关心计算单元利用率（Utilization）。帧率、计算吞吐量以及计算单元利用率大致有以下关系

$$\text{FPS} \propto \text{Throuputs} \times \text{Utilization} \tag{12.2}$$

假设工作频率为 f，计算单元数量为 N，则式 (12.2) 又可以近似表示为

$$\text{FPS} \propto \text{N} \times \text{f} \times \text{Utilization} \tag{12.3}$$

因此，我们如果想要提高一个加速器的性能，需要使用更多的计算单元以及更高的主频，并且尽可能提高计算单元的利用率。然而，更多的计算单元、更高的主频常常意味着更高的功耗，更高的计算单元利用率也常常意味着额外的逻辑资源开销，我们需要在加速器的性能、功耗、逻辑资源开销之间取得一个更好的平衡。能效比是衡量加速器综合性能的一个重要指标，通常定义为

$$\text{Energy Efficiency} = \frac{\text{Throuputs}}{\text{Power}} \tag{12.4}$$

为了更好地反映加速器实际表现而非理论性能，可以使用以下公式

$$\text{Energy Efficiency} = \frac{\text{FPS}}{\text{Power}} \propto \frac{\text{N} \times \text{f} \times \text{Utilization}}{\text{Power}} \tag{12.5}$$

根据以上公式，为了尽可能地提高加速器能效比，通常需要考虑：1）尽可能提高计算单元的利用率，从而提升模型的运算速度；2）尽可能地降低关键路

径的延迟，从而提供工作频率；3）尽可能地增加数据复用，减少对外部存储器的访问，一方面能够减少访存延迟提高计算单元利用率，另一方面能够降低功耗。为了达到以上目的，在设计之初需要充分考虑目标模型（一个或者多个）的特性，将固定的计算模式抽象成算子。然后，针对不同的算子设计相应的硬件计算模块，并且合理分配相应的存储单元。最后，考虑模型各个模块的计算顺序，以提升数据复用为目标，将计算映射到相应的硬件模块，并通过高效的调度方案，完成整个模型的运算。这些都体现在对数据流、计算单元和存储结构的协同设计之中。

12.2.1 硬件描述语言基础

在我们开始了解神经网络加速器的设计思路之前，需要掌握基本的工具，即硬件描述语言。通过硬件描述语言，可以层次化地把想要实现的电路功能描述清楚，然后通过电子设计自动化工具转化为数字电路。事实上，可以简单地认为，当使用硬件描述语言编程时，就是在搭建数字电路。本节将用最短的篇幅简要介绍硬件描述语言的基础知识，这里我们选择较为常用的 Verilog 语言。需要强调的是，Verilog 语言只是一种工具，在设计时，需要明确代码背后的逻辑电路。我们假设读者已经具备数字电路的基础知识，比如时序逻辑电路和组合逻辑电路的概念等。

Verilog 语言和常见的高级语言有着本质区别，它并不是由上而下顺序执行的，而是并行的，即所有的代码共同组成了复杂的数字逻辑电路。它有几个基本的变量类型，其中最常用的是 wire 和 reg。wire 指的是“导线”；reg 指的是“寄存器”，可以保存数值，我们可以分别使用下面的语句声明变量：

```
wire [7:0] features;
reg [3:0] weights;
```

上面的两行代码分别声明了位宽为 8 比特的 wire 型变量“features”以及位宽为 4 比特的 reg 型变量“weights”。

下面分别给两个变量赋值。其中，wire 变量由 assign 语句赋值，最终会生成组合逻辑电路，下面语句表示将两个信号按位取或。

```
wire [7:0] b;
wire [7:0] c;
assign features = b|c;
```

reg 变量可以通过 always 模块赋值，最终会生成时序逻辑电路。

```
wire rst;
wire [3:0] weight_in;
always @(posedge CLK) begin
    if(rst) begin
        weight <= 4'b0;
    end
    else begin
        weight <= weight_in;
    end
end
```

上面语句的意思是，当时钟 CLK 上升沿到来时，如果 rst 为 1，则将寄存器 weights 的值赋为 0；如果 rst 为 0，则将 weight_in 的值写给 weights。

有了组合逻辑电路和时序逻辑电路，我们可以用它们搭建模块，这里需要使用 module 语句。下面语句定义了一个 1 比特全加器。

```
module full_adder(
    input wire a,
    input wire b,
    input wire c,
    output wire s,
    output wire cout
);
assign s=a^b^c;
assign cout = a&b|b&c|a&c;
endmodule
```

通过例化两个 full_adder 我们可以得到 2 比特串行进位加法器。

```
module adder2(
    input wire [1:0] a,
    input wire [1:0] b,
    input wire cin,
    output wire [1:0] s,
    output wire cout
)
wire carry;
full_adder add0(.a(a[0]), .b(b[0]), .c(cin), .s(s[0]), .cout(carry));
full_adder add1(.a(a[1]), .b(b[1]), .c(carry), .s(s[1]), .cout(cout));
endmodule
```

掌握了 Verilog 基本语句之后，就可以开始了解加速器的设计了。Verilog 只是电路设计的基本工具，在编程时需要了解代码背后具体的物理对象在每一个时钟周期的行为。接下来，我们将从计算单元、存储结构及片上网络、数据流、分块及映射等四个方面展开，通过简单例子阐明加速器设计的基本思想。

12.2.2 计算单元

计算单元（Processing Element）是神经网络加速器的核心模块。计算单元负责完成深度神经网络的计算，包括卷积、矩阵乘法、累加、下采样、上采样、非线性运算等。其中，矩阵乘法是最常用的算子之一，下面以矩阵乘法为例，介绍几种常用的计算单元设计架构。

脉动阵列

脉动阵列（Systolic Array）由孔祥重于 1979 年提出[136]，是片上计算单元一种特殊的组织形式。图 12.1 展示了其中一种脉动阵列架构，它包含一个 3×3 的计算单元阵列，每个计算单元从左边的单元接收数据完成乘累加计算，然后将接收到的数据传递给右边的计算单元，并将结果传递给下边的计算单元。

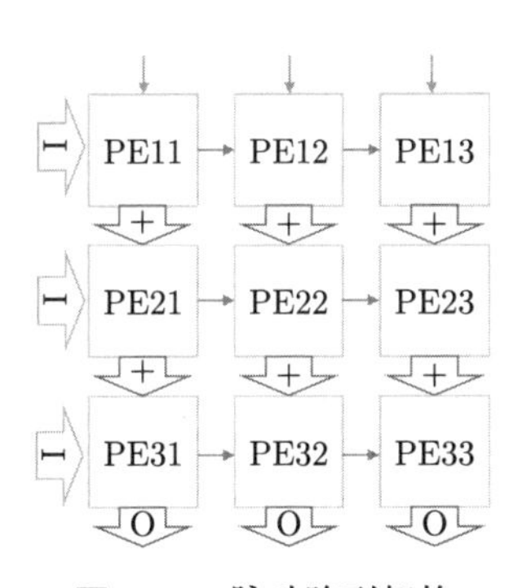

图 12.1 脉动阵列架构

该架构可以用来完成矩阵乘法。考虑 $\boldsymbol{S}=\boldsymbol{X}\boldsymbol{W}$，其中 $\boldsymbol{S},\boldsymbol{X},\boldsymbol{W}\in\mathbb{R}^{3\times3}$，展开可以写成

$$\begin{bmatrix} S_{1,1} & S_{1,2} & S_{1,3} \\ S_{2,1} & S_{2,2} & S_{2,3} \\ S_{3,1} & S_{3,2} & S_{3,3} \end{bmatrix} = \begin{bmatrix} X_{1,1} & X_{1,2} & X_{1,3} \\ X_{2,1} & X_{2,2} & X_{2,3} \\ X_{3,1} & X_{3,2} & X_{3,3} \end{bmatrix} \begin{bmatrix} W_{1,1} & W_{1,2} & W_{1,3} \\ W_{2,1} & W_{2,2} & W_{2,3} \\ W_{3,1} & W_{3,2} & W_{3,3} \end{bmatrix} \tag{12.6}$$

为简便起见，假设乘累加计算只需要一个时钟周期。考虑如图 12.1 所示的 3×3 的脉动阵列，首先，权重 $\boldsymbol{W}$ 被加载到相应的计算单元之中；然后，在第 0 个时钟周期，输入 $\boldsymbol{X}$ 矩阵的值按如图 12.2(a) 所示排列；第 1 个时钟周期，$X_{1,1}$ 输入计算单元 PE11 之中，与计算单元 PE11 中的 $W_{1,1}$ 相乘，如图 12.2(b) 所

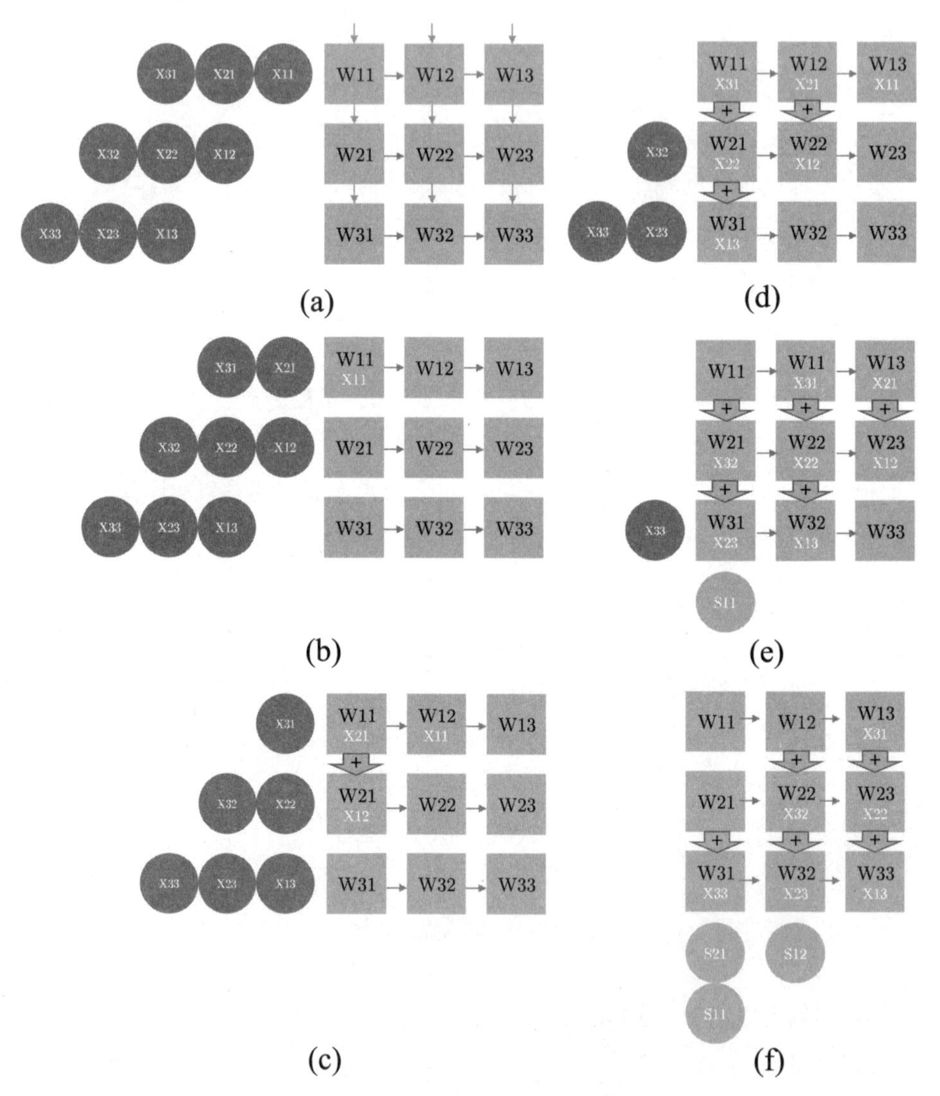

图 12.2 脉动阵列的计算过程

首先把权重矩阵 $\boldsymbol{W}$ 加载到计算单元之中，然后将输入矩阵 $\boldsymbol{X}$ 排列成阶梯形，$\boldsymbol{X}$ 从最左边的计算单元输入并往右移动，同时中间结果从上往下移动，最终从最底部的计算单元输出。

示；第 2 个时钟周期，$X_{1,1}$ 向右移动进入相邻的计算单元 PE21 之中与 $W_{1,2}$ 相乘，上一个时钟周期 PE11 的结果 $W_{1,1}X_{1,1}$ 进入下边的计算单元 PE12 之中，同时，$X_{2,1}, X_{1,2}$ 分别输入计算单元 PE11，PE12 之中，分别与 $W_{1,1}, W_{2,1}$ 相乘，于是，PE12 在该个时钟周期需要完成 $X_{1,1}W_{1,1} + X_{1,2}W_{2,1}$ 的计算，其中 $X_{1,1}W_{1,1}$ 来自上一个时钟周期 PE11 的计算输出，如图 12.2(c) 所示；直到第 4 个时钟周期，阵列输出第一个有效计算结果 $X_{1,1}W_{1,1} + X_{1,2}W_{2,1} + X_{1,3}W_{3,1}$，即为 $S_{1,1}$。后面的计算流程以此类推。

脉动阵列的主要优点在于实现简单，数据来源于相邻计算单元，延迟较短，使用该架构的加速器能够在较高的频率上工作；由于数据得到了很大程度的复用，就减少了带宽需求，例如，$\boldsymbol{W}$ 矩阵提前加载到阵列之中即保持不动，$\boldsymbol{X}$ 矩阵从左到右流动的过程中也得到了充分利用，特别适合用于处理大规模矩阵乘法。谷歌设计的张量计算单元（Tensor Processing Unit）[130] 就使用了这种架构，他们在第一代 TPU 中使用了一个 256×256 的脉动阵列。然而，当所需要处理的矩阵乘法规模较小时，脉动阵列的计算单元利用率较低，这是该架构的一个主要缺点。

内积单元

另外一种实现矩阵乘法更简单的方式是使用内积计算，如图 12.3 所示。整个架构由乘法计算单元以及加法树组成，其中乘法计算单元负责乘法运算，而加法树负责将一些列的乘法结果相加，为简便起见，我们仍然以矩阵乘法 (12.6) 为例说明内积单元的计算过程。首先，权重 $\boldsymbol{W}$ 被加载到相应的计算单元之中。然后，输入矩阵 $\boldsymbol{X}$ 的第一行被广播到计算单元阵列的每一列之中，并在计算单元之中完成乘法计算。最后，乘法结果通过加法树累加起来，得到最终结果。后面的计算流程以此类推。

通过将矩阵乘法分解为内积的方式进行计算能够给加速器带来更大的灵活度，实现起来也相对简单。与脉动阵列相比，它需要将输入矩阵 $\boldsymbol{X}$ 广播到各个单元，路径相对较长，但是由于不需要像脉动阵列那样有一个数据准备的过程，并且可以直接访问矩阵 $\boldsymbol{X}$ 的缓冲区，所以可以用更少的时钟周期完成计算。NVIDIA 的 TensorCore[184] 就使用了内积的计算方式。

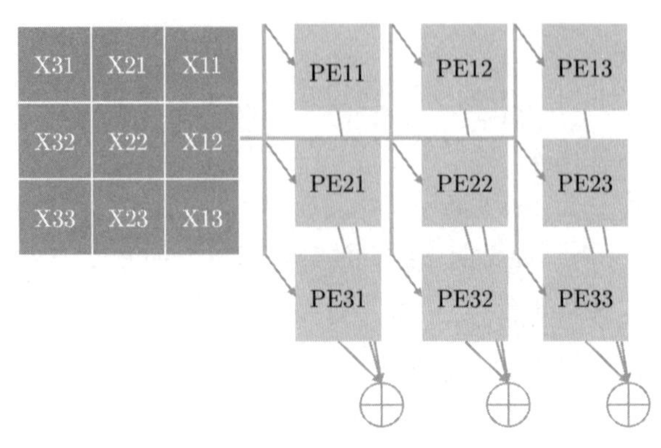

图 12.3　内积计算单元

直接卷积

上面所介绍的几种计算单元都是相对通用的计算架构，可以支持深度神经网络的全连接层、自注意力层以及卷积层的计算。对于特定的网络，有可能存在更加直观的实现方式，特别是对于卷积操作。考虑如图 12.4 所示的单通道卷积，根据卷积的计算方式，首先将滤波器权重 $\boldsymbol{W}$ 加载到对应的计算单元之中。然后，在第 1 个时钟周期，输入特征 $X_{1,1}, X_{2,1}, X_{3,1}$ 从左向右移入计算单元之中，之后每隔一个时钟周期，$\boldsymbol{X}$ 向右移动到相邻计算单元；直到第 3 个时钟周期，进行卷积所需要的操作数已经准备好，与权重进行乘法计算，乘法结果输出到加法树完成累加；直到第 6 个时钟周期，通过改变选择信号“Sel”将输入由“第 1，2，3 行”切换到“第 2，3，4 行”，然后再重复类似的过程。计算过程如图 12.5 所示。

W11	W12	W13
W21	W22	W23
W31	W32	W33

$\otimes$

X11	X12	X13	X14	X15
X21	X22	X23	X24	X25
X31	X32	X33	X34	X35
X41	X42	X43	X44	X45
X51	X52	X53	X54	X55

=

Y11	Y12	Y13
Y21	Y22	Y23
Y31	Y32	Y33

图 12.4　单通道卷积

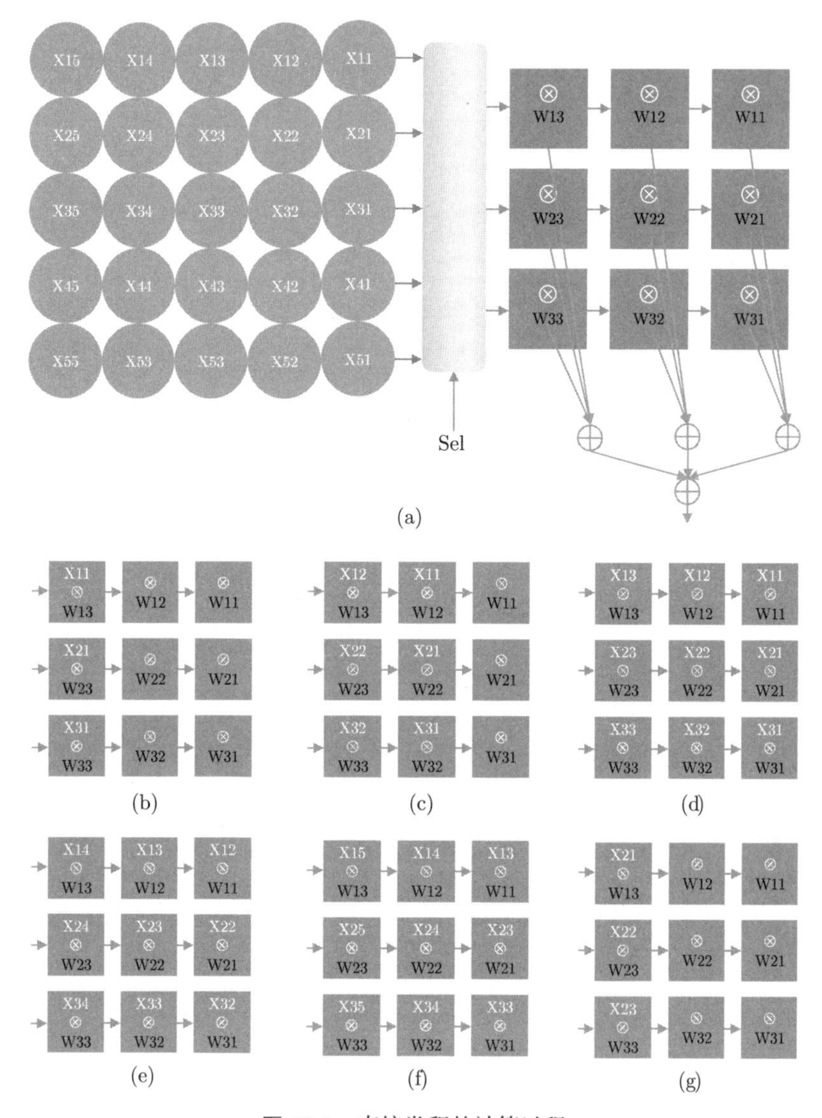

图 12.5 直接卷积的计算过程

比较与分析

下面我们以式 (12.6) 的矩阵乘法为例子，从第一个 $\boldsymbol{X}$ 分量输入计算单元开始，到最后一个有效结果输出为止，量化分析脉动阵列以及内积单元的性能。首先是脉动阵列，根据图 12.1，一共花费 8 个时钟周期才完成计算，需要 9 个乘法器，9 个两输入加法器，在 8 个时钟周期内最多可完成 72 个乘法，实际完成 27 个；而内积单元需要 $3 + 1 = 4$ 个时钟周期就能完成计算（需要额外的一个时钟周期完成加法），有 9 个乘法器，3 个 3 输入加法器，在 4 个时钟周期内最多可完成 36 个乘法，实际完成 27 个；注意到两种架构所用的逻辑资源比较接近（仅考虑乘法器和加法器数量）。我们以乘法器利用率作为计算单元的利用率，可得到表 12.2 的比较结果。可以看到，脉动阵列的计算单元利用率非常低。这是因为脉动阵列的数据是以脉动的方式右移输入，并且需要按照阶梯形准备好输入数据（如图 12.2），而内积单元的数据可以在一个时钟周期内直接送入计算单元。但是脉动阵列的优点在于可以在较高的频率上工作，而且当矩阵规模增大时，计算单元利用率也会提升。

表 12.2 两种计算单元的比较

计算单元	计算总周期数	计算单元利用率	工作频率
脉动阵列	8	37.5%	较高
内积单元	4	75%	较低

12.2.3 存储结构及片上网络

一个加速器的计算单元定义好之后，我们还需要考虑如何设计合理的存储结构及片上网络。**存储结构**指的是加速器中与计算相关的数据存储及组织形式，而这些数据则通过**片上网络**在存储单元和计算单元之间移动，合理的存储结构及片上网络一方面能够减少数据的搬运开销，另一方面能提高计算单元的利用率，从而提高加速器的综合性能。总的来说，存储结构及片上网络的设计有以下几个原则：1）满足计算的基本需求；2）尽可能地减少数据搬运；3）尽可能高效地给计算单元提供数据。

脉动阵列

考虑图 12.6(a) 所示的脉动阵列，该架构在计算之前需要先加载权重到计算单元之中，因此每个计算单元需要分配至少一个寄存器。为了减少外部 DDR 和计算单元之间的数据传输延迟，可以设置权重缓冲区（Weight Buffer），用于保存一部分权重。在计算开始前，计算单元的权重从权重缓冲区之中加载。同理，我们可以设置输入缓冲区（Input Buffer）用于缓存输入特征。输入缓冲区的另外一个作用是对输入数据进行排列，这是因为脉动阵列在进行计算时需要将输入数据按照阶梯形组织起来，再输入阵列之中（如图 12.2 所示）。

内积单元

考虑如图 12.6(b) 所示的内积单元，由于需要预先加载权重，因此每个计算单元也需要至少一个寄存器。它的存储结构与脉动阵列加速器类似，但是片上网络却与脉动阵列有所不同。计算单元内的权重由权重缓冲区点对点发送给相应的计算单元，而输入数据则通过多播的方式分发到每列计算单元之中。

直接卷积

考虑图 12.6(c) 所示的滑窗卷积，计算单元内部也需要设置权重寄存器，同时也需要设置权重缓冲区以及输入数据缓冲区。它的权重加载过程与内积单元相似，由输入缓冲区点对点发送到相应的计算单元之中，而输入数据则以脉动发送的形式从左往右移动进入计算单元之中。

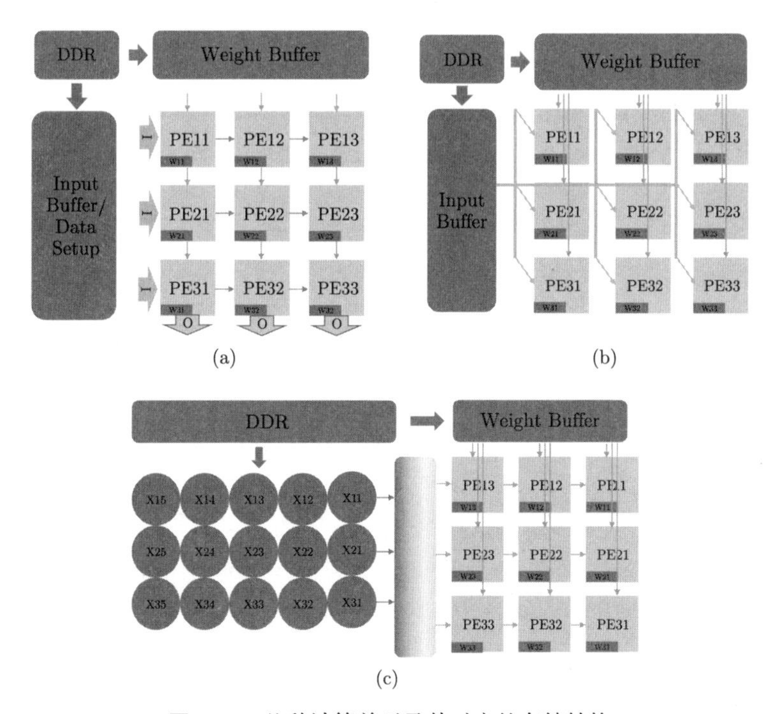

图 12.6 几种计算单元及其对应的存储结构

比较与分析

通过比较上面几种架构，我们可以发现，它们都拥有三个层次的存储器结构：外部 DDR，片上缓冲区以及计算单元内部寄存器。而数据的分发则有点对点发送（图 12.6(b)、图 12.6(c) 的权重分发）、多播发送（图 12.6(b) 的输入数据分发）以及脉动发送（图 12.6(a) 的权重分发以及输入数据分发）三种，再加上最常用的广播，构成了片上网络的基本类型。对于不同架构，数据分发方式其实并不唯一。例如，对于图 12.6(a) 的脉动阵列，除了以脉动的形式加载权重到计算单元，也可以直接从权重缓冲区将它点对点发送到各个计算单元；而图 12.6(b) 和图 12.6(c) 的权重分发也可以以脉动发送的形式由上至下加载到计算单元之中。以式 (12.6) 的矩阵乘法计算为例，脉动阵列和内积单元的比较如表 12.3 所示。可以看到，和内积单元相比，脉动阵列需要的权重带宽更低，但是需要更多的权重加载时间。

表 12.3 两种计算单元的比较

计算单元	权重加载周期数	权重带宽	输入带宽	输出带宽
脉动阵列	3	3	3	3
内积单元	1	9	3	3

12.2.4 数据流

深度神经网络的计算量较大，涉及的数据较多，然而片上计算资源、存储资源有限，无法一次性完成计算，需要分批次顺序完成。如何合理地安排访存、计算的顺序，尽可能地增加数据复用、提高计算效率，就是设计**数据流**需要研究的内容，它通常与分块、映射等概念一起出现，因为分块策略、映射策略等往往决定了计算的执行顺序，也决定了哪些数据可以复用。神经网络加速器中数据流的概念最先在 Eyeriss[38] 中被正式提出，后来成为神经网络加速器设计中的一个重要概念。本节先简要介绍几种常见的数据流。根据操作数和运算结果的复用情况，数据流通常分为以下几种：权重不变（Weight Stationary）、输入不变（Input Stationary）、输出不变（Output Stationary）、无局部复用（No Local Reuse）以及特殊数据流（Special Reuse）。

数据流的分类

无局部复用（No Local Reuse）：这种数据流在计算单元内部并不设置寄存器，输入和权重都是直接从缓冲区中读取的，不存在数据复用。如图 12.7(a) 所示。

权重不变（Weight Stationary）：预先将权重加载到计算单元内部的寄存器中并保持不变，输入数据被分发到不同的计算单元内进行计算，每个计算单元得到的计算结果通过片上网络作为操作数输入其他计算单元或经过特定处理后得到最终结果。前面所介绍的权重不变脉动阵列正对应这一情况，如图 12.7(b) 所示。

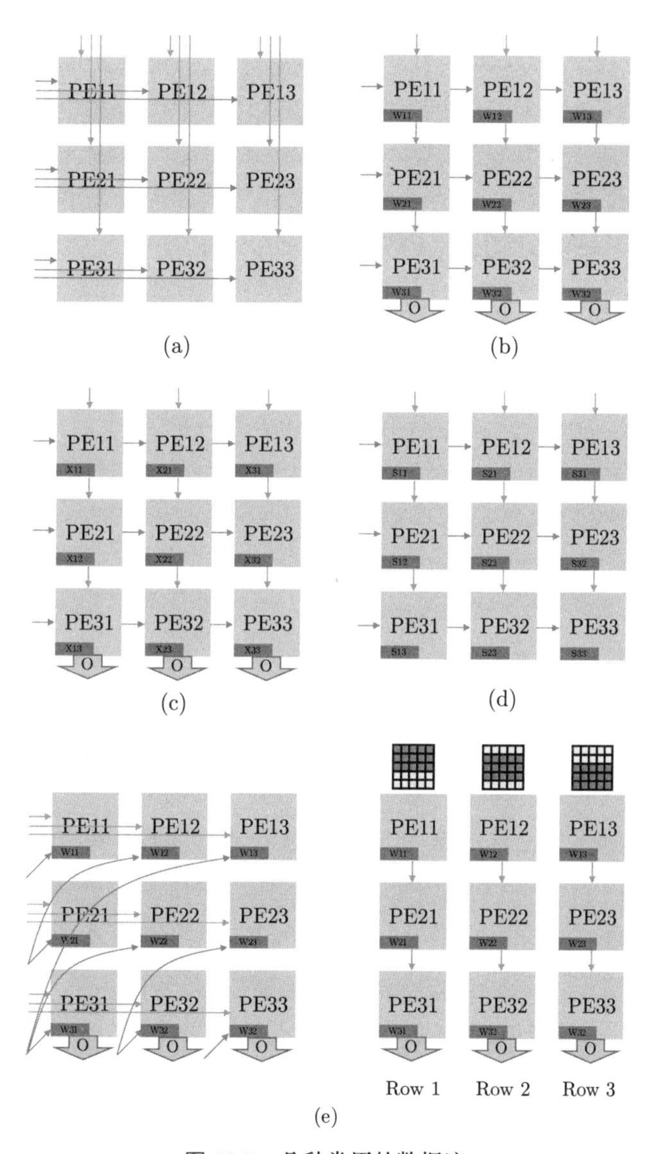

图 12.7　几种常用的数据流

输入不变（Input Stationary）：预先将输入加载到计算单元内部的寄存器之中并保持不变，权重数据被分发到不同的计算单元内进行计算，每个计算单元得到的计算结果通过片上网络作为操作数输入到其他计算单元或经过特定处理后得到最终结果。当我们使用脉动阵列架构计算式 (12.6) 时，也可以让输入 $\boldsymbol{X}$ 提前加载到计算单元之中，于是得到输入不变的脉动阵列架构，如图 12.7(c) 所示。

输出不变（Output Stationary）：计算过程中的部分结果被保留在计算单元之中，直到计算得到最终结果时才输出到特定的存储单元之中。输入数据和权重通过各种方式分发到计算单元内。仍然考虑式 (12.6) 对应的矩阵乘法，我们可以让权重自上而下脉动发送，输入数据从左往右脉动发送，部分结果保存在计算单元内部的寄存器之中，得到输出不变的脉动阵列架构，如图 12.7(d) 所示。

特殊数据流：上面所介绍的几种数据流可以应用于一般的矩阵乘法，具有比较广泛的适用性，也可以通过组合构建更复杂的数据流。尽管卷积运算可以转换为矩阵进行计算，但它的运算方式有其特殊性，可以衍生出一些较为特殊的数据流。行不变（Row Stationary）就是其中一种重要的数据流，它被应用于 Eyeriss 架构，专门为了加速卷积运算而设计。它利用了卷积操作相邻窗口存在部分重合像素的特性，巧妙地设计了数据移动方式。在这种数据流中，权重先加载到计算单元内部尽可能保持不动，输入特征沿着次对角线方向发送到计算单元；每行的卷积结果映射到同一列计算单元上，以 5×5 的图像块为例子，假设卷积核大小为 3×3，那么第一列计算单元负责前三行输入图像块的计算，第二列计算单元负责中间三行输入图像块的计算，最后一列计算单元负责最后三行输入图像块的计算，如图 12.7(e) 所示。

比较与分析

了解了数据流的概念之后，我们可以简要分析 12.2.2 节介绍的三种运算单元：脉动阵列、内积单元以及滑窗卷积。首先，它们都对权重进行了复用，属于权重不变数据流。其次，对于脉动阵列架构，输入数据是以脉动的形式从相邻单元里面输入，于是存在数据在相邻单元之间的复用；对于内积单元，直接从缓冲区取得输入数据。对于直接卷积单元，它的输入数据移动方式与脉动阵列相仿，于是也存在数据在相邻单元之间的复用。这些例子说明，除了上面划分的几种基本的数据流，在实际的加速器之中存在更多数据复用方式，也意味着存在着多种多样的数据流。在设计加速器的过程中，我们需要根据具体模型特点选择合适的数据流（比如滑窗卷积计算单元与卷积算子本身特性高度相关），并且数据流的选择并非是独立的，而是与计算单元、存储结构、片上网络息息相关的，它们需要相互配合，才能高效地完成计算。

12.2.5 分块及映射

前面我们以简单的矩阵乘法式 (12.6) 为例，介绍了计算单元、存储结构及片上网络等。但是这仅限于最简单的情形，即只需加载一次权重矩阵就可以完成矩阵运算，因此直接面临的一个问题是，如果只使用同样的计算单元，那么如何完成更大规模的矩阵计算呢？一个自然的想法就是将大矩阵分解为小矩阵，然后依次送入计算单元中完成计算，这就是**分块**和**映射**。在考虑分块和映射的同时，实际上也需要考虑应该复用哪些数据，也就是上一小节提到的数据流。假设现在仍然需要加速矩阵乘法 $\boldsymbol{S}=\boldsymbol{X}\boldsymbol{W}$，但不同的是，这时 $\boldsymbol{X},\boldsymbol{W}$ 矩阵的维度较高，不只是 3×3 了。通常情况下，我们可以按照算法 12.1 计算该矩阵乘法。由于加速器资源有限，需要重新规划矩阵的运算顺序，假设现在矩阵 $\boldsymbol{X}$ 分为 $T_i\times T_k$ 个块，矩阵 $\boldsymbol{W}$ 分为 $T_k\times T_j$ 个块，这时可以应用上一小节所介绍的权重不变数据流进行计算，如算法 12.2 所示。

算法 12.1 常规矩阵运算

> **for** $i=0:I-1$ **do**
>   **for** $j=0:J-1$ **do**
>   **for** $k=0:K-1$ **do**
> $S_{i,j}=S_{i,j}+X_{i,k}W_{k,j}$
>   **end for**
>   **end for**
> **end for**

算法 12.2 分块矩阵乘法：权重不变

> **for** $t_j=0:T_j-1$ **do**
>   **for** $t_k=0:T_k-1$ **do**
>   将 $\boldsymbol{W}^{(t_k,t_j)}$ 加载到计算单元内部
>   **for** $t_i=0:T_i-1$ **do**
> $\boldsymbol{S}^{(t_i,t_j)}=\boldsymbol{S}^{(t_i,t_j)}+\boldsymbol{X}^{(t_i,t_k)}\boldsymbol{W}^{(t_k,t_j)}$
>   **end for**
>   **end for**
> **end for**

具体地，假设 $\boldsymbol{S},\boldsymbol{X},\boldsymbol{W}\in\mathbb{R}^{6\times6}$，我们将矩阵分成 3×3 的小块，$\boldsymbol{S}=\boldsymbol{X}\boldsymbol{W}$ 可以写成

$$\begin{bmatrix}\boldsymbol{S}^{(0,0)} & \boldsymbol{S}^{(0,1)}\\ \boldsymbol{S}^{(1,0)} & \boldsymbol{S}^{(1,1)}\end{bmatrix}=\begin{bmatrix}\boldsymbol{X}^{(0,0)} & \boldsymbol{X}^{(0,1)}\\ \boldsymbol{X}^{(1,0)} & \boldsymbol{X}^{(1,1)}\end{bmatrix}\begin{bmatrix}\boldsymbol{W}^{(0,0)} & \boldsymbol{W}^{(0,1)}\\ \boldsymbol{W}^{(1,0)} & \boldsymbol{W}^{(1,1)}\end{bmatrix},\tag{12.7}$$

其中 $\boldsymbol{S}^{(*)},\boldsymbol{X}^{(*)},\boldsymbol{W}^{(*)}\in\mathbb{R}^{3\times3}$。按照式 (12.7) 的分块方式，下面分别使用脉动阵列及内积单元，通过合理的调度来完成上面矩阵的计算。

脉动阵列

对于如图 12.7(c) 所示的脉动阵列，因为无法一次性算出最后结果，因此，我们需要额外开辟一个输出缓冲区存放中间结果。计算开始前，首先将权重 $\boldsymbol{W}^{(0,0)}$ 加载到矩阵之中；然后开始计算，先算 $\boldsymbol{X}^{(0,0)}\boldsymbol{W}^{(0,0)}$，由于采用了权重不变的数据流，为了尽可能地复用权重矩阵，先将该结果输出到缓冲区，然后计算 $\boldsymbol{X}^{(0,1)}\boldsymbol{W}^{(0,0)}$；紧接着加载权重 $\boldsymbol{W}^{(1,0)}$，然后计算 $\boldsymbol{X}^{(0,1)}\boldsymbol{W}^{(1,0)}$，注意此时需要将输出缓冲区的中间结果同时输入阵列中进行累加，后面的计算过程类似。可以注意到，$\boldsymbol{X}^{(0,1)}\boldsymbol{W}^{(0,0)}$ 计算完成之后，需要先等待 $\boldsymbol{W}^{(1,0)}$ 加载完成，才能进行下一轮次的计算，如图 12.8(a) 所示，这是因为计算单元内部只有一个寄存器。如果每个计算单元都增加一个寄存器，则 $\boldsymbol{W}^{(1,0)}$ 的加载可以在前一块计算的同时完成，如图 12.8(b) 所示。

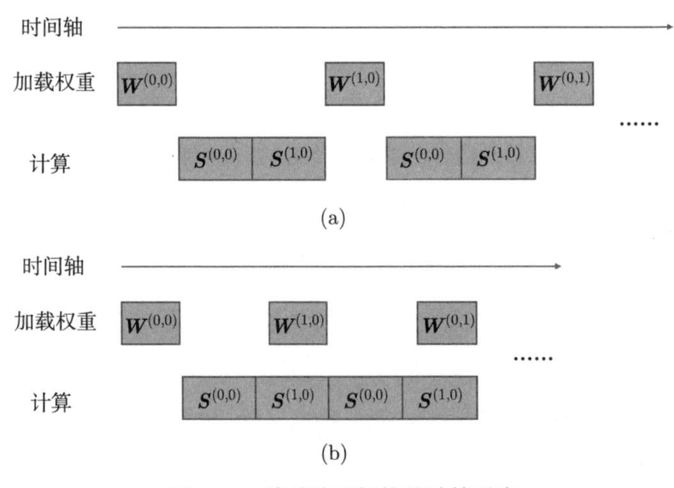

图 12.8　脉动阵列架构的计算时序

内积单元

对于如图 12.9 所示的内积单元，在计算开始前，也需要先加载权重 $W^{(0,0)}$，这个过程只需要花费一个时钟周期，然后可以复用 $\boldsymbol{W}^{(0,0)}$ 计算 $\boldsymbol{X}^{(0,0)}\boldsymbol{W}^{(0,0)}$ 和 $\boldsymbol{X}^{(1,0)}\boldsymbol{W}^{(0,0)}$。由于权重和激活可以直接在一个时钟周期内直接发送到计算单元，整个计算过程配合流水线设计，权重加载时间可被计算时间覆盖（仅需在开始计算前花费一个时钟周期加载权重）。与脉动阵列相比，内积单元具有更低的计算延迟。

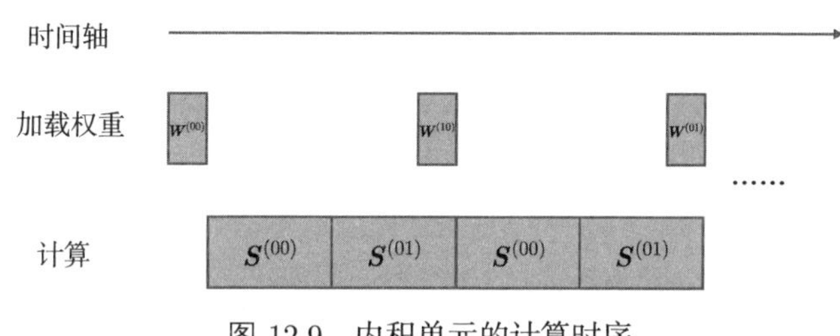

图 12.9 内积单元的计算时序

直接卷积

现在我们考虑更为特殊的卷积计算。前面我们介绍了简单的二维卷积的计算单元，然而，现代卷积神经网络中的卷积常常是多通道卷积，循环变量包括输入通道 (M)、输出通道 (N)、输出特征图高度 (H)、输出特征图宽度 (W)、卷积核高度 (R)、卷积核宽度 (C) 等，如图 12.10(a) 以及算法 12.3 所示。假设卷积核大小依然为 3×3，仍然以图 12.5 所示滑窗卷积单元为基本单元。为了提高计算速度，我们可以堆叠 P_m 个滑窗卷积单元，每个滑窗卷积单元分别负责一个输入通道的卷积计算得到部分和，P_m 个通道的部分和需要累加起来，因此需要增加一个额外的加法树，如图 12.10 所示。为了进一步提高计算效率，可以同时计算 P_n 个输出通道，得到 P_n 个输出通道的部分和。由于片上缓存有限，当输入特征的分辨率较高时，我们仍需要继续分块，考虑到滑窗卷积的计算特点，可以按行分为 T_h 块，注意输入特征块之间是有重合的。这样，对某一层的卷积层，我们从三个维度进行了分块，并按照行、输入通道、输出通道的顺序依次计算，如图 12.10(b) 及算法 12.4 所示，算法 12.4 应用了输出不变的数据流，同时部分复用了权重。

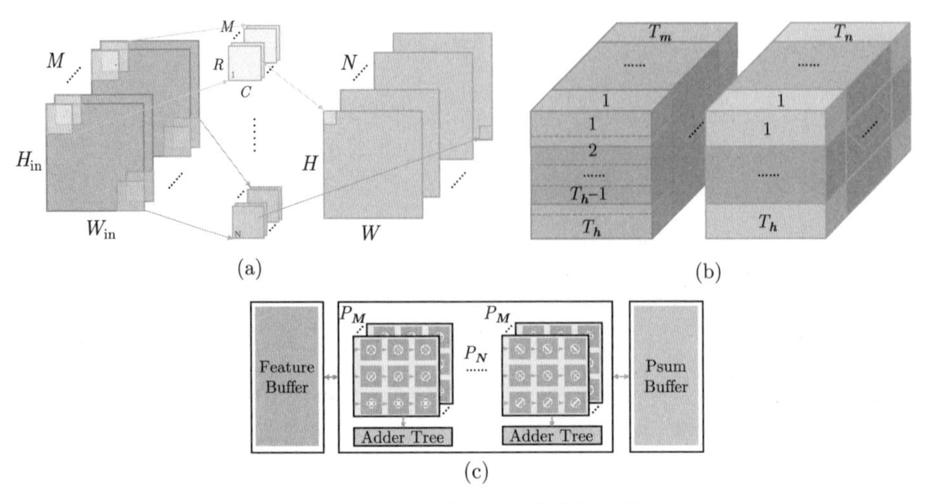

图 12.10　多通道卷积及其分块计算

算法 12.3　多通道卷积

---

for $n = 0 : N - 1$ **do**
　for $m = 0 : M - 1$ **do**
　　for $h = 0 : H - 1$ **do**
　　　for $w = 0 : W - 1$ **do**
　　　　for $r = 0 : R - 1$ **do**
　　　　　for $c = 0 : C - 1$ **do**
　　　　　　$O_{n,m,h,w]} \mathrel{+}= I_{m,r+hS,c+wS} * W_{n,m,r,c}$
　　　　　end for
　　　　end for
　　　end for
　　end for
　end for
end for

算法 12.4　多通道卷积的分块计算：输出不变

---

for $t_n = 0 : T_N - 1$ **do**
　for $t_h = 0 : T_H - 1$ **do**
　　将 $\boldsymbol{I}^{(0,t_h)} \sim \boldsymbol{I}^{(T_m-1,t_h)}, \boldsymbol{W}^{(t_n,0)} \sim \boldsymbol{W}^{(t_n,T_m-1)}$ 运送到片上缓冲区
　　for $t_m = 0 : T_M - 1$ **do**
　　　$\boldsymbol{O}^{(t_n,t_h)} \mathrel{+}= \boldsymbol{I}^{(t_m,t_h)} \circledast \boldsymbol{W}^{(t_n,t_m)}$
　　end for
　　将 $\boldsymbol{O}^{(t_n,t_h)}$ 运送到片外存储器（在超出片上缓冲区容量的情况下）
　end for
end for

12.3 深度学习算法架构协同设计

前面已经讨论了基本的加速器设计方法。但是，正如本书前面所讨论的，可以通过剪枝、量化等方法高效压缩深度神经网络并保持其精度，因此，要想提升加速器的整体性能，除了考虑加速器本身的设计方案，还需要考虑算法特性——这就是深度学习算法软硬协同设计，同时考虑设计算法以及加速器，从而更好地提升整体性能。本节我们将介绍几种特殊的加速器，它们都体现了软硬协同设计的思想：一方面根据算法特性优化架构，另一方面硬件计算的特点反过来又对算法产生影响。

12.3.1 结构化稀疏加速器

本书前面章节详细介绍了深度神经网络的剪枝算法。通过无约束的剪枝算法，可以得到一个非常稀疏的神经网络，只要能有效跳过操作数为 0 的计算就能够获得可观的加速比，然而，由于这种稀疏性是不规则的，需要精细地设计加速器架构才能获得一定的加速比，否则会面临以下问题：1）计算单元负载不平衡；2）片上缓冲区访存冲突。为了解决以上问题，需要添加额外的逻辑，增加了功耗和面积。

一种更有效的解决办法是将算法纳入整体方案，例如使用通道剪枝，这样一方面减少了网络计算量，另一方面基本不会增加额外的逻辑开销。但是，和朴素的无约束剪枝算法相比，通常情况下通道剪枝性能相对较低，于是，人们开始研究各种各样的规则化剪枝算法以及支持结构化稀疏的加速器，希望在算法精度和硬件执行效率上取得一个更好的平衡。总体而言，这一类研究的整体思路是探讨稀疏的粒度——通过将剪枝粒度控制在单个权重以及整个滤波器之间，更好地权衡精度与效率。

分块稀疏加速器

分块剪枝是一种比较常用的剪枝算法，通过这种算法可以得到规则的稀疏特性。如图 12.11 所示，6×6 的权重矩阵被分成了四块，块坐标分别为 $(0,0)$，$(0,1)$，$(1,0)$，$(1,0)$，其中 $(0,1)$，$(1,0)$ 两块通过剪枝算法置为 0。计算时，需要先加载非零权重，然后根据非零块坐标计算对应的特征坐标。在这种情况下，通过跳过权重为 0 的无效计算可以减少一半的计算量。

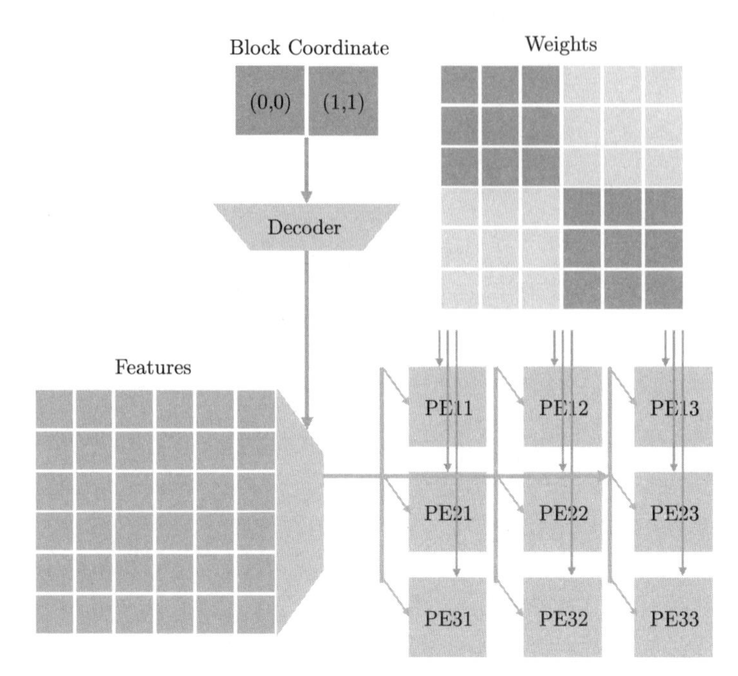

图 12.11 分块稀疏加速器

平衡比例稀疏加速器（$N:M$ 稀疏）

尽管分块稀疏加速器能够取得较好的加速比，但是由于剪枝的粒度较大，精度下降较多，因此需要考虑其他的软硬协同方式。前面已经提到，通用稀疏加速器所面临的一个主要挑战就是，各组计算单元负载不均衡，较快完成计算的计算单元需要等待较慢的计算单元，一个直接的做法就是修改剪枝算法，尽可能地使不同组别计算单元的负载相近。考虑 A、B 两组计算单元，分别计算两个长度为 N 的向量内积，但是其中一组向量非零元素个数为 $M-4$，另外一组向量非零元素个数为 $M+8$，出现负载不均衡现象；但是如果将两组向量非零元素个数都控制在 M 个，则它们能够同时完成计算。这就是 $N:M$ 稀疏，即在长度为 N 的向量之中，最多有 M 个元素不为 0，N 和 M 的选取需要根据应用背景具体确定。第 11 章介绍的 A100 GPU 中的 4 : 2 稀疏实际就是 $N:M$ 稀疏的一个特殊例子。

图 12.12 是一种 6 : 3 稀疏加速器的计算单元架构（内积单元）。对于每一个长度为 6 的权重向量，至少有 3 个非零元素，计算开始前，先把非零元素加载到计算单元之中；然后利用存储的非零元素的列索引作为行地址选择每一时钟

周期输出的数据，输入计算单元之中。注意，由于每一列计算单元保存的权重的行索引不同，对应的输入特征也不同。

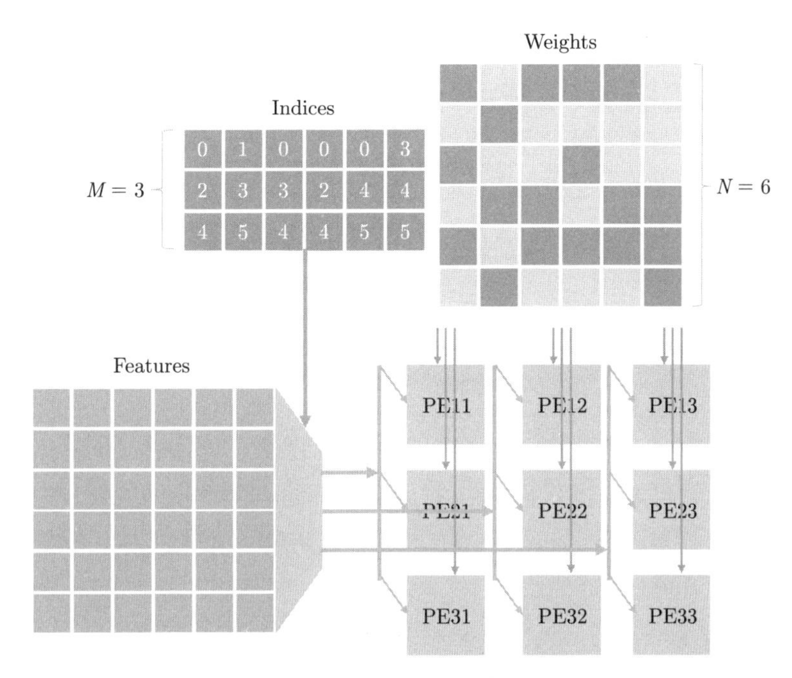

图 12.12 $N:M$ 稀疏加速器

12.3.2 可变位宽加速器

正如前面所讨论的，加速器能耗的一个重要来源在于数据移动，除了设计合理的数据流以及片上网络，减小数据位宽也能够起到降低功耗的效果。同时，计算单元的功耗也与操作数的位宽相关，图 12.13 给出了不同位宽的操作数的功耗，从图 12.13 可以看出，减小操作数位宽也能够降低加速器功耗。

然而，使用更低的比特数会带来更高的精度损失，最极致的做法是将权重和激活量化为二值，这种做法在 ImageNet 分类任务上会带来将近 10% 的精度损失。对于一个网络模型而言，不同的模块对量化的敏感度有所不同，一个比较合理的做法是，对于较为敏感的模块，使用更高的比特数，而对于不敏感的模块，使用较低的比特数，这就是第 8 章所讨论的混合精度量化。

对模型比特数的多样化需求也给神经网络加速器的设计带来了更大的挑战，

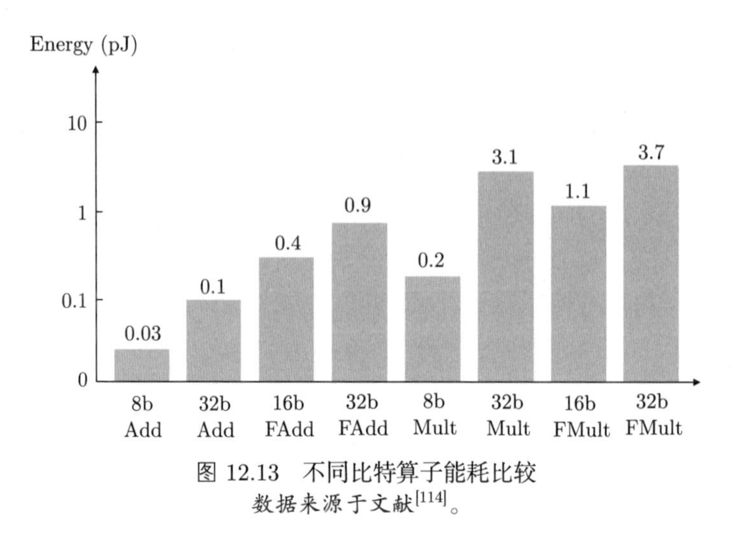

图 12.13 不同比特算子能耗比较
数据来源于文献[114]。

同时也启发研究者们设计出了一系列可变位宽加速器。这一类加速器根据计算方式的不同大致可分为两类：比特并行加速器以及比特序列化加速器。这些加速器通常会设计众多的低比特计算单元，然后再使用移位、加法等模块按照一定的逻辑将这些低比特计算单元组织起来，使得它们能够完成各种位宽的计算。

比特并行加速器

比特并行加速器可以在一个时钟周期内完成一个操作。BitFusion[221] 是比特并行加速器的一个重要代表，它通过使用多个低比特计算单元进行高比特计算，同时又能满足低比特模块的计算需求而不至于产生资源浪费。它的基本单元是 $2b \times 2b$ 乘法器，称为 BitBricks (BB)。假设需要计算 $4b \times 4b$，可以先将每个操作数拆分为高两位和低两位，同时使用 4 个 BitBricks 分别完成 4 个 $2b \times 2b$ 乘法，然后通过移位累加得到最终的结果，如图 12.14 所示。

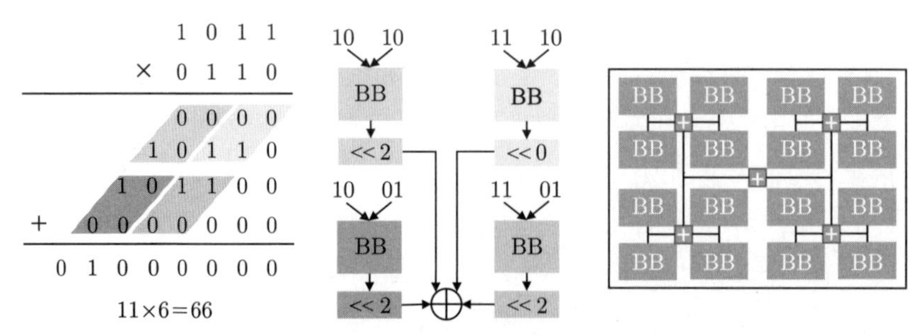

图 12.14 BitFusion 计算单元
（相关内容可参阅论文 [221]）

一般地，这种架构可以支持任意 2^k 比特的乘法计算。假设加速器能完成 n 比特乘法，对于操作数均为 $2n$ 比特的 A_{2n} 及 B_{2n}，它们的乘法可以表示为

$$A_{2n}\times B_{2n} = (2^n\times(A_{2n})_{\text{hi}} + (A_{2n})_{\text{lo}})(2^n\times(B_{2n})_{\text{hi}} + (B_{2n})_{\text{lo}}) \tag{12.8}$$

$$= 2^{2n}\times(A_{2n})_{\text{hi}}\times(B_{2n})_{\text{hi}} + 2^n\times(A_{2n})_{\text{hi}}\times(B_{2n})_{\text{lo}} \tag{12.9}$$

$$+ 2^n\times(A_{2n})_{\text{lo}}\times(B_{2n})_{\text{hi}} + (A_{2n})_{\text{lo}}\times(B_{2n})_{\text{lo}},$$

由数学归纳法我们知道这种加速器能完成任意 2^k 比特的乘法计算。在实际应用中，加速器所能支持的比特位宽可能会有一个上限，原始版本 BitFusion 最高可支持 16 比特乘法。

比特序列化加速器

与比特并行加速器不同，比特序列化加速器将权重或者激活序列化，在多个时钟周期内完成一个操作。比特序列化计算模式首次被 Strips[131] 引入神经网络计算之中，该加速器将神经网络的激活序列化。一般地，对于 m 比特的操作数 A_m 以及 n 比特的操作数 W_n，假设我们将 A_m 序列化，以 $(A_m)_i$ 来表示 A_m 的第 i 比特，比特序列化乘法可以表示为

$$A_m \times W_n = \sum_{i=0}^{m-1} 2^i \times (A_m)_i\times W_n = \sum_{i=0}^{m-1}((A_m)_i\times W_n) \ll i. \tag{12.10}$$

随后研究者们又沿着类似的思路提出了 UNPU[145]，它也采用了类似的序列化计算方式，不同的是，它们选择了将权重序列化，如图 12.15 所示。不仅如此，它们针对比特运算的特点，提出了基于查表的乘累加计算单元。假设三个激活分别为 A_0, A_1, A_2，它们对应的权重分别 W_0, W_1, W_2，现在需要计算 $A_0W_0 + A_1W_1 + A_2W_2$。我们将权重序列化，即第 i 个时钟周期计算 $P_i = A_0(W_0)_i + A_1(W_1)_i + A_2(W_2)_i$，然后移位累加；例如，第 0 个时钟周期的结果是 $P_0 = 0$，第 1 个时钟周期的结果是 $P_1 = A$，P_1 左移 1 位再与 P_0 相加，以此类推。注意到 $(W_0)_i(W_1)_i(W_2)_i$ 仅表示 3 比特，一共只有 8 种组合，这就意味着 P_i 的结果也只有 8 种可能，于是我们可以建立一个 3 输入查找表，如图 12.15 所示。在卷积神经网络之中，激活 A_0, A_1, A_2 可能会被复用多次，也需要计算多次得到不同卷积核的卷积结果；但是，使用上述这种基于查找表的计算单元，可以只计算一遍，然后即可通过查表完成乘累加运算。

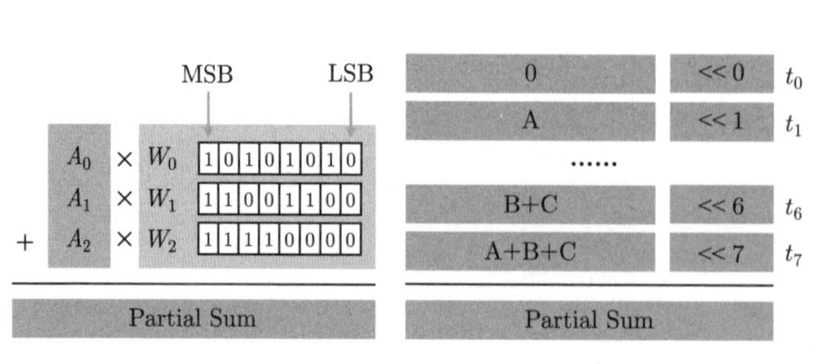

$W_0W_1W_2$	Value
000	0
001	C
010	B
011	B+C
100	A
101	A+C
110	A+B
111	A+B+C

图 12.15　UNPU 计算单元
（相关内容可参阅论文 [145]）

12.3.3　其他协同设计方案

上面介绍了两种常见的软硬协同设计思路。事实上，我们进行软硬协同设计的最终目的是为了获得一个更好的整体解决方案，即在算法精度和硬件效率之间取得一个更好的平衡，而解决思路无非就是尽可能地压缩模型、尽可能地提高访存和计算效率。在实际的应用场景之中，可以针对性地对算法以及架构做出特定的调整，减少访存或者计算，以取得更好的综合性能。

分块卷积是针对访存进行优化的一个例子[151]。卷积神经网络在计算过程中会产生大量的中间特征，在进行计算时，通常会在空间维度对某一层输入特征进行分块，按块依次计算，由于片上的存储资源有限，得到的结果需要送到外部存储器，等到下一层计算开始时再搬运到片上；为了尽可能地减少这种来回搬运，一种直接的思路是每获得一块特征，先计算这块输入特征对应的所有层，直到该输入块计算完成之后，将最终结果送到片外，再处理下一块。然而，由于卷积运算的特点，块与块之间存在重叠，当前块在进行计算时，需要获得相邻块的特征，如果依然采用分块层融合的计算方式，就会引入冗余计算，如图 12.16(a) 所示。

一种简单的解决方案是对算法进行调整，将输入划分为相互独立的若干块，进行卷积时每块独立计算，按照这种方式训练神经网络，就是分块卷积，如图 12.16(b) 所示。假设现在输入图像大小为 6×6，卷积核大小为 3×3，卷积步长为 1，额外填充的像素为 1，则最后输出的图像大小为 6×6。现在将输入图像块分为 4 块，每块大小为 3×3，进行填充后卷积，每块卷积可以得到 3×3 的结果，最终将 4 块的结果拼接起来，如图 12.16(c) 所示。这样就可以先计算

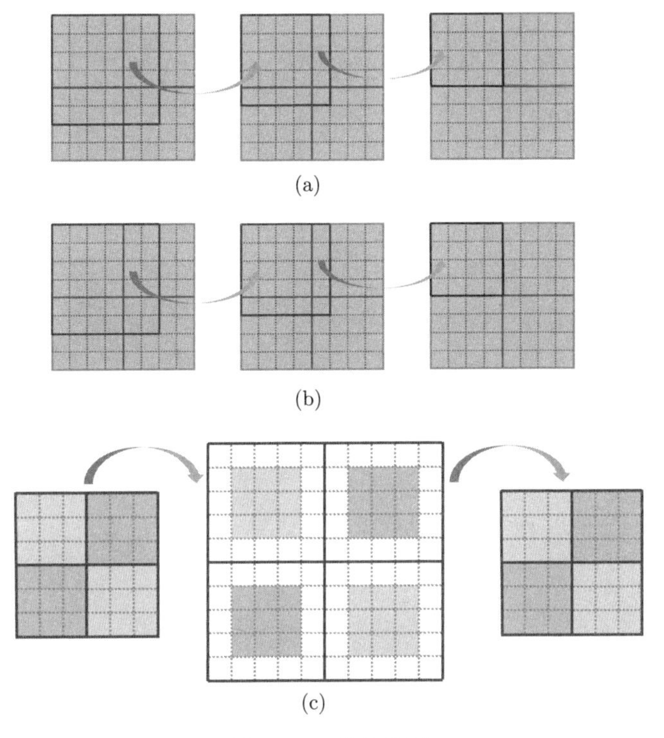

图 12.16 分块卷积

某一块特征的所有层，将最终结果送到片外后，再计算下一块，从而有效减少数据搬运，节省功耗。

Synetgy 则是针对计算进行优化的一个例子[278]。它面向嵌入式 FPGA 以 ShuffleNet[180] 为基础模型设计加速器。ShuffleNet 中的深度可分离卷积由于缺少输入通道维度的并行，倘若共享常规卷积操作计算单元，则利用率比较低；如果单独实现一个深度可分离卷积模块，又会消耗额外的资源。Synetgy 采用软硬协同的设计思路，在保证一定精度的情况下调整了 ShuffleNet 网络结构，引入移位卷积[262] 替换了原来的深度可分离卷积，并用较少的资源实现了移位卷积模块（如图 12.17 所示）。Synetgy 也对 Shuffle、Pooling 等算子进行了调整优化，获得了相当可观的整体性能。

上面的两个例子属于比较典型的软硬协同解决方案，针对具体问题分析制约系统性能的关键因素，然后调整算法以及加速器架构，在保证一定算法精度的情况下，提升整个方案的计算效率。下面介绍一类比较特殊的软硬协同设计方法——网络-架构协同搜索。

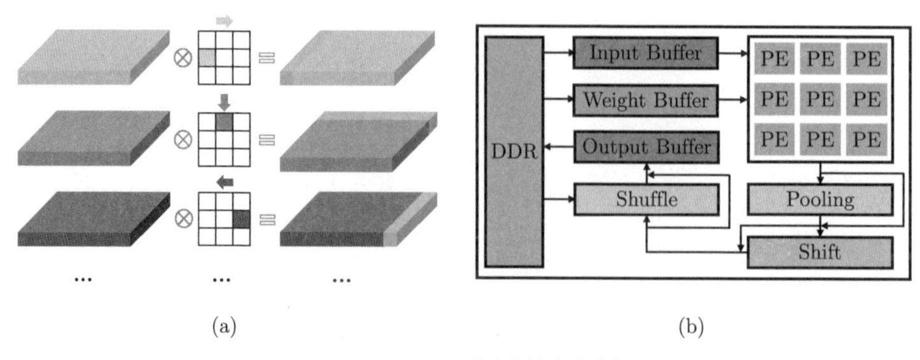

图 12.17 Synetgy 软硬协同设计方案
（相关内容可参阅论文 [278]）

12.4 网络–架构协同搜索

神经网络加速器从诞生之初就一直朝着提升神经网络计算效率的目标不断迈进，但同时随着研究的深入，神经网络也在逐渐演化，较新的网络在旧有的架构上可能无法取得令人满意的性能，于是神经网络加速器架构的设计也需要根据神经网络架构的研究进展而不断迭代。然而，这个过程常常需要花费相当多的时间成本和人力成本，加速器从设计到完成验证往往需要数月的时间，在这段时间内，甚至可能会出现一些新的性能更好的网络。这种传统的工作方式通常将网络架构的设计和加速器的设计解耦成两个相对独立的阶段，流程比较烦琐，也可能错过更好的解决方案。

于是研究者们开始考虑将两个原本相对独立的设计过程——网络设计和架构设计——结合起来，希望借助神经网络架构搜索的方法完成算法、架构的协同设计。一方面，在一个更大的搜索空间内，人们可能能够得到更好的解决方案；另一方面，将两个阶段结合起来探索，也有利于设计流程的自动化，具有较为广阔的应用前景。

正如前面介绍的，神经网络架构搜索通常预先定义一个合理的搜索空间，然后直接或间接评估搜索空间内的神经网络的准确率，最后使用某种算法进行神经网络架构搜索。网络-架构协同搜索算法继承了这样的流程，首先定义一个包含网络和硬件架构的搜索空间，针对硬件环境添加适当的约束，然后使用常用的搜索算法进行协同搜索。

一般地，假设定义好了网络搜索空间 $\mathcal{A}$，架构搜索空间 $\mathcal{S}$，网络-架构协同搜索可以看成一个多目标优化问题

$$\max_{\boldsymbol{\alpha}\in\mathcal{A}} \mathrm{Acc}(\boldsymbol{\alpha}, \boldsymbol{W}_\alpha), \tag{12.11}$$

$$\min_{\boldsymbol{\alpha}\in\mathcal{A}, s\in\mathcal{S}} \mathrm{Lat}(\boldsymbol{\alpha}, s), \tag{12.12}$$

$$\min_{\boldsymbol{\alpha}\in\mathcal{A}, s\in\mathcal{S}} E(\boldsymbol{\alpha}, s), \tag{12.13}$$

$$\min_{\boldsymbol{\alpha}\in\mathcal{A}, s\in\mathcal{S}} \mathrm{Area}(\boldsymbol{\alpha}, s), \tag{12.14}$$

其中 Lat 表示网络在加速器上执行的延迟，E 表示网络在加速器上运行的能耗，Area 表示加速器的面积。

事实上，上述公式所描述的四个目标很有可能是相互矛盾的，例如我们希望最大化神经网络的准确率，最简单的方法是构建更大规模的神经网络，然而这种做法很有可能使神经网络的执行速度变慢，增加加速器能耗。这个问题本质上是希望能够在算法准确率、计算延迟、加速器功耗、加速器面积四者之间取得平衡，常见的做法是给予四个目标不同的关注度，转化为单个优化目标近似求解。在这些方法中，最常见的是基于强化学习的方法[276] 以及基于梯度的方法[43]。

12.4.1 基于强化学习的网络-架构协同搜索

假设已经设计好了神经网络及加速器架构的联合搜索空间，使用强化学习算法需要设计一个合理的奖励函数，这个奖励函数需要同时反映网络结构信息以及硬件架构信息。关于神经网络相关的奖励，可以直接使用神经网络准确率；关于硬件相关的奖励，我们需要将网络精度（Acc）、加速器延迟（Lat）、加速器能耗（E）以及加速器面积（Area）纳入考虑范围。通常情况下，加速器延迟、能耗以及面积会有一个约束的上界，分别表示为 L_m, E_m, A_m。因此，关于硬件延迟、能耗、面积的奖励可以分别直观地定义为

$$R_{\mathrm{Lat}} = -\min(\mathrm{Lat} - L_m, 0), \tag{12.15}$$

$$R_E = -\min(E - E_m, 0), \tag{12.16}$$

$$R_{\mathrm{Area}} = -\min(\mathrm{Area} - A_m, 0), \tag{12.17}$$

然后各项分别乘以各自的权重系数，得到最终的奖励函数：

$$R = \eta_0 R_{\mathrm{Acc}} + \eta_1 R_{\mathrm{Lat}} + \eta_2 R_E + \eta_3 R_{\mathrm{area}}. \tag{12.18}$$

获得奖励函数后，可以用神经网络（例如 LSTM）构建一个决策器，将网络-架构协同搜索问题看成一个顺序决策问题，使用策略梯度算法优化决策器权重 $\boldsymbol{\theta}$：

$$\nabla J(\boldsymbol{\theta}) = \frac{1}{m}\sum_{k=1}^{m}\sum_{t=1}^{T}\gamma^{T-t}\nabla_{\boldsymbol{\theta}}\log\pi_{\theta}(a_t|a_{1:t-1})(R_k - b). \tag{12.19}$$

这种方法与纯粹搜索网络结构的强化学习算法非常类似，区别在于需要设计加速器架构的搜索空间，因此，算法的搜索空间更大了，问题的求解难度也相应增大。

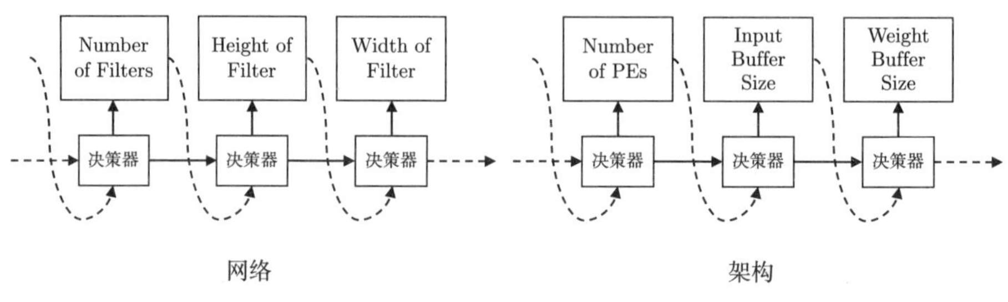

图 12.18　基于强化学习的网络-架构协同搜索
（相关内容可参阅论文 [276]）

12.4.2　基于梯度的网络-架构协同搜索

基于强化学习的协同搜索算法需要评估大量神经网络的准确率，这意味着需要通过某种方式训练很多神经网络，这个过程的时间开销十分庞大。于是，人们希望借助高效的基于梯度的神经网络架构搜索算法来进行网络-架构协同搜索。引入这种方法最大的一个难点在于如何将架构设计空间纳入可微神经网络架构搜索的框架之中，因为加速器的延迟、功耗、面积通常通过仿真或实测获得，几乎不可能用简单的数学公式显式地表达出来，即使我们构建了包含网络准确率以及硬件性能的损失函数，也无法通过梯度将网络结构对硬件性能的影响反馈到网络结构参数上，如图 12.19(a) 所示。

为了解决这个问题，论文 DANCE[43] 提出了一种方法，如图 12.19(b) 所示。首先从网络搜索空间 $\mathcal{A}$ 中采样生成许多候选网络，利用仿真器 Timeloop[196] 和 Accelergy[265] 获得对应加速器的架构以及性能，预先构建包含神经网络结构、加速器架构、加速器性能的数据集。然后分别训练两个网络：架构生成网络（Arch

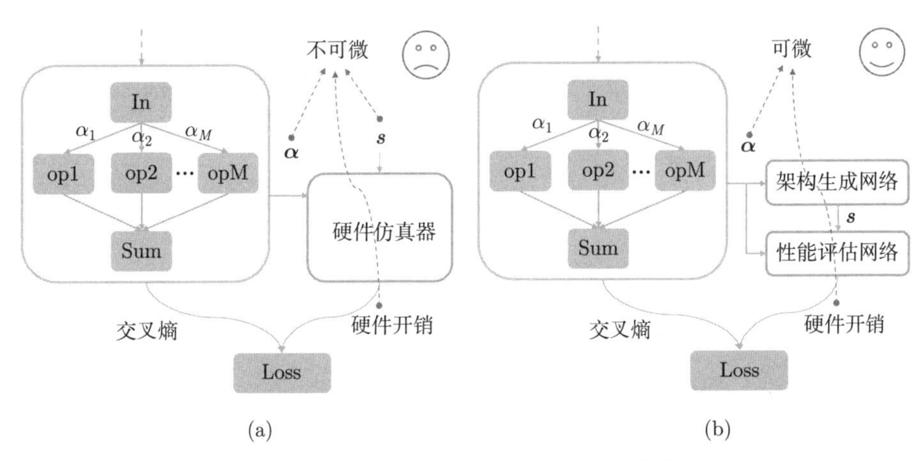

图 12.19 基于梯度的网络-架构协同搜索
（相关内容可参阅论文 [43]）

Generator）和性能评估网络（Cost Estimator）。其中，架构生成网络的输入为候选神经网络的结构参数，输出为加速器架构参数；性能评估网络输入为候选神经网络结构和加速器架构参数，输出为加速器延迟、能耗、面积等。两个网络可以使用预先构建的数据集训练。架构生成网络和性能评估网络训练完成后，可以用来估计网络架构部署在加速器上的硬件开销。仍然考虑延迟、能耗、面积，可以将综合硬件开销定义为

$$C_{\text{hw}} = \eta_1 \text{Lat} + \eta_2 E + \eta_3 \text{Area}, \tag{12.20}$$

最终的损失函数可以定义为

$$\text{Loss} = \text{Loss}_{\text{CE}} + \eta_1 \text{Lat} + \eta_2 E + \eta_3 \text{Area}, \tag{12.21}$$

然后就可以利用基于梯度的方法优化网络结构参数 $\boldsymbol{\alpha}$，得到网络结构参数 $\boldsymbol{\alpha}$ 后，可以用架构生成网络得到对应的加速器架构。

12.5 本章小结

最早关于神经网络加速器的研究可以追溯到上世纪九十年代[216]。随着深度学习技术的发展，神经网络被应用到越来越多的领域，人们对高效计算的需求也越来越大，神经网络加速器在最近几年引起了广泛关注。NVIDIA 在 GPU 上集

成了 TensorCore[184]，实际上这可以看成一种特殊的深度学习加速核。英特尔、苹果等硬件制造商也为自己设计的 CPU 增加了对神经网络计算的支持，华为、OPPO 在移动端 CPU 上集成了各自研发的神经网络处理器。神经网络处理器的制造和供应还哺育了国内外一批初创公司，包括寒武纪、Tenstorrent、Graphcore 等。

本章介绍了神经网络加速器架构设计的基本概念，从计算单元、存储结构及片上网络、数据流、分块及映射等各个方面阐明了神经网络加速器设计的基本思想，也根据领域的最新进展介绍了一些软硬协同设计的方法，包括稀疏处理器、可变比特处理器，以及网络-架构协同搜索的基本方法。实际上，本章所介绍的加速器设计的基本方法是以数据流为核心的，大量的加速器采用了这一设计思路，其中最典型的代表就是谷歌的 TPU[130]，其加速核心正是脉动阵列，这一类方法架构相对简单，缺点是灵活性较差。此外，学术界和工业界存在其他的设计流派，例如国外的初创公司 Cerebras[158]、Graphcore[133] 等就采用了众核的设计思路，他们通过设计非常灵活的片上网络将众多小核连接起来，以实现高效灵活的计算，这一类加速器常常能够获得更高的计算单元利用率，但是对编译器的要求很高。究竟哪种设计思路更优秀仍然有待探索，面对不同的应用场景可能会有截然不同的结论，但我们总是需要针对具体问题具体分析，围绕着减少数据搬运、提高计算单元利用率等问题深入思考。

由于篇幅的限制，关于神经网络加速器仍然有许多内容无法详细展开，更深入的研究请参考 Eyeriss 专门介绍神经网络处理器的书籍 *Efficient processing of deep neural networks*[232] 以及 David Patterson 等人的 *Computer Architecture: A Quantitative Approach, 6th edition*[202]。

13 实战 DNN 加速器设计

本章通过一个具体的例子来介绍 DNN 加速器设计，该加速器设计采用了脉动阵列的架构来提升神经网络执行效率。本章主要内容包括架构设计以及设计时的思考和权衡。

13.1 加速器整体架构

深度神经网络推理的大部分计算集中在卷积、激活、池化和归一化的运算上，由于这些操作易于并行处理，且其访问模式是可预测的，因此它们特别适合用专用硬件实现。本章提出的 DNN 加速器采用脉动阵列的架构，高效地支持上述运算，以满足推理的计算需求。图 13.1 是 DNN 加速器的架构示意图，它主要由以下几个模块组成。

- 处理单元阵列（PE Array）：完成高效并行的乘累加计算。
- 累加器缓存（Accumulator Buffer）：用于累加并缓存乘累加计算的中间结果。
- 后处理单元（Post Processing Unit，PPU）：用于处理非线性激活、归一化以及池化的计算。
- 存储系统（Memory System）：用于存储指令、参数张量和激活值张量。
- 协处理器（Co-Processor）：用于指令解析、加速器配置以及包括监控加速器状态等的一些杂项。
- 控制器（Controller）：用于控制处理过程中数据流的进行。

这些模块可以独立配置，例如如果不需要一些功能则可以去掉相关逻辑，或者如果需要改进卷积计算，则可以在不修改加速器中其他单元的情况下添加对新特性的支持。这使得该架构具有一定的可扩展性和可配置性。

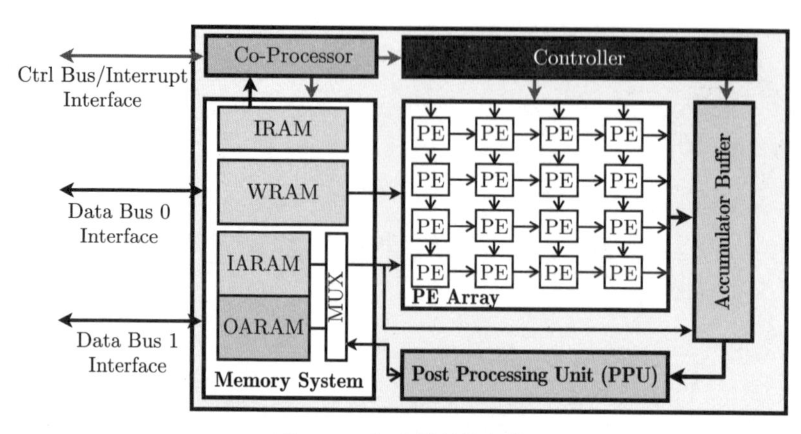

图 13.1 加速器整体架构

神经网络在加速器上执行时，协处理器首先接收到开始的命令（来自 CPU，接口互联见下文），协处理器开始读取存储在指定位置的指令，解析指令后将信息发送给控制器，由控制器控制计算过程中数据流的进行，包括存储访问的地址和使能信号、处理单元阵列的使能信号等的生成，直到该指令的对应操作执行结束，开始执行下一条指令的操作。当所有指令完成后，由协处理器发起中断报告完成。这种命令-执行-中断流程不断重复，直到完成整个网络的推理。

13.2 接口互联

该加速器架构采用相对标准的方法与系统其他部分互联，主要包括以下三个主要连接。

- 控制总线：该接口是一种同步、低带宽、低功耗、32 位控制总线，设计用于 CPU 通过一个简单的地址/数据接口访问和配置协处理器中的寄存器，使该加速器作为 CPU 的从设备。在我们的设计中，采用了 AXI_Lite 总线来实现。
- 中断接口：该加速器设计中包括一个 1 比特电平触发的中断信号，当处理任务完成或发生错误时，中断信号被置为 1。
- 数据总线：该加速器提供两个数据总线接口连接加速器内部存储器与系统中其他存储系统，包括系统 DRAM，其地址空间与系统的 CPU 和 I/O 外设共享。该加速器包含自己的 DMA，用于系统的其余部分与加速器内部存储之间的数据传输（包括参数和数据），加速器可以通过指定不同地址和不同数据大小发出请求给 DMA，完成数据传输任务。该总线接口采用一个 AMBA AXI4 接口来实现。

13.3 构成部件

在本节，我们介绍该 DNN 加速器内部各个模块的架构设计，包括协处理器、处理单元阵列以及存储系统的设计，并阐述加速器如何完成 DNN 的高效执行。

13.3.1 协处理器

协处理器架构设计

协处理器在 DNN 加速器中的主要作用在于指令解析、加速器配置以及监控加速器状态等，由于 DNN 的计算过程并没有复杂的程序转移操作，可以通过顺序执行指令完成处理，因此协处理器在设计过程中采用了较为简单的三级流水的架构，如图 13.2(a) 所示，包括取指令、指令译码和执行三个阶段，即一条指令的执行可以分为三步：（1）由取指令模块计算指令的地址，根据该地址去存储系统中的指令存储（IRAM）中读取指令，将指令存到指令寄存器中；（2）由指令译码模块解析指令寄存器中的指令，确定要执行哪些操作；（3）由执行模块根据解析得到的内容完成相应操作，包括寄存器操作、数据传输操作和计算操作，其中寄存器操作由执行模块完成对寄存器堆的读写操作，其他操作则是将指令信息和寄存器堆中存储的信息整合后作为控制信息发送至控制器，由控制器完成相应具体操作。

在处理过程中，上述三个阶段可以重叠，例如，当执行第 N 条指令时，译码模块正在解析第 $N+1$ 条指令，同时取指令模块正在读取第 $N+2$ 条指令，如图 13.2(b) 所示。由于许多指令的执行需要许多拍才能处理完成，因此在执行阶段可以同时支持多任务的处理，例如执行卷积指令的同时，可以执行传输参数的指令。但是当前后指令之间存在依赖关系时，后续指令必须等到当前指令执行结束后才能执行，例如当第 N 条指令是数据传输指令，传输的数据是第 $N+1$ 条指令处理需要用的参数，那么第 $N+1$ 条指令就需要等待，堵塞流水线。为了支

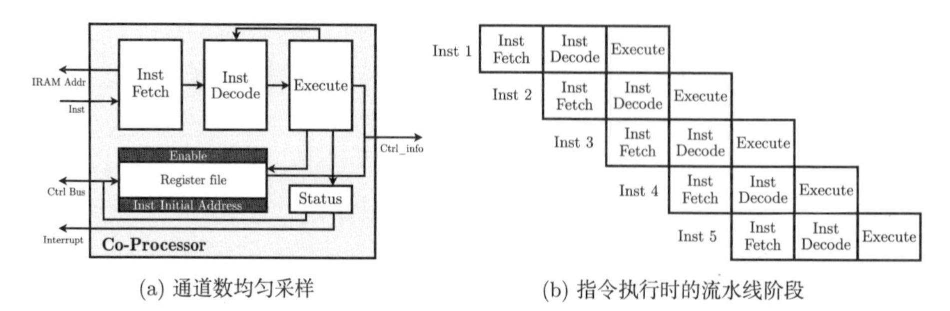

(a) 通道数均匀采样　　　　(b) 指令执行时的流水线阶段

图 13.2　协处理器架构与流水线

持这样的处理过程，从执行模块将加速器正在执行任务的状态信息传回到指令解码模块，并判断是否需要堵塞流水线，确保任务执行正确。此外在架构设计中引入状态（Status）模块用于监控当前加速器状态，同时监控加速器异常执行状态，例如遇到无效指令等，该部分状态信息可以通过控制总线供系统中的 CPU 访问。当加速器任务执行完毕或者检测到异常状态时，由状态（Status）模块发出中断信号，经由中断接口发送到系统其他部分。

在实际完成一个计算任务时，由于存储系统的指令存储在初始化时并没有有效指令，因此需要首先将指令载入指令存储中。为了完成这一操作，在寄存器堆中设置指令初始化地址（Instruction Initial Address）寄存器用于存储指令在系统存储中的初始地址，在计算任务开始之前，CPU 需要先通过控制总线将指令地址写入该寄存器，然后通过控制总线写寄存器堆中的使能（Enable）寄存器，开始整个处理任务，协处理器需要首先完成指令传输任务将指令从系统存储传输到指令存储，然后开启指令执行的流水线。至此协处理器可以一拍一拍、一条一条地执行指令来完成计算任务。

指令编码与寄存器

在协处理器的设计中，我们参考 MIPS 的指令设计了用于支持 DNN 计算的指令，其中包含两种不同的指令格式，如图 13.3 所示，操作码都是由指令的高 4 位组成，用来区分不同类型的指令。第一种类型的指令为寄存器-立即数类指令，由操作码、源寄存器（rs）、目标寄存器（rt）和立即数（imm）组成，第二种类型的指令为立即数-立即数类指令，由操作码和两个立即数（imm1 和 imm2）组成。具体的在该加速器设计中，提供了对表 13.1 中的指令的支持，按照不同的功能类型对指令进行分类，可以分为三类，寄存器指令、计算指令和传输指令。

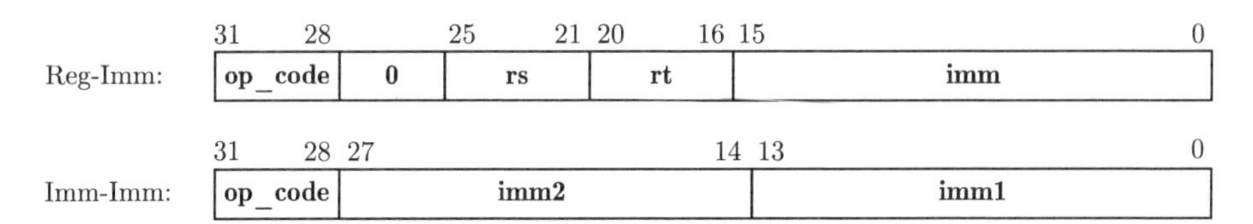

图 13.3 两种指令格式的比较

表 13.1 指令实例

指令	指令功能
LUI rt，imm	取半字到 rt 寄存器的高 16 位
LII rt，imm	取半字到 rt 寄存器的低 16 位
Conv imm1.	卷积计算指令，输入张量的初始地址为 imm1
ADD imm1，imm2	加法计算指令，将存储在 imm1 和 imm2 地址的两个张量相加
BN imm1	归一化计算指令，将存储在 imm1 地址的张量进行归一化处理
Pool imm1	池化计算指令，将存储在 imm1 地址的张量进行池化处理
Concat imm1，imm2	拼接指令，拼接存储在 imm1 和 imm2 地址的两个张量
NOP	终止指令
TransW	参数传输指令，将参数传输至存储系统中的 WRAM
TransD	数据传输指令，负责 IARAM/OARAM 与外部存储间的数据传输
TransI	指令传输指令，将指令传输至存储系统中的 IRAM
LBN	加载归一化参数指令，将归一化参数传输至后处理模块

1. 寄存器指令。寄存器指令是对协处理器中的寄存器堆进行存取操作的指令。表 13.1 中 LUI 和 LII 都是寄存器指令，LUI 表示将立即数写入目标寄存器的高 16 位中，LII 表示将立即数写入目标寄存器的低 16 位中。通过这两条寄存器指令，可以完成寄存器配置的任务，将接下来计算任务所需要的控制信息加载到寄存器中。
2. 计算指令。计算指令都是立即数-立即数类指令，包括卷积、加法、池化、归一化和拼接指令，计算指令中使用立即数来存储计算时输入张量在存储中的初始地址，例如加法指令“ADD src1, src2”是指将存储在 src1 和 src2 处的两个张量加在一起，至于张量尺寸的信息则存储在寄存器中，在执行计算指令之前加载好。此外还有 NOP 指令，该指令为终止指令，表示当前任务执行结束，当该指令执行时将会触发中断。
3. 传输指令。由于在该加速器设计中存储系统都设计为暂时存储器（Scratch-pad Memory）的形式，因此需要有数据传输指令来完成指令、参数和中间计算结果等数据的传输任务，这些指令包括 TransI，TransW，和 TransD，与传输相关地址和数据长度等信息一起存储在寄存器堆中。此外还有 LBN 指令负责加载归一化参数。

在协处理器设计中，寄存器堆中共设置有 32 个寄存器：\$0 – \$31，其中 \$0 为使能寄存器，设置有使能位和重置位，用以开启计算和重置加速器，\$30 为状态寄存器，该寄存器为只读寄存器，存储加速器的各种状态信息，包括观测哪些指令正在执行等；\$31 为初始化指令寄存器，用于存储要执行任务的首条指令的存储地址。其他寄存器主要用于存储与计算相关的信息，例如卷积计算的输入通道数、卷积核尺寸等信息，通过寄存器指令将与计算相关的信息写入相应的寄存器中，在实际计算时，这些信息作为控制信息传送至控制器，由控制器控制完成整个计算流程。

以上是对协处理器中的指令和寄存器设计的简单介绍，在这一设计中，可以通过添加新的指令和寄存器来非常方便地进行扩展，用以支持一些新的功能，不断迭代更新来支持更多不同的计算，使加速器更加通用。

13.3.2 处理单元阵列

处理单元架构与数据流

该加速器采用了脉动阵列的架构，由处理单元阵列构成主要计算模块，配合累加器缓存模块完成神经网络计算中的矩阵乘法运算。处理单元阵列中的处理单元横纵相连通，纵向用于参数和激活值的传输，计算得到的中间结果则横向传输。在该加速器设计中，处理单元阵列设置 16×16 个处理单元，处理单元（PE）的架构如图 13.4 所示，每个 PE 中包含一个乘法器和一个加法器，乘法器在该加速器设计中采用 8 比特乘法器来实现，因为将神经网络量化为 8 比特时通常不会引入精度损失，而加法器则需要根据阵列的大小，在保证累加结果不会溢出的情况下选择尽可能低精度的加法器实现。此外，每个 PE 中还包含参数寄存器堆（RF）和激活值寄存器（Reg），其中，参数寄存器堆用作参数局部缓存，可以存储多个参数值，在该加速器设计中每个 PE 可以存 2 个不同的参数，而激活值寄存器的设置主要是基于对时序的考虑，该寄存器接收来自上方 PE 的激活值，该寄存器也连接至下方 PE，将激活值传递下去。在计算时，乘法器取激活值寄存器中的激活值和参数寄存器中的参数完成乘法计算，接下来将乘积与来自左侧 PE 的部分累加和相加，得到新的累加结果，并将该累加结果传递至右侧 PE。

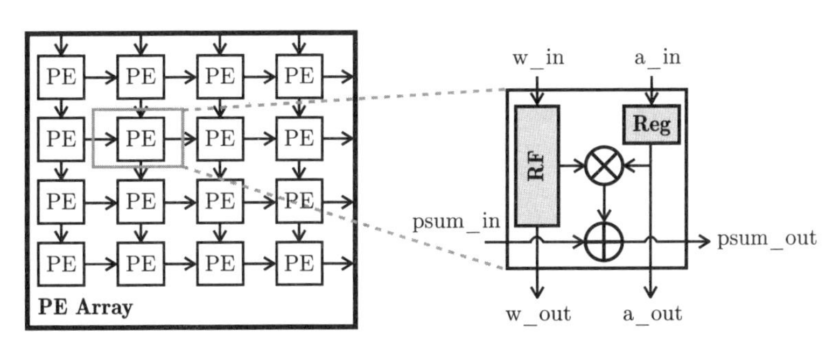

图 13.4 处理单元阵列架构

在计算时，该加速器采用了参数固定的数据流，即计算时使用参数寄存器中的固定参数值，激活值在阵列中由上向下流动，将部分累加和沿水平方向传递，将最终累加结果传出阵列至累加器缓存。图 13.5 给出了该数据流计算时在阵列中的流动形式，在开启整个计算之前，首先需要将参数加载到乘法器阵列中，如图 13.5(a) 所示，参数由顶至下一行一行传递下来，并存储到参数寄存器堆中，由于参数寄存器堆中可以存储多个参数，因此加载参数过程可以与计算过程同时进行，即传输时传递至参数寄存器堆中某一地址，计算时则使用存储在其他地址的参数。在计算时，激活值同样从阵列顶部传递至阵列底部，而累加和则在阵列中沿横向流动，如图 13.5(b)(c) 所示。这里值得注意的是，要实现正确的矩阵运算，数据进入脉动阵列需要按照一定的顺序调整好，由于累加和传递至右侧 PE 需要一拍的时间，因此为了能够将匹配的乘积累加在一起，该加速器在实现时，将不同列输入的激活值进行了延迟，最左侧一列的输入不做延迟，每往右一

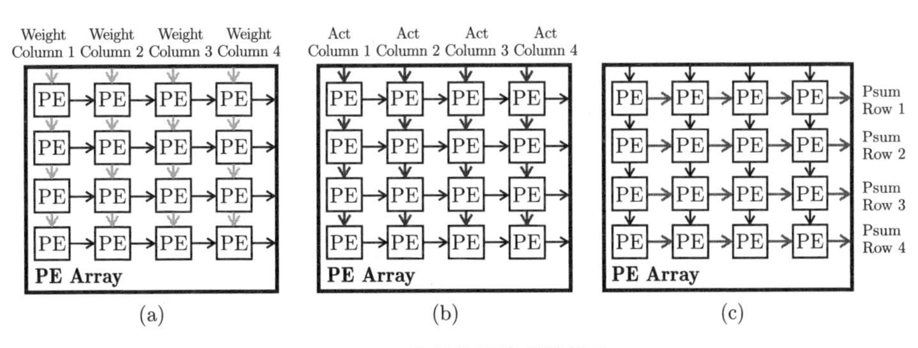

图 13.5 处理单元阵列数据流

列则多延迟一拍，通过这样的方式使矩阵运算正确。

累加器缓存

通常在神经网络计算过程中，矩阵计算的尺寸会远大于处理单元阵列的尺寸，整个计算无法完全在阵列内部完成，因此在架构设计中引入累加器缓存，用于在计算过程中暂时保存部分累加和。图 13.6 给出了累加器缓存的架构，该模块的输入包括两部分，一部分来自处理单元阵列的部分累加和（psum），另一部分直接来自存储系统的激活值（act），用以支持上述大型矩阵的累加以及池化操作，实际处理时会根据当前操作类型选择其一做处理。当进行矩阵运算时，选择部分累加和作为输入，将之前计算的累加和从缓存中读取出来，与输入的部分累加和相累加，并将结果存到存储之前计算的累加和的位置，将其覆盖，实现累加过程。当进行池化操作时，则选择激活值作为输入，与累加操作时类似，先从缓存中将之前的处理结果加载进来，并根据池化类型选择相对应的操作类型。如果是均值池化，则选择加法操作，在该模块完成累加的处理，均值需要的除法操作在后处理模块中完成。如果是最大值池化，则选择取最大值操作，处理过后将结果存储在缓存中。在得到最终结果后，将缓存中的结果输出至后处理模块。关于缓存设置，采用的是双缓存设计，即设计两个同样的缓存，这样当其中一个缓存参与处理任务时，另一块缓存可以同时输出结果至后处理模块，使两个任务同时进行，尽可能提高执行效率。缓存中存储数据的格式采用高精度设置，以保证计

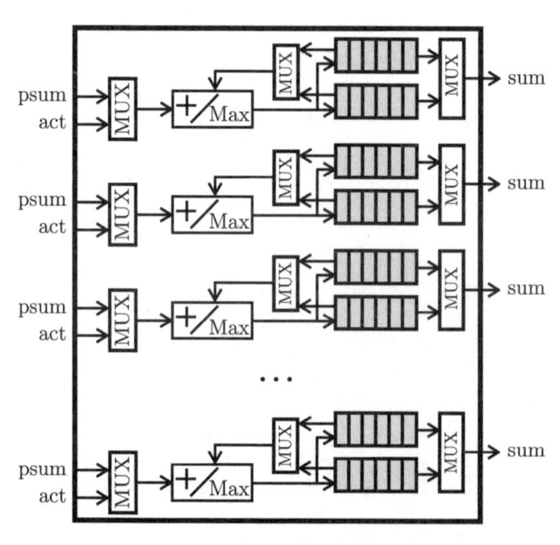

图 13.6　累加器缓存的架构

算过程中不会出现溢出问题，在该加速器设计中，由于计算单元采用了 8 比特乘法器来实现，其乘积为 16 比特，缓存中数据格式选择 32 比特来保证 65536 个乘积相累加不会出现溢出问题，如果需要累加更多乘积，则在累加时应进行溢出判断，如果发生溢出则对数据进行截断处理。

后处理模块

在神经网络的计算中，通常还包含非线性函数以及归一化等操作，这些操作由后处理模块来完成，该模块提供了对非线性函数 ReLU 和归一化操作的支持。此外，均值池化中的除法操作也在该模块完成，具体实现时以乘法方式来实现，并复用归一化处理的计算模块完成处理过程。图 13.7 给出了后处理模块的架构图，该模块输入同样包括两部分，一部分为来自累加器缓存的累加和（sum），另一部分直接来自存储系统的激活值（act），通过这种方式可以支持层融合的计算，将批归一化层、ReLU 函数计算与卷积层或全连接层的计算融合在一起，将卷积层或全连接层的计算结果直接输入后处理模块完成相应操作，同时由于后处理模块接收来自激活值的直接输入，因此也可以支持批归一化层和 ReLU 函数的单独计算。在该模块中，归一化操作由 BN 模块完成处理，ReLU 函数的计算则由 ReLU 模块完成，架构设计中通过多路选通器（MUX）来控制哪些模块参与处理过程。为了保证模型计算过程不会出现溢出问题，后处理模块采用了较高精度数据类型的处理单元来实现，但是对于激活值的存储，该加速器选择统一的 8 比特，因此需要额外的量化模块（Quant）将高精度数据类型转换为 8 比特

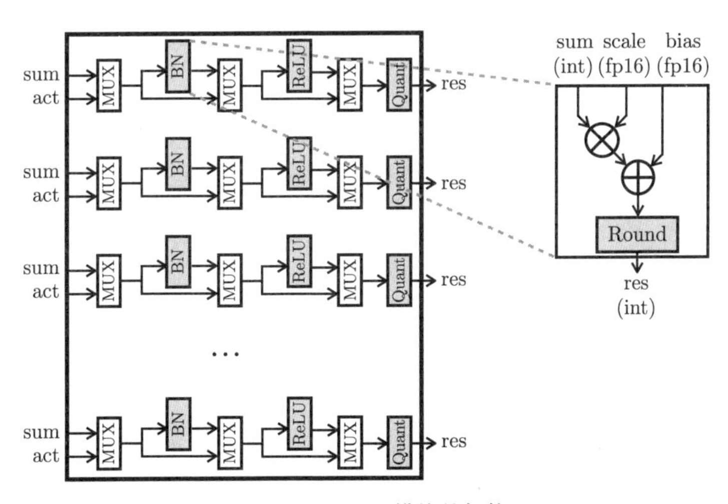

图 13.7　后处理模块的架构

整型进行存储，即将数据直接截断到 8 比特数据的表达范围。这样可以通过控制多路选通器来选择处理模式，支持神经网络中批归一化层、ReLU 函数和池化层的处理任务，可以提供层融合的处理方式，也可以支持某一算子的单独计算。

关于归一化层的计算，其计算过程可以表述为

$$\boldsymbol{y}=\frac{\boldsymbol{x}-E(\boldsymbol{x})}{\sqrt{\operatorname{Var}[\boldsymbol{x}]+\epsilon}}*\gamma+\boldsymbol{\beta}$$

其中 $\boldsymbol{x},\boldsymbol{y}$ 分别表示输入和输出，γ 和 $\boldsymbol{\beta}$ 为两个可学习的参数，在推理过程中，$\boldsymbol{x}$ 的均值和方差是固定的，因此可以将参数进行融合：

$$\boldsymbol{y}=\boldsymbol{a}*\boldsymbol{x}+\boldsymbol{b}$$

其中

$$\boldsymbol{a}=\frac{\gamma}{\sqrt{\operatorname{Var}[\boldsymbol{x}]+\epsilon}}$$

$$\boldsymbol{b}=\boldsymbol{\beta}-\frac{E(\boldsymbol{x})}{\sqrt{\operatorname{Var}[\boldsymbol{x}]+\epsilon}}$$

此外，在模型量化时引入的放缩系数可以与归一化层的计算融合，最终将模型中所有浮点运算集中在归一化层的处理中，模型中其余部分则均采用整型表示。在实际实现时，可以进一步将归一化层的参数转换为半精度浮点的形式来表示，由于半精度浮点具有相对较大的表示范围，因此对模型精度影响不大。在该加速器设计中，BN 模块支持半精度浮点的计算，放缩系数 scale 和偏置量 bias 为半精度浮点，图 13.7 中给出了 BN 模块的实现方式，将之前计算过程中得到的累加和作为归一化层的输入，通过实现整型与半精度浮点的乘累加操作得到计算结果，将该结果输入舍入（Round）模块转换为有符号整型并输出。舍入模块的实现方法则是将输入的小数部分丢弃，只保留整数部分，同时在舍入时要根据小数部分第一位是否为 1 进行舍入。

卷积运算

为了更清晰地阐述处理单元阵列是如何工作的，这里通过一个卷积运算的例子进一步介绍处理过程。

卷积运算在计算过程中可以通过 im2col 的方法转换为矩阵乘法，图 13.8 给出了一个卷积计算的例子，其中输入特征图尺寸为 $4\times4\times4$，卷积核尺寸为 $4\times2\times2$，共需要计算 4 个不同的卷积核，得到尺寸为 $4\times4\times4$ 的输出特征图，

这个计算过程可以通过 im2col 的方法转换为 4×16 的参数矩阵和 16×16 的输入激活值矩阵的乘法完成。

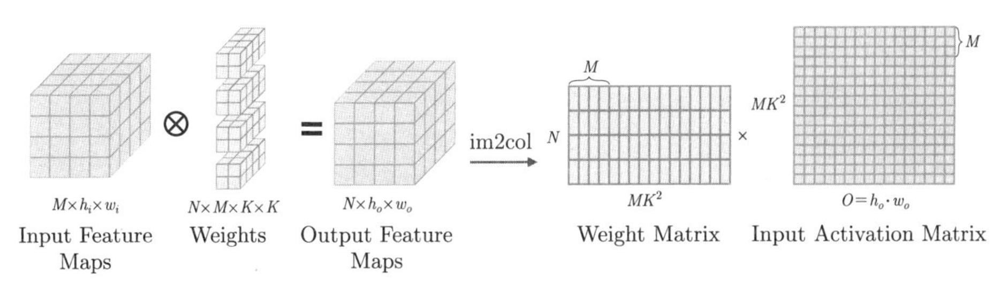

图 13.8 卷积运算
通过 im2col 的方法将卷积运算转换为矩阵乘法方式实现。

对于上述卷积计算的处理，假定处理单元阵列的尺寸为 4×4，由于采用了参数固定的数据流，一次只能有 16 个参数在阵列中参与计算，因此矩阵计算任务需要分块完成，整个计算任务分多个阶段进行，每个阶段完成一个块的计算。第一个阶段先完成参数矩阵左侧 4×4 个参数的计算任务，如图 13.9(a) 所示，对应激活值矩阵中的前 4 行也需要参与第一阶段的计算，计算得到的结果为矩阵计算的部分结果，需要将其存储于累加器缓存中。在后续几个阶段计算时，在累加器缓存模块中完成累加任务，得到最终矩阵计算结果，之后从累加器缓存中读出矩阵计算结果，传输到后处理模块完成相应的后处理操作。第一个阶段计算时，首先需要加载参数，如图 13.9(b) 所示，在 $T = 1$ 时刻，将参数矩阵第一行的参数读取到阵列第一行的处理单元中，接下来参数将在阵列中向下传递，直到 $T = 4$ 时刻，完成对需要参与计算的 16 个参数的加载。接下来输入激活值开始矩阵运算，如图 13.10(a) 所示，首先需要对读取的激活值矩阵进行预处理，在存储中，$a_{0,0}, a_{1,0}, a_{2,0}, a_{3,0}$ 并不是在同一时刻输入处理单元阵列中的，为了保证计算正确性，对后续列的输入激活值要延迟一拍，这样在 $T = 1$ 时刻，将 $a_{0,0}$ 输入阵列并与 $w_{3,0}$ 计算得乘积；在 $T = 2$ 时刻，将 $a_{0,1}$ 和 $a_{1,0}$ 输入阵列中，分别与 $w_{3,0}$ 和 $w_{3,1}$ 完成乘法计算，同时此前已经输入阵列的激活需要在阵列中向下传递，此前在阵列中计算好的乘积将在阵列中向右传递，并与新计算的乘积相累加，如图 13.10(b) 中阵列第一行的第二个处理单元中计算得到两个乘积的累加和。后续一直这样计算下去，阵列中最右一列向右输出的累加和则传递至累加器缓存中，直到所有激活值输入完毕，才可以开始下一个分块的计算任务。值得注意的是，由于处理单元中参数局部缓存可以同时存储多个参数值，因此加载参数和计算的过程可以同时进行，从而在完成一个阶段计算后能够立即开启下一个阶段的计算任务。

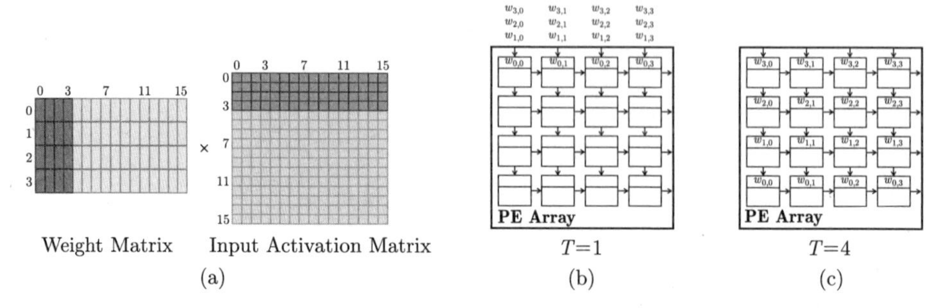

图 13.9 处理单元阵列实现卷积计算示意

(a) 卷积运算的矩阵运算示例，其中 $w_{i,j}$ 表示参数矩阵中第 i 行第 j 列的参数值，$a_{i,j}$ 表示激活值矩阵中第 i 行第 j 列的激活值。(b)(c) 分别为 $T=1$ 和 $T=4$ 时刻处理单元阵列加载参数的情况。

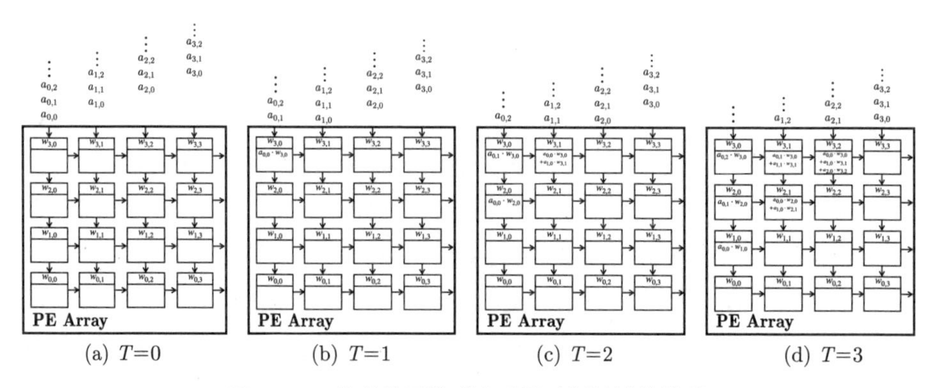

图 13.10 处理单元阵列在不同时刻的计算情况

对于不同类型、不同尺寸的卷积计算，需要对输入、参数矩阵做好分块，一个块一个块分别做处理，这样该加速器设计可以高效地完成卷积计算任务。

13.3.3 存储系统

存储系统架构

在该加速器设计的存储系统设计中包含指令存储（IRAM，32 KB）、参数存储（WRAM，256 KB）和激活值存储（IARAM/OARAM，512 KB），图 13.11 给出了存储系统的整体架构示意图，计算需要的指令存储于指令存储中，该存储与协处理器相连接，接收来自协处理器的指令地址，并将相应指令传递至协处理器。计算过程中所需的所有参数均存储于参数存储中，而所有激活值存储在两个激活值存储 IARAM 和 OARAM 中，这两个存储分别用于存储输入激活值和输出激活值，并且可以互换角色，即上一层的输出直接作为下一层计算的输入，从而减少数据在加速器内部存储与外部存储之间的移动，降低能耗。

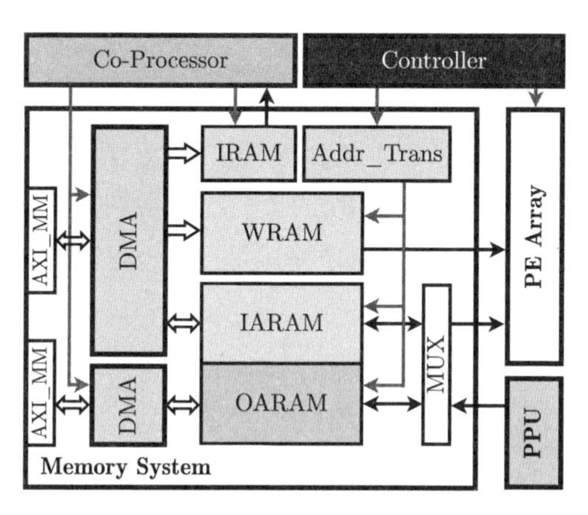

图 13.11 存储系统架构

在存储系统中有两个 DMA 负责加速器内部存储与外部存储之间的数据传输，其中一个 DMA 负责 IRAM、WRAM 以及 IARAM 的数据传输，另一个 DMA 负责 OARAM 的数据传输，两个 DMA 通过 AXI Memory Mapped 总线接口与外部总线相连接，实现片内外存储间的高速传输，两个 DMA 都接收来自协处理器的控制信号，当协处理器执行传输指令时则发送传输请求以及控制信息至 DMA，其中控制信息包括传输源地址、目标地址和传输长度。

在计算过程中，读写参数存储以及激活存储由控制器（Controller）控制，具体实现时由控制器提供需要读取的参数或激活值的坐标，将坐标传递至存储系统中的地址转换模块（Addr_Trans），通过该模块得到对应的地址，并由该地址索引读取相应的参数或激活值到处理单元阵列中，或者将来自后处理模块的输出激活值存入激活存储的相应地址。地址转换模块的实现方法是通过已知存储在 WRAM、IARAM 或 OARAM 中张量的尺寸以及初始地址，根据索引坐标计算得到对应的地址，通过这种方式，控制器访存的设计可以更加简便和灵活。

数据存储格式

为了支持加速器高吞吐的计算，参数存储和激活值存储都采用了较高的数据位宽，由于该加速器采用了 16×16 的处理单元阵列，支持 8 比特的计算，因此两类存储的位宽都设置为 16×8 比特，这样保证每一拍都能够提供足够的数据供处理单元计算，而指令存储则设置为 32 比特的位宽，与指令位宽一致。

在计算过程中，参与计算的激活值和参数张量以特定的格式存储，在该加速器设计中都采用了通道优先的存储格式，如图 13.12 所示。具体来说，对于一个维度为 $C \times H \times W$ 的三维张量，以通道 $(C) \rightarrow$ 行 $(H) \rightarrow$ 列 (W) 的顺序依次存储数据，首先沿通道维度，将连续的 16 个数据拼接成 16×8 比特的数据，以此为存储最小单元，存储同一位置所有通道的数据，接下来存储第二个位置的数据，依次完成对整个张量中所有数据的存储。对于卷积计算中的参数，通常为一组维度为 $K \times C \times H \times W$ 的四维张量数据，同样采用通道优先的存储格式，先存储第一个卷积核的数据，再存储第二个的，依次存储 K 个卷积核的。

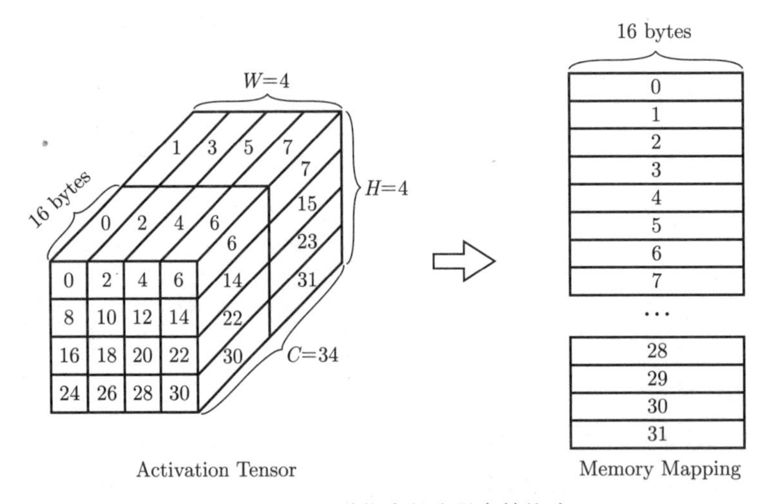

图 13.12　通道优先的张量存储格式

此外，参数存储还支持对半精度浮点数数据的存储，这主要是为了支持归一化层参数的存储。在归一化层的计算中，该加速器支持半精度浮点的计算，其中放缩系数和偏置量都为半精度浮点的数据形式。图 13.13 给出了归一化层参数的存储格式。首先将放缩系数和偏置量拼接成 32 位的数据，然后将 4 组连续的归一化层参数组合成 128 比特位宽的数据存储在参数存储中。

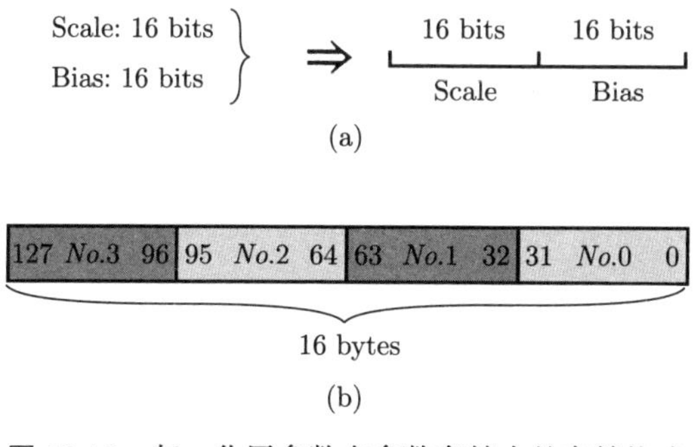

图 13.13 归一化层参数在参数存储中的存储格式

13.4 软件设计

为了真正在加速器上计算神经网络，不仅需要硬件架构的设计，还需要软件的支持，这包括神经网络加速器指令生成、加速器驱动设计以及软件应用的设计。本节用一个简单例子介绍神经网络加速器的软件设计。

关于神经网络加速器指令的生成，首先要提取神经网络的计算图，通过计算图描述神经网络的计算流程，计算图中每个节点表示一个操作，同时也描述了该操作所包含的各类参数，例如 3×3 卷积操作的卷积核个数等，用图的形式建立网络中各个操作的执行顺序以及操作之间的依赖关系。由于该加速器设计中提供了指令作为软硬件之间的接口，接下来需要根据计算图来生成指令，包括寄存器指令、传输指令和计算指令等，具体方法是根据当前需要完成的计算通过寄存器指令完成对寄存器的配置，然后完成计算所需数据传输指令的生成，接下来是生成计算指令。根据存储大小以及实际计算情况，决定是否需要将计算图中节点与节点之间的中间结果传输至加速器外部存储，应尽可能保证最少的数据传输量，以实现更加高效的处理。当计算图中所有计算任务的指令生成后，添加结束指令告知加速器任务结束，从而完成指令生成任务。当神经网络层数比较多时，所需的指令也往往会比较多，这会使得加速器内部指令存储无法完全存储所有指令，因为加速器存储系统设计中的所有存储都是以暂时存储器的形式实现的，因此在遇到上述问题时，存储系统无法自主完成加载后续指令的任务，需要在指令中的恰当位置添加指令传输指令，以确保能够顺利读取并执行所有指令。

当指令生成完毕，软件设计中另外一个重要的部分在于神经网络加速器的驱动设计，在该加速器的设计中主要是对寄存器的控制，在驱动设计中通过控制总线直接完成对协处理器中寄存器 $0 和 $31 的读写操作，从而实现对加速器执行计算任务的控制。此外还需要监控加速器的执行状态，通过控制总线完成对协处理器中寄存器的读取，根据读取的状态信息监控加速器的任务执行情况。在加速器开始执行任务后，还需要监控来自加速器的中断信息，当发起中断时，由中断处理程序判断是处理任务完成了还是发生了执行错误，并执行相对应的处理。

以上是对该加速器一个简单软件设计的描述，为了能够支持更加灵活和复杂的神经网络计算，还需要在这个基础上做更多的拓展以及性能优化，此处不再展开阐述。

13.5 可配置参数与架构拓展

在该加速器设计中，处理单元阵列的尺寸、加速器内部存储大小以及支持运算的数据类型都是可以配置的参数，可以根据实际需要选择合适的参数。当需要较大的计算力时，可以增大处理单元阵列的尺寸，扩大相对应的存储中所存数据的位宽，以提供更高的计算吞吐量，同时增加累加器缓存和后处理模块的并行度，保证后续的处理过程不会成为计算瓶颈。当对加速器功耗以及面积有更高的要求时，可能需要损失一些性能，选择采用较小的处理单元阵列来支持神经网络的加速计算，同样，存储、累加器缓存和后处理模块也需要相应调整。有时也存在一些对模型的精度要求并不是那么高的应用场景，因此可以选择改变加速器支持运算的数据类型的方法来进一步提升加速器的性能，上述加速器采用了 8 比特的数据类型，在这种运算精度下，模型可以做到几乎没有精度损失，在实际应用中可以采用更低的量化精度，例如 4 比特的实现，这样加速器可以在相同面积的情况下设计更大的处理单元阵列，从而提升加速器的执行能效。关于加速器内的存储设计，存储的大小会影响神经网络映射到加速器上执行时的整体调度情况，在面积和功耗允许的情况下，增大加速器内部存储大小，将有助于更多地复用加速器内部数据，减少加速器内外数据传输，降低执行功耗。

除了加速器设计中参数可重配置，该加速器设计的方法也非常便于架构拓展。目前加速器设计比较简单，只支持了参数固定的数据流，可能在执行神经网络中某些类型的计算时会存在效率低的问题，可以改进架构以支持不同数据流，只需要修改控制器内的控制逻辑，同时在软硬件接口的指令或寄存器设计中添加新数据流的支持，即可方便地完成对不同数据流的拓展。对于功能性的拓展也类似，例如当前所能支持的算子类型比较有限，则可以通过添加新的计算模块的方法在架构中添加对新算子的支持，同样只需要在指令或寄存器中添加对新算子的支持，即可完成硬件部分的拓展，实现灵活方便的设计。当然，所有这些功能的拓展不能仅用在硬件方面，在软件侧同样需要对新功能提出相应的支持，使加速器在实际执行时，发挥新功能提升能效。

13.6 本章小结

本章以一个参数固定数据流的脉动阵列加速器设计为例，介绍了实战神经网络加速器设计，包括加速器硬件架构、软件设计以及进一步的加速器拓展，虽然是一个功能相对简单的加速器设计，但是基本包含了神经网络加速器的各个关键组成部分。加速器的架构设计和优化本身是一个逐步改进，逐步提升的过程，从简单的架构开始，到发现性能瓶颈，再努力优化设计来克服瓶颈，提升性能，同时对新问题开始新一轮的优化。希望本章的介绍能给大家一个更直观的认识。最后以两句诗结束本章："纸上得来终觉浅，绝知此事要躬行"。

参考文献

[1] 人工智能-百度百科 [EB/OL]. 最后访问时间：2024 年 5 月 1 日.

[2] ABDELFATTAH M S, MEHROTRA A, DUDZIAK Ł, et al., 2021. Zero-cost proxies for lightweight nas[J]. arXiv preprint arXiv:2101.08134.

[3] AGHAJANYAN A, ZETTLEMOYER L, GUPTA S, 2020. Intrinsic dimensionality explains the effectiveness of language model fine-tuning[J]. arXiv preprint arXiv:2012.13255.

[4] AGHASI A, ABDI A, NGUYEN N, et al., 2016. Net-trim: Convex pruning of deep neural networks with performance guarantee[J]. arXiv preprint arXiv:1611.05162.

[5] AGRAWAL A, PANWAR A, MOHAN J, et al., 2023. SARATHI: efficient LLM inference by piggybacking decodes with chunked prefills[J/OL]. arXiv preprint arXiv:2308.16369.

[6] AJI A F, HEAFIELD K, 2017. Sparse communication for distributed gradient descent[J]. arXiv preprint arXiv:1704.05021.

[7] ALISTARH D, GRUBIC D, LI J, et al., 2017. Qsgd: Communication-efficient sgd via gradient quantization and encoding[J]. Advances in Neural Information Processing Systems, 30: 1709-1720.

[8] ALLEN-ZHU Z, LI Y, 2020. Towards understanding ensemble, knowledge distillation and self-distillation in deep learning[J/OL]. arXiv preprint arXiv:2012.09816.

[9] ALVAREZ J M, SALZMANN M, 2016. Learning the number of neurons in deep networks[C]//Advances in Neural Information Processing Systems. [S.l.: s.n.]: 2270-2278.

[10] YUZHANG SHANG, YUZHANG_SHANG, DAN XU, ZILIANG ZONG, LIQIANG NIE, YAN YAN, 2022. Contrastive mutual information maximization for binary neural networks[C/OL]//Submitted to The Tenth International Conference on Learning Representations.

[11] XINGCHEN WAN, BINXIN RU, PEDRO M ESPERANÇA, ZHENGUO LI,2022. On redundancy and diversity in cell-based neural architecture search[C]// International Conference on Learning Representations. [S.l.: s.n.].

[12] JIA GUO, 2022. Reducing the teacher-student gap via adaptive temperatures[C/OL]//Submitted to The Tenth International Conference on Learning Representations.

[13] ANTHONY L F W, KANDING B, SELVAN R, 2020. Carbontracker: Tracking and predicting the carbon footprint of training deep learning. arXiv preprint arXiv:2007.03051.

[14] ANWAR S, HWANG K, SUNG W, 2017. Structured pruning of deep convolutional neural networks[J]. ACM Journal on Emerging Technologies in Computing Systems (JETC), 13(3): 1-18.

[15] ARBER ZELA T E, SAIKIA T, MARRAKCHI Y, et al., 2020. Understanding and robustifying differentiable architecture search[C]//International Conference on Learning Representations: volume 1. [S.l.: s.n.]: 8.

[16] BACHMAN P, HJELM R D, BUCHWALTER W, 2019. Learning representations by maximizing mutual information across views[C/OL]// Advances in Neural Information Processing Systems 32: 15509-15519.

[17] BAGHERINEZHAD H, HORTON M, RASTEGARI M, et al., 2018. Label refinery: Improving imagenet classification through label progression[J/OL]. arXiv preprint arXiv:1805.02641.

[18] BAI Y, WANG Y, LIBERTY E, 2019. Proxquant: Quantized neural networks via proximal operators[C/OL]//7th International Conference on Learning Representations, ICLR 2019, New Orleans, LA, USA.

[19] BENGIO Y, LÉONARD N, COURVILLE A, 2013. Estimating or propagating gradients through stochastic neurons for conditional computation[J]. arXiv preprint arXiv:1308.3432.

[20] BONDARENKO Y, NAGEL M, BLANKEVOORT T, 2024. Quantizable transformers: Removing outliers by helping attention heads do nothing[J]. Advances in Neural Information Processing Systems, 36.

[21] BROWN T B, MANN B, RYDER N, et al., 2020. Language models are few-shot learners[J]. arXiv preprint arXiv:2005.14165.

[22] BULAT A, TZIMIROPOULOS G, KOSSAIFI J, et al., 2019. Improved training of binary networks for human pose estimation and image recognition[J/OL]. arXiv preprint arXiv:1904.05868.

[23] BULATOV Y, 2018. Fitting larger networks into memory[M/OL]. Technical report, OpenAI.

[24] BULO S R, PORZI L, KONTSCHIEDER P, 2018. In-place activated batchnorm for memory-optimized training of dnns[C]//Proceedings of the IEEE Conference on Computer Vision and Pattern Recognition. [S.l.: s.n.]: 5639-5647.

[25] CAI H, ZHU L, HAN S, 2018. Proxylessnas: Direct neural architecture search on target task and hardware[J]. arXiv preprint arXiv:1812.00332.

[26] CAI Y, YAO Z, DONG Z, et al., 2020. Zeroq: A novel zero shot quantization framework[C]//Proceedings of the IEEE/CVF Conference on Computer Vision and Pattern Recognition. [S.l.: s.n.]: 13169-13178.

[27] CAI Z, HE X, SUN J, et al., 2017. Deep learning with low precision by half-wave gaussian quantization[C]//Proceedings of the IEEE Conference on Computer Vision and Pattern Recognition. [S.l.: s.n.]: 5918-5926.

[28] CHAKRABARTI A, MOSELEY B, 2019. Backprop with approximate activations for memory-efficient network training[J]. Advances in Neural Information Processing Systems, 32: 2429-2438.

[29] CHECHIK G, MEILIJSON I, RUPPIN E, 1998. Synaptic pruning in development: A computational account[J]. Neural Computation, 10: 2418-2427.

[30] CHEN C Y, CHOI J, BRAND D, et al., 2018. Adacomp: Adaptive residual gradient compression for data-parallel distributed training[C]//Proceedings of the AAAI Conference on Artificial Intelligence: volume 32. [S.l.: s.n.].

[31] CHEN G, CHOI W, YU X, et al., 2017. Learning efficient object detection models with knowledge distillation[C/OL]// Advances in Neural Information Processing Systems 30: 742-751.

[32] CHEN J, CHEN S, PAN S J, 2020. Storage efficient and dynamic flexible runtime channel pruning via deep reinforcement learning[J]. Advances in Neural Information Processing Systems, 33: 14747-14758.

[33] CHEN J, ZHENG L, YAO Z, et al., 2021. Actnn: Reducing training memory footprint via 2-bit activation compressed training[J]. arXiv preprint arXiv:2104.14129.

[34] CHEN S, WANG W, PAN S J, 2019. Metaquant: Learning to quantize by learning to penetrate non-differentiable quantization[C/OL]// Advances in Neural Information Processing Systems 32: 3918-3928.

[35] CHEN T, XU B, ZHANG C, et al., 2016. Training deep nets with sublinear memory cost[J]. arXiv preprint arXiv:1604.06174.

[36] CHEN T, ZHENG L, YAN E, et al., 2018. Learning to optimize tensor programs[C]//Advances in Neural Information Processing Systems 32, 3393-3404.

[37] CHEN Y, HAZARIKA D, NAMAZIFAR M, et al., 2022. Empowering parameter-efficient transfer learning by recognizing the kernel structure in self-attention[J]. arXiv preprint arXiv:2205.03720.

[38] CHEN Y H, KRISHNA T, EMER J S, et al., 2016. Eyeriss: An energy-efficient reconfigurable accelerator for deep convolutional neural networks[J]. IEEE Journal of Solid-State Circuits, 52(1): 127-138.

[39] CHENG B, TITTERINGTON D M, 1994. Neural networks: A review from a statistical perspective[J]. Statistical Science: 2-30.

[40] CHO K, VAN MERRIENBOER B, BAHDANAU D, et al., 2014. On the properties of neural machine translation: Encoder-decoder approaches[C]//In Proceedings of SSST-8, Eighth Workshop on Syntax, Semantics and Structure in Statistical Translation, pages 103-111, Doha, Qatar. Association for Computational Linguistics.

[41] CHOI D, PASSOS A, SHALLUE C J, et al., 2019. Faster neural network training with data echoing[J]. arXiv preprint arXiv:1907.05550.

[42] CHOI J, WANG Z, VENKATARAMANI S, et al., 2018. Pact: Parameterized clipping activation for quantized neural networks[J]. arXiv preprint arXiv:1805.06085.

[43] CHOI K, HONG D, YOON H, et al., 2021. Dance: Differentiable accelerator/network co-exploration[C]//In 2021 58th ACM/IEEE Design Automation Conference (DAC). [S.l.]: IEEE: 337-342.

[44] CHU X, ZHANG B, XU R, 2021. Fairnas: Rethinking evaluation fairness of weight sharing neural architecture search[C]//Proceedings of the IEEE/CVF International Conference on Computer Vision. [S.l.: s.n.]: 12239-12248.

[45] COURBARIAUX M, BENGIO Y, DAVID J, 2015. Binaryconnect: Training deep neural networks with binary weights during propagations[C/OL]// Advances in Neural Information Processing Systems 28: 3123-3131.

[46] CRAIK F I, BIALYSTOK E, 2006. Cognition through the lifespan: mechanisms of change[J/OL]. Trends in Cognitive Sciences, 10(3): 131-138.

[47] CYBENKO G, 1989. Approximations by superpositions of a sigmoidal function[J]. Mathematics of Control, Signals and Systems, 2: 183-192.

[48] DANIEL C, SHEN C, LIANG E, et al., 2023. How continuous batching enables 23x throughput in llm inference while reducing p50 latency[EB/OL].

[49] DAO T, FU D Y, ERMON S, et al., 2022. FlashAttention: Fast and memory-efficient exact attention with IO-awareness[C]//Advances in Neural Information Processing Systems, 35: 16344-16359.

[50] DAO T, HAZIZA D, MASSA F, et al., 2023. Flash-decoding for long-context inference[EB/OL].

[51] DARABI S, BELBAHRI M, COURBARIAUX M, et al., 2018. BNN+: improved binary network training[J/OL]. arXiv preprint arXiv:1812.11800.

[52] DE LATHAUWER L, 2008. Decompositions of a higher-order tensor in block terms —part i: Lemmas for partitioned matrices[J]. SIAM Journal on Matrix Analysis and Applications, 30(3): 1022-1032.

[53] DE LATHAUWER L, 2008. Decompositions of a higher-order tensor in block terms —part ii: Definitions and uniqueness[J]. SIAM Journal on Matrix Analysis and Applications, 30(3): 1033-1066.

[54] DE LATHAUWER L, NION D, 2008. Decompositions of a higher-order tensor in block terms—part iii: Alternating least squares algorithms[J]. SIAM journal on Matrix Analysis and Applications, 30(3): 1067-1083.

[55] DEB K, PRATAP A, AGARWAL S, et al., 2002. A fast and elitist multiobjective genetic algorithm: Nsga-ii[J]. IEEE Transactions on Evolutionary Computation, 6 (2): 182-197.

[56] DENG J, DONG W, SOCHER R, et al., 2009. Imagenet: A large-scale hierarchical image database[C]//IEEE Conference on Computer Vision and Pattern Recognition. [S.l.]: IEEE: 248-255.

[57] DENTON E L, ZAREMBA W, BRUNA J, et al., 2014. Exploiting linear structure within convolutional networks for efficient evaluation[J]. Advances in Neural Information Processing Systems., 27: 1269-1277.

[58] DETTMERS T, LEWIS M, BELKADA Y, et al., 2022. Gpt3. int8 (): 8-bit matrix multiplication for transformers at scale[J]. Advances in Neural Information Processing Systems, 35: 30318-30332.

[59] DETTMERS T, PAGNONI A, HOLTZMAN A, et al., 2024. Qlora: Efficient finetuning of quantized llms[J]. Advances in Neural Information Processing Systems, 36, 10088-10115.

[60] DING X, DING G, ZHOU X, et al., 2019. Global sparse momentum sgd for pruning very deep neural networks[J]. Advances in Neural Information Processing Systems, 32: 6382-6394.

[61] DONG X, CHEN S, PAN S J, 2017. Learning to prune deep neural networks via layer-wise optimal brain surgeon[J]. Advances in Neural Information Processing Systems, 30: 4860-4874.

[62] DONG X, YANG Y, 2019. Network pruning via transformable architecture search[J]. Advances in Neural Information Processing Systems, 32: 760-771.

[63] DONG X, YANG Y, 2019. Searching for a robust neural architecture in four gpu hours[C]//Proceedings of the IEEE/CVF Conference on Computer Vision and Pattern Recognition. [S.l.: s.n.]: 1761-1770.

[64] DONG Z, YAO Z, CAI Y, et al., 2020. Hawq-v2: Hessian aware trace-weighted quantization of neural networks[J]. Advances in Neural Information Processing Systems, 33: 18518-18529.

[65] DONG Z, YAO Z, GHOLAMI A, et al., 2019. Hawq: Hessian aware quantization of neural networks with mixed-precision[C]//Proceedings of the IEEE/CVF International Conference on Computer Vision. [S.l.: s.n.]: 293-302.

[66] DRYDEN N, MOON T, JACOBS S A, et al., 2016. Communication quantization for data-parallel training of deep neural networks[C]//2016 2nd Workshop on Machine Learning in HPC Environments (MLHPC). [S.l.]: IEEE: 1-8.

[67] DUDA R, HART P, STORK D, 2012. Pattern classification[M/OL]. Wiley.

[68] ESSER S K, MCKINSTRY J L, BABLANI D, et al., 2020. Learned step size quantization[J]. 8th International Conference on Learning Representations.

[69] FISCHETTI M, MANDATELLI I, SALVAGNIN D, 2018. Faster sgd training by minibatch persistency[J]. arXiv preprint arXiv:1806.07353.

[70] FRANKLE J, CARBIN M, 2019. The lottery ticket hypothesis: Finding sparse, trainable neural networks[J]. 7th International Conference on Learning Representations.

[71] FRANKLE J, DZIUGAITE G K, ROY D M, et al., 2021. Pruning neural networks at initialization: Why are we missing the mark?[J]. 9th International Conference on Learning Representations.

[72] FRANTAR E, ALISTARH D, 2022. Optimal brain compression: A framework for accurate post-training quantization and pruning[J]. Advances in Neural Information Processing Systems, 35: 4475-4488.

[73] FRANTAR E, ALISTARH D, 2023. SparseGPT: Massive language models can be accurately pruned in one-shot[C]//Proceedings of the 40th International Conference on Machine Learning. [S.l.]: PMLR: 10323-10337.

[74] FRANTAR E, ASHKBOOS S, HOEFLER T, et al., 2022. Gptq: Accurate post-training quantization for generative pre-trained transformers[J]. arXiv preprint arXiv:2210.17323.

[75] FU F, HU Y, HE Y, et al., 2020. Don’t waste your bits! squeeze activations and gradients for deep neural networks via tinyscript[C]//International Conference on Machine Learning. [S.l.]: PMLR: 3304-3314.

[76] FURLANELLO T, LIPTON Z C, TSCHANNEN M, et al., 2018. Born-again neural networks[C/OL]//Proceedings of the 35th International Conference on Machine Learning, 1602-1611.

[77] GAO X, ZHAO Y, DUDZIAK Ł, et al., 2018. Dynamic channel pruning: Feature boosting and suppression[J]. arXiv preprint arXiv:1810.05331.

[78] GOMEZ A N, REN M, URTASUN R, et al., 2017. The reversible residual network: Backpropagation without storing activations[C]//Proceedings of the 31st International Conference on Neural Information Processing Systems. [S.l.: s.n.]: 2211-2221.

[79] GONG R, LIU X, JIANG S, et al., 2019. Differentiable soft quantization: Bridging full-precision and low-bit neural networks[C/OL]//IEEE/CVF International Conference on Computer Vision, 4851-4860.

[80] GOODFELLOW I, BENGIO Y, COURVILLE A, 2016. Deep learning[M]. [S.l.]: MIT press.

[81] GOTO K, GEIJN R A V D, 2008. Anatomy of high-performance matrix multiplication[J]. ACM Transactions on Mathematical Software, 5: 1-25.

[82] GUNNELS J A, HENRY G M, DE GEIJN R A V, 2001. A family of high-performance matrix multiplication algorithms[J]. Computational Science, (ICCS).

[83] GUO C, PLEISS G, SUN Y, et al., 2017. On calibration of modern neural networks[C/OL]//Proceedings of the 34th International Conference on Machine Learning, 1321-1330.

[84] GUO J, HAN K, WANG Y, et al., 2021. Distilling object detectors via decoupled features[C/OL]//IEEE Conference on Computer Vision and Pattern Recognition, 2154-2164.

[85] GUO S, WANG Y, LI Q, et al., 2020. Dmcp: Differentiable markov channel pruning for neural networks[C]//Proceedings of the IEEE/CVF Conference on Computer Vision and Pattern Recognition. [S.l.: s.n.]: 1539-1547.

[86] GUO Y, ZHENG Y, TAN M, et al., 2019. Nat: Neural architecture transformer for accurate and compact architectures[J]. Advances in Neural Information Processing Systems, 32: 737-748.

[87] GUO Z, ZHANG X, MU H, et al., 2020. Single path one-shot neural architecture search with uniform sampling[C]//European Conference on Computer Vision. [S.l.]: Springer: 544-560.

[88] GUSTAVSON F G, 1997. Recursion leads to automatic variable blocking for dense linear algebra algorithms[J]. IBM Journal of Research and Development, 41.

[89] HA D, DAI A, LE Q V, 2016. Hypernetworks[J]. arXiv preprint arXiv:1609.09106.

[90] HAN S, MAO H, DALLY W J, 2016. Deep compression: Compressing deep neural networks with pruning, trained quantization and huffman coding[J]. 5th International Conference on Learning Representations.

[91] HAN S, POOL J, TRAN J, et al., 2015. Learning both weights and connections for efficient neural network[C]//Advances in Neural Information Processing Systems. [S.l.: s.n.]: 1135-1143.

[92] HAN S, POOL J, NARANG S, et al., 2016. Dsd: Dense-sparse-dense training for deep neural networks[C]//5th International Conference on Learning Representations.

[93] HAROUSH M, HUBARA I, HOFFER E, et al., 2020. The knowledge within: Methods for data-free model compression[C]//Proceedings of the IEEE/CVF Conference on Computer Vision and Pattern Recognition. [S.l.: s.n.]: 8494-8502.

[94] HASSIBI B, STORK D G, 1993. Second order derivatives for network pruning: Optimal brain surgeon. Advances in Neural Information Processing Systems, 5.

[95] HASSIBI B, STORK D G, WOLFF G J, 1993. Optimal brain surgeon and general network pruning[C]//IEEE International Conference on Neural Networks. [S.l.]: IEEE: 293-299.

[96] HASSIBI B, STORK D G, WOLFF G J, 1993. Optimal brain surgeon and general network pruning[C]//IEEE International Conference on Neural Networks. [S.l.: s.n.].

[97] HAYOU S, TON J F, DOUCET A, et al., 2020. Robust pruning at initialization[J]. arXiv preprint arXiv:2002.08797.

[98] HE J, ZHOU C, MA X, et al., 2021. Towards a unified view of parameter-efficient transfer learning[J]. arXiv preprint arXiv:2110.04366.

[99] HE K, ZHANG X, REN S, et al., 2015. Delving deep into rectifiers: Surpassing human-level performance on imagenet classification[C]//Proceedings of the IEEE international conference on computer vision. [S.l.: s.n.]: 1026-1034.

[100] HE K, ZHANG X, REN S, et al., 2016. Deep residual learning for image recognition[C]//Proceedings of the IEEE Conference on Computer Vision and Pattern Recognition. [S.l.: s.n.]: 770-778.

[101] HE T, ZHANG Z, ZHANG H, et al., 2019. Bag of tricks for image classification with convolutional neural networks[C/OL]//IEEE Conference on Computer Vision and Pattern Recognition, 558-567.

[102] HE X, MO Z, CHENG K, et al., 2020. Proxybnn: Learning binarized neural networks via proxy matrices[C]//Proceedings of the European Conference on Computer Vision (ECCE): 223-241.

[103] HE X, LU J, XU W, et al., 2021. Generative zero-shot network quantization[C/OL]//IEEE Conference on Computer Vision and Pattern Recognition Workshops, virtual, June 19-25, 2021. Computer Vision Foundation / IEEE: 3000-3011.

[104] HE Y, KANG G, DONG X, et al., 2018. Soft filter pruning for accelerating deep convolutional neural networks[J]. arXiv preprint arXiv:1808.06866.

[105] HE Y, ZHANG X, SUN J, 2017. Channel pruning for accelerating very deep neural networks[J]. arXiv preprint arXiv:1707.06168.

[106] HE Y, LIN J, LIU Z, et al., 2018. Amc: Automl for model compression and acceleration on mobile devices[C]//Proceedings of the European Conference on Computer Vision (ECCE). [S.l.: s.n.]: 784-800.

[107] HENNESSY J L, PATTERSON D A, 2011. Computer architecture: a quantitative approach[M]. [S.l.]: Elsevier.

[108] HENNESSY J L, PATTERSON D A, 2019. A new golden age for computer architecture[J]. Communications of the ACM, 62(2): 48-60.

[109] HERTZ J, KROGH A, PALMER R G, 1991. Introduction to the theory of neural computation.[J].CRC Press.

[110] HESKES T, 1998. Bias/variance decompositions for likelihood-based estimators[J/OL]. Neural Computation, 10(6): 1425-1433.

[111] HINTON G E, VINYALS O, DEAN J, 2015. Distilling the knowledge in a neural network[J/OL]. arXiv preprint arXiv:1503.02531.

[112] HOCHREITER S, SCHMIDHUBER J, 1997. Long short-term memory[J]. Neural Computation, 9(8): 1735-1780.

[113] HOFFER E, BEN-NUN T, HUBARA I, et al.,2020. Augment your batch: Improving generalization through instance repetition. [C]//In Proceedings of the IEEE/CVF Conference on Computer Vision and Pattern Recognition (pp. 8129-8138).

[114] HOROWITZ M, 2014. 1.1 computing's energy problem (and what we can do about it)[C]//2014 IEEE International Solid-State Circuits Conference Digest of Technical Papers (ISSCC). [S.l.]: IEEE: 10-14.

[115] HOULSBY N, GIURGIU A, JASTRZEBSKI S, et al., 2019. Parameter-efficient transfer learning for nlp[C]//International Conference on Machine Learning. [S.l.]: PMLR: 2790-2799.

[116] HOWARD A G, ZHU M, CHEN B, et al., 2017. Mobilenets: Efficient convolutional neural networks for mobile vision applications[J]. arXiv preprint arXiv:1704.04861.

[117] HOYER P O, 2004. Non-negative matrix factorization with sparseness constraints. [J]. Journal of Machine Learning Research, 5(9).

[118] HU E J, SHEN Y, WALLIS P, et al., 2022. Lora: Low-rank adaptation of large language models[C]//International Conference on Learning Representations.

[119] HU H, PENG R, TAI Y W, et al., 2016. Network trimming: A data-driven neuron pruning approach towards efficient deep architectures[J]. arXiv preprint arXiv:1607.03250.

[120] HU Q, LI G, WANG P, et al., 2018. Training binary weight networks via semibinary decomposition[C]//Proceedings of the European Conference on Computer Vision (ECCE): 657-673.

[121] HUA W, ZHOU Y, DE SA C, et al., 2018. Channel gating neural networks[C/OL]//WALLACH H, LAROCHELLE H, BEYGELZIMER A, et al. Advances in Neural Information Processing Systems: Vol. 32. Curran Associates, Inc.

[122] HUANG C, LIU Q, LIN B Y, et al., 2023. Lorahub: Efficient cross-task generalization via dynamic lora composition[J]. arXiv preprint arXiv:2307.13269.

[123] HUANG G, LIU Z, VAN DER MAATEN L, et al., 2017. Densely connected convolutional networks[C]//2017 IEEE Conference on Computer Vision and Pattern Recognition, CVPR 2017, Honolulu, HI, USA, July 21-26, 2017. [S.l.: s.n.]: 2261-2269.

[124] HUANG Z, WANG N, 2018. Data-driven sparse structure selection for deep neural networks[C]//Proceedings of the European Conference on Computer Vision (ECCE). [S.l.: s.n.]: 304-320.

[125] HUBARA I, NAHSHAN Y, HANANI Y, et al., 2020. Improving post training neural quantization: Layer-wise calibration and integer programming[J]. arXiv preprint arXiv:2006.10518.

[126] IANDOLA F N, HAN S, MOSKEWICZ M W, et al., 2016. Squeezenet: Alexnet-level accuracy with 50x fewer parameters and$<$ 0.5 mb model size[J]. arXiv preprint arXiv:1602.07360.

[127] JADERBERG M, VEDALDI A, ZISSERMAN A, 2014. Speeding up convolutional neural networks with low rank expansions[C/OL]//VALSTAR M F, FRENCH A P, PRIDMORE T P. British Machine Vision Conference, BMVC 2014, Nottingham, UK, September 1-5, 2014. BMVA Press, 2014.

[128] JANG E, GU S, POOLE B, 2017. Categorical reparameterization with gumbel-softmax[C/OL]//5th International Conference on Learning Representations, ICLR 2017, Toulon, France, April 24-26, 2017, Conference Track Proceedings.

[129] JIN J, DUNDAR A, CULURCIELLO E, 2014. Flattened convolutional neural networks for feedforward acceleration[J]. arXiv preprint arXiv:1412.5474.

[130] JOUPPI N P, YOUNG C, PATIL N, et al., 2017. In-datacenter performance analysis of a tensor processing unit[C]//Proceedings of the 44th Annual International Symposium on Computer Architecture. [S.l.: s.n.]: 1-12.

[131] JUDD P, ALBERICIO J, HETHERINGTON T, et al., 2016. Stripes: Bit-serial deep neural network computing[C]//2016 49th Annual IEEE/ACM International Symposium on Microarchitecture (MICRO). [S.l.]: IEEE: 1-12.

[132] KAGSTROM B, LING P, LOAN C V, 1998. Gemm-based level 3 blas: High-performance model implementations and performance evaluation benchmark[J]. ACM Transactions on Mathematics and Software, 24.

[133] KNOWLES S, 2021. Graphcore colossus mk2 ipu[C]//2021 IEEE Hot Chips 33 Symposium (HCS). [S.l.]: IEEE Computer Society: 1-25.

[134] KRIZHEVSKY A, SUTSKEVER I, HINTON G E, 2012. Imagenet classification with deep convolutional neural networks[J]. Advances in Neural Information Processing Systems, 25: 1097-1105.

[135] KUHN H W, 1955. The hungarian method for the assignment problem[J]. Naval Research Logistics (NRL), 52.

[136] KUNG H T, LEISERSON C E, 1978. Systolic arrays for (vlsi).[R]. [S.l.]: Carnegie-Mellon University, Dept. of Computer Science.

[137] KWON W, LI Z, ZHUANG S, et al., 2023. Efficient memory management for large language model serving with pagedattention[C/OL]//FLINN J, SELTZER M I,

DRUSCHEL P, et al. Proceedings of the 29th Symposium on Operating Systems Principles, SOSP 2023, Koblenz, Germany, October 23-26, 2023. ACM: 611-626.

[138] LAHOUD F, ACHANTA R, MÁRQUEZ-NEILA P, et al., 2019. Self-binarizing networks[J/OL]. arXiv preprint arXiv:1902.00730.

[139] LAN X, ZHU X, GONG S, 2018. Knowledge distillation by on-the-fly native ensemble[C/OL]// Advances in Neural Information Processing Systems 31: 7528-7538.

[140] LAVIN A, GRAY S, 2015. Fast algorithms for convolutional neural networks[C]// IEEE Conference on Computer Vision and Pattern Recognition, (CVPR). [S.l.: s.n.].

[141] LEBEDEV V, LEMPITSKY V, 2016. Fast convnets using group-wise brain damage[C]//Proceedings of the IEEE Conference on Computer Vision and Pattern Recognition. [S.l.: s.n.]: 2554-2564.

[142] LECUN Y, BOSER B, DENKER J, et al., 1989. Handwritten digit recognition with a back-propagation network[J]. Advances in Neural Information Processing Systems, 2.

[143] LECUN Y, DENKER J, SOLLA S, 1989. Optimal brain damage[J]. Advances in Neural Information Processing Systems, 2.

[144] LECUN Y, BOTTOU L, BENGIO Y, et al., 1998. Gradient-based learning applied to document recognition[J]. Proceedings of the IEEE, 86(11): 2278-2324.

[145] LEE J, KIM C, KANG S, et al., 2018. Unpu: A 50.6 tops/w unified deep neural network accelerator with 1b-to-16b fully-variable weight bit-precision[C]//2018 IEEE International Solid-State Circuits Conference-(ISSCC). [S.l.]: IEEE: 218-220.

[146] LEE N, AJANTHAN T, TORR P H, 2018. Snip: Single-shot network pruning based on connection sensitivity[C/OL]//7th International Conference on Learning Representations, ICLR 2019, New Orleans, LA, USA, May 6-9, 2019.

[147] LEE N, AJANTHAN T, GOULD S, et al., 2019. A signal propagation perspective for pruning neural networks at initialization[J]. arXiv preprint arXiv:1906.06307.

[148] LESTER B, AL-RFOU R, CONSTANT N, 2021. The power of scale for parameter-efficient prompt tuning[J]. arXiv preprint arXiv:2104.08691.

[149] LEVIATHAN Y, KALMAN M, MATIAS Y, 2023. Fast inference from transformers via speculative decoding[C/OL]//International Conference on Machine Learning, ICML 2023, 23-29 July 2023, Honolulu, Hawaii, USA. PMLR: 19274-19286.

[150] LI C, WANG G, WANG B, et al., 2021. Dynamic slimmable network[C/OL]//IEEE Conference on Computer Vision and Pattern Recognition, CVPR 2021, virtual, June 19-25, 2021. Computer Vision Foundation / IEEE: 8607-8617.

[151] LI G, LIU Z, LI F, et al., 2021. Block convolution: Towards memory-efficient inference of large-scale cnns on fpga[J]. IEEE Transactions on Computer-Aided Design of Integrated Circuits and Systems.

[152] LI H, KADAV A, DURDANOVIC I, et al., 2016. Pruning filters for efficient convnets[J]. arXiv preprint arXiv:1608.08710.

[153] LI X L, LIANG P, 2021. Prefix-tuning: Optimizing continuous prompts for generation[J]. arXiv preprint arXiv:2101.00190.

[154] LI Y, LYU X, KOREN N, et al., 2021. Neural attention distillation: Erasing backdoor triggers from deep neural networks[C/OL]//9th International Conference on Learning Representations, ICLR 2021, Virtual Event, Austria, May 3-7, 2021.

[155] LI Y, YU Y, LIANG C, et al., 2023. Loftq: Lora-fine-tuning-aware quantization for large language models[J]. arXiv preprint arXiv:2310.08659.

[156] LI Y, GONG R, TAN X, et al., 2021. BRECQ: pushing the limit of post-training quantization by block reconstruction[C]//International Conference on Learning Representations. [S.l.].

[157] LI Z, WANG X, YANG H, et al., 2022. Not All Knowledge Is Created Equal: Mutual Distillation of Confident Knowledge[J/OL]. Workshop on Trustworthy and Socially Responsible Machine Learning, NeurIPS 2022.

[158] LIE S, 2021. Multi-million core, multi-wafer ai cluster[C]//2021 IEEE Hot Chips 33 Symposium (HCS). [S.l.]: IEEE Computer Society: 1-41.

[159] LIN J, RAO Y, LU J, et al., 2017. Runtime neural pruning[C]//Proceedings of the 31st International Conference on Neural Information Processing Systems. [S.l.: s.n.]: 2178-2188.

[160] LIN M, CHEN Q, YAN S, 2013. Network in network[J]. arXiv preprint arXiv:1312.4400.

[161] LIN M, JI R, XU Z, et al., 2020. Rotated binary neural network[C/OL]// Advances in Neural Information Processing Systems 33: virtual.

[162] LIN M, JI R, ZHANG Y, et al., 2020. Channel pruning via automatic structure search[J]. arXiv preprint arXiv:2001.08565.

[163] LIN T, GOYAL P, GIRSHICK R B, et al., 2017. Focal loss for dense object detection[C/OL]//IEEE International Conference on Computer Vision, ICCV 2017, Venice, Italy, October 22-29, 2017. IEEE Computer Society: 2999-3007.

[164] LIN X, ZHAO C, PAN W, 2017. Towards accurate binary convolutional neural network[C/OL]//GUYON I, VON LUXBURG U, BENGIO S, et al. Advances in Neural Information Processing Systems 30: Annual Conference on Neural Information Processing Systems 2017, December 4-9, 2017, Long Beach, CA, USA. 345-353.

[165] LIN Y, HAN S, MAO H, et al., 2017. Deep gradient compression: Reducing the communication bandwidth for distributed training[J]. arXiv preprint arXiv:1712.01887.

[166] LIN Z, MADOTTO A, FUNG P, 2020. Exploring versatile generative language model via parameter-efficient transfer learning[J]. arXiv preprint arXiv:2004.03829.

[167] LIU C, DING W, XIA X, et al., 2019. Circulant binary convolutional networks: Enhancing the performance of 1-bit dcnns with circulant back propagation[C/OL]// IEEE Conference on Computer Vision and Pattern Recognition, CVPR 2019, Long Beach, CA, USA, June 16-20, 2019. Computer Vision Foundation / IEEE: 2691-2699.

[168] LIU H, SIMONYAN K, YANG Y, 2018. Darts: Differentiable architecture search[J]. arXiv preprint arXiv:1806.09055.

[169] LIU Q, WU X, ZHAO X, et al., 2023. Moelora: An moe-based parameter efficient fine-tuning method for multi-task medical applications[J]. arXiv preprint arXiv:2310.18339.

[170] LIU X, ZHENG Y, DU Z, et al., 2023. Gpt understands, too[J]. arXiv preprint arXiv:2103.10385.

[171] LIU Y, CHEN K, LIU C, et al., 2019. Structured knowledge distillation for semantic segmentation[C/OL]//IEEE Conference on Computer Vision and Pattern Recognition, CVPR 2019, Long Beach, CA, USA, June 16-20, 2019. Computer Vision Foundation / IEEE: 2604-2613.

[172] LIU Z, LIN Y, CAO Y, et al., 2021. Swin transformer: Hierarchical vision transformer using shifted windows[J]. arXiv preprint arXiv:2103.14030.

[173] LIU Z, MU H, ZHANG X, et al., 2019. Metapruning: Meta learning for automatic neural network channel pruning[C]//Proceedings of the IEEE/CVF International Conference on Computer Vision. [S.l.: s.n.]: 3296-3305.

[174] LIU Z, LUO W, WU B, et al., 2020. Bi-real net: Binarizing deep network towards real-network performance[J/OL]. International Journal of Computer Vision, 128(1): 202-219.

[175] LIU Z, LI J, SHEN Z, et al., 2017. Learning efficient convolutional networks through network slimming[C/OL]//IEEE International Conference on Computer Vision, ICCV 2017, Venice, Italy, October 22-29, 2017. IEEE Computer Society, 2017: 2755-2763.

[176] LOU Q, GUO F, LIU L, et al., 2019. Autoq: Automated kernel-wise neural network quantization[J]. arXiv preprint arXiv:1902.05690.

[177] LOUIZOS C, WELLING M, KINGMA D P, 2017. Learning sparse neural networks through l_0 regularization[J]. arXiv preprint arXiv:1712.01312.

[178] LUO J H, WU J, 2017. An entropy-based pruning method for cnn compression[J]. arXiv preprint arXiv:1706.05791.

[179] LUO J H, WU J, LIN W, 2017. Thinet: A filter level pruning method for deep neural network compression[J]. arXiv preprint arXiv:1707.06342.

[180] MA N, ZHANG X, ZHENG H T, et al., 2018. Shufflenet v2: Practical guidelines for efficient cnn architecture design[C]//Proceedings of the European Conference on Computer Vision (ECCE). [S.l.: s.n.]: 116-131.

[181] MA X, FANG G, WANG X, 2023. Llm-pruner: On the structural pruning of large language models[C]//Advances in Neural Information Processing Systems. [S.l.: s.n.].

[182] MALACH E, YEHUDAI G, SHALEV-SCHWARTZ S, et al., 2020. Proving the lottery ticket hypothesis: Pruning is all you need[C]//International Conference on Machine Learning. [S.l.]: PMLR: 6682-6691.

[183] MALLYA A, LAZEBNIK S, 2018. Packnet: Adding multiple tasks to a single network by iterative pruning[C]//Proceedings of the IEEE conference on Computer Vision and Pattern Recognition. [S.l.: s.n.]: 7765-7773.

[184] MARKIDIS S, DER CHIEN S W, LAURE E, et al., 2018. Nvidia tensor core programmability, performance & precision[C]//2018 IEEE International Parallel and Distributed Processing Symposium Workshops (IPDPSW). [S.l.]: IEEE: 522-531.

[185] MELLOR J, TURNER J, STORKEY A, et al., 2021. Neural architecture search without training[C]//International Conference on Machine Learning. [S.l.]: PMLR: 7588-7598.

[186] MICIKEVICIUS P, NARANG S, ALBEN J, et al., 2017. Mixed precision training[J]. arXiv preprint arXiv:1710.03740.

[187] MILAKOV M, GIMELSHEIN N, 2018. Online normalizer calculation for softmax[J/OL]. arXiv preprint arXiv:1805.02867.

[188] MISHRA A K, LATORRE J A, POOL J, et al., 2021. Accelerating sparse deep neural networks[J]. arXiv preprint arXiv:2104.08378.

[189] MOLCHANOV P, TYREE S, KARRAS T, et al., 2016. the 5th International Conference on Learning Representations. Pruning convolutional neural networks for resource efficient inference[J].

[190] MONEA G, JOULIN A, GRAVE E, 2023. Pass: Parallel speculative sampling[J/OL]. arXiv preprint arXiv:2311.13581.

[191] MOSTAFA H, WANG X, 2019. Parameter efficient training of deep convolutional neural networks by dynamic sparse reparameterization[C]//International Conference on Machine Learning. [S.l.]: PMLR: 4646-4655.

[192] MÜLLER R, KORNBLITH S, HINTON G E, 2019. When does label smoothing help?[C/OL]// Advances in Neural Information Processing Systems 32: 4696-4705.

[193] NAGEL M, AMJAD R A, VAN BAALEN M, et al., 2020. Up or down? adaptive rounding for post-training quantization[C]//International Conference on Machine Learning: volume 119. [S.l.]: PMLR: 7197-7206.

[194] NING X, LIN Z, ZHOU Z, et al., 2024. Skeleton-of-thought: Large language models can do parallel decoding[C/OL]//The Twelfth International Conference on Learning Representations.

[195] OLIVEIRA F D D R, BATISTA E L O, SEARA R, 2021. On the compression of neural networks using l_0-norm regularization and weight pruning[J]. arXiv preprint arXiv:2109.05075.

[196] PARASHAR A, RAINA P, SHAO Y S, et al., 2019. Timeloop: A systematic approach to dnn accelerator evaluation[C]//2019 IEEE International Symposium on Performance Analysis of Systems and Software (ISPASS). [S.l.]: IEEE: 304-315.

[197] PASCANU R, MIKOLOV T, BENGIO Y, 2013. On the difficulty of training recurrent neural networks[C]//International Conference on Machine Learning. [S.l.]: PMLR: 1310-1318.

[198] PEREYRA G, TUCKER G, CHOROWSKI J, et al., 2017. Regularizing neural networks by penalizing confident output distributions[C/OL]//5th International Conference on Learning Representations, ICLR 2017, Toulon, France, April 24-26, 2017, Workshop Track Proceedings.

[199] PHUONG M, LAMPERT C, 2019. Towards understanding knowledge distillation[C/OL]//Proceedings of the 36th International Conference on Machine Learning, ICML 2019, 9-15 June 2019, Long Beach, California, USA. PMLR: 5142-5151.

[200] POLYAK A, WOLF L, 2015. Channel-level acceleration of deep face representations[J]. IEEE Access, 3: 2163-2175.

[201] PRAKASH A, STORER J, FLORENCIO D, et al., 2019. Repr: Improved training of convolutional filters[C]//Proceedings of the IEEE/CVF Conference on Computer Vision and Pattern Recognition. [S.l.: s.n.]: 10666-10675.

[202] PRINZ P, CRAWFORD T, HENNESSY J, et al., 2018. Computer architecture: A quantitative approach. Elsevier.

[203] QI L, KUEN J, GU J, et al., 2021. Multi-scale aligned distillation for low-resolution detection[C/OL]//IEEE Conference on Computer Vision and Pattern Recognition, CVPR 2021, virtual, June 19-25, 2021. Computer Vision Foundation / IEEE: 14443-14453.

[204] QIAOBEN Y, WANG Z, LI J, et al., 2019. Composite binary decomposition networks[C]//Proceedings of the AAAI Conference on Artificial Intelligence. 2019, 33(01): 4747-4754.

[205] QIN H, GONG R, LIU X, et al., 2020. Forward and backward information retention for accurate binary neural networks[C/OL]//2020 IEEE/CVF Conference on Computer Vision and Pattern Recognition, CVPR 2020, Seattle, WA, USA, June 13-19, 2020. Computer Vision Foundation / IEEE: 2247-2256.

[206] RAJBHANDARI S, RASLEY J, RUWASE O, et al., 2020. Zero: Memory optimizations toward training trillion parameter models[C/OL]//SC20: International Conference for High Performance Computing, Networking, Storage and Analysis.

[207] RAMANUJAN V, WORTSMAN M, KEMBHAVI A, et al., 2020. What's hidden in a randomly weighted neural network?[C]//Proceedings of the IEEE/CVF Conference on Computer Vision and Pattern Recognition. [S.l.: s.n.]: 11893-11902.

[208] RASMUSSEN C E, GHAHRAMANI Z, 2001. Occam's razor[J]. Advances in Neural Information Processing Systems: 294-300.

[209] RASTEGARI M, ORDONEZ V, REDMON J, et al., 2016. Xnor-net: Imagenet classification using binary convolutional neural networks[C]//Proceedings of the European Conference on Computer Vision (ECCE): 525-542.

[210] REAL E, LIANG C, SO D, et al., 2020. Automl-zero: Evolving machine learning algorithms from scratch[C]//International Conference on Machine Learning. [S.l.]: PMLR: 8007-8019.

[211] REED S E, LEE H, ANGUELOV D, et al., 2015. Training deep neural networks on noisy labels with bootstrapping[C/OL]// 3rd International Conference on Learning Representations, ICLR 2015, San Diego, CA, USA, May 7-9, 2015, Workshop Track Proceedings.

[212] REN J, RAJBHANDARI S, AMINABADI R Y, et al., 2021. Zero-Offload: Democratizing Billion-Scale Model Training[C]//USENIX Annual Technical Conference, 2021: 551-564.

[213] RISSANEN J, 1986. Stochastic complexity and modeling[J]. The Annals of Statistic: 1080-1100.

[214] ROMERO A, BALLAS N, KAHOU S E, et al., 2015. Fitnets: Hints for thin deep nets[C/OL]// 3rd International Conference on Learning Representations, ICLR 2015, San Diego, CA, USA, May 7-9, 2015, Conference Track Proceedings.

[215] RÜCKLÉ A, GEIGLE G, GLOCKNER M, et al., 2020. AdapterDrop: On the Efficiency of Adapters in Transformers [C]//Proceedings of the 2021 Conference on Empirical Methods in Natural Language Processing. 2021: 7930-7946.

[216] SÄCKINGER E, BOSER B E, BROMLEY J M, et al., 1992. Application of the anna neural network chip to high-speed character recognition[J]. IEEE Transactions on Neural Networks, 3(3): 498-505.

[217] SANDLER M, HOWARD A, ZHU M, et al., 2018. Mobilenetv2: Inverted residuals and linear bottlenecks[C]//Proceedings of the IEEE Conference on Computer Vision and Pattern Recognition. [S.l.: s.n.]: 4510-4520.

[218] SCARSELLI F, GORI M, TSOI A C, et al., 2008. The graph neural network model[J]. IEEE Transactions on Neural Networks, 20(1): 61-80.

[219] SEIDE F, FU H, DROPPO J, et al. 1-Bit Stochastic Gradient Descent And Its Application To Data-Parallel Distributed Training Of Speech Dnns[C]//Conference of the International Speech Communication Association, 2014: 1058-1062.

[220] SHAO W, CHEN M, ZHANG Z, et al., 2023. Omniquant: Omnidirectionally calibrated quantization for large language models[J]. arXiv preprint arXiv:2308.13137.

[221] SHARMA H, PARK J, SUDA N, et al., 2018. Bit fusion: Bit-level dynamically composable architecture for accelerating deep neural network[C]//2018 ACM/IEEE 45th Annual International Symposium on Computer Architecture (ISCA). [S.l.]: IEEE: 764-775.

[222] SHEN Z, SAVVIDES M, 2020. MEAL V2: boosting vanilla resnet-50 to 80%+ top-1 accuracy on imagenet without tricks[J/OL]. arXiv preprint arXiv:2009.08453.

[223] SHEN Z, LIU Z, XU D, et al., 2021. Is label smoothing truly incompatible with knowledge distillation: An empirical study[C/OL]//9th International Conference on Learning Representations, ICLR 2021, Virtual Event, Austria, May 3-7, 2021.

[224] SHRIRAM S, GARG A, KULKARNI P, 2019. Dynamic memory management for gpu-based training of deep neural networks[C]//2019 IEEE International Parallel and Distributed Processing Symposium (IPDPS). [S.l.]: IEEE: 200-209.

[225] SILVER D, HUANG A, MADDISON C J, et al., 2016. Mastering the game of go with deep neural networks and tree search[J]. Nature, 529(7587): 484-489.

[226] SIMONYAN K, ZISSERMAN A, 2014. Very deep convolutional networks for large-scale image recognition[J]. arXiv preprint arXiv:1409.1556.

[227] SPECTOR B, RÉ C, 2023. Accelerating LLM inference with staged speculative decoding[J/OL]. arXiv preprint arXiv:2308.04623.

[228] SU X, YOU S, WANG F, et al., 2021. Bcnet: Searching for network width with bilaterally coupled network[C]//Proceedings of the IEEE/CVF Conference on Computer Vision and Pattern Recognition. [S.l.: s.n.]: 2175-2184.

[229] SU X, YOU S, ZHENG M, et al. K-shot nas: Learnable weight-sharing for nas with k-shot supernets[C]//International Conference on Machine Learning. PMLR, 2021: 9880-9890.

[230] SUN M, LIU Z, BAIR A, et al., 2024. A simple and effective pruning approach for large language models[C]//The Twelfth International Conference on Learning Representations. [S.l.: s.n.].

[231] SUN X, REN X, MA S, et al., 2017. meprop: Sparsified back propagation for accelerated deep learning with reduced overfitting[C]//International Conference on Machine Learning. [S.l.]: PMLR: 3299-3308.

[232] SZE V, CHEN Y H, YANG T J, et al., 2020. Efficient processing of deep neural networks[J]. Synthesis Lectures on Computer Architecture, 15(2): 1-341.

[233] SZEGEDY C, LIU W, JIA Y, et al., 2015. Going deeper with convolutions[C]// IEEE Conference on Computer Vision and Pattern Recognition, CVPR 2015, Boston, MA, USA, June 7-12, 2015. [S.l.: s.n.]: 1-9.

[234] SZEGEDY C, VANHOUCKE V, IOFFE S, et al., 2016. Rethinking the inception architecture for computer vision[C/OL]//2016 IEEE Conference on Computer Vision and Pattern Recognition, CVPR 2016, Las Vegas, NV, USA, June 27-30, 2016. IEEE Computer Society: 2818-2826.

[235] TANAKA H, KUNIN D, YAMINS D L, et al., 2020. Pruning neural networks without any data by iteratively conserving synaptic flow[J]. arXiv preprint arXiv:2006.05467.

[236] TANG A, SHEN L, LUO Y, et al., 2023. Parameter efficient multi-task model fusion with partial linearization[J]. arXiv preprint arXiv:2310.04742.

[237] TANG S, FENG L, SHAO W, et al., 2019. Learning efficient detector with semi-supervised adaptive distillation[C/OL]//30th British Machine Vision Conference 2019, BMVC 2019, Cardiff, UK, September 9-12, 2019. BMVA Press: 215.

[238] TANG Y, WANG Y, XU Y, et al., 2021. Manifold regularized dynamic network pruning[C]//Proceedings of the IEEE/CVF Conference on Computer Vision and Pattern Recognition. [S.l.: s.n.]: 5018-5028.

[239] TARTAGLIONE E, LEPSØY S, FIANDROTTI A, et al., 2018. Learning sparse neural networks via sensitivity-driven regularization[C]//Proceedings of the 32nd International Conference on Neural Information Processing Systems. [S.l.: s.n.]: 3882-3892.

[240] TAY Y, DEHGHANI M, BAHRI D, et al., 2022. Efficient transformers: A survey[J]. ACM Computing Surveys, 55(6): 1-28.

[241] TIAN Y, KRISHNAN D, ISOLA P, 2020. Contrastive representation distillation[C/OL]//8th International Conference on Learning Representations, ICLR 2020, Addis Ababa, Ethiopia, April 26-30, 2020.

[242] TIBSHIRANI R, 1996. Regression shrinkage and selection via the lasso[J]. Journal of the Royal Statistical Society: Series B (Methodological), 58(1): 267-288.

[243] VALIPOUR M, REZAGHOLIZADEH M, KOBYZEV I, et al., 2022. Dylora: Parameter efficient tuning of pre-trained models using dynamic search-free low-rank adaptation[J]. arXiv preprint arXiv:2210.07558.

[244] VASWANI A, SHAZEER N, PARMAR N, et al., 2017. Attention is all you need[J]. Advances in Neural Information Processing Systems, 30.

[245] WANG C, ZHANG G, GROSSE R, 2020. Picking winning tickets before training by preserving gradient flow[J]. arXiv preprint arXiv:2002.07376.

[246] WANG K, LIU Z, LIN Y, et al., 2019. Haq: Hardware-aware automated quantization with mixed precision[C]//Proceedings of the IEEE/CVF Conference on Computer Vision and Pattern Recognition (CVPR). [S.l.: s.n.].

[247] WANG N, CHOI J, BRAND D, et al., 2018. Training deep neural networks with 8-bit floating point numbers[C]//Proceedings of the 32nd International Conference on Neural Information Processing Systems. [S.l.: s.n.]: 7686-7695.

[248] WANG P, HU Q, ZHANG Y, et al., 2018. Two-step quantization for low-bit neural networks[C]//Proceedings of the IEEE Conference on Computer Vision and Pattern Recognition. [S.l.: s.n.]: 4376-4384.

[249] WANG P, CHEN Q, HE X, et al., 2020. Towards accurate post-training network quantization via bit-split and stitching[C]//International Conference on Machine Learning. [S.l.]: PMLR: 9847-9856.

[250] WANG R, CHENG M, CHEN X, et al., 2020. Rethinking architecture selection in differentiable nas[C]//International Conference on Learning Representations. [S.l.: s.n.].

[251] WANG T, YUAN L, ZHANG X, et al., 2019. Distilling object detectors with fine-grained feature imitation[C/OL]//IEEE Conference on Computer Vision and Pattern Recognition, CVPR 2019, Long Beach, CA, USA, June 16-20, 2019. Computer Vision Foundation / IEEE: 4933-4942.

[252] WANG X, GIRSHICK R B, GUPTA A, et al., 2018. Non-local neural networks[C/OL]//2018 IEEE Conference on Computer Vision and Pattern Recognition, CVPR 2018, Salt Lake City, UT, USA, June 18-22, 2018. Computer Vision Foundation / IEEE Computer Society: 7794-7803.

[253] WANG X, HUA Y, KODIROV E, et al., 2021. Proselflc: Progressive self label correction for training robust deep neural networks[C/OL]//IEEE Conference on Computer Vision and Pattern Recognition, CVPR 2021, virtual, June 19-25, 2021. Computer Vision Foundation / IEEE: 752-761.

[254] WANG Y, ZHOU W, JIANG T, et al., 2020. Intra-class feature variation distillation for semantic segmentation[C]//Proceedings of the European Conference on Computer Vision (ECCE): 346-362.

[255] WANG Y, ZHANG X, XIE L, et al., 2020. Pruning from scratch[C]//Proceedings of the AAAI Conference on Artificial Intelligence: volume 34. [S.l.: s.n.]: 12273-12280.

[256] WEI B, SUN X, REN X, et al., 2017. Minimal effort back propagation for convolutional neural networks[J]. arXiv preprint arXiv:1709.05804.

[257] WEI X, GONG R, LI Y, et al., 2022. Qdrop: Randomly dropping quantization for extremely low-bit post-training quantization[C]//International Conference on Learning Representations.

[258] WEN W, WU C, WANG Y, et al., 2016. Learning structured sparsity in deep neural networks[C]//Advances in Neural Information Processing Systems. [S.l.: s.n.]: 2074-2082.

[259] WEN W, XU C, YAN F, et al., 2017. Terngrad: Ternary gradients to reduce communication in distributed deep learning[J]. arXiv preprint arXiv:1705.07878.

[260] WHITE C, ZELA A, RU B, et al., 2021. How powerful are performance predictors in neural architecture search?[C]//Advances in Neural Information Processing Systems, 2021, 34: 28454-28469.

[261] WINOGRAD S, 1980. Arithmetic complexity of computations[J]. Siam, 33.

[262] WU B, WAN A, YUE X, et al., 2018. Shift: A zero flop, zero parameter alternative to spatial convolutions[C]//Proceedings of the IEEE Conference on Computer Vision and Pattern Recognition. [S.l.: s.n.]: 9127-9135.

[263] WU B, DAI X, ZHANG P, et al., 2019. Fbnet: Hardware-aware efficient convnet design via differentiable neural architecture search[C]//Proceedings of the IEEE/CVF Conference on Computer Vision and Pattern Recognition. [S.l.: s.n.]: 10734-10742.

[264] WU S, LI G, CHEN F, et al., 2018. Training and inference with integers in deep neural networks[J]. arXiv preprint arXiv:1802.04680.

[265] WU Y N, EMER J S, SZE V, 2019. Accelergy: An architecture-level energy estimation methodology for accelerator designs[C]//2019 IEEE/ACM International Conference on Computer-Aided Design (ICCAD). [S.l.]: IEEE: 1-8.

[266] XIAO G, LIN J, SEZNEC M, et al., 2023. SmoothQuant: Accurate and efficient post-training quantization for large language models[C]//Proceedings of the 40th International Conference on Machine Learning. [S.l.: s.n.].

[267] XIE S, GIRSHICK R, DOLLÁR P, et al., 2017. Aggregated residual transformations for deep neural networks[C]//Proceedings of the IEEE Conference on Computer Vision and Pattern Recognition. [S.l.: s.n.]: 1492-1500.

[268] XIONG W, DROPPO J, HUANG X, et al., 2016. Achieving human parity in conversational speech recognition[J]. arXiv preprint arXiv:1610.05256.

[269] XU S, LI H, ZHUANG B, et al., 2020. Generative low-bitwidth data free quantization[C]//Proceedings of the European Conference on Computer Vision (ECCE). [S.l.]: Springer: 1-17.

[270] XU W, CHEN Q, HE X, et al., 2021. Improving binary neural networks through fully utilizing latent weights[J]. arXiv preprint arXiv:2110.05850.

[271] XU W, HE X, CHENG K, et al., 2022. Towards fully sparse training: Information restoration with spatial similarity[J]. Proceedings of the AAAI Conference on Artificial Intelligence, 2929-2937.

[272] XU Y, XIE L, GU X, et al., 2023. Qa-lora: Quantization-aware low-rank adaptation of large language models[J]. The Twelfth International Conference on Learning Representations.

[273] XU Y, XIE L, GU X, et al., 2023. Qa-lora: Quantization-aware low-rank adaptation of large language models[J]. The Twelfth International Conference on Learning Representations.

[274] YANG H, WEN W, LI H, 2019. Deephoyer learning sparser neural network with differentiable scale-invariant sparsity measures[J]. arXiv preprint arXiv1908.09979.

[275] YANG J, SHEN X, XING J, et al., 2019. Quantization networks[C/OL]//IEEE Conference on Computer Vision and Pattern Recognition, CVPR 2019, Long Beach, CA, USA, June 16-20, 2019. Computer Vision Foundation / IEEE: 7308-7316.

[276] YANG L, YAN Z, LI M, et al., 2020. Co-exploration of neural architectures and heterogeneous asic accelerator designs targeting multiple tasks[C]//2020 57th ACM/IEEE Design Automation Conference (DAC). [S.l.]: IEEE: 1-6.

[277] YANG N, GE T, WANG L, et al., 2023. Inference with reference: Lossless acceleration of large language models[J/OL]. arXiv preprint arXiv:2304.04487.

[278] YANG Y, HUANG Q, WU B, et al., 2019. Synetgy: Algorithm-hardware co-design for convnet accelerators on embedded fpgas[C]//Proceedings of the 2019 ACM/SIGDA International Symposium on Field-Programmable Gate Arrays. [S.l.: s.n.]: 23-32.

[279] YANG Y, DENG L, WU S, et al., 2020. Training high-performance and large-scale deep neural networks with full 8-bit integers[J]. Neural Networks, 125: 70-82.

[280] YAO X, 1993. A review of evolutionary artificial neural networks[J]. International Journal of Intelligent Systems, 8(4): 539-567.

[281] YAO X, 1999. Evolving artificial neural networks[J]. Proceedings of the IEEE, 87 (9): 1423-1447.

[282] YE J, LU X, LIN Z, et al., 2018. Rethinking the smaller-norm-less-informative assumption in channel pruning of convolution layers[J]. arXiv preprint arXiv:1802.00124.

[283] YE X, DAI P, LUO J, et al., 2020. Accelerating cnn training by pruning activation gradients[C]//European Conference on Computer Vision. [S.l.]: Springer: 322-338.

[284] YIN H, MOLCHANOV P, ALVAREZ J M, et al., 2020. Dreaming to distill: Data-free knowledge transfer via deepinversion[C]//Proceedings of the IEEE/CVF Conference on Computer Vision and Pattern Recognition. [S.l.: s.n.]: 8715-8724.

[285] YOU S, XU C, XU C, et al., 2017. Learning from multiple teacher networks[C/OL]//Proceedings of the 23rd ACM SIGKDD International Conference on Knowledge Discovery and Data Mining, Halifax, NS, Canada, August 13-17, 2017. ACM: 1285-1294.

[286] YOU Z, YAN K, YE J, et al., 2019. Gate decorator: Global filter pruning method for accelerating deep convolutional neural networks[J]. arXiv preprint arXiv:1909.08174.

[287] YU G, JEONG J S, KIM G, et al., 2022. Orca: A distributed serving system for transformer-based generative models[C/OL]//AGUILERA M K, WEATHERSPOON H. 16th USENIX Symposium on Operating Systems Design and Implementation, OSDI 2022, Carlsbad, CA, USA, July 11-13, 2022. USENIX Association: 521-538.

[288] YU J, HUANG T S, 2019. Universally slimmable networks and improved training techniques[C/OL]//2019 IEEE/CVF International Conference on Computer Vision, ICCV 2019, Seoul, Korea (South), October 27-November 2, 2019. IEEE: 1803-1811.

[289] YU J, YANG L, XU N, et al., 2019. Slimmable neural networks[C/OL]//7th International Conference on Learning Representations, ICLR 2019, New Orleans, LA, USA, May 6-9, 2019.

[290] YUAN L, TAY F E H, LI G, et al., 2020. Revisiting knowledge distillation via label smoothing regularization[C/OL]//2020 IEEE/CVF Conference on Computer Vision and Pattern Recognition, CVPR 2020, Seattle, WA, USA, June 13-19, 2020. Computer Vision Foundation / IEEE: 3902-3910.

[291] ZAGORUYKO S, KOMODAKIS N, 2017. Paying more attention to attention: Improving the performance of convolutional neural networks via attention transfer[C/OL]//5th International Conference on Learning Representations, ICLR 2017, Toulon, France, April 24-26, 2017, Conference Track Proceedings.

[292] ZHANG F, LI L, CHEN J, et al., 2023. Increlora: Incremental parameter allocation method for parameter-efficient fine-tuning[J]. arXiv preprint arXiv:2308.12043.

[293] ZHANG L, MA K, 2021. Improve object detection with feature-based knowledge distillation: Towards accurate and efficient detectors[C/OL]//9th International Conference on Learning Representations, ICLR 2021, Virtual Event, Austria, May 3-7, 2021.

[294] ZHANG L, ZHANG L, SHI S, et al., 2023. Lora-fa: Memory-efficient low-rank adaptation for large language models fine-tuning[J]. arXiv preprint arXiv:2308.03303.

[295] ZHANG M S, STADIE B, 2019. One-shot pruning of recurrent neural networks by jacobian spectrum evaluation[J]. arXiv preprint arXiv:1912.00120.

[296] ZHANG M, SHEN C, YANG Z, et al., 2023. Pruning meets low-rank parameter-efficient fine-tuning[J]. arXiv preprint arXiv:2305.18403.

[297] ZHANG Q, CHEN M, BUKHARIN A, et al., 2023. Adaptive budget allocation for parameter-efficient fine-tuning[C]//The Eleventh International Conference on Learning Representations. [S.l.: s.n.].

[298] ZHANG X, ZOU J, HE K, et al., 2015. Accelerating very deep convolutional networks for classification and detection[J]. IEEE Transactions on Pattern Analysis and Machine Intelligence, 38(10): 1943-1955.

[299] ZHANG Y, XIANG T, HOSPEDALES T M, et al., 2018. Deep mutual learning[C/OL]//2018 IEEE Conference on Computer Vision and Pattern Recognition, CVPR 2018, Salt Lake City, UT, USA, June 18-22, 2018. Computer Vision Foundation / IEEE Computer Society: 4320-4328.

[300] ZHANG Y, BAI H, LIN H, et al., 2024. Plug-and-play: An efficient post-training pruning method for large language models[C]//The Twelfth International Conference on Learning Representations. [S.l.: s.n.].

[301] ZHAO Y, GU A, VARMA R, et al., 2023. Pytorch fsdp: Experiences on scaling fully sharded data parallel[J]. Proceedings of the VLDB Endowment, Volume 16, Issue 12, Pages 3848-3860.

[302] ZHAO Y, WANG L, TIAN Y, et al., 2021. Few-shot neural architecture search[C]//International Conference on Machine Learning. PMLR: 12707-12718.

[303] ZHENG L, JIA C, SUN M, et al., 2020. Ansor: Generating high-performance tensor programs for deep learning[C]//14th {USENIX} Symposium on Operating Systems Design and Implementation ({OSDI} 20). [S.l.: s.n.]: 863-879.

[304] ZHENG S, LIANG Y, WANG S, et al., 2020. Flextensor: An automatic schedule exploration and optimization framework for tensor computation on heterogeneous system[C]//Proceedings of the Twenty-Fifth International Conference on Architectural Support for Programming Languages and Operating Systems. [S.l.: s.n.]: 859-873.

[305] ZHENG Z, YE R, WANG P, et al. Localization distillation for object detection[J]. IEEE Transactions on Pattern Analysis and Machine Intelligence, 2023, 45(8): 10070-10083.

[306] ZHONG Y, LIU S, CHEN J, et al., 2024. Distserve: Disaggregating prefill and decoding for goodput-optimized large language model serving[J/OL]. arXiv preprint arXiv:2401.09670.

[307] ZHOU H, LAN J, LIU R, et al., 2019. Deconstructing lottery tickets: Zeros, signs, and the supermask[J]. arXiv preprint arXiv:1905.01067.

[308] ZHOU H, SONG L, CHEN J, et al., 2021. Rethinking soft labels for knowledge distillation: A bias-variance tradeoff perspective[C/OL]//9th International Conference on Learning Representations, ICLR 2021, Virtual Event, Austria, May 3-7, 2021.

[309] ZHOU S, WU Y, NI Z, et al., 2016. Dorefa-net: Training low bitwidth convolutional neural networks with low bitwidth gradients[J]. arXiv preprint arXiv:1606.06160.

[310] ZHU F, GONG R, YU F, et al., 2020. Towards unified int8 training for convolutional neural network[C]//Proceedings of the IEEE/CVF Conference on Computer Vision and Pattern Recognition. [S.l.: s.n.]: 1969-1979.

[311] ZHU Y, FENG J, ZHAO C, et al., 2021. Counter-interference adapter for multilingual machine translation[J]. arXiv preprint arXiv:2104.08154.

[312] ZHU Y, WANG Y, 2021. Student customized knowledge distillation: Bridging the gap between student and teacher[C]//Proceedings of the IEEE/CVF International Conference on Computer Vision (ICCV). [S.l.: s.n.]: 5057-5066.

[313] ZHUANG T, ZHANG Z, HUANG Y, et al., 2020. Neuron-level structured pruning using polarization regularizer.[C]//Advances in Neural Information Processing Systems, 33: 9865-9877.

[314] ZI B, QI X, WANG L, et al., 2023. Delta-lora: Fine-tuning high-rank parameters with the delta of low-rank matrices[J]. arXiv preprint arXiv:2309.02411.

[315] ZOPH B, LE Q V, 2016. Neural architecture search with reinforcement learning[J]. arXiv preprint arXiv:1611.01578.